마음을 움직이는 **뇌**

뇌를 움직이는 **마음**

마음을 움직이는 뇌 뇌를 움직이는 마음

성영신·강은주·김성일 엮음

■ 추천의 말

　뇌는 한 사람이 지닌 정신의 모든 것을 담고 있으며 그것을 통해 인류의 문화와 역사가 창조되고 계승된다. 뇌는 수백억에 달하는 신경세포들의 복잡한 연결조직으로 인간의 마음을 운영하며, 경험을 통해 이 조직들을 유연하게 조율함으로써 무한한 잠재력을 발휘한다. 사람에게 뇌가 이토록 중요하지만 그것의 복잡한 구조와 기능에 대한 우리의 이해는 아직 매우 미흡하여 과학계에서는 뇌를 인류의 마지막 미개척지라고 부르기도 한다. 한국심리학회는 2003년 여름 '마음을 움직이는 뇌, 뇌를 움직이는 마음' 이란 주제로 심리학적인 관점에서 뇌를 조망하는 학술대회를 개최하였는데 최근 뇌연구에 대한 사람들의 고조된 관심에 힘입어 성황리에 큰 호응을 얻었다. 이 책은 이 학술대회에서 발표된 글들을 보완하여 일반인들이 쉽게 이해할 수 있도록 쉽게 풀어 쓴 것으로서 정신작용의 원리를 통해 뇌와 마음의 관계를 이해하는 것뿐 아니라 뇌의 결함을 개선하고 새로운 잠재력을 배양토록 할 수 있는 심리학적 방안과

제언을 담고 있다. 이 책은 뇌에서 우리의 지능과 감정이 어떻게 운영되며 뇌의 구조적 및 생리적 특성의 변화에 따라 남녀의 차이, 노화와 병변, 약물 효과 등이 어떻게 발현되는가를 쉽게 이해할 수 있도록 해줌으로써 독자들에게 인류의 마지막 미개척지라 불리는 뇌에 한 걸음 더 가깝게 다가가는 계기를 마련해줄 것이다.

2004년 8월 24일
정찬섭(연세대학교 심리학과)

■ 머 리 말

 인간의 몸에서 가장 중요한 곳은 어디일까? 행여 다칠세라, 그 기능을 십분 발휘하지 못할세라 이중 삼중의 보호 시스템으로 중무장한 인간 생체의 하드웨어는 과연 어디일까? 바로 뇌다. 일단 단단한 두개골이 외부의 충격으로부터 뇌를 보호한다. 그 안쪽으로 뇌척수막(meninge)이라 불리는 세 겹의 질긴 보호막이 한 번 더 뇌를 감싸준다. 견고한 외벽에 뇌가 다칠까봐 뇌막 사이의 빈 공간에 뇌 척수액(cerebrospinal fluid)을 가득 채워 압력과 충격을 흡수하는 배려 또한 잊지 않았다.
 외부의 침입을 일체 허용치 않는 놀라운 생체의 신비 때문인지, 인간이 인간의 두개골을 열어 뇌막을 지나 척수액을 건너 뇌에 도달하는 데에는 무척 오랜 시간이 걸렸다. 땅 밑으로는 1만 미터를 파헤치고 하늘 위쪽으로는 130억 킬로미터를 밝혀낸 인간이건만, 정작 그러한 도전과 모험심의 중추인 뇌를 본격적으로 탐험하기 시작한 것은 뇌과학이 고도로 발달한 21세기에 접어들면서부터였던 것이다.

뇌 탐험에 필요한 지도와 도구가 속속 갖추어지고 있는 오늘날, 인체의 마지막 남은 미지의 영역이자 가장 중요한 영역인 뇌에 대한 관심은 그 어느 때보다도 높다. 선진 외국에서는 뇌과학이 나노기술이나 게놈 프로젝트와 같은 국책사업들과 어깨를 나란히 하고 있는 추세이며, 거액의 투자가 잇따르고 있다. 여기에 인간에 관한 모든 기초과학 분야의 핵심 인력들이 활발히 활동하고 있음은 물론이다.

최근에는 국내에서도 심리학, 인지과학, 의학을 중심으로 뇌에 대한 연구가 산발적으로 이루어지고 있다. 이러한 연구 경향을 종합하고 앞으로 뇌연구가 가야 할 방향을 모색해보자는 차원에서, 작년 심리학회에서는 뇌에 관한 심포지엄을 개최한 바 있다. 인간의 다양한 면면을 다각도로 조망하고 이해하고자 하는 심리학에서 본격적으로 뇌에 관한 연구 관심을 표방하고 나선 것이다.

인지 · 지각 · 생리심리학 등 심리학의 하위 영역의 전문가들은 물론, 비관련 전공자에서 일반인에 이르기까지 많은 사람들의 폭발적인 관심으로 뇌 심포지엄은 대성황을 이루었다. 그러나 심포지엄을 기점으로 뇌과학에 대한 일반인들의 관심과 기대가 더욱 커져감에 따라, 발표자들은 심포지엄에서 논의된 내용들을 바탕으로 하되, 일반 대중을 대상으로 좀더 알차고 새로운 지식들을 알기 쉽게 소개하는 단행본을 출간하자는 데 합의하였다.

뇌 심포지엄의 발표자들과 새로 힘을 더해준 몇몇 집필자들이 1년여에 걸쳐 땀 흘린 결실로 이 책이 탄생하게 되었다. 조금이나마 뇌에 관심을 가지고 뇌의 신비를 이해하고자 하는 사람들에게 이 책이 적지 않은 도움을 줄 수 있으리라 감히 자부하는 바이다.

　이 책은 4장으로 구성되어 있다. 뇌와 마음의 관계에 대한 본격적인 소개에 앞서, 일반인에게는 생소하기만 한 뇌와 친숙해지기 위한 자리를 마련했다. 뇌의 생김새와 각 부위의 이름을 두뇌영상 그림과 함께 소개한 것이다. 여기에 소개된 해부학 명칭은 곳곳에서 다시 언급되고 있으므로, 그때마다 뇌의 위치나 하위 영역의 이름을 참고하면 유용할 것이다.
　1장 '뇌를 어떻게 볼 것인가'의 「뇌의 비밀 탐구하기」는 뇌를 탐험할 때에는 어떤 지도와 망원경을 쓰고 있는지 소개하는 부분이다. 오늘날 뇌과학자들이 뇌의 신비를 탐구하기 위해 사용하는 첨단기술과 논리를 알기 쉽게 소개하고 있다. 뇌와 관련된 분야의 전공자라면 뇌신경과학의 연구방법론을 쉽게 이해하는 데 큰 도움이 될 것이며, 일반인들이라도 과학적 사고과정을 맛보는 좋은 기회가 될 것이다. 「뇌와 마음: 무엇이 문제인가」에서는 신경심리학 분야의 주된 쟁점들을 소개하면서 본 서적을 이해하는 데 근간이 되는 지식을 소개하였다. 「우리가 잘못 알고 있는 뇌」에서는 누구라도 알기 쉽고 재미있게 뇌를 이해할 수 있도록 일반인이 흔히 잘못 알고 있는 뇌에 대한 상식과 진실들을 설문조사를 바탕으로 소개하고 있다.

2장 '뇌는 어떻게 생각하고 느끼는가'에서는 인간의 인지와 정서과정 중에서 주의, 기억 및 정서와 관련된 뇌의 활동을 주로 다루었다. 특히 인지·지각·생리·학습·정서 심리학의 전공자에게 꼼꼼히 읽어볼 것을 권한다. 「주의집중하는 뇌」에서는 정보 처리의 초기 과정에 해당하는 주의집중 과정을 설명하고, 이때 관여하는 뇌의 구조 및 메커니즘을 설명하였다. 인간의 기억에 초점을 맞춘 「뇌는 어떻게 기억하는가」에서는 기억의 유형을 구분하고, 각 기억체계를 담당하는 대뇌 영역을 살펴보았으며, 정서와 기억, 인간 기억의 정확성, 기억의 개인차, 노년의 기억 특성 등과 관련된 뇌의 기능을 상세하게 소개하였다. 마지막으로 「뇌는 어떻게 희로애락을 느끼는가」에서는 정서와 뇌의 관계에 대한 연구가 어떻게 시작되었는지, 가지각색의 정서를 느낄 때 뇌에서는 무슨 일이 일어나고 있는지, 뇌는 어떻게 정서를 조절하는지 등을 알기 쉽게 설명하였다.

3장 '일상생활 속의 뇌'에서는 2장과는 조금 다른 각도에서 뇌의 활동을 다루었다. 뇌와 우리의 일상적인 행동들이 어떤 관계인지 알고 싶다면 3장이 도움이 될 것이다. 먼저 「그 여자의 뇌, 그 남자의 뇌」에서는 남녀 뇌의 구조와 기능의 차이, 각 과제를 해결하는데 활성화되는 영역의 차이를 알아봄으로써 성차에 대한 새로운 해석을 시도하였다. 「소비하는 인간의 뇌」에서는 최근 사람들의 관심을 끌고 있는 명품 소비, 캐릭터 소비, 광고 모델의 시선 효과 등의 소비 현상을 찾아, 그러한 소비의 메커니즘을 뇌 수준에서 규명하고자 하였다. 「명상수련에 따른 뇌 활동의 변화」에서는 명상이 우리의 뇌에 미치는 긍정적 효과를 과학적으로 분석함으로써 명상의 효용성을 입증하고 있다. 「뇌가 느끼는 그림의 아름다움」에서는 예술적인 그림의 선, 색 및 구도를 볼 때 우리가 느끼는 감정을 뇌의 신경생리학적 구조와 연결시켜 설명하고 있다.

4장 '병에 걸린 뇌'에서는 뇌에 문제가 생길 때 인간의 마음과 행동에 어떤 문제가 생기는지 소개하고 있다. 노년기로 접어들면서 사람들이 가장 두려워하는 치매에 궁금증을 갖고 있는 사람이라면 「한국인의 치매 이야기」의 내용이 치매의 원인과 증상부터 예방과 치료에 대한 이해에 많은 도움을 줄 것이다. 나이와 상관없이 인간은 여러 가지 이유로 두뇌와 마음의 건강한 관계가 깨어질 수 있다. 이때 인간은 정신질환을 앓게 되는데, 그 면면을 「정신질환과 뇌」에서 살펴보기 바란다. 마지막으로 「뇌와 쾌락, 그리고 중독」에서 독자들은 개인의 몸과 마음의 건강을 해치는 병이라 할 수 있는 중독이 뇌와는 어떤 상관이 있는지 이해할 수 있을 것이다.

1장에서 4장의 대략적인 줄거리에서 나타나듯이, 이 책은 뇌에 관심을 갖고 있는 사람이라면 남녀노소 누구라도 쉽게 읽을 수 있게끔 꾸며져 있다. 먼저 뇌 관련 분야의 전공자라면, 의학과 심리학, 미학 등 각계각층의 전문가들이 뇌의 무엇에 어떤 관심을 가지고 있는지 엿볼 수 있는 좋은 기회라고 생각된다. 그저 막연한 관심을 가지고 있는 일반인이라 하더라도 이 책을 소화하는 데에는 큰 무리가 없을 것으로 자신한다. 앞서 말했듯이 이 책의 눈높이는 전문가보다는 일반인에 맞춰져 있기 때문이다. 구체적으로는, 심리학, 의학, 교육학, 미학, 간호학, 보건학, 복지학, 생물학을 전공하는 학생들, 의료행정, 의료복지, 사회복지 활동에 종사하는 사람들, 자녀를 키우는 교사와 학부모, 소비경제 활동의 기업인, 심신건강에 관심을 가지고 있는 사람들, 치매 환자를 돌보는 사람들, 교육계에 종사하는 사람들 모두가 이 책에서 크고 작은 도움을 얻을 수 있으리라 본다.

대뇌피질을 구성하는 신경세포는 대략 140억 개에 달한다고 한다. 그러나 그 속에 담긴 신비는 140억 페이지의 책으로도 풀 수 없을 것이다. 하물며 이 책에서 담고 있는 뇌과학의 지식들은 극히 일부에 불과하다. 지금 이 시간에도 수없이 많은 뇌과학 연구들이 쏟아져 나오고 있는바, 이 책에 소개된 정보가 영구불변한 진리라고 생각해서는 곤란하다. 좀더 전문적으로 들어가 보면 새롭고 놀라운 정보들로 가득하다는 것을 알게 될 것이다. 그것이 인간과학이며, 그것이 뇌이다.

집필진들의 바람은 그보다는 좀더 소박한 것이다. 뇌의 탐험은 이제 막 시작되었다. 여러 선각자들이 불완전한 뇌지도를 든 채 저마다의 망원경을 들이대며 뇌 속을 탐험하고 있다. 그중에는 보물에 가까운 지식을 캐낸 사람도 있지만, 그렇지 못한 사람도 부지기수다. 뇌의 주름은 넓고 깊어 쉽게 접근을 허용하지 않기 때문이다. 그러나 그 속에는 아직도 파헤치지 못한 진실들이 무궁무진하다. 더 많은 탐험과 관심이 요구되는 상황이다. 이 책의 독자들이 그 광

대한 탐험의 세계를 조금이나마 이해한다면 그걸로 족하다. 더 나아가, 이 책을 통해 단 한 명이라도 힘들기는 하지만 흥미진진한 뇌 탐험의 길에 동참하고자 한다면, 그보다 더 큰 보람은 없을 것이다.

   끝으로 이 책은 여러 분의 관심과 협조로 출간될 수 있었음을 밝혀 두고 싶다. 특히 심리학회에서 '뇌 심포지엄'을 개최할 수 있도록 물심양면의 지원을 아끼지 않으셨던 정찬섭 전임 학회장을 비롯하여 12명의 학술위원들과 출판사 관계자 여러분, 그리고 처음부터 마지막까지 수고를 아끼지 않은 고려대학교 임성호 군에게 감사의 마음을 전한다.

2004년 여름 막바지에
성영신, 강은주, 김성일

차례

책을 읽기 위해 알아둘 뇌의 해부학 17

1장 뇌를 어떻게 볼 것인가

뇌의 비밀 탐구하기 _강은주 24
    생각상자 본다는 것은 보는 것만이 아니다
              과학에서 진짜로 가능한 일들

뇌와 마음 : 무엇이 문제인가 _이정모 64
    생각상자 숫자나 글자에서 색깔을 보는 사람들
              두 손이 다른 일을 할 때

우리가 잘못 알고 있는 뇌 _김완석 98
    생각상자 뇌가 나인가, 내가 뇌인가

2장 뇌는 어떻게 생각하고 느끼는가

주의집중하는 뇌 _김명선 130
    생각상자 뇌에 '알람' 기능이 있다
              ADHD의 진단

뇌는 어떻게 기억하는가 _김성일 162
    생각상자 기억하지 못하는 것을 기억하다
              오기억과 참기억은 다르게 기억하는 걸까

뇌는 어떻게 희로애락을 느끼는가 _김문수 202
    생각상자 진짜 웃음과 가짜 웃음
              감정이 없다면 완전한 이성적 인간?

3장 일상생활 속의 뇌

그 여자의 뇌, 그 남자의 뇌 _손영숙 240
    생각상자 모성애를 느끼는 뇌는 따로 있을까?
                 그 여자의 뇌, 남자의 뇌 그리고 섹스

소비하는 인간의 뇌 _성영신 282
    생각상자 명품, 욕망의 대상
                 내 안에 살아 숨쉬는 미키마우스

명상수련에 따른 뇌 활동의 변화 _장현갑 308
    생각상자 명상법을 의료에 도입한 사례

뇌가 느끼는 그림의 아름다움 _지상현 340
    생각상자 예술의 아름다움과 진화에서의 적응 문제
                 애잔한 노래를 듣고 눈물을 흘리는 아이들

4장 병에 걸린 뇌

한국인의 치매 이야기 _최진영 370
    생각상자 치매와 건망증의 차이
                 술, 담배 그리고 치매
           노인 인지 행동 변화 설문지

정신질환과 뇌 _권준수 408
    생각상자 노벨상을 받은 정신분열병 환자
                 정신건강을 위한 조언
           정신질환 진단 설문지

뇌와 쾌락, 그리고 중독 _민성길 438
    생각상자 중독을 권하는 사회
                 무쾌감증과 자가투여이론

찾아보기 473

| 책을 읽기 위해 알아둘 뇌의 해부학 |

본 장에서는 저서를 읽기 위해 알아두면 도움이 될 해부학 영역들을 한 자리에 표시하였다. 특히 19쪽 이후의 두뇌 해부학 그림은 보통 교과서에 나오는 서구인의 두뇌가 아닌 한국인 표준 두뇌 원형(template)이다. 이 한국인 표준 뇌 원형과 19쪽 그림 5)~7)에 붉은색으로 표시한 확률적 해부학 영역은 대한 뇌기능 매핑연구단(Korean Consortium for Brain Mapping, KCBM)이 한국과학재단의 지원으로 수년간에 걸쳐 수행한 연구 결과 중 하나이다. KCBM의 허락으로 본 장에 게재할 수 있게 되었음을 밝힌다.

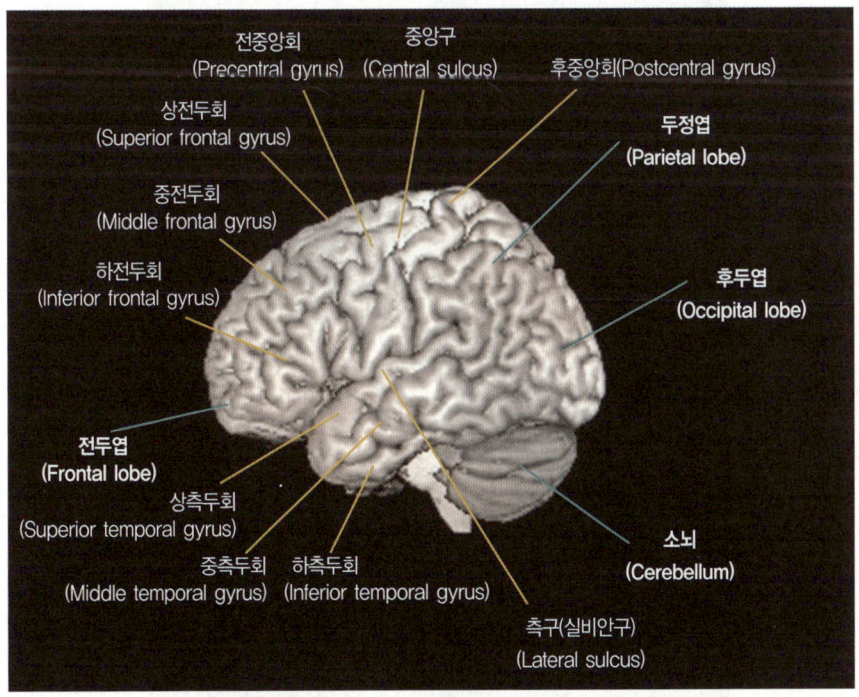

뇌 각 부위의 명칭

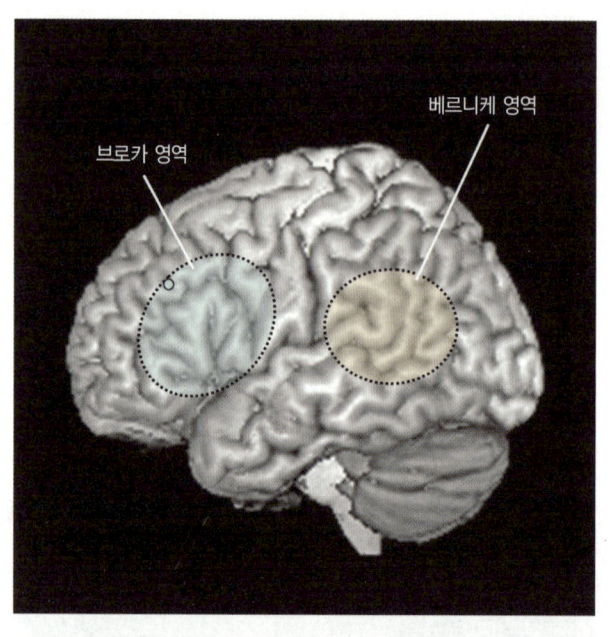

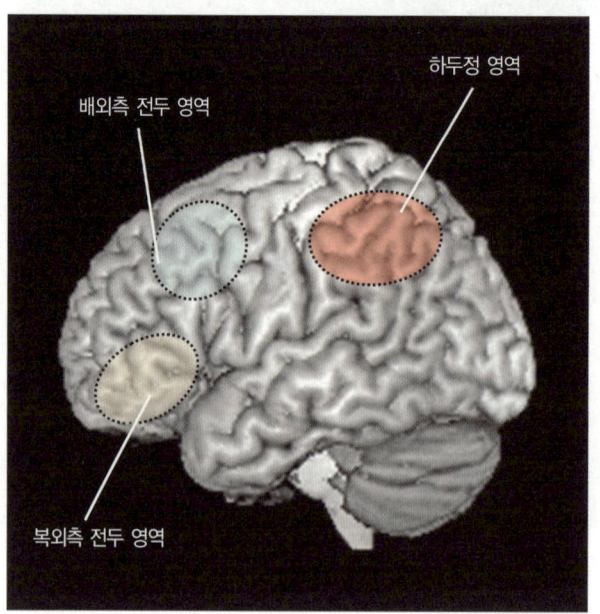

18

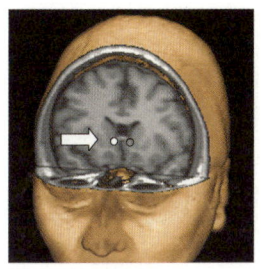
1) 측두핵(Nucleus Accumbens)
=복측 선조체

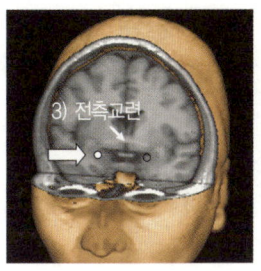
2) 편도체(Amygdala)

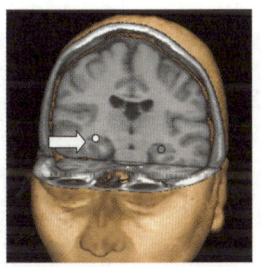
4) 해마(Hippocampus)

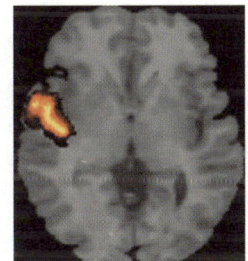
5) 측두평면
(planum temporale)

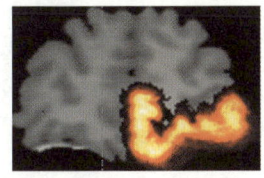
6) 안와전두피질
(Orbitofrontal cortex)

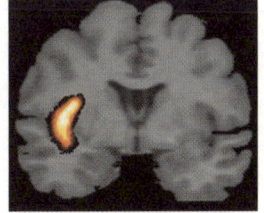
7) 도
(Insula)

1)에서 4)까지는 변연계의 주요 구조물을 개인의 3차원으로 재구성된 자기공명 영상(MRI)에 표시한 그림이다. 동일 부위를 두뇌 좌우에 원형으로 표시했다.
5) 좌측 측두평면, 6) 안와전두피질, 7) 도에 해당하는 위치가 한국인에게 확률적으로 어디에 위치하는가를 표현한 것이다. 붉은 색이 진한 곳일수록 모든 한국인들에게서 이 부위가 그 영역에 속함을 나타낸다.

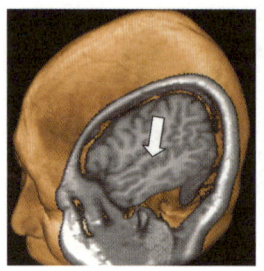

1) 상측두회

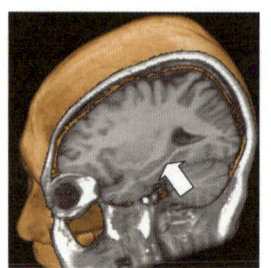

2) 해마방회
(parahippocampus)

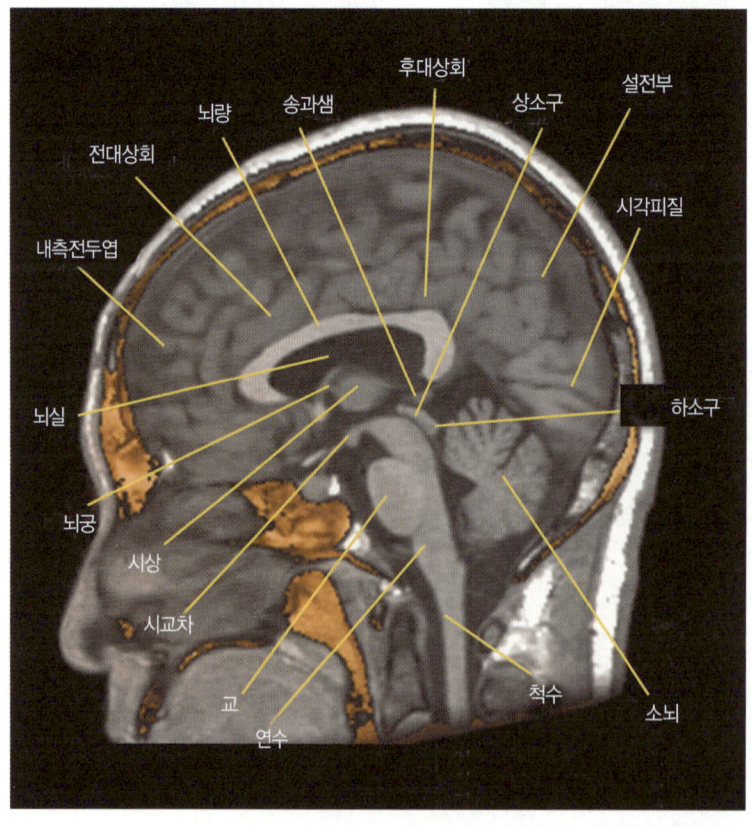

3) 두뇌를 정중앙 단면에서 본 모습

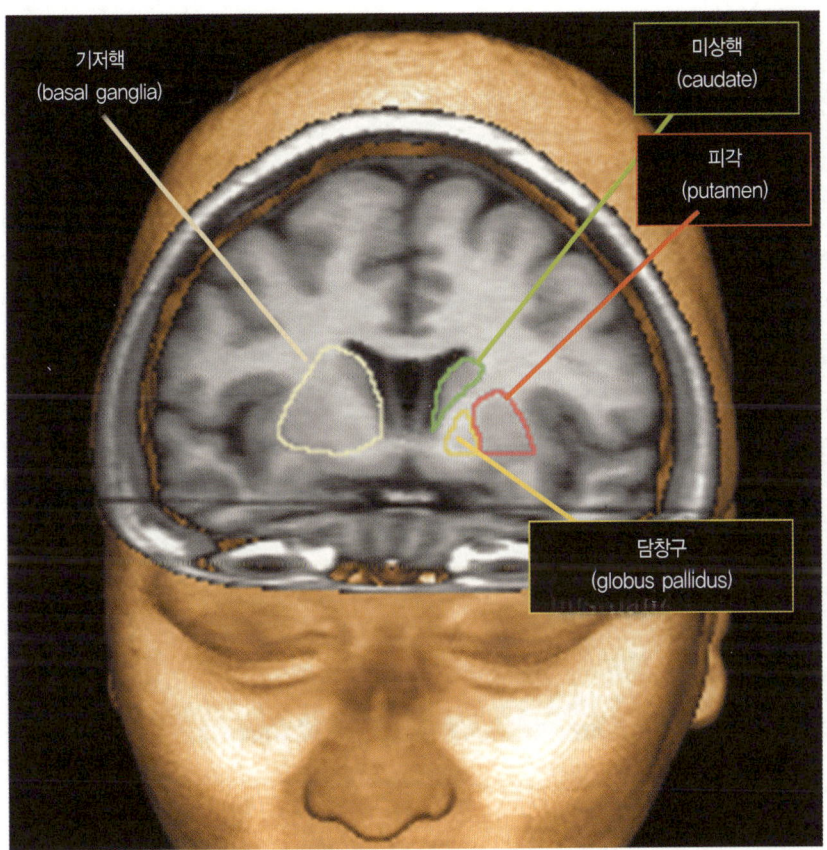

기저핵을 이루고 있는 핵들인 미상핵, 피각, 담창구의 위치를 표시하였다. 미상핵과 피각만을 합쳐서 '선조체(striatum)'라고도 한다.

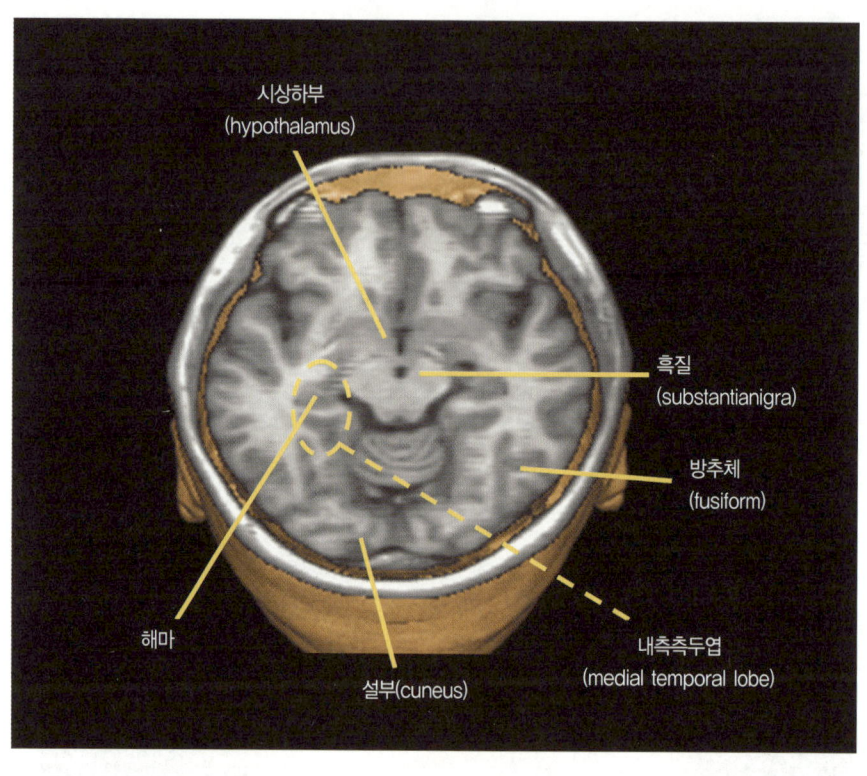

1장
뇌를 어떻게 볼 것인가

뇌의 비밀 탐구하기   강은주
뇌와 마음 : 무엇이 문제인가   이정모
우리가 잘못 알고 있는 뇌   김완석

뇌의 비밀 탐구하기

강은주 강원대학교 사회과학대학 심리학과

고려대학교 심리학과에서 학부와 석사를 마친 후, 미국 일리노이 주립대학의 심리학과에서 기억 연구로 생물심리학 전공 박사학위를 취득하고 동 대학원과 스탠퍼드 대학에서 박사 후 과정을 마쳤다. 귀국 후 서울대학교 핵의학과 연구교수로 근무하였으며, 현재 강원대학교 사회과학대학 심리학과 교수로 재직 중이다. 서울대 병원의 핵의학과와 강원대 심리학과의 두 기능신경영상연구 실험실(Functional NeuroImage Lab)에서 두뇌와 인간행동의 관계에 대한 인지신경학적 연구를 하고 있다.

ekang@kangwon.ac.kr

인간의 뇌란 비밀 상자와 같다. 그 비밀 상자 속에서 일어나는 신비를 풀기 위해서 우리는 다시 우리의 지능, 즉 과학적으로 도구를 사용하고, 논리적으로 그 결과를 풀어나가는 힘을 활용한다. 역시 우리 뇌의 가장 강력한 힘에 의존하는 것이다.

뇌를 탐구하는 방법은 뇌의 질병이나 손상을 입은 환자를 통해서, 실험실 동물을 관찰함으로써 이 비밀을 추측하는 방법에서부터, 인간 뇌의 생리적 상태를 사진 찍듯이 알아내는 방법까지 여러 가지가 있다. 뇌가 기능/활동하고 있는 것을 알 수 있는 방법으로는 방사선 동위원소를 이용하여 혈류의 분포나 신경전달물질의 분포를 관찰하거나, 자기장을 이용하여 뇌의 산소 공급 분포를 보거나, 뇌의 에너지 공급 분포를 지도로 파악하여 어디서 뇌가 언제 가장 바쁘게 일하는가를 사진으로 엑스레이 찍듯이 촬영하여 뇌지도 위에 표시하는 방법 등이 있다. 그밖에도 두피에서 머릿속에서 일어나는 전기적 대화를 엿듣기도 하고, 두피 근처의 자기장이 변하는 것을 측정해서 뇌 속에서 일어나는 전기신호의 출처를 파악하기도 한다. 이런 뇌 활성화 지도나 뇌파 측정을 잘 해석하면 우리는 뇌의 어느 부위가 무엇을 경험할 때 가장 바쁘게 활동하는지, 다른 뇌 부위와 어떤 연결을 가지고 어떻게 정보를 교환하는지 그 기능을 염탐할 수 있게 되는 것이다. 심지어는 약한 자기장 충격을 머리에 가해서 머릿속에서 일어나는 정상적인 전기 활동을 일시적으로 교란시키면 우리의 의식, 지각, 주의 등에 어떤 변화가 일어나는지도 확인해 볼 수가 있다.

이렇게 다양한 연구 기법의 발전으로 인간 뇌의 정보가 축적될 때, 뇌 활동에 대한 신비가 서서히 풀리게 된다. 이제는 이런 과학적 발견에 힘입어 보편적인 인간의 특성을 좀더 깊게 이해하며, 질병이나, 나이, 개인차에 따라 정상적 뇌 활동이 어떻게 달라질 수 있는가를 확인하고, 병든 뇌, 병든 마음은 어떻게 효율적으로 치유할 수 있겠는가 알아내려고 노력하며, 그리고 더 나아가 우리의 뇌를 어떻게 건강하고 효율적으로 활동할 수 있도록 유지할 것인가에 대해 고민해야 할 때이다.

뇌손상 환자로부터 배운다

뇌는 오래 전부터 인간에게 신비하고 궁금한 신체기관이었다. 어느 나라나 옛날 갑옷을 보면 거기에는 언제나 투구가 있는 것으로 보아 머리를 보호하는 것이 생명을 보호하기 위해 필수적인 것으로 알고 실천에 옮겼던 것 같다. 그런데 언제부터 뇌의 어떤 부위가 우리 정신 기능의 어느 측면과 관련 있다는 것을 알게 되었을까? 유감스럽게도 우리는 이제야 조금씩 그 수수께끼를 풀어가고 있다. 사실 뇌의 신비를 이해하는 것도 바로 뇌의 능력이다. 인류의 오랜 역사에도 불구하고 우리는 이제야 우리 목 위에 누구나 하나씩 가지고 다니는 이 신비한 조직을 알아가기 시작한 것이다. 이것은 하루아침에 된 것이 아니다. 바로 머리 속 뇌를 알아낼 수 있는 온갖 과학적 도구가 개발된 다음에야 빠른 속도로 그 역할을 알 수 있게 된 것이다. 이 글에서는 20세기에 이르러 서야 가능해진 뇌 탐구의 도구들과 그 도구들을 사용하는 논리들을 알아보도록 하겠다.

물론 이 세련된 도구들이 20세기 말에 하나둘 마련되기 전에도 우리는 인간 뇌의 어떤 부분이 어떤 역할을 하는가에 대해서 많은 것을 알고 있었다. 딴딴한 뼈 속에 들어 있는 순두부 같은 조직(뇌)에 유감스럽게도 상처가 난 불행한 환자들이 있었던 것이다. 전쟁으로 그럴 수도 있고, 불의의 사고일 수도 있고, 뇌 안의 혈관에 문제가 생겼을 수도 있다. 이런 환자들을 과학적 사고력을 가지고 주의 깊게 옆에서 지켜보고 치료하던 임상의사, 의과학자들에 의해 인간의 지식이 크게 진보했다.

특히 인간의 지성, 감성, 의식과 관련된 부분을 이해하는 데는 바로 뇌손상 환자의 손상 부위와 그 환자의 행동 특성을 체계적으로 분석한 연구자들의 공로가 크다. 그리고 인간의 지성, 감성, 의식을 과학적 연구 대상으로 삼고, 행동을 통해 이를 제대로 기술, 측정, 평가하게 되기까지는 150여 년 전에 탄생한 심리학의 발전이 또한 큰 몫을 하였다.

21세기가 된다 해도 우리가 가장 무서워하는 것이 뇌손상인지도 모른다. 자전거나 오토바이를 탈 때도 인라인 스케이트를 탈 때도 헬멧으로 가장 확실하게 보호하려고 하는 것이 머리이다. 지금도 신경과, 신경외과, 재활의학과, 언어병리학과의 의료진과 신경심리학자들은 뇌가 손상된 환자를 도와주고 이해하기 위해 최선을 다하고 있다. 인간의 개인 특성이 다양한 만큼, 뇌손상의 특성도 다양하고, 손상 부위도 개인마다 다르고, 개인 뇌의 미묘한 차이가 있다. 그래서 손상된 환자들을 체계적으로 잘 평가, 관찰하여야만 우리는 비로소 아주 귀한 정보를 얻게 되는 것이다. 즉, 뇌손상 환자 한 명 한 명이 인간 뇌의 신비를 풀어가는 과학세계에 그 환자만의 단서를 제공하게 된다. 더욱 이 단서가 귀할 수밖에 없는 것은 이 환자들이 뇌손상이라는 막대한 불행을 통해서 우리에게 그 단서를 넘겨 주었기 때문이다.

덕분에 우리는 뇌의 어느 부위가 손상되면 말하기 능력이, 또는 말을 이해하는 능력이 장애를 보이기 시작하는지를 알게 되었다. 우리가 브로카 실어증(Broca's Aphasia)이니 베르니케 실어증

(Wernicke's Aphasia)라고 부르는 것이 바로 이런 환자들을 관찰하게 된 의학자들에 의해 발견된 것이다. 그리고 이 의사들의 이름을 각각 따서 증상 이름이 되었다. 러시아의 임상의사 루리아(Luria)는 이런 점에서 아주 훌륭한 의과학자다. 그는 여러 가지 귀한 환자 사례를 통해 뇌의 현상에 대해 훌륭한 보고를 남겼다.

해마와 그 주변 조직이 우리가 매일매일 정상적으로 살아가는 데 얼마나 중요한지는 1950년대 들어와서 연구자들 사이에서 'H.M.(Henry Mnemonics의 약자. Henry란 환자의 이름이고 mnemonics란 기억이란 뜻)'이라는 별명으로 불리는 한 사나이의 불행한 의료사고로 알기 시작했다. 이 환자는 원래 수술로서만 치료되는 심한 간질 증세(심할 경우는 발작이 심해서 목숨이 위험하기 때문에 절제 수술을 받게 된다)를 치료하려는 목적으로 캐나다의 우수한 신경외과 의사 팀의 집도로 좌우 측두엽에 있는 병든 뇌조직, 즉 간질 발작의 진원지를 완전히 제거하는 수술을 받게 되었다. 거기까지는 좋았는데 그만 그 수술 후에 이 환자가 좀 이상하다는 것이 발견되었다. 좀 이상한 게 아니라 많이 이상하였다. 여전히 붙임성 있고 유창하게 말하고, 어디 나무랄 데 없었지만 자신의 담당 의사나 간호사를 볼 때마다 난생처음 보는 사람처럼 정중히 인사하는 것이 아닌가. 하루에도 몇 번씩. 나중에 보니 수술 이후의 새로운 경험을 하나도 장기기억으로 넘길 수 없는 전행성 기억상실증(antegrograde amnesia)이 걸린 것을 알게 되었다. 그래서 그에게는 수술 후에 만난 새로운 사람은 늘 낯설고 새로운 사람, 새로운 이야기는 평생 새로운 이야기가 되었다. 예를 들어 부모님이 새로 이사간 집은 절대 기억할 수 없었고 아주 가까운 친척 아저씨가 돌아가셨다는 슬픈 소식을 들을 때마다 그 소식을 처음 접한 것처럼 슬피 울었다. 온

세계의 과학자들이 이 현상에 경악하였다. 도대체 수술중에 어디가 잘려나갔기에 그런 일이! 불행 중 다행인 것은 의사들은 H.M.의 어디를 수술했는지 알고 있었기에—해마라는 측두엽 내의 구조물—다음부터는 환자의 상태가 아무리 위독하다 해도 뇌의 좌우 양쪽 모두에서 해마와 그 주변 조직을 절단하는 수술을 행하지 않게 되었다.

아마 요즘은 많은 사람들이 '해마'라는 구조물에 대해서 많이 들어보았을 것이다. 50년 전에는 이 이상하게 생긴 조직에 대해서 아는 바가 별로 없었는데 이제는 뇌에서 정말 유명한 곳이 되었다. '해마가 기억과 무척 중요한 상관이 있다'는 것을 알게 된 것은 이 H.M.이란 불행한 환자가 50여 년 전에 우리에게 준 귀한 단서이다. 그 이후 오늘날까지 수많은 연구가 진행되면서 새로운 사실들이 밝혀지고 있다.

아무리 훌륭한 의료기기를 통해, 뇌의 어느 부위가 손상되었는지를 정확히 알아낸다 해도 이 개개 환자가 제공하는 뇌의 신비의 단서를 잘 해독할 수 있는 훈련된 의사, 과학자, 심리학자가 있어야 한다. 이들이 이 단서를 잘 해독해야만 뇌손상 환자가 제공하는 귀한 단서를 인류가 공통으로 가지고 있는 뇌 이해의 열쇠로 승화시킬 수가 있는 것이다.

실험실 동물과 함께

우리가 뇌의 신비를 풀기 위해 불행한 뇌손상 환자를 마냥 기다려야 하는 것은 아니다. 오히려 이 불행한 뇌손상 환자를 도와주려면 과학자들이 먼저 뇌를 알아내야 한다. 어쩌겠는가. 차선책은 실험동물을 이용하는 것이다. 실험실에서 태어나서 실험실에서 먹고

자라고 그리고 실험에 사용되는 쥐, 고양이, 개, 원숭이 같은 실험동물들 덕에 우리는 뇌에 대한 어마어마한 양의 지식을 알게 되었다. 포유류만 이용하는 것이 아니다. 바다달팽이, 바퀴벌레, 뱀장어…… 신경계라는 것을 가지고 있는 지구상의 동물은 다 연구하고 조사한다. 이런 동물들을 대상으로 이렇게 실험실에서 정교하고 잘 통제된 실험을 통해 의도적으로 뇌의 특정 위치를 손상시키거나, 작은 장치를 이식하여 뇌 속에서 일어나는 전기 활동을 측정하거나, 특별한 약물을 뇌에 주입하거나 해서 얻는 지식은 뇌손상 환자가 주는 정보와는 비교할 수 없을 만큼 정교하다. 수십 마리의 동물들을 반복적으로 실험해서 그것이 한 마리의 뇌가 특이해서 생긴 현상이 아니라 모든 뇌에게 보편적인 진리라는 것을 밝힐 수도 있다. 나이 차이, 지능 차이, 성장 배경의 차이, 인종 차이, 인생 경험의 차이, 교육 수준의 차이, 사회 경제적 차이…… 그런 것은 다 잊어도 된다. 실험실에서 대대로 똑같이 자란 동물이기 때문이다.

지금 이 시간에도 한국을 비롯하여 세계의 수많은 신경과학자들이 실험실에서 이 실험동물들과 밤낮을 지새우며 뇌의 신비를 밝히려고 연구하고 있다. 이런 연구들은 신경세포들이 어떤 형태의 전기신호로 서로 연락하는지, 뇌 속에 돌아다니는 신경전달 화학물질과 호르몬이 어떻게 서로 작용해서 행동에 영향을 미치는지, 왜 뇌세포는 때가 되면 스스로 죽기 시작하는지, 세포와 세포 간에는 어떤 일이 있고, 세포 안의 유전자는 새로운 경험을 어떻게 저장하고 표현하는지, 이 모든 신비를 밝히려고 애를 쓰고 있다.

혹자는 동물을 연구해서 어떻게 인간을 도울 수 있는가 의심을 가지는 사람이 있을지도 모른다. 이는 진화의 법칙을 모르고 하는 소리이다. 진화는 단순한 데서 복잡한 데로 간다. 즉 나중에 나온

생각상자

본다는 것은 보는 것만이 아니다

신경학자 루리아의 다수 저서 중 하나에서 제1차 세계대전에서 머리를 다친 환자의 사례를 만날 수 있다. 이 불행한 상이군인 환자는 눈이 제대로 보여도 볼 수 없는, 본 것을 머릿속에 하나로 묶을 수 없는 기가 막힌 현상을 우리에게 알려준다. 즉 본다는 것은 그냥 보는 게 아니라 우리의 마음으로 그것을 통합할 수 있을 때 비로소 본 것을 알게 된다. 그런데 머리를 다치면 그 당연한 능력이 사라질 수 있다.

이 환자는 엄청난 정신력으로 글을 써내려갔다. 사실 이 환자는 글을 쓰려고 마음먹으면 글씨를 생각해낼 수도 없었다. 오랜 노력 끝에 글을 쓰려고 마음먹지 않고 그냥 쓰면 된다는 것을 알게 되었고, 자신의 상황에 대한 생생한 글, 심지어는 그의 눈엔 세상이 어떻게 파편으로 보이는지에 대한 스케치도 남긴 바 있다. 눈물겨운 책이다. 이 상이군인은 자기의 여동생이나 어머니가 장작을 패는 것을 도와주고 싶어도, 장작을 패면 어찌된 일인지 힘이 없는 것도 아닌데 장작과 도끼가 따로 놀았다. 전쟁이 끝나고 열차에서 내려 자기 동네 어귀에서 집까지 찾아가는 것 또한 상상할 수 없을 정도로 어려웠다. 눈에는 보이는데 어디로 가야 할지 모르겠다는 느낌, 더 어려운 것은 이 어려움이 이 환자에게 도대체 이해가 안 간다는 데 있었다. 가족에게 설명해서 이해시킬 수도 없었다.

이와 같은 많은 사례를 통해서 우리는 본다는 것이 한 단계가 아니라 시각피질이 보고 나서 뇌의 여러 부위가 해석하고 그 정보를 통합하는 몇 차례의 단계를 거쳐야 제대로 이루어지는 것임을 확실히 알게 되었다. 그래야만 일관되고 의미 있는 시각 경험을 할 수 있게 되는 것이다. 물론 이것을 알게 되기까지 이런 환자 연구만 있었던 게 아니다. 세계 각국에서 개인의 얼굴만큼이나 다양하긴 하지만 그래도 공통되는 현상이 보고되면서 과학자들이 확실히 알게 되었다. 이밖에 미국의 신경학자 올리버 색스(Oliver Sacks) 박사의 다수의 저서를 통해서 환자에 대한 다양하고 생생하고 문학적인 진술을 만날 수 있다.

것들은 단순한 것, 처음에 나온 것 위에 새로운 것을 추가하는 방식을 취한다. 즉 우리 머리 속의 현상 중의 많은 현상은 쥐나 고양이도 가지고 있는 장치로 인한 것이다. 우리 뇌는 8비트짜리 기재를 펜티엄 급에서도 버리지 않고 다 이용하는 원리를 쓰는 것이다. 인간만이 가지고 있는 이후 버전을 연구하는 것이 아니라면 우리는 하등동물을 이용해서 얼마든지 연구할 수 있는 것이다.

예를 들어 H.M. 사건이 전 세계의 과학자를 경악시켰을 때 동물을 연구하는 신경과학자들, 생물심리학자들은 당장 쥐에게 달려들었다. 이미 쥐를 어떻게 학습시키는지, 어떻게 학습한 기억을 검사하는지 알고 있던 과학자들이 쥐의 해마를 어떻게 했겠는가. H.M.에게 했다는 수술을 그대로 실행하고 새로운 것을 훈련시켰다. 정말 전혀 새로운 것을 못 배우는지 알기 위해서. 이것이 동물실험의 백미이다. 의학계에 제2의 H.M.이 다시 보고되기를 기다려야만 해마가 기억에 중요하다는 과학적 결론에 도달하는 것은 아니다. H.M. 흰쥐를 만들면 된다. 그것도 아주 정확하게 해마만 손상시키고 다른 데는 전혀 손상시키지 않고. 거기에다 동물 H.M.들은 그 이전부터 간질을 앓고 있었던 것도 아니다. 건강한 뇌에 해마만 손상되면 어떤 일이 생기는지를 볼 수 있게 된 것이다. 어떤 일이 있었는가? 하지만 문제가 단순하지 않았다. 해마가 손상된 실험실 쥐들은 어떤 공부는 멀쩡하게 잘하고 어떤 것은 못하는 것이었다.

과학자들 간에 의견이 분분해졌다. 이 잘하는 기억과 못하는 기억의 차이가 도대체 무엇이란 말인가. 무엇이 해마를 필요로 하고 왜 어떤 기억은 해마 없이도 잘 형성되는가? 그리고 의심이 들었다. 왜 H.M.은 새로운 것을 못 배웠을까? 정말 아무것도 못 배운 것일까? 아니면 배운 것도 있었는데 인간을 검사하던 보통 방법으로 발견하지 못한 것일까? 쥐는 언어로 검사하지 않으니까 그럭저럭 잘하는데, H.M.은 말로 검사하니까 문제가 있어 보였던 것은 아닐까? 사람의 해마와 동물의 해마는 그 역할이 다른가?

결국 과학자들은 동물 연구와 환자 연구를 오락가락하면서 많은 것을 알게 되었다. 기억이 여러 종류가 있다는 것을. 해마와 그 동지들을 필요로 하는 기억이 있고, 해마를 거치지 않고도 생기는 기억이 있다는 것을. 그뿐이 아니라 아무것도 새로운 것을 기억하지 못하는 줄 알았던 H.M.조차도 자세히 보니까 기억의 흔적이 있는 것이다. 물론 본인은 의식하지 못하지만. 예를 들면 여러 번 본 단어는 왠지 좀더 친숙하게 느껴져서 좀더 좋아하는 단어라고 말하고, 자꾸자꾸 훈련하면 동작이 정확해지는데 그 수준은 정상인과 마찬가지였다. 즉 의식되지 않지만 기억으로 우리에게 남아서 우리에게 영향을 미치는 기억(절차기억, procedural memory)과 반드시 의식하지 않고는 기억했다는 것을 알 수 없는 기억(선언적 기억, declarative memory)이 있음을 알게 되었다.

지금도 사람의 건강한 뇌조직을 통해서는 행할 수 없는 실험들이 실험동물 덕택에 아주 정교하고 정확한 방법으로 이루어지고 있다. 새로운 약물이 개발되고 그 효과를 안심하고 사람에게서 기대할 수 있게 되는 것이 다 실험실 동물을 이용한 연구 덕이다. 유전자라든지 더 미시적인 과학적 지식이 발달할수록 동물 연구를 통하여 더 소중한 정보를 얻게 될 것이다.

뇌 속의 전기 합창을 듣는다

내과의사들은 뱃속에서 일어나는 일을 알아내기 위하여 청진기를 이용한다. 우리도 우리 머리에 청진기를 대면 머릿속에서 일어나는 일을 알 수 있을까? 유감스럽게도 아무런 소리가 들리지 않는다. 뇌란 빈 공간 없이 꽉 차 있다. 우리 귀로 들을 수 있는 움직임에서 오는 '소리'가 들릴 리 없다. 그럼 어떻게 할까? 뇌 속에는 소리 대신 '전기'가 있다. 그것도 아주 작은 전기 활동이 세포 사이에서 끊임없이 일어나고 있다. '전기 소리'를 들을 수는 없을까? 있다. 큰 소리, 작은 소리, 높은 소리, 낮은 소리들의 전기 합창을 들을 수 있는 방법이 있다. 청진기 대신 작은 전기 감지기를 머리에 딱 붙이면 된다. 이 전기 감지기를 통해 들리는 뇌의 전기 합창을 뇌파(Brain Wave)라고 한다. 뇌 속의 세포들이 동시에 목소리를 내면, 즉 각자 와글와글 떠드는 소리를 듣는다고 생각해보라. 소리 대신 우리는 그 전기 감지기에서 잡히는 것을 시각적으로 파형으로 그리면 된다. 전축에 쓰는 것 같은 앰프에다 연결하면 정말 소리로 만들어 들을 수도 있다.

그런데 뇌의 어디서 이 '전기 소리'가 나오는 것일까? 이를 제대로 추측하려면 전기 감지기에 해당하는 전극을 머리 여기저기 꽂아보면 된다. 아주 빽빽하게 꽂을수록 더 좋다. 물론 위치 추적을 위해서 복잡한 수학식을 적용한다. 단 너무 여러 군데 마이크를 대고 있으면 그 소리를 듣는 게 별로 의미가 없기 때문에 소리를 듣지 않고 눈으로 본다. 즉 전극의 수가 많으면 그만큼 그 전기파가 어디서 시작되었는지 추측하는 것이 더 정확해진다. 현재는 100여 개가 넘는 전극이 장치된 수영모자 같은 것을 쓰고 연구하기도 한다. 전기 신호가 머리카락을 지나 잘 잡히도록, 즉 이 전극이 두피에 딱 붙어 전기신호를 잘 듣도록 하기 위해 머리에 바르는 젤처럼 생긴 것을 전기 접합부마다 잘 발라두면 훌륭한 합창을 들을 수 있다. 머리 뒤가 먼저 소리를 내기 시작하는가, 아니면 머리 앞쪽에서 먼저 합창을 시작하는가, 그 복잡한 전기파들을 보고 뇌에서 일어나는 일을 연구하는 것이 가능한 것이다. 이 합창의 의미를 잘 이해하기 위해서, 뇌가 무엇인가 일을 하게 하면서 측정한다. 예를 들어 정확한 시점에 반복해서 특정 자극을 제시하면서 뇌파를 잰다면 그 자극을 처리하기 위해서 뇌의 어느 부위에서 언제쯤 가장 큰 전기신호가 나오는지를 확인할 수 있게 된다. 이것을 보고 사건관련전위(event-related potential, ERP)라고 한다. 전위란 진폭의 크기를 전기적으로 표현한 것이다.

이 측정방법은 몇 밀리초(msec)의 차이로 뇌에서 일어나는 활동을 측정할 수 있다. 예를 들어 우리가 문장의 단어를 하나하나 읽는 도중에 문법에 틀린 단어가 갑자기 튀어 나온다면 과연 그 단어를 보게 되자마자 몇 밀리초쯤에 어디에 있는 두개골 밑에서 이 틀린 문법에 반응을 보이는지 알 수 있다. 문법에는 맞지만 문장의 내용상 말이 안 되는 단어가 나타난다면? 이것도 대략 몇 밀리초 후에 어디에서 나타나는지를 찾아낼 수 있다. 물론 문법이 틀린 것을 제일 민감하게 반응하는 뇌 부위와 문장이 말이 안 되는 때 반응이 나오는 부위는 다르다. 뒤에 이야기할 양전자방출단층촬영(positron emission tomography, PET)이나 기능적 자기공명영상(functional magnetic resonance imaging, fMRI)과 달리 ERP는 환자나 피험자를 눕혀놓고 측정하지 않아도 된다는 장점이 있다. 편안하게 의자에 앉아서 헤드폰으로 소리를 듣거나 눈앞의 컴퓨터 화면에 나오는 단어나 그림을 보는 순간에 일어나는 뇌파의 변화를 측정하게 되면 여러 가지 뇌의 수수께끼를 풀 수 있게 된다.

요즘 새로 나온 또다른 방법은 MEG라는 방법이 있다. MEG란 'Magnetic Encephalography'란 단어의 약자인데 이것은 앞에서 말한 ERP와 유사한 방식으로 뇌의 활동을 측정한다. 그런데 수영모자를 쓰지 않고 헬멧을 쓴다. 이 헬멧은 뇌의 전기 합창을 엿듣는 것이 아니라 전기 합창이 유발시키는 자기장의 변화를 헬멧으로 감지하는 것이다. 그 헬멧같이 생긴 기계 안에는 무척 복잡한 튜브가 역시 수십 개 숨겨져 있어서 각각의 튜브는 바로 밑에서 일어나는 자기장의 변화를 민감하게 탐지한다. 복잡한 프로그램을 통해서 이 튜브들의 신호를 다 종합하면 결국 뇌의 어디에서 무슨 일이 일어나고 있는지를 예측할 수 있다. 자기장의 변화는 뇌 전기의 변화만큼 빠른 속도로 변화하기 때문에 MEG도 수밀리초 단위로 뇌 활동의 변화를 읽어낸다. ERP보다 훨씬 더 비싼 고가장비인 이 기계는 그 전기 활동의 진원지가 어디인지를 좀더 확실하게 잡아내는 장점이 있다. 뇌 심부에서 일어나는 활동에는 그 민감성이 떨어지기는 하지만 피질에서 일어나는 신호에 대해서 위치를 찾아낼 때는 효과가 좋다. 예를 들어, 소리를 들으면 정확하게 청각피질의 어디쯤에서 전기적 변화가 일어나는지를, 헬멧 속 어디의 특정 탐지기들 근처에서 자기장의 변화가 민감하게 탐지되었는가를 찾아낼 수 있고, 그러면 역으로 계산해서 청각피질의 어디가 발원지인지를 찾아내는 것이다.

    ERP나 MEG는 어린아이들에게도 사용할 수 있고, 앉아서 측정할 수 있으며(누운 피실험자를 연구하는 것보다 훨씬 자연스러운 자세이다), 무엇보다 뇌에서 일어나는 활동의 변화를 몇 밀리초 단위로 잡아낼 수 있다는 장점이 있다. 이것보다 더 느린 활동만을 탐지할 수 있는 기계로는 찾아내지 못하는 복잡하고 미묘한 정신활동이나, 자극이 뇌에 들어오는 순간부터 수백 밀리초 사이에 일어나는 빠른 뇌 활동의 변화들을 연구하기에 유리하다. 이런 방법들은 어디서 그 전기적 합창이 시작되는지 그 위치를 파악하는 것이 늘 문제인데 MEG는 이 단점도 나름대로 극복하면서 발전하고 있고, ERP는 전극수를 늘려서 이 문제를 극복하고 있다.

뇌의 활동을 영상 지도화한다

우리는 영상으로 현상을 관찰하는 것의 장점을 잘 알고 있다. 사진으로 얼굴을 찍어보라. 그 사람이 어떻게 생겼다는 것을 아는 데 몇 마디 말이 필요가 없다. 두 미간 사이가 몇 센티미터이고, 눈은 몇 도가 처졌는지, 입과 코 사이는 얼마 떨어져 있고, 점은 코에서 얼마 떨어진 곳에 있다고 말할 필요가 없는 것이다. 더군다나 얼굴이 웃는 모습을 찍어보라. 가만히 있는 얼굴과 웃는 얼굴의 차이를 또 얼마나 잘 느낄 수 있는가.

우리 뇌도 마찬가지다. 자기의 뇌가 어떻게 생겼는지 알고 싶으면 사진을 찍으면 된다. 우리의 보통 광학 카메라나 디지털 카메라가 아닌 특별한 기계로 (주로 병원에 있고 찍는 데 많은 돈이 든다. 아무나 찍어주지도 않지만) 누워서 찍는다는 것이 다르지만. 상상해보라. 여러분의 머릿속에 있는 것이 어떻게 주름 잡혔는지, 어디쯤이 좀 못생기게 찌그러져 있지는 않은지 궁금하지 않은가. 이런 주름까지 잘 찍어주는 기계가 있는데 이것이 자기공명영상, 즉 MRI(magnetic resonance image)라는 것이다. 우리는 운이 좋아서 첨단과학의 시대를 살고 있다. 내 머릿속에 있어서 절대 죽기 전에는 꺼내놓고 볼 수 없는 (죽은 다음에 나는 볼 수도 없지만) 우리의 내장을 편안하게 앉아서 찍어서 우리 눈으로 확인해볼 수 있는 그런 시대에 살고 있다. 뇌뿐만이 아니다. 영상 의료기기 발전의 힘이다.

뇌가 어떻게 생겼는지는 이렇게 MRI로 찍으면 더할 수 없이 좋다. 일종의 엑스레이 원리로 찍어서 2차원 영상을 재구성하면 내 뇌의 단층 사진을 볼 수 있는 CT(computerized tomography)라는 방법도 마찬가지로 뇌의 생긴 모습을 보는 방법이다. 그런데 뇌가 두개골 속에서 어떻게 활동하는지를 찍으려면 어떻게 하면 좋은가? 즉 뇌의 어느 쪽 머리를 여러분이 열심히 쓰고 있는지, 여러분이 무서울 때는 뇌의 어느 부분이 왕성하게 활동하기 때문인지, 기억나지 않는 사람의 이름을 기억하려고 애쓸 때는 또 어디를 열심히 쓰고 있는지, 또는 써야 할 곳을 못 쓰고 있는지 궁금하지 않은가? 과학자들도 이런 것이 무척 궁금하다. 뇌의 '생김' 처럼 뇌의 '활동' 도 찍을 수 있겠는가 말이다.

그럼 실제적으로 기능을 이해하기 위하여 과학자들은 무엇을 재는가? 과학자는 뇌 활동이 어디서 일어나는가를 추적하는 방법을 생각해냈다. 활동이 있는가 없는가 하는 1차원적인 정보가 필요한 것이 아니라 뇌의 어디에서 활동이 있는지를 확인하는 것이 중요하다. 그래서 뇌 활성화 '지도' 라는 표현이 나온다. 즉 음식을 볼 때 활성화되는 영역의 '지도' 와 애인을 생각할 때 활성화되는 '지도' 가 다를 것인가의 문제이다. 좀더 현실적이고 과학적인 표현을 쓰자면 내가 글을 읽을 때의 뇌 '지도' 와 내가 클래식 음악을 들을 때의 뇌 '지도' 가 다를까. 대답은 분명히 '그렇다' 이다. 내가 글을 읽을 때는 시각 정보 처리를 주로 담당하는 동네와 언어를 담당하는 동네가 분주해지는데 내가 클래식 음악을 들을 때는 소리를, 그것도 복잡한 소리를 처리하는 동네가 분주해질 것이기 때문에 확실하게 지도가 달라지는 것이다. 무슨 지도가? 전체 국토에서 분주한 동네만을 표시해놓은 지도가 말이다. 전체 국토 지도야 달라질 것이 없다. 즉 뇌의 구조, 해부학적 특성은 달라질 것이 없어도 뇌가 바쁘게 활동하는 곳을 표시한 지도는 달라질 것이라는 것이다. 이 바쁜 동네를 표시해놓은 지도를 우리는 '뇌의 기능 지도(functonal mapping)'라고 한다. '바쁜' 즉 활동이 왕성한 영역을 확인함으로써 뇌가 기능하는 것을 영상화한다는 말이다. 기능해부학을 연구하는 중요한 방법이다.

혈류에 꼬리표를 붙인다

그럼 이제부터 이 뇌라는 국토 위에서 분주한 동네를 어떻게 알아내고 분주한 동네에 대한 지도가 나오겠는가를 생각해보기로 하자. 여기에는 여러 가지 방법이 있고 그 정보도 다르다. 그리고 우리가 알고자 하는 정보가 무엇인가에 따라서 어떤 종류의 분주함을 탐지할 수 있는가도 다르다. 정말로 뇌가 바쁘면, 뇌가 활동하면 어떤 일이 있는가를 생각해보자. 뇌의 어떤 부분이 바쁘면(뭐 하느라고 바쁜지는 나중에 생각해보기로 하고) 무슨 일이 일어날 것이라는 단서를 알아야 뇌의 바쁜 활동을 '찰칵' 찍을 수 있다. 뇌의 세포, 특히 신경세포가 바쁘면 무슨 일이 일어나는가를 이용하는 것이 과학자들의 방법이다.

뇌의 세포가 정보 처리를 하느라고 바빠지면 산소와 영양분 소비가 순간적으로 급증한다. 이를 충족시키느라고 특정 뇌 영역에 모세혈관의 혈류가 증가하는 일이 일어난다. 뇌의 바쁜 동네를 알아낼 수 있는 한 방법이 뇌의 어디로 피가 쏠리는가를 보는 것이다. 그럼 어떻게 피가 몰려드는 것을 찾아낼 수 있을까? 그것은 뇌를 많이 써야 할 시간 직전에 몸에 특별한 물(식염수)을 넣은 정맥주사를 놓는 방법으로 가능하다. 정맥을 통하여 심장으로 들어간 물은 다시 온몸으로 퍼진다. 그런데 뇌는 언제나 몸의 어디보다도 혈액의 공급을 많이 받기 때문에 이 특수 물이 혈관을 타고 뇌로 들어가는 것은 수초 내에 이루어진다.

이 특수 물은 무엇인가. 학교에서 물은 수소 두 분자와 산소 한 분자로 만들어진 것(H_2O)이며, 이때 산소의 원자가가 16이라고 배운 것을 독자들은 기억할 것이다. 아주 고도의 기술로 ^{16}O이 아닌 ^{15}O인 산소로 이루어진 물을 만들면 이는 물과 성격이 똑같은데 딱 하나만 다른 물이 된다. 일시적으로 매우 불안정한 형태라는 점이 다르다. 즉 ^{16}O이 아닌 ^{15}O로 물 분자 약간을 보통 생리식염수에 섞

생각상자

과학에서 진짜로 가능한 일들

1. 공상과학영화나 소설에서는 뇌를 기계에 연결하면 그 사람의 기억 속에 있는 것, 생각하는 것, 꿈이 화면으로 그대로 나타나는 장면이 종종 등장한다. 그러나 진짜 과학에선 그런 일은 가능하지 않다. 현재 과학적으로 생각하건대 뇌가 활동의 결과로 우리 의식에 떠오른 '사고의 내용'은 결코 화면으로 재생할 수 있는, 단순한 영상으로 재생될 수 있는 방식으로 뇌에 표현되지 않는다. 진짜 과학의 세계에선 그 사고의 내용을 생각하는 동안 우리의 뇌가 어느 자리를 열심히 쓰고 있는지는 읽어낼 수 있다. 뇌의 A라는 자리와 B라는 자리를 열심히 쓰는 중에는 여러분이 통닭을 생각하는지 햄버거를 상상하는지 구별할 수는 없다. 음식을 생각하는지 애인을 생각하는지는 구별할 수 있을까? 글쎄, 나중에 좀더 이 분야가 발전하면 그것은 가능할 것이지만(음식을 생각할 때 활성화되는 뇌 부위와 이성 애인에 대해 생각할 때 흥분되는 제3의 영역이 뇌에서 다르다면 말이다). 그 내용이 뇌에 어떤 활동 형태, 즉 어떤 지문을 남길 것인가 하는 것은 뇌 활동의 내용에 따라 그 대답이 달려 있다. 그 내용마다 다른 지문, 즉 특정 형태의 활동 형태가 있기에 우리의 뇌는 그 제한된 용적 안에서 처리할 내용이 너무 많다.

어서 몸속에 넣어주면 물과 똑같이 피에 섞여 뇌로 가는데, 뇌로 간 ^{15}O은 금방 에너지를 내면서 소멸한다(이 과정은 좀 복잡한데, 방사선 동위원소 ^{15}O라는 불안정한 형태가 주변 뇌조직에 풍부한 전자랑 충돌할 때 에너지가 나온다. 그리고 자기 자신은 안정된 형태가 되는 것이다).

중요한 것은 이때 혈류를 타고 뇌로 들어간 ^{15}O이 머리에 골고루 퍼지겠지만, 그래도 당장 피를 많이 쓰는 곳에서 많이 발견될 것이다. 그래서 거기서 에너지를 내주고 자신은 안정된 상태로 바뀌는

---

2. 무엇을 제대로 알아내려면 같은 실험을 반복해야 한다. 같은 조건에서 반복해서 찍고, 또 여러 사람 것을 찍고 그런 결과를 모아서 통계 처리를 해봐야 비로소 과학자들은 결론을 내린다. 환자 한 명의 특수한 병적 현상을 알아내는 게 목적이 아니라면 이런 통계적 방법이야 과학자가 진리를 찾아가는 가장 유용한 방법 중의 하나이다. 그만큼 과학자들에게는 다수의 대상에서 여러 번 반복해서 관찰하고 나서 확률적으로 우연일 리가 거의 없다고 확신이 서야 겨우 하나를 발표하고 그 결과를 과학세계에서 공유하는 것이다. 이런 절차를 통해 매해, 매달 꽤 확고한 진리가 쌓여간다. 물론 다른 과학자가 똑같은 조건에서 연구하면 똑같은 결과를 얻을 수 있어야 한다.

TV의 프로그램을 보면 종종 한 명, 또는 서너 명의 지원자를 데리고 무엇인가 보여주고, 말하고자 하는 바를 주장하는 것을 볼 수 있다(물론 이전에 확증된 바가 있는 것을 예시로 보여주는 것이라면 이것도 괜찮다). 그러나 이런 일회성 예로는 귀납적으로 과학적 결론을 끌어낼 수 없다.

이런 프로그램과 실제로 과학자들이 수행하는 과학과의 차이가 여기에 있다. 진짜 과학에서는 다수의 경우(자원자, 관찰치)로부터 결과를 관찰하고 그런 결과가 우연히 나왔을 가능성을 가능한 한 배제한다는 의미로 통계적 방법을 동원하여 확률적 결론을 내린다.

것을 이용하는 것이다. 즉, 바쁜 동네에 몰리는 바로 그 순간 우리는 '단서'를 잡는 것이다. 피가 어디에 많이 몰렸는지 '꼬리가 길어서' 잡히듯이 ^{15}O 원자가 에너지를 남기고 사라지기 때문에 우리가 포착할 수 있게 된다. 이런 촬영을 하는 기계는 원통형처럼 생겼다. 그 원통형 안에는 순간적으로 나오는 눈에 안 보이는 에너지를 탐지하는 탐지기가 감추어져 있다. 에너지가 나온 방향을 추적하면 어디서 나온지를 추측할 수 있게 된다. 즉 어디에 혈류가 몰려 있었는지를 추측하는 방법이다. 이는 양전자방출 단층촬영 PET(Positron Emission Tomography)이라고 하고 ^{15}O water를 쓴다고 하여 ^{15}O PET 또는 water PET이라고도 하며 뇌의 활성화(activation)를 알아본다고 해서 활성화 PET(activation PET)이라고도 한다.

1분은 찍어야 혈류가 몰리고 그때 몰린 에너지의 위치로 혈류의 꼬리를 잡는 것이 가능하다. 기억과제를 하는 동안에 이런 식으로 찍고, 단순 통제 과제를 하는 동안에 찍고, 그 두 조건 간의 혈류 분포를 알아내서 그 차이를 통계적으로 잘 비교해보면 기억이 필요한 순간에 어디에 피가 더 몰려 있는지를 알아내게 된다. 어차피 쉬지 않고 분주한 뇌를 그래도 덜 바쁠 때(단순한 과제를 할 때)와 아주 바쁠 때(기억을 새로 만들 때)를 각각 찍은 뇌 사진을 잘 비교하면 바쁠 때 어디를 더 썼는지 알 수 있게 된다. 이때 바쁜 이유가 뭐였는가는 연구자가 알고 있으면 된다. 기억을 하느라고? 언어를 듣느라고? 그림을 보느라고? 정서를 느끼느라고? 어디에 혈류가 왜 더 몰렸는가를 잘 연구해보면 그 혈류가 몰린 자리가 바로 기억에, 언어에, 시각 정보 처리에, 정서에 중요했다는 것을 알게 되는 방법이다.

이 방법은 꼬리표를 붙이는 방법 중에서는 그래도 꽤 일찍 약 20여 년 전에 나왔다. 그 이후 정말 많은 연구가 이루어졌다. 시각 기능이 어디 있는지 확인했고, 손을 움직일 때 정말로 운동피질로 피가 몰리는 것을 확인했다. 손상을 입으면 실어증에 걸린다고 알려진 영역에 말을 하는 동안 피가 몰리는 것도 확인했다. 정말 바쁜 20여 년이었다. 한 100년 전부터 환자를 통해서 알던 것을, 동물을 통해서 알던 것을 정상인에서 다 확인해보느라고 바쁜 세월이었다.

이렇게 이 방법은 뇌의 기능을 확인하는 데 아주 유용하게 쓰인다. 우선 주사를 맞아야 한다든지, 아주아주 소량이긴 하지만 방사선 동위원소를 써야 하기 때문에 어린아이나 임신부에게는 적용하지 않는 연구법이지만 여러 가지 장점이 있다. 뇌 활동을 '뇌 국소 혈류 증가'라는 단순한 생리적으로 지표로 환원시켜 정신활동을 약 1~2분 정도 유지하는 중에 왕성하게 쓰이는 부분을 잘 잡아낼 수 있다. 특별히 신호가 강하거나 약한 곳이 없고, 뇌에 피가 골고루 가는 곳이면 다 알아낼 수 있다. 이것을 찍는 기계는 에너지를 탐지하는 기계이기 때문에 별로 시끄러운 소음을 내지도 않고, 기계 주변으로 금속성이 있는 것을 가져가도 큰 문제가 없다. 앞뒤가 뚫린 원통형 기계 속에 침대가 들어 있는데 이 원통형 기계의 깊이가 별로 깊지 않아서 그 속에 누워 있을 때 답답함을 느낄 필요도 없다 (여기 열거한 문제는 나중에 설명할 MRI, fMRI를 찍는 기계의 까다로운 점이다). 특히 빨리빨리 변하는 정신활동이 아닌 1~2분 지속되는 정신 또는 정서 상태를 유지하면서 찍는 데는 바로 이 혈류에 꼬리표를 붙이는 방법이 좋다. 약간의 단점이라면 뇌의 해부학 사진을 이 기계가 동시에 찍지 못하기 때문에 필요하다면 다른 데(MRI 기계 같은)서 그 사진을 찍어 활동, 즉 기능을 찍은 사진과 구조를 찍은 사진을 합성해야 한다는 것(별로 어려운 문제는 아니다), 그리고 혈류 분포를 에너지 분포로 찍어낸 사진이라 공간 해상도가 나

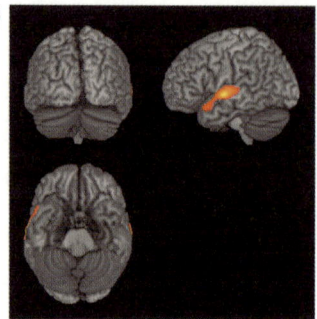
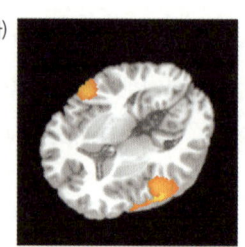

[그림 1] 가) 잡음에 비해서 사람의 말소리(모국어)를 듣는 동안 혈류가 증가하는 영역을 3차원으로 표현된 뇌 위에 표시하였다. 주로 혈류가 모이는 위치를 상측두회라 한다. 특히 왼편의 뇌에서 더 많은 활동의 증가가 보인다. 나) 상측두회가 보이는 위치로 뇌를 자른 단면의 영상에 뇌 활동이 증가한 부위를 표시한 그림이다.

쁘다는 단점이 있다. 물론 국내에 최신 기계가 속속 도입되어 혈류나 당 대사를 찍는 기계가 CT도 동시에 찍고 있다. CT와 PET가 붙어 있는 기계(PET-CT)가 생겨서 MRI는 아니더라도 CT는 동시에 찍어 해부학 영상과 기능 영상을 통합할 수 있게 되었다. 누가 알랴. 몇 년 뒤에는 또 무슨 기계가 나올지. 필요는 발명의 어머니라 했으니.

뇌의 당분 공급, 소비자 현황을 파악한다

위에 소개한 국소 혈류의 증가를 방사선 동위원소를 꼬리표를 붙여 확인하는 방법은, 그 방사선 동위원소(^{15}O)가 대단히 빨리 사라지기 때문에 뇌의 보다 장기적인 상태를 알기는 힘들다. 그래서 어떤 단순한 상태와 인지 기능을 쓰는 더 복잡한 상태의 차이를 알아내는 데 주로 쓰인다. 그러기 때문에 여러 번 찍어야 하고 꼭 두 개 이상의 상태, 조건이 있어야 한다.

그렇지만 우리의 뇌 상태는 언제 찍어도 별 차이가 없는 그런 지표도 있다. 당신과 내 뇌의 차이. 생긴 모양의 차이가 아니라 늘 많이 쓰는 자리와 늘 적게 쓰는 자리가 다를 수가 있지 않겠는가. 당신과 나의 차이가 다 건강한 정상 성인이라서 별로 큰 차이가 없을 수도 있겠다. 그렇지만 당신이 80세의 건강한 노인이라면? 가만히 있는 동안의 뇌의 상태가 20대 건강한 젊은이의 뇌와 같을 리가 없다. 다섯 살 먹은 건강한 어린이의 뇌는 또 얼마나 다를까. 즉 나이 때문만이라도 우리의 뇌는 어릴 때 왕성한 부위와 평생 별 차이가 없는 부위와 나이 들면 왠지 덜 활동하는 부위가 있다. 거기에 치매

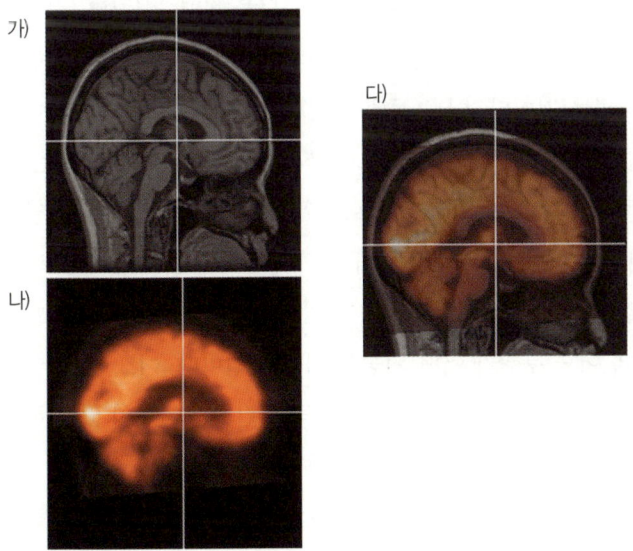

[그림 2] (가) MRI 영상을 이용하여 찍은 뇌의 해부학적 사진. 정중앙을 좌우로 자른 시상 단면. (나) 혈당의 사용 정도를 촬영한 FDG-PET 영상. 혈당의 사용이 높은 피질은 밝게, 혈당이 쓰이지 않는 부위(뇌실, 백질 등)는 상대적으로 어둡게 나타난다. (다) FDG-PET(나)와 자신의 MRI 사진(가)을 정밀하게 합성한 사진. 이런 사진을 이용하여 혈당이 더 쓰이고 덜 쓰이는 피질의 위치를 정확하게 파악할 수 있다.

가 걸린 노인 환자라면 어떨까. 기억하는 동안 찍고 단순과제를 하는 동안 찍지 않고의 문제가 아니라 그냥 아무것도 하지 않고 있는 동안 찍어도 뇌의 어느 부위가 활동을 하고 있지는 않을까? 우리는 이런 차이를 역시 기능 영상으로 찍을 수 있다. 이때는 빨리빨리 변화하는 혈류의 변화를 찍는 것이 아니다. 뇌가 활동할 때 혈류 속에 혈당이 공급되는데 바로 그 혈당/당대사의 뇌 분포를 찍는 것이다. 세포가 왕성한 활동을 하는 자리는 어차피 혈당을 많이 쓰지만, 뇌 조직에 문제가 생긴 부분은 너무 많이 쓰거나 거의 안 쓰거나 하는 일이 생긴다. 이렇게 혈당에 꼬리표를 붙일 수는 없을까? 있다. 물에 꼬리표를 붙여서 정맥에 주사하면 뇌 혈류의 분포를 볼 수 있는 것처럼 혈당에 꼬리표를 붙여서 그 포도당을 정맥주사하면 뇌의 에너지 소비 형태를 지도화할 수 있다. 즉 뇌 각 동네의 소비자 현황이 파악되는 것이다. 어느 동네에 혈당의 소비가 몰려 있고, 어느 동네의 소비가 평소와 달리 소비가 급격히 떨어져 있다든지 하는.

그 동네(뇌의 특정 영역)가 평소에 무엇을 하던 곳인지를 잘 알고 있다면 어느 동네 소비자가 소비를 하지 않는다는 것이 무슨 의미인지 알게 된다. 우리는 각 동네의 의미(기능해부학)를 좀 알고 있다. 뇌의 어느 부위가 어떤 기능을 하는지 말이다. 어느 치매 환자를 찍었는데 두정엽이라고 부르는 시공간 감각과 관련이 있는 부분에 수상하게 혈당 소비가 떨어져 있다면 나름대로 의심되는 증세가 있을 수 있을 것이다. 기억에 관여하는 측두엽에 그런 혈당 저하가 나타났다면?

이렇게 혈당에 꼬리표(방사선 동위원소)를 붙이는 것은, 혈당의 유사물질인 FDG라는 물질을 쓴다고 해서 FDG-PET이라고 한다. [18]F이라는 방사선 동위원소는 조금 전에 설명한 [15]O 분자와 달리 몸에 흡수되어 빨리 사라지는 물질이 아니다. FDG 주사를 맞고 약 30분 정도 기다리는 동안 뇌에 축적된 것을 약 30분 내지 1시간(최신 기계는 훨씬 빨리 찍기도 하지만) 잡고 서서히 찍을 수 있다. 즉 뇌의 순간순간의 변화라기보다는 약 30분 동안(별다른 과제를 수행하지 않고 촬영을 기다리는 동안) 뇌의 혈당 소비 현황을 찍는 셈이다. 이 방법은 몸의 암세포를 찾아내는 방법과 똑같다. 이것은 암세포가 유독 혈당을 많이 쓰기 때문에 몸속의 작은 암 덩어리를 찾아내는 데도 유용한 방법이다. 머리는 워낙 혈당을 많이 쓰기 때문에 뇌 회백질 전체에서 신호가 나오지만 단 정상인의 신호랑 환자의 특정 부위의 신호 정도에 차이가 있는지, 나이에 따라 차이가 있는지, 동일한 사람에게서 좌우에 비정상적인 차이가 있는지, 특정 지적 기능에 따라 정상인 중에서도 차이가 있는지 등을 구별하는 방법으로 유용하게 쓰일 수도 있다.

이런 측정법을 사용한 예를 살펴보자. 심한 청각상실(농아)일 경우에, 그 전농의 이유가 달팽이관(와우관)의 문제라면, 요즘 기술의 발달로 시기를 놓치지 않고 이식을 하면 다시 소리를 들을 수 있게 되는 인공 달팽이관이라는 기막힌 의료장비가 있다. 그런데 이 인공 달팽이관을 이식하고 나서 말을 할 정도로 말소리를 잘 듣게 되는 환자가 있는가 하면, 어떤 농아 환자는 수술이 성공해도 말을 그냥 '소리'로만 들을 뿐 '말소리'로 못 듣는 경우도 있다.

무엇 때문에 이런 차이가 생기는 것일까. 혹시 수술 전부터 두 환자의 뇌가 근본적으로 좀 다른 것은 아니었을까. 아무리 생긴 모습의 차이가 없어도 뇌가 쓰이는 방식이 근본적으로 달랐던 것은 아닐까, 등등의 질문을 의사와 과학자가 함께 던지는 것이다. 이런 질문에 답하기 위해서는 뇌가 빨리빨리 변하는 것을 찍는 것이 아니라 거의 '상태'에 해당하는 것을 찍어야 할 것이다. FDG-PET이 바로 이런 점을 잘 나타내는 영상이다.

이외에도 SPECT(단일광자방출전산화 단층촬영, Single Photon Emission Computerized Tomography)라고 혈류 상태를 보는 방식이 있으나 여기에서는 설명을 생략하겠다. 이런 기능 영상을 잘 이용하면 우리는 의학적으로 대단히 중요하고, 심리학적으로도

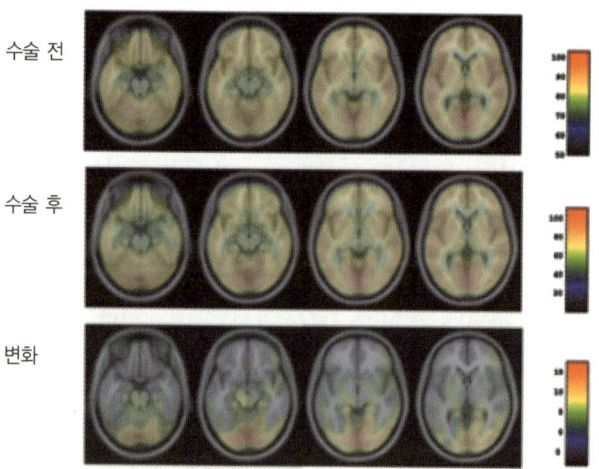

[그림 3] (이식수술 전) 달팽이관 이식수술을 하기 전 한 청각장애 아동의 뇌 상태. 뇌가 혈당을 사용하는 정도에 대한 분포를 영상으로 나타냈다. 많이 쓸수록 파란색에서 붉은색으로 표시했다. (이식수술 후) 동일한 어린이가 인공 달팽이관 이식수술을 하고 1~2년이 경과한 후의 뇌 상태. 언뜻 눈으로 보아서는 어떤 변화가 생겼는지 확인하기 어렵다. (변화) 이식수술 후의 혈류 사용 상태의 영상과 이식수술 전의 영상을 비교하여 그 변화의 폭과 방향을 다시 색의 차이로 표시한 영상. 붉은색으로 표시한 영역은 이식수술 후 수술 전보다 더 많이 쓰게 된 자리로 추측된다. 이 청각장애 아동의 경우, 이식수술 이후에 특히 시각피질 영역의 활동이 증가한 것으로 보아 환경에 적응하기 위해 이전보다도 더 시각을 많이 사용하였을 것으로 추측된다. 이 청각장애 아동 환자의 경우 인공 와우관 이식 후에 불행하게도 소리는 들어도 말소리로 알아차리는(입 모양을 보지 않고) 검사에서 거의 0점을 받았다. 즉 이 환자는 이식 후에 성공적으로 청각 언어를 사용하는 데 실패한 것이다.

중요한 인간의 지적인 능력, 감각 능력과 관련해서 중요한 지식을 얻게 된다.

산소의 과잉 공급을 추적하라

방사선 동위원소 이야기를 좀 떠나서 다른 방식의 추적 전략을 살펴보자. 뇌의 해부학적 특성을 잘 찍어낸다고 소개한 바 있는 MRI는 우리 몸속에 있는 수소 분자의 특성을 잘 이용해서 찍는 것이다. 수소 분자가 무슨 상관이 있는가? 뇌의 백질과 회백질에는 이 수소 분자의 밀도가 전혀 다르다. 그래서 수소 분자로부터 나오는 신호의 밀도 차이가 곧 뇌의 조직을 그대로 잘 재현하게 되는 것이다. 그러나 이것은 뇌의 '모습' '생김', 즉 구조에 대한 정보이지 기능에 대한 정보는 아니다(물론 기능을 유추할 수 있다. 지적 능력이 높거나 낮은 사람은 뇌의 특정 부위의 크기가 크거나 작지는 않은지 등을 연구하면 말이다).

이렇게 구조를 찍는 데 쓰이는 MRI를 잘 이용하면 이번엔 같은 기계로 같은 자리에서 이어서 '활동', 즉 '기능'을 찍을 수 있다. 한 기계에서 한 사람의 구조 영상과 기능 영상을 찍어낸다는 것은 대단히 중요한 장점이다. 어려움 없이 두 영상을 합치면 그 기능이 어느 구조 위에서 일어나고 있는지 정확하게 집어낼 수 있기 때문이다(물론 요즘은 공학적 알고리즘이 잘 발달하여 어떻게 찍어도 큰 어려움이 없지만 한 15년 전쯤에는 정말 중요한 장점이었다). MRI로 기능(function)을 찍는 영상이라고 해서 'f'가 붙어서 우리가 'fMRI'라고 부르는 이 기능적 자기공명영상은 우리 뇌의 묘한 부조화를 이용한 것이다.

위에서 뇌의 한 동네가 바빠지면 그쪽으로 혈류가 일시적으로 증가한다고 소개한 바 있다. 이때 혈류만 증가하는 게 아니라, 혈당도 증가하고 산소 공급이 증가한다. 뇌세포에 산소가 혈류를 통해서 공급되려면 잘 알려진 대로 헤모글로빈이라는 것이 작용하게 된다. 즉 바쁜 동네를 지나는 핏줄 속에 산소와 결합된 헤모글로빈이 많아지는 것이다. 이상하게도 정말 필요(수요)한 것보다도 더 많이 공급되는 현상이 있는데, 물론 오래가지는 않고 다시 수요 공급의 균형이 맞춰진다. 그래서 그 뇌조직이 계속 분주하다 해서 과잉 공급 시기가 계속되는 것도 아님에 주의하자. 이때 산소와 결합된 헤모글로빈은, 철 이온과 결합되어 있는 것인데 산소를 넘겨주고 이산화탄소를 받은 헤모글로빈과 철 이온과의 결합 상태가 달라서 자기장에 영향을 주는 속성도 다르다. 철이 자기장에 영향을 준다는 것은 여기서 또 중요하지만 지당한 사실. 즉 MRI는 자기장의 속성을 고도로 이용하여 찍는 기법이다. 산소와 결합한 헤모글로빈과 이산화탄소와 결합한 헤모글로빈에서 농도 차이가 생기면, MRI가 찍을 수 있는 신호의 강도 차이가 생긴다. 활동이 왕성한 뇌조직 주변을 지나는 모세혈관에 결국 일시적으로 산소(+헤모글로빈)가 과잉 공급되는 순간이 생기게 되고 이것을 포착하면 뇌의 어느 동네가 지금 분주한가 하는 귀한 정보를 '지도화' 하게 되는 것이다.

방사선 동위원소를 만들어야 하는 어렵고 비싼 기술도 필요 없고, 실험에 참여하거나 검사에 참여하는 사람이 정맥주사를 손등에 맞고 있을 필요도 없이 여전히 뇌 '활동사진'을 찍는 것이 1990년대 후반부터 실질적으로 가능해지게 되었다. 말 그대로 활동사진이다. 몇 분에 걸쳐 한 장을 찍어내는 것이 아니라($H_2^{15}O$ PET나 FDG-PET처럼) 매 1~3초마다 뇌 전체를 한 프레임씩 계속 찍으니 이게 활동사진이 아니고 무엇이란 말인가. 이 활동사진을 분석해보면 우리의 혈류 속 산소 공급 수준, 전문용어로 'BOLD(Blood Oxygenation Level Dependent) 신호'라는 것이 뇌가 왕성한 활동을 하기 시작한 순간부터 서서히 올라가기 시작해서 4~8초 정도 증가하다가 12~16초 정도 지나면 다시 평형으로 돌아오면서 신호가 제자리로 돌아오는 것을 볼 수 있다. 그러므로 약 30초마다 연구 조건을 바꾸어주어야 신호를 잘 잡을 수 있다. 그래서 학자들은 약 30초 기억과제, 이어서 약 30초 통제 과제, 다시 약 30초 기억과제…… 이런 식으로 과제를 계속 이어서 반복해야 가장 효율적인 BOLD 신호의 상승 하락 곡선을 얻을 수 있는 것이다. 물론 요즘 분석 방법이 달라져서 30초씩이나 같은 과제를 할 필요가 없는 이벤트 fMRI라는 방식도 있다.

BOLD 신호를 이용하여 MRI 기계를 이용해서 8~10분 정도 신호의 오르락내리락을 연속으로 추적해서 계속 찍어낼 수 있는 fMRI는 뇌의 산소 과잉 공급의 꼬리를 잡아 뇌 활동을 확인하는 방법이다. 그리고 많은 데이터 점(data point)을 얻기 때문에 분석에 시간이 걸리기는 하지만 좋은 신호, 좋은 통계 결과를 얻을 수 있는 장점이 있다. 공간 해상도도 아주 뛰어나다(1밀리미터 내외). 시간 해상도도 기술의 발전으로 계속 높아지고 있어서 500밀리초의 차이를 가지고 변화하는 사건을 탐지해서 지도상에 활성화 위치가 다르다는 것을 보여줄 수도 있을 정도이다. 이 연구법을 인지심리학자들이 좋아하는 것이 당연해 보인다.

fMRI를 좀더 자유롭게 쓸 수 있게 되면서 fMRI를 이용한 뇌와 인지과정의 기제를 연구하려는 실험이 폭발적으로 증가하고 있다. 이는 세계적인 추세이며 우리나라도 최근 몇 년 동안 이에 대한 연구와 연구자가 증가하고 있다. 하지만 여전히 기계가 비싸고 대부분

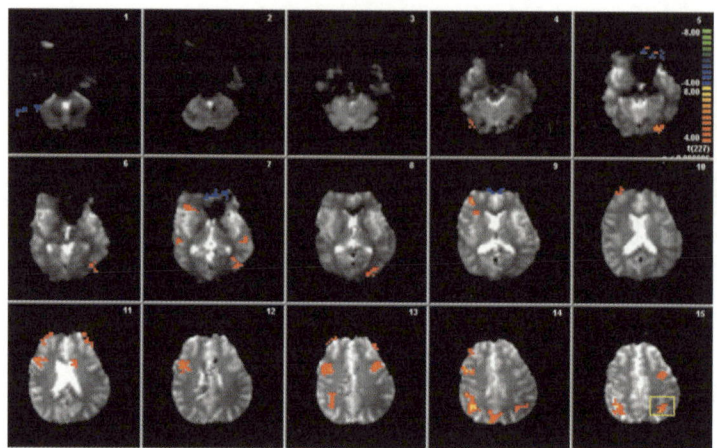

[그림 4] 한 참여자의 fMRI 방식으로 찍은, BOLD 신호로만 합성한 뇌 사진. 모두 단면 영상을 밑에서 위로 차례로 나타냈다. 화면의 위가 앞쪽, 아래가 뒤쪽, 왼쪽이 뇌의 왼쪽이다. 이런 뇌영상 위에 잠시 동안 보여준 자극을 기억했다가 10∼12초 정도 뒤에 아까 본 것을 기억해내는 과제(작업기억과제)를 여러 번 반복하는 동안 fMRI 신호가 큰 폭으로 변화하였던 자리만 색으로 표시하였다. 적색은 과제 동안 신호가 증가한 자리, 청색은 반대로 신호가 감소하였던 자리를 나타낸다. 이 중 충분히 변화가 큰 신호가 덩어리로 나온 곳(그림에 박스로 표시)을 잘 조사해보면 이 BOLD 신호가 어떻게 변화하였는지를 추적할 수 있다([그림 5] 참조).

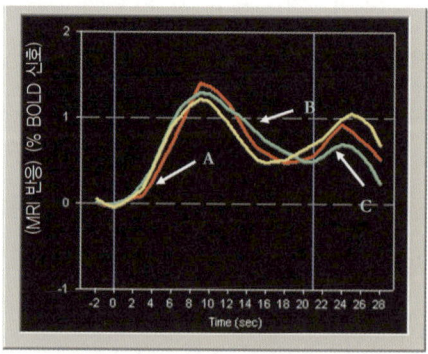

[그림 5] [그림 4]에서 박스로 표시된 영역의 신호의 평균. 기억해야 할 내용을 보는 동안(A, 처음 6초 동안의 자극으로 인하여 시작된 증가) 신호가 크게 증가하기 시작하여, 화면에서나 헤드폰에서 아무것도 보이지 않고 들리지 않는 수초 동안(B) 활동이 감소하였다가 다시 답이 나오면 그것을 보고 맞추는 동안(C) 신호가 증가하였음을 알 수 있다. 그림의 세 개의 다른 선은 다른 종류의 기억 내용을 나타낸다.

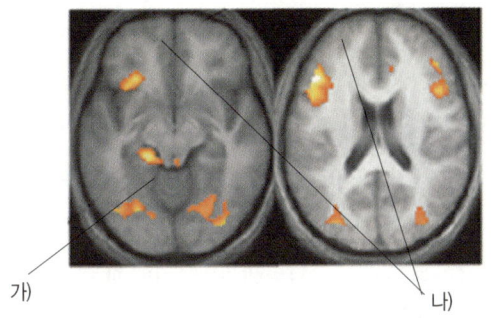

가) 나)

[그림 6] 16명의 참여자의 뇌를 평균한 MRI 절편 사진 위에 뇌 활성화 양상을 나타낸 사진. 참여자들 모두가 짝으로 제시된 그림을 보느라고 시각 관련 영역의 혈류 산소 공급이 증가하였을 뿐 아니라 본 것을 기억에 저장하느라고 해마(가)나 좌측 전전두 영역(나)을 많이 쓴다는 것을 알 수 있다.

의 기계가 병원에서 의료용과 환자 진료용으로 쓰이고 자유롭게 연구하는 데 쓰이지 못하고 있다. 선진국처럼 연구용 MRI가 연구소나 대학 캠퍼스에 설치된다면 아직도 해결해야 할 뇌의 수수께끼를 다음 세대 과학자들은 풀 수 있을 것이다.

물론 이 기계가 연구자의 꿈을 실현하는 기계는 아니다. 실제로 이 기계는 머리의 공기 주머니 근처(코 위, 귀 위)에서 신호가 잘 안 나오고, 기계가 자기장 펄스를 때리느라고 끊임없는 큰 소음을 내고(귀마개를 꼭 하고 기계에 누워야 한다), 들어가 누워 있는 자리는 좁고 긴 원통형이어서 불쾌감을 느끼는 사람도 있을 정도이다. 더 중요한 것은 쇠, 금속물질이 기계 근처에 가면 신호가 망가진다(뿐만 아니라 이 쇠붙이가 기계 속으로 무서운 속력으로 빨려가면서 안전사고를 낼 위험도 있다). 그래서 몸속에 금속 성분의 부속품을 이식하고 있는 사람은 기계 근처에 가서는 안 된다(예를 들어 이를 금속으로 교정하고 있는 사람도 피험자가 될 수 없다. 신호가 망가지기 때문이다). 특히 심장박동기를 이식하고 있는 사람은 절대 근처에 가서는 안 된다.

그렇지만 이 방법은 또한 장점도 많다. 우선 몇 번이고 다시 찍어도 전혀 안전에 문제가 없다. 예를 들어 여러분이 새로운 외국어(아랍어)를 배우는 학기 초에 찍고, 학기 중간에 찍고, 학기 말에 찍었다고 해보라. 아랍어를 보고 읽는 데 뇌가 어떻게 다르게 반응하는가를 시리즈로 찍어서 분석했다면 얼마나 귀한 정보를 얻을 수 있겠는가. 성장기의 어린이들도 찍을 수 있다. 물론 다섯 살 미만의 아이들은 거의 불가능하다. 그 기계에서 약간만 움직여도 엄청난 잡음 신호가 나기 때문이다. 그러나 움직이지 말라는 지시를 어느 정도 따를 수 있다면 학령 전, 학령 후, 반복해서 찍어도 된다. 약물 복용 전후로 찍을 수도 있고 치료 전후로도 찍을 수 있다. 연구자의 상상력에 맡기기로 하자, 이런 장치와 방법으로 무엇을 할 수 있는지는. 그냥 놀랄 준비만 하면 된다.

화학물질의 지도를 그려라

우리 머릿속의 분주한 동네, 즉 신경세포, 뉴런의 활동이 증가한 국소 부위의 혈류 증가, 혈당 증가, 산소 공급의 증가만으로 우리가 뇌에 대한 수수께끼를 다 푼 것이 아니다. ERP나 MEG로 전기신호의 변화를 측정해서 뇌지도 영상으로 만들었다고 해도 우리가 뇌의 기능을 이해하는 데 절대 잊으면 안 되는 것이 있다. 뉴런은 전기와 화학 신호 모두를 이용한다는 것이다. 바쁠 때는 이 모든 것이 다 쓰이겠지만 위에 소개한 기능 영상 방법들은 주로 뉴런이 활동전위를 낼 때를 이용한 것이다. 특정 흥분성 신경전달물질을 사용하게 되면 에너지를 필요로 하게 된다. 종류도 많고, 뇌 속에서 분포도 다른 이 화학신호 체계를 빼놓고는 절대로 기능을 제대로 이해했다고 말할 수 없을 것이다. 뇌의 기능을 제대로 이해하기 위해서 없어서 안 될 뿐 아니라 어떤 기능을 이해하는 데는 이 신경전달물질, 화학신호의 유무, 증감, 평형의 부조화 이런 것이 필수적이다.

예를 들어 우리가 쾌락을 느끼는 현상은, 특정 자극을 볼 때 혈류나 혈당, 산소 공급이 변화하는 부위를 측정하는 것으로 충분할까? 그렇지 않다. 우울증, 정신분열증 환자의 뇌와 정상인의 뇌, 약물 중독자(아편, 환각제, 담배, 알코올 중독 등)의 뇌와 건강한 사람의 뇌에 특정 신경전달물질의 수요와 공급 지도는 어떻게 될까? 주의력 결핍 장애(ADD, attention deficit disorder) 증후를 보이는 어린이가 약물치료나 행동치료 이후 증세가 호전되었다면 그 아동의 뇌에는 어떤 변화가 일어났을까? 어디서, 어떤 신경전달물실이 변화를 일으켰을까? 도대체 그 약물은 어느 뇌의 어떤 신경전달물질 체계에 변화를 일으킨 것일까? 배고플 때 음식 사진을 보는 것이랑 잘 먹고 난 다음에 음식 사진을 볼 때 우리의 동기의 변화는 단지 순간적인 뇌 활동의 변화만으로는 설명될 수 있을까?

중요한 것은 이 화학신호 전달체계를 지도화하는 방법이다. 어떻게? 이 문제는 다시 꼬리표를 다는 기술에 의존하게 된다. 방사선 동위원소를 슬쩍 붙인, 신경전달물질과 아주 유사한 물질(그러나 몸에는 해가 없고, 뇌에 잘 들어가고, 나중에 몸에서 완전히 사라지는)을 만들어내는 기술이다. 그리고 이 약품을 주사하고 PET 기계로 동위원소 꼬리표가 보내는 신호를 탐지하여 사진을 찍어 영상을 만드는 것이다. 그러면 이 유사 물질들은 우리의 원래 신경전달물질 대신에 그 신경전달물질이 나오면 들러붙게 될 위치에 대신 붙기도 하고, 정상적인 신경전달물질을 만들 때 원료로 쓰여서 함께 저장, 분비되기도 한다.

　이렇게 제가 갈 위치에 가서 꼬리표로부터 에너지를 내보내면 그것은 고정 간첩이 보내는 귀한 군사 정보 같은 효과를 내는 것이다. 여기 내가 붙을 자리(수용체, receptor)가 얼마나 많은지, 이미 병적으로 자리가 없어지지는 않았는지, 또는 자체 내에서 신경전달물질이 나와서 대신 들어갈 자리가 없지는 않은지 등의 문제는 이 꼬리표 붙이는 작업의 성패에 달려 있다. 즉 이 안전한 화학 약물을 얼마나 성공적으로 만드느냐가 관건이다. 첨단과학의 생화학자와 약학자가 팔 걷고 나서서 효율적이고 안전하면서도 꼭 필요한 곳에만 가서 뿌려지는, 그래서 혼선을 빚지 않는 추적자를 신경전달물질과 관련해서 만들어야 한다. 물론 이렇게 마술 같은 물질을 만들어주면 또다른 과학자들, 의사, 심리학자를 비롯한 신경과학자들이 정서, 질병, 중독, 동기, 보상 등과 관련해서 언제 어떤 신경전달물질이 어디서 나와서 어떤 시간 경과를 보이며 작용을 하는가를 정교하게 연구해야 한다. 불가능한 것이 아니다. 오늘날 세계 곳곳의 우수 연구소에서 연구가 이루어지고 있다. 우리나라도 연구가 시작되고 있다. 많은 발전이 이루어지리라 기대되는 분야다.

　아직 갈 길이 멀긴 하지만 이 수수께끼가 풀린다면 우리는 정말 많은 것을 기대할 수 있다. 약물중독의 문제, 정신병 중에서 이런 신경전달물질 체계의 문제가 의심되는 병들, 우리의 운동, 정서, 인지, 동기, 감정 등과 관련되는 문제들의 신비를 풀면 어떻게 약물로 고칠 수 있을까에 대한 대답이 저만치 보이게 되는 것이다. 이런 연구와 유사하게 RNA나 특정 유전자 변화 등을 영상화하려는 연구도 활발하게 시작되고 있다.

연결망을 찾아라

우리가 적진을 염탐한다면 어디에 무엇이 있는지가 정확히 적힌 지도만으로 부족하다. 어디서 어디로 정보가 이동하는지를 알아야 한다. 어느 동네가 바쁜지 지도가 완성된다 하더라도 어느 동네와 어느 동네가 늘 함께 바빠지는지—만일 그렇다면 공동 입력을 받고 있거나, 같은 목적을 위해서 일하고 있거나, 아니면 둘이 서로 밀접한 대화를 나누고 있을 수 있다—각자 행동을 하다 언제 함께하는지, 그 함께하는 정도는 언제나 방향이 같은지, 아니면 하나가 바쁘면 하나는 한가해지는 식의 역비례 관계인지, 마을과 마을 사이에 실제로 도로가 놓여져 있는지, 아닌데도 동시 활동적인지, 이 모든 것이 뇌를 연구하는 사람한테는 중요한 정보이다. 즉 네트워크의 관계를 파악하는 것이 필요하다. 누가 함께 일하는가, 언제 함께 일하는가, 한 구성요소에 문제가 생기면 어떤 변화가 일어나는가.

기능 지도라면 그 위에 점만 찍힌 지도가 아니라 점들 사이의 관계가 보이는 지도여야 하는 것이다. 뇌 연구도 마찬가지다. 이것을 어떻게 연구하는가. 이것은 지금까지 설명한 것과 조금 다른 연구 방법이다. 물론 하드웨어적인 연결을 알아차리는 것도 중요한 구조 연구의 하나이고 이것이 알려지면 기능에 대한 이해가 더 좋아진다. 뇌에 감추어진 수많은 작은 샛길을 다 이해하는 것, 실제로 어디서 어디로 가기 위해 길이 뚫려 있는지 알기 위해 뉴런의 축색을 따라 추적하는 방법이 발달하고 있다. 그것과 별개로 또다른 네트워크 확인 연구가 있다. 아까 소개한 것처럼 누구와 누구의 활동이 늘 함께하는가를 확인하는 방법이다. 또는 관찰한 영상에서 얻은 활동값들의 복잡한 수학적 역학 관계를 파악하는 통계 방법(PCA, ICA) 또는 구조방정식 모형(Structural Equation Model, SEM)이 사용되기도 한다.

사실 기능 영상을 찍고 보면 대부분의 경우, 한 가지 기능을 하는 데 관여하는 부위가 다수이다. 그렇다면 이 다수의 영역들이 시간 순서를 가지고 신호를 주고받는지, 그 어느 하나라도 없으면 안 되는 중요한 네트워크의 구성요소인지, 아니면 잠시 한눈을 팔아도 대세에 지장이 없는 들러리인지 어떻게 알겠는가?

우리는 바쁘다고 소문난 지도상의 마을이 정말 중요한지를 알아보는 방법으로 한 마을을 교란시키는 방법을 쓸 수 있다. 조직원의 한 구성원으로 하여금 잠깐 정신을 못 차리게 하면서도 그 조직의 과제 수행이 무사히 달성되는가를 보는 방법도 있다. 어떻게 교란을 시키는가? 그것도 안전하게 일시적으로…… 특정 순간만? 여기에 다시 자기장-전기 이야기가 등장한다.

이 장의 초기에 뇌 안의 전기 활동이 뇌 밖에서 자기장의 변화로 대응되어 탐지되는 방법(MEG)에 대해 소개하였다. 이번에는 밖에서 한 위치에만 강한 자기장을 가해주면 두개골 바로 밑 부분의 신경전기 활동이 교란되는 것을 소개하겠다. 즉, 일시적으로 그 동네의 기능을 교란시키는 방법이다. 물론 교란만 시키는 것은 아니다. 약한 강도로 살짝만 가해주면 흥분시킬 수도 있다. 이것이 두개경부 자기 자극 방법(TMS, Transcranial Magnetic Stimulation)이다. 반복 자극하는 것은 rTMS(repetitive TMS)라고 한다.

이 방법은 8자 모양의 전기 코일 뭉치에 전기를 약간 흘리면 그 8자의 한가운데 특별히 자기장의 힘이 모아지고 이것을 두개골 어디에 가져다대면 그 자리 밑에 있는 조직의 전기 활동이 변화하는 원리이다. 이 8자 코일을 여러분 운동피질의 손 영역 위로 가져다놓고 (이 자리를 찾으려면 물론 전문지식이 필요하다), 약간의 아주 약한 전류를 흘린다고 가정해보자. 아무 일도 일어나지 않을 것이다. 아주 조금만 더 올려보자. 만일 정확한 위치에서 적절한 양(여전히 대단히 적은 양의 전기)을 코일에 흘리면 그래서 거기서 유도된 자기장이 두개골 너머 그 아래 있는 피질의 전기 활동을 딱 알맞게 자극하면 그 '탁' 하는 한 번의 전기 흘림에 여러분의 엄지손가락이 꿈틀 움직이는 것을 보게 될 것이다. 엄지손가락을 움직이는 근육까지 신호를 보내는 축색의 뿌리는 물론 척추에 있다. 그런데 이 척추에 있는 신경까지 보내는 신호가 출발하는 뇌 신경은 바로 그 자극 지점 밑에 있었기 때문에 생기는 것이다.

만일 시각피질(머리 뒤)에다 대고 조금 더 강한 자극을 전달한다면 반짝하는 불빛을 볼 수도 있다. 태어날 때부터 시각장애인인 사람이 점자를 읽는 동안 기능 영상을 찍었더니 놀랍게도 시각 영역을 점자 읽는 데 동원하고 있다는 것을 관찰한 연구팀이 있었다. 어차피 시각 영역으로 들어오는 시각 자극이 없다고 해서 그곳의 뇌 조직이 평생 놀고먹는 것이 아니라 점자처럼 촉각으로 들어오는 감각 처리에 동원되어서 쓰일 수 있다는 말이다. 뇌의 한 자리의 기능이 태어날 때 꼭 정해지는 것이 아니라 필요에 따라서 어느 정도 자기 임무를 바꾸어 다른 정보를 처리할 만큼의 융통성이 있다는 말이고 뇌의 기능이 이렇게 가변적일 수 있다는 말이다. 이 뇌의 융통성 있는 가변성을 전문용어로 '가소성(plasticity)'라고 하는데 아주 흥미 있는 주제이다.

그렇다면 다시 시각장애인의 시각피질 이야기로 돌아가자. 이 시각피질이 정말 점자 분석에 없으면 안 되는 정도로 관여하고 있는지, 아니면 그냥 친구 가니까 강남 가는 식으로 함께 활성화될 뿐인 것인지를 알아보는 가장 효율적인 방법은 점자를 읽는 동안 시각피질을 rTMS로 살짝 자극해보는 것이다. 갑자기 점자 읽기를 더듬거리는가? rTMS를 다른 데다 살짝 자극했을 땐 아무런 영향을 미치지 않는가? 연구자들은 rTMS로 시각장애인의 시각피질을 교란하면 정말로 점자 읽기가 불편해지는 것을 발견했다. 그냥 막연한 점의 감각만으로 느껴지더라는, 그 의미를 순간 찾을 수 없더라는 보고이다. 다시 말해 이곳이 네트워크에서 꼭 필요한 영역의 하나인 것이 확인된 것이다.

뇌를 이해하는 것이 인간을 이해하는 것이다?

우리는 위에서 어떤 뇌 연구 방법이 있는가를 검토했다. 참으로 다양한 방법과 논리들이 있다. 무엇을 탐구하고자 하는가는 목적에 따라 가장 적절한 방법으로 연구해야 하며, 동시에 여러 연구 방법을 통해서도 결국 공통된 지식에 도달해야 우리는 뇌의 기능에 대해 확신을 가질 수 있다.

오랫동안 심리학은 인간의 마음을 이해하는 데 기여해왔다. 이때 한 150여 년 전부터 심리학자들은 마음을 객관적이고 과학적으로 연구하기 위하여 행동을 연구해야 한다는 것을 깨달았다. 그 결과 오늘날 마음의 신비가 행동을 연구함으로써 벗겨지기 시작하고 있다. 그래서 이제는 심리학을 행동과학이라고 부른다. 인문과학과 자연과학, 사회과학이 인간의 행동을 놓고 만나서 지난 100여 년 간 화려한 학문의 꽃을 피웠다고 해도 과언이 아니다. 이제 우리는 그 동안 블랙박스(속에 무엇이 있는지 알 수도 없지만, 무엇이 상자 안으로 들어갔는지 그리고 무엇이 나왔는지만을 알면 몰라도 별로 불편하지 않은 상자) 안에 있는 것으로 치부하던 마음과 행동을 연결하는, 뇌를 객관적으로 측정하는 도구를 손에 넣는 시대로 접어들었다. 마음이 움직여서 행동이 관찰될 때 또는 그 역관계일 때, 뇌도 관찰하면 거기에 커다란 세계가 귀중한 정보를 안고 있다. 더이상 블랙박스가 아니라 화려한 박스가 되어서 많은 분야의 연구자들의 구애를 받고 있다. 고가의 장비를 구입하고, 훌륭한 통계학자, 공학자, 화학자, 의학자, 약학자, 신경과학자가 이 분야로 와서 기여하고 있다. 오랫동안 인간 이해에 큰 공헌을 했던 심리학에서 이 도구를 적극적으로 쓸 때 심리학은 뇌를 들여다보는 것에서 인간을 이해하는 것으로 이 분야를 승화시킬 수 있을 것이다.

뇌-마음-행동의 삼자 관계를 연구해야 할 세기로 접어든 것이고, 행동으로 알 수 없었던 복잡한 마음의 신비가 이제는 뇌 연구를 통해 풀어져야 할 것이고, 적극적으로 이해되어야 할 것이다. 사실 그 동안 심리학 분야에서 객관적으로 행동을 특징짓기가 어려워서 소외되어왔던 연구 분야가 다시 살아나고 있다. 정서와 인지의 상호작용이 그런 분야 중의 하나이다. 의식의 문제가 다시 대두되고 있다. 더 많은 인간 이해가 이루어질 것이며 마음과 몸(brain)이 어떻게 두 개가 아니라 하나인지를 알아서 우리 인간이 진정으로 이해되어야 할 때가 오고 있는 것이다.

뇌가 아픈 사람, 도와줄 수 있을까?

자연 현상으로서 인간(의식, 마음, 사고 작용을 가지고 뇌의 활동으로 매개되며 행동으로 표현되는)을 이해한다고 우리 심리학자의 일이 끝난 것이 아니다. 이 자연 현상인 인간의 뇌가 비정상적으로 작동할 때 인간은 고통받게 된다. 더 우울하게 느낄 수도, 사고의 부조화를 경험할 수도, 새로운 지식 형성이 불가능해지거나 언어 활동을 할 수 없어지거나, 행동을 억제하지 못하는 등 너무도 많은 문제가 생길 수 있다. 그 불행의 근원적인 이유 못지않게 당장 눈앞의 이유를 함께 찾을 수 있다. 뇌의 기능이 변한 것이다. 그것이 이유냐 원인이냐는 다음 문제다. 이 뇌기능을 정상으로 돌아가도록 도와줄 수 있다면 우리는 많은 것을 해줄 수 있다. 그 이전에 그 이유를 뇌에서 제대로 찾기만 해도 이 사람들을 좀더 잘 이해할 수 있게 된다.

어떻게 이해하고 어떻게 도움을 줄 수 있는가? 이것을 탐구하기 시작해야 한다. 현상을 이해함이 수반되어야 진정으로 도울 방도를 찾을 수 있을 것이다. 우리는 그 시작을 본다. 수용기 PET 연구에서 약물치료의 가능성이 보이기 시작했으며, 인지과정을 연구한 많은 기능행동 연구에서 교육과정에 개입할 수 있을 가능성이 보이기 시작했다. 겉으로 똑같아 보이는 우리들의 뇌가 좀 다른 방식으로 작용하게 되면서 눈에 안 보이는 개인차를 야기하고, 이것이 감각 재생 수술이 언어 능력의 회복으로 연결되느냐의 여부를 결정하는지도 모른다. 아는 것이 시작이다. 이 시작이 힘이 될 것이다. 아직도 많은 노력과 연구와 시간이 필요할 것이다. 그러나 그 노력은 계속될 것이다.

지성, 감성, 이성이 시작되는 곳, 나의 뇌

뇌가 얼마나 중요한지는 요즘 치매 걸릴까봐 걱정하는 중년을 보면 알 수 있다. 누구나 이것이 뇌에서 비롯되는 노인성 질환이라는 것을 이해하고 있고, 아직 누가 안전하고 누가 위험한지 확실히 모르고 불안을 느끼고 있다. 우리의 지성, 감성, 이성이 시작되는 뇌의 건강이 나라는 존재의 온전함에 대한 우리의 주관적 감정과 밀접한 관계가 있기에 목 아래의 건강도 중요하지만 목 위의 건강도 이제는 중요하게 생각하게 되었다.

　태어나서부터 늘 챙겨야만 했던 것인지도 모르지만 우리는 어떻게 돌보아야 하는지 잘 모르고 있다. 어쩌면 우리는 이미 그 '건강관리'를 해왔는지도 모른다. 어린 시절부터 끊임없이 교육과정에 우리를 맡겨왔으며, 가족과 친지, 이웃과의 관계가 중요하다는 것을 실천하며 살았다. 정신적으로 정보를 주는 것으로 우리 뇌를 자극했으며 정서적으로 풍요롭게 살려고 했다. 취미생활도 하고 운동도 했다. 새로운 운동 자세나 춤 동작을 배우느라 운동 관련 복잡한 회로를 바쁘게 움직여도 보았다.

　혹시 무엇을 잘못하지는 않았는가? 너무 많은 스트레스를 주지는 않았는지, 너무 적은 스트레스를 주지는 않았는지, 술을 과다하게 마시고, 담배를 피우지는 않았는지, 정식 교육과성이 끝난 뒤로 우리 뇌에 정신적 영양분을 골고루 주는 것을 게을리 하지는 않았는지, 정크 음식으로 우리 몸을 학대하듯이 정크 정보로 병들게 하지는 않았는지, 아름다움에 즐거워하는 뇌의 역할에 너무 사소한 자극만 주지는 않았는지…… 이런 질문에 답하면서 살피는 동안 과학자들은 또 많은 것을 알려주게 될 것이다. 우리와 우리 가족 친지의 뇌를 돌보는 방법을 더 잘 알게 될 것이고 이것이 다시 마음을 돌보는 방법임을 알게 될 것이다.

■ 더 읽을거리

올리버 색스, 『아내를 모자로 착각한 남자』, 살림터, 1993
유승식, 『실전 응용을 중심으로 한 기능 자기공명영상 실험』, 도서출판 의학문화사

뇌와 마음 : 무엇이 문제인가?

이 정 모 성균관대학교 심리학과 명예교수

서울대학교 심리학과에서 학사와 석사과정을 마치고 캐나다 퀸스 대학에서 박사 학위를 받았다. 성심여대, 고려대 심리학과 교수를 역임한 뒤 콜로라도 대학 부속 인지과학연구소 연구원으로 재직했다. 성균관대학교 심리학과 및 인지과학협동과정 교수로 재직했다. 한국심리학회 학회지 편집위원장, 한국 실험 및 인지심리학회 회장, 한국인지과학회 회장, KAIST 뇌과학 연구센터 운영위원, 과학기술부 뇌 연구 촉진심의회 위원, 한국 뇌학회 고문을 역임하였으며 「인지심리학」(공저) 「개념적 기초, 조망 인지심리학」 「인지과학」(공저) 등을 지었다.
jmlee@skku.edu

마음과 뇌는 어떠한 관계에 있는가? 최근의 뇌에 대한 연구는 뇌의 특성에 대하여, 마음의 특성에 대하여, 그리고 이 둘 사이의 관계에 대하여 어떤 이야기와 설명을 제시하고 있는가. 이 장에서는 뇌와 마음의 관계에 대한 핵심 물음들을 던지며 생각해보기로 한다.

마음과 뇌는 하나인가 둘인가?

마음과 몸의 관계에 대한 인류의 생각은 크게 심신 이원론과 일원론으로 나누어볼 수 있다. 고대로부터 마음과 몸의 관계에 대한 사람들의 생각은 마음과 몸을 별개의 실체로 생각하는 관점인 심신 이원론적 생각이 지배적이었다. 심신 이원론에서는 일반적으로 몸은 물질이며 물리적 법칙에 의해 지배되고, 마음은 물질을 넘어서는 실체로서 어떤 형이상학적 원리에 의해 지배된다고 보았으며, 사람이 죽으면 사람 마음의 다른 한 실체인 영혼이 몸을 떠나서 우주에 별개의 실체로 남는다고 믿었다.

이러한 관점과는 반대로 마음과 몸을 하나의 통합된 실체로 보는 일원론적 관점이 있다. 일원론에서는 마음은 몸의 생물적 기관의 작용 이외의 다른 것이 아니라는 것이 기본적인 입장이다.

심신 이원론은 현재에도 많은 사람들이 상식적으로 믿고 있는 생각이지만, 어떻게 비물질적인 마음이 물질인 몸에 영향을 주고 어떤 작용을 일으키는 원인으로서 작용할 수 있는가를 설명하지 못하기에 직관적으로는 그럴싸하지만 경험과학적으로는 수용하기 어려운 관점으로 과학계에서 인식하고 있다. 현대에 이르러 심리학, 인지과학에서는 대체로 심신 일원론적 입장을 취하고 있다.

마음의 자리는 어디인가?

심신 이원론을 지지하건 심신 일원론을 지지하건 간에 우리가 밝혀야 할 것은 마음의 자리(심신 일원론)가 또는 마음과 몸의 상호작용 자리(심신 이원론)가 몸의 어디인가, 그리고 마음과 몸은 어떤 관계가 있는가이다. 마음의 자리가 몸의 어디인가에 대하여 고대 그리스에서 중세까지는 주로 마음의 자리를 심장으로 생각하였다. 우리말에서 "머리로 말하지 말고 가슴으로 말하라"는 식의 표현은 아직도 많은 사람들이 가슴을, 즉 심장을 마음의 자리로 생각하고 있음을 보여준다.

물론 뇌가 마음과의 관계에서 중요한 위치를 차지한다는 것을 인식한 선구자들도 있었다. 선사시대 이전에도 이미 생존을 위해 뇌를 중요히 여겼던 증거가 있다. 고고학적 연구에 의하면 프랑스나 페루 등의 유적에서 발견된 선사시대 인간 두개골에 외부에서 안으로 구멍을 뚫은 흔적이 보이는데, 그렇게 구멍이 뚫린 채로 그 사람들이 일정한 기간 동안 살았음을 추측할 수 있다. 이는 두개골에 구멍을 뚫는 것이 치료 목적으로 이루어졌음을 시사한다. 선사시대에도 인간의 행동 또는 심리적 특성과 연관된 무엇이 뇌에 있다고 짐작하고 두개골을 뚫었다는 것이다. 아프리카나 태평양의 부족 중에는 20세기까지도(물론 서구 일부에서도 18세기까지도 같은 일들이 일어났다) 간질, 두통, 정신병을 치료하기 위하여 두개골을 뚫는 관습을 지속하여왔다는 사실에서 이러한 추론은 간접적으로 지지된다.

비록 고대 그리스에도 히포크라테스 같은 학자는 이미 뇌를 마음의 자리라고 생각하였지만 전반적으로 보아 고대 그리스에서 17세기에 이르는 긴 기간 동안 일반적으로 인간의 뇌는 소홀히 취급되었다. 고대 그리스 이후, 학문에 가장 큰 영향을 주었던 아리스토텔레스조차도 심장을 마음의 자리라고 보았고, 뇌는 흥분한 심장에서 데워진 피나 체액을 식히는 냉각장치, 축적기로 보았다. 이러한 관점은 17세기까지 지속되었다.

17세기에 들어 각종 기계의 발달은 뇌가 기계와 같은 작용을 한다는 생각이 형성되게 하였다. 이러한 생각을 바탕으로 데카르트는 뇌가 마음의 기능에서 중요한 역할을 담당하고 있음을 인정하였다. 그는 구체적으로는 뇌의 송과샘이라는 작은 부위를 통해 마음과 몸이 상호작용한다고 보았다.

17, 18세기를 거치면서 뇌 연구자들은 전통적인 송과샘과 뇌실에 초점을 맞춘 관점에서 벗어나서 뇌에 대한 더욱 구체적인 시각을 가지기 시작하였다. 그러나 19세기까지는 뇌는 일반적으로 과학적 관심의 대상이 되지 못하였다. 이러한 경향을 전환시킨 것이 골상학 연구이다.

뇌 부위별로 특수한 심리적 기능이 있는가?

18세기 후반의 독일의 의사 골(Gall)은 여러 유형의 사람들 사이의 뇌의 유사성, 차이를 연구하였다([그림 1] 참조). 그러한 관찰을 바탕으로 그는 27개 이상의 심리적 기능을 각각 담당하는 뇌의 각 부위 지도를 임의적으로 작성하여 제시하기도 하였다. 연애 감정 담당 부위, 자존심 담당 부위, 희망 담당 부위 등. 그는 또한 두개골의 모양이나 크기와 같은 물리적 차원을 측정하여 마음의 여러 기능과 연결시키려는 시도를 하였다. 이러한 시도는 일반인들의 관심을 끌었고, 뇌가 마음 기능의 핵심적 자리라는 것, 뇌의 기능이 분화되어(국재화) 있다는 관점을 부각시키는 데 성공하였다.

그러나 골의 연구는 불충분한 관찰 증거로부터 과도하게 일반화

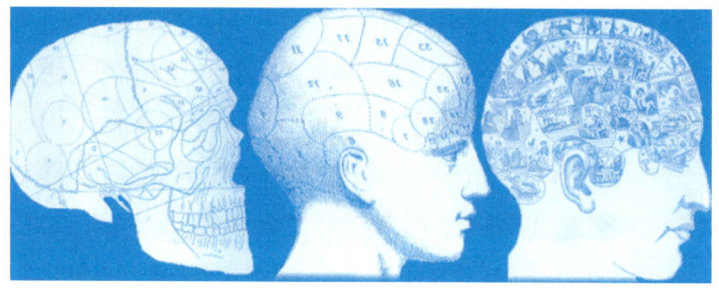

[그림 1] 골상학자들이 구성한 뇌의 지도

한 것이었으며 논리적으로 문제가 있었다. 뇌의 각 부위가 담당하는 심리적 기능을 할당하기에 앞서, 서로 다른 심리적 기능을 서로 다른 범주로 분류하는 것이 논리적으로 타당하여야 하는데 골상학에서는 이러한 기준이 없었다. 이러한 이유로 골상학은 과학자들에 의해 비판을 받았다.

이러한 문제점을 극복하고 뇌의 부위별 기능, 특히 인지적 기능이 분화되어 있다는 증거가 뇌의 언어 기능 연구를 중심으로 제시되었다. 19세기의 프랑스의 학자들에 의하여 뇌의 앞부분과 옆부분에서 언어 기능에 관련하는 부위가 발견되었다. 특히 브로카(P. Broca)는 뇌손상 환자 연구를 통해 뇌 왼쪽 앞부분이 실어증 관련 부위임을 발견하였다. 이 부분이 현재 브로카 영역이라고 불리는 언어 관련 영역이다. 이후 1870년대에 이르러 독일의 베르니케(C. Wernicke)는 언어의 이해를 담당하는 영역인 베르니케 영역을 발견하였다. 이러한 브로카, 베르니케 등의 연구 결과들이 축적됨에 따라 뇌의 부위별 담당 기능에 대한 연구가 촉진되었고, 나아가서 뇌의 좌우 반구가 서로 다른 기능을 한다는 '뇌 좌우 반구 특수화'라는 현상도 연구되게 되었다.

이후 제2차 세계대전시의 부상당한 사람들과 일상생활에서 사고를 당한 뇌손상 환자에 대한 연구를 통하여 뇌손상자의 심리적 이상 특성에 대한 여러 가지 현상들이 발견되었다. 그러나 무엇보다도 뇌의 기능에 대한 활발한 탐구가 이루어지게 된 것은 뇌손상자의 시각, 언어, 기억의 이상 증상에 대한 계속된 신경심리적 연구 성과와 노벨상 수상자인 신경심리학자 스페리(Sperry) 등의 분할뇌 연구, 그리고 뇌영상 기법 등의 급격한 발전 덕분이라고 할 수 있다.

뇌와 마음이 과연 관련이 있을까?

 뇌와 마음은 어떠한 관계가 있을까? 만약 뇌의 어떤 부분이 손상되면 손상된 부위에 따라서 마음이 작동하는 과정에 어떠한 다른

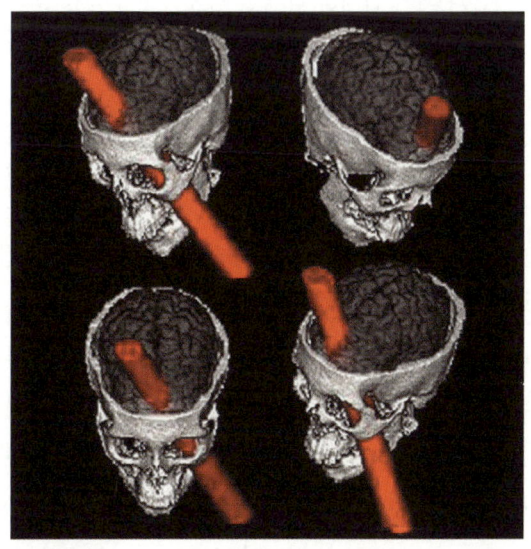

[그림 2] 쇠막대가 뇌를 뚫고 간 이 사례는 뇌가 인간의 성격, 정서 등의 심리적 특성을 좌우한다는 사실을, 뇌가 손상되면 이러한 심리적 특성이 변화함을 뚜렷이 보여주는 예이다.

영향을 미칠까? 또 우리의 머리에서 두개골을 벗겨내고, 속의 뇌를 드러낸 후에 뇌의 이곳저곳을 자극하면 어떤 일이 일어날까? 마음의 작용이 일어날 때에 뇌는 어떻게 작동하는 것일까?

　뇌와 마음의 관계에 대한 이런 물음은 오래 전부터 사람들이 갖고 있었던 물음이었다. 그러나 20세기 이전에는 그런 물음에 대한 답을 과학적이고 경험적이고 체계적으로 탐구하지 못하였다. 1940년대에 이르러서야 신경과학자들은 이러한 물음에 대한 구체적 답을 찾을 수 있는 기회를 갖게 되었다. 그들은 사고나 전쟁 부상으로 인한 뇌손상 환자에게서 나타나는 행동적, 심리적 변화를 관찰하거나, 간질 환자의 발작이 확산되는 것을 막거나 완화하기 위한 뇌수술을 하면서 뇌의 부분들을 전기적으로 자극하여 그 효과를 관찰하여 뇌와 마음의 관계를 조직적으로 탐색하기 시작하였다. 몇 개의 예를 중심으로 마음과 뇌의 관계를 탐색한 대표적 연구들을 살펴보자.

　뇌가 마음의 작용의 바탕임을 단적으로 보여주는 예들은 뇌손상 환자들에게서 가장 두드러지게 나타난다. 뇌손상 환자 중 가장 유명한 예는 피니어스 게이지(Phineas Gage)라는 사람의 사례이다([그림 2] 참조).

　1848년에 미국 버몬트 주에서 철도공사 감독으로 일하던 25세의 게이지 씨는 폭약이 든 쇠파이프를 실수로 바위에 떨어뜨렸다. 이 폭약이 폭발하여 그 쇠파이프(직경 2.5센티미터, 길이 90센티)가 게이지의 왼쪽 볼에서 뇌의 전두엽 부분을 관통하고 지나갔다. 그는 죽지 않았으며 사고 후에 의식이 있었다. 부축받으며 걸어서 의사에게 데려갔더니 의사에게 농담도 하였다. 약 2주 동안의 의식이 몽롱한 상태를 거쳐 그는 점진적으로 건강을 회복하였다. 그런데 그 후 그는 이전과 아주 다른 성격의 사람이 되었다. 화를 잘 내고, 무례하고, 상스러운 욕을 곧잘 하고, 자기 생각과 어긋나면 다른 사람의 충고나 만류를 참지 못하고 마치 아이처럼 굴었으며, 동물적 충동에 의해 움직이는 청년처럼 행동하였다. 이후 그는 여러 직업을 전전하다가 칠레에 가서 마차를 운전하고 말을 돌보는 일을 하였다. 사고 발생 후 12년 되는 해에 간질이 발작했고 그후 곧 사망하였다.

뇌를 자극할 때 들려오는 소리들

캐나다의 몬트리올 신경학 연구소에서 있던 펜필드 박사는 간질 환자의 뇌 표면을 아주 작은 전극으로 자극하는 실험을 하였다.

뇌의 어떤 부분을 자극하면 환자의 특정 근육이 움직이고, 다른 부분을 자극하면 이상한 피부 감각을 느끼고, 뇌의 뒤쪽을 자극하면 색깔이 보인다든지 빛이 번쩍이는 것으로 보인다든지 하였다. 그런데 특히 뇌 옆쪽을 자극하였을 때에 이상한 현상이 일어났다. 그 자극을 받으면 환자는 "옛날 자기가 살던 집의 부엌에 자신이 있는데 마당 어디에선가 아이 목소리가 들리며, 지나가는 자동차의 소리나 다른 소리도 들린다"고 보고하였다. 어떤 환자는 뇌의 옆 부분을 자극할 때마다 특정한 노래를 연주하는 소리가 들린다고 보고하였고, 또 어떤 환자는 다른 생각을 하고 있다가도 뇌의 옆 부분을 자극하면 갑자기 어떤 야구 경기장에서의 일이 보인다고 보고하였다. 또 "이상한 느낌이 들어요. 내가 이곳에 없는 것처럼. 나의 반은 여기에 있고, 반은 여기에 없는 것으로 느껴져요"라는 식의 보고를 하는 사람도 있었다. 뇌의 어떤 부분을 자극하면 마치 타임머신을 타고 옛날의 생일파티와 같은 어떤 시점의 어떤 장소에서 경험하였던 것을 보는 듯한 보고를 한 환자들도 있었다.

최근 간질 환자를 대상으로 한 뇌 전기자극 연구는 새로운 결과를 보여주었다. 43세의 여성 간질 환자를 병원 침대에 상체만 45도 각도로 누워 있게 하고 하체는 그냥 발을 뻗은 상태에서 뇌의 옆과 위쪽 접점에 약한 전기자극을 주었다. 그 결과 이 환자는 자기가 마치 자신의 몸을 벗어나 공중에서 자신의 몸을 내려다보면서 하강하는 것 같다는 느낌을 보고하였다. "내가 침대에 누워 있는 것을 공중에서 볼 수 있는데 하반신만 보여요." 보통 사람이 꿈속에서나 체험할 수 있는 것을 깨어 있는 상황에서 체험하는 것이다. 자극을 계속하였더니, 환자는 자신의 몸이 가볍게 떠서 천장에 가깝게 올라가는 느낌을 갖게 되었다고 하였다. 자기 다리를 보라고 하였더니 다리가 짧아지고 자기 얼굴로 다가오며 올라온다고 하였다. 팔을 보라고 하면 팔이 짧아지면서 떠 올라오는 느낌을 보고하였다.

환자들의 이러한 체험적 보고는 뇌의 작용과 마음이 관련이 있음을 보여주는 것이다.

심리학 연구가 없는 뇌 연구는 속 빈 강정

이전의 신경학자들의 일반적 연구기법은 섬유 절단, 전기적 탐색, 사체 검사 등이었다. 1980년대 이래 뇌의 구조 및 기제와 심리적 과정의 관계를 연구하는 방법으로 발전된 여러 신경심리 방법들이 있으며, 이러한 방법들은 이전의 심리학자들의 전통적 방법만으로는 밝힐 수 없던 현상들을 밝혀주거나, 심리학자들이 상정했던 개념이나 이론들의 경험적 타당성을 제공해주어서, 신경심리학의 발전에 새로운 변화를 가져오고 있다. 이러한 신경심리 방법들에는 뇌영상화 기법, 뇌 전기생리학적 측정기법 등이 있다. 이 방법들의 세부 내용과 신경심리학 연구 방법의 본질적 특성은 다른 글(강은

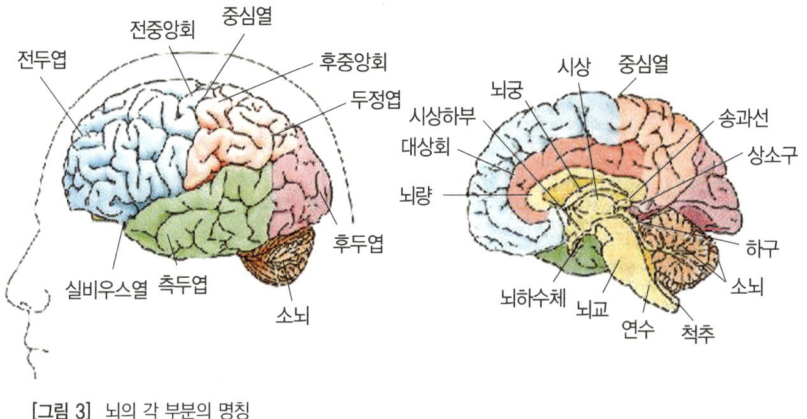

[그림 3] 뇌의 각 부분의 명칭

주, 「뇌의 비밀 탐구하기」)에서 다루기에 여기서는 생략한다.

뇌는 생물학이나 신경과학을 연구하는 과학자만 연구하면 되지 심리학자가 왜 필요할까라고 잘못 생각할 수 있다. 이러한 생각은 현상의 본질과 심리학에 대한 오해, 부분적으로는 무지에서 온다.

세포, 특히 분자 수준에서 연구하는 신경생물학자들만으로는 각종 뇌의 중요한 기능을 밝혀낼 수 없다. 뇌와 심리적 기능의 관계를 연구하기 위해서는 신경세포보다 더 높은 수준의 연구가 필요하다. 그러나 수준을 높여서 신경 시스템 수준에서 신경과학적 연구를 한다고 하여도 신경과학만으로는 뇌의 심리적 기능과 관련된 신경 구조, 기제를 제대로 연구하기 곤란하다. 왜냐하면 뇌가 감각, 지각, 주의, 기억, 언어, 의식, 사고, 정서 등의 심리적 기능을 어떻게 이루어내는가를 알기 위해서는 먼저 그러한 심리적 활동 자체가 무엇이며, 각 기능의 하위 범주를 어떻게 나누며, 그 기능 범주의 범위는 어떻게 되며, 기능 간 서로 어떤 의미적, 논리적 관계를 지니는가를 규정하는 이론과 개념적 틀이 있어야 한다. 즉 심리 현상의 무엇을 볼 것인가에 대한 지침이 있어야 한다. 이는 학문의 본질상 신경과학에서 제공될 수 없다. 보다 상위 추상 수준의 학문인 심리학, 인지과학에서 주어져야 한다. 즉 뇌에 의해 발생되는 심리적, 행동적 기능의 본질과 이를 기술하는 개념들의 의미와 그 범주적 범위 등에 대한 규정이, 그리고 심리적 현상의 '무엇'을 탐색할 것인가의 틀이 신경과학이 아닌 심리학이나 인지과학과 같은 다른 상위 추상 수준의 학문에서 주어져야 한다. 신경과학적 연구들은 뇌가 신경학적으로 어떻게 작동하는가에 대한 기본적 이론과 자료를 제공해주지만, 과연 뇌기능의 무엇을 볼 것인가, 무엇을 어떻게 구분하여 어디까지 연구할 것인가, 어떻게 연결지어야 할 것인가 하는 관찰하려는 현상의 규정, 범위, 분석 수준, 이론적 틀 등에 대하여는 신경과학 독자적으로는 부족하다. 이러한 것은 심리학에서, 그리고 인지과학의 하위 분야들인 언어학 등에서 주어져야 한다.

바로 이러한 이유로 뇌의 연구는 신경과학적 접근과 심리학적(행동적) 접근이 통합된 형태로 추진되어야 하는 것이며, 신경심리학, 인지신경과학 등이 뇌 연구에서 필요불가결한 위치를 차지하는 것이다.

뇌의 각 부분들이 담당하는 심리적 기능들

언어, 사고 등의 인간의 인지적 능력은 다른 동물들과는 달리, 고도로 발달된 구조와 기능을 지닌 뇌에 의해서 가능하다. 회백색의 커다란 해면과 비슷한, 별로 크지도 않고 울퉁불퉁하게 생긴 인간의 뇌가 뇌세포들 간의 정교한 생화학적, 전기적 과정에 의해, 최첨단의 컴퓨터도 따라오지 못할 정도의 고도의 지적 과제를 수행해내는 것이다. 그러다보니 뇌는 신체 체중의 40분의 1을 차지하지만 신체의 피와, 포도당과 산소의 5분의 1을 사용한다.

중추신경계의 하나인 뇌는 전뇌, 중뇌, 후뇌로 구성되는데, 후뇌는 뇌의 뒤쪽 부분에 위치하며 척수와 연결되어 있는 부분으로 소뇌, 교, 연수로 구성되어 있고, 중뇌는 후뇌와 전뇌 사이의 부분으로 상소구(시개)와 피개로 구성되어 있다. 전뇌는 위쪽에서부터 보아 대뇌피질, 시상, 시상 좌우의 기저핵, 시상하부, 편도체, 해마로 나누어진다([그림 3] 참조). 각 부위별 기능은 다른 글(「뇌는 어떻게 생각하고 느끼는가」)에서 다루기에 여기에서는 생략한다.

좌우 반구는 다를까?

좌우의 두 반구의 대뇌 신피질은 언뜻 보기에 비슷한 크기와 모양으로 보인다. 그러나 정상인이나 뇌손상 환자를 관찰하여보면 일반적으로 좌반구가 우반구보다 더 크며, 두 반구의 기능이 동일하지 않다는 것을 알 수 있다. 좌반구 및 우반구 각각에 들어온 정보는 뇌량을 통하여 서로 교환된다([그림 4] 참조). 1960년대부터 이 좌우 뇌반구의 기능이 서로 다를 가능성에 대하여 조직적인 연구가 이루어졌다.

심한 간질 발작을 보이는 환자의 뇌에서 뇌량을 통한 좌우 뇌 연결을 끊으면 한쪽 반구에서 일어난 발작이 다른 쪽 반구로 진행되는 것을 막을 수 있다. 1960년대에 로저 스페리 교수를 비롯한 신경심리학자들은 간질병 환자에게 뇌의 좌반구와 우반구를 연결하는 교량 역할을 하는 섬유다발인 뇌량을 절단하는 수술을 하였다. 이렇게 하면 두 반구는 기능상 고립되어 각기 독립적으로 작용하게 된다. 물론 이러한 직접적 연결은 차단되지만 대뇌 아래쪽의 뇌간을 통한 간접적 연결은 남는다. 이렇게 좌우 두 개의 뇌반구 사이가

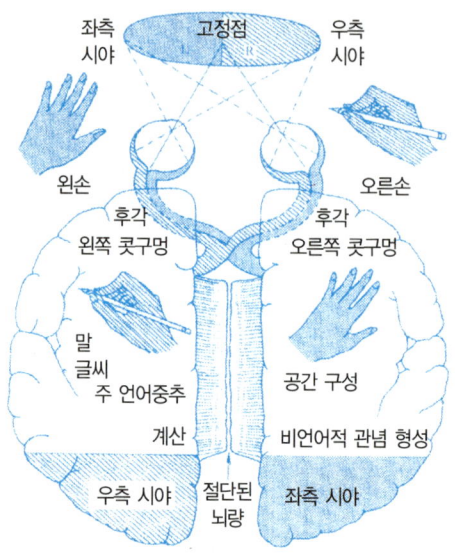

[그림 4] 시신경 교차, 뇌량 좌우 반구 기능

차단되어 기능적으로 연결이 끊어진 뇌를 분할뇌라고 한다. 이러한 수술 결과, 예기치 않은 증상들이 나타났다.

수술을 받은 환자들은 처음에는 정상적으로 이야기하고 행동하는 것처럼 보였지만, 좀더 면밀히 관찰한 결과, 대상의 인식이나 언어 이해 및 다른 행동에서 정상이 아닌 증후가 나타났다. 스페리 교수 연구팀은 그림과 같은 실험 상황을 구성하여 분할뇌 환자들의 반응을 체계적으로 연구하기 시작하였다([그림 5] 참조). 이 실험에서는 뇌량이 절단된 환자를 스크린 앞에 앉힌 후에, 왼손을 스크린 밑으로 내밀게 하고, 스크린 중앙에 있는 한 점만을 고정하여 응시하도록 한다. 그 환자에게 하나의 그림이나 단어를 제시하면, 오른쪽 시야에 제시된 자극은 왼쪽 뇌반구로, 왼쪽 시야에 제시된 자극

[그림 5] 분할뇌 실험 상황

은 오른쪽 뇌반구로 간다. 이때 스크린의 왼쪽 편에 예를 들어 '열쇠'라는 단어나 그림을 10분의 1초 정도 제시한다. 그러고 나서 지금 본 자극의 이름을 말하라고 하거나 스크린 뒤쪽에 있는 물건들 가운데에서 골라내게 한다.

실험 결과, 분할뇌 환자들은 우측 시야에 들어온 자극(따라서 좌측 뇌반구에서 정보 처리하는)이 무엇인가는 쉽게 말하였지만, 좌측 시야(따라서 우측 뇌반구에서 정보 처리하는)에 들어온 자극에 대하여는 그 대상의 이름을 말하지 못하였다. 그럼에도 불구하고 왼손은 그 대상을 정확히 집어낼 수 있었다. 그러나 지금 무엇을 하고 있는가 하고 물으면 말로 대답을 못하였다. 여자 피험자에게 남자 누드 사진을 우측 시야에 제시하면(좌측 뇌 담당) 웃고 나서 누드라고 답을 하지만, 좌측 시야에 제시하면 아무것도 안 보인다고 대답하고는 얼굴을 붉혔다. 왜 얼굴을 붉히냐고 물으면 엉뚱한 이유를 댔다.

〔그림 6〕과 같이 두 개의 사람 얼굴 사진을 좌우로 잘라서 조합하

뇌와 마음 : 무엇이 문제인가? 77

여 붙인 복합 그림을 보여준 실험에서 분할뇌 환자는, 무엇을 보았느냐는 질문에는 오른쪽 시야에 제시되었던 '남자'를 보았다고 대답하고 그 얼굴의 특징을 말로 묘사했지만, 여러 그림들 중에서 보았던 그림을 선택하라고 하면 좌측 시야에 제시되었던 여자 사진을 선택하였다. 즉, 말로 답하기를 요구하는 질문에는 언어중추가 있는 좌반구가 보았던 그림을 보았다고 답하는 반면, 그림을 보고 손가락으로 선택하여 가리키기를 요구하는 질문에는 공간지각 등을 담당하는 우반구가 보았던 그림이 선택되었다. 이 환자들은 반쪽짜리 그림 두 개가 조합된 것을 보았다는 것을 전혀 인식하지 못하였다.

좌우 반구 기능의 이러한 차이는 정상인에게서도 뇌의 좌반구와 우반구가 서로 다른 역할을 한다는 것을 시사한다. 이미 널리 알려

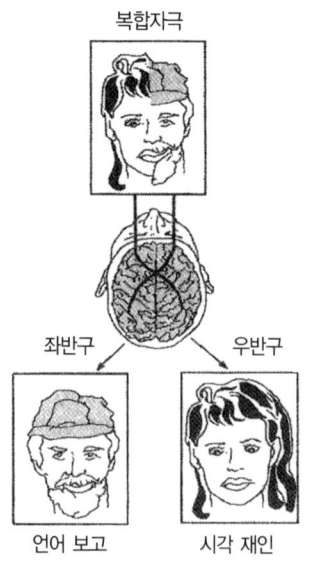

[그림 6] 분할뇌 실험 복합자극

진 내용이지만, 신경심리학자들은 좌측 반구는 주로 수학, 언어, 논리 분석적인 기능을 담당하고, 반면에 우측 반구는 음악, 정서 파악, 얼굴 인식, 공간지각, 대상의 전반적 구조 지각 등의 기능을 담당한다는 것과, 좌반구가 우반구보다 더 지배적이라는 가설을 제기하였다. 또한 좌반구는 대상을 그 기능 중심으로 처리하는 데 반하여 우반구는 대상을 모양 중심으로 처리한다는 실험 결과도 보고되었다. 좌우 뇌의 구조상에서 여자는 좌반구가, 남자는 우반구 피질이 더 두터운데, 이것이 남자의 시공간 지각 우월성과 여자의 언어능력 우월성을 시사하는 것이라고 해석하는 사람도 있으나, 충분한 경험적 지지를 얻지는 못하고 있다. 문화적 요인이나 다른 요인의 작용 가능성을 배제하기 힘들기 때문이다.

브로카의 연구 이후 많은 연구에 의해 좌반구에 언어중추가 있다는 것이 일반적으로 알려졌지만, 그렇다고 하여 언어 처리가 오로지 브로카 영역, 베르니케 영역에 의하여서만 이루어지는 것은 아니며 좌반구의 다른 부분과 우반구에 상당한 언어 기능이 있음이 밝혀졌다.

뇌의 좌우 반구 기능의 분화에 대한 연구 결과를 종합한다면, 좌반구는 생득적이고 고도로 특수한 언어 기능(음운, 통사 부호화와 분석), 논리 기능을 소유한 반면, 우반구는 세상 지식의 활용에 더 초점을 맞추며 경험에 기초한 보다 일반적인 목적(비언어적) 처리와 관련되어 있는 것 같다. 시지각 연구 결과에 의하면 "좌반구는 시간적 관계성이 두드러지며, 단편적, 분석적으로 처리하며 세부 측면에 강조를 두어 처리하는 반면, 우반구는 공간적 관계에 특별한 강조가 주어지며 총체적으로 정보 처리한다는 것이 부각되고 있다. 또 좌반구는 선형적으로 처리하나, 우반구는 전체 모양 중심으로 처리한다든지, 우반구는 새로운 것(novelty)의 정보 처리에, 좌반구는 친숙한 정보 처리에 더 잘 반응한다든지, 우반구가 복잡한 정보를 더 잘 통합하며, 언어 처리에 있어서 언어 표현의 억양과 운율에 더 민감하고, 맥락적 처리를 더 담당한다는 등은 모두 '어떻게' 처리하느냐에서의 차이와, 하나의 심리적 과제 수행에서 좌우반구의 상호작용, 공조의 중요성을 부각시킨다고 할 수 있다. 물론

생각상자

숫자나 글자에서 색깔을 보는 사람들

우리들 중 2천 명 중의 한 사람은 공감각이라는 특이한 능력을 가지고 있다. 그들에게는 책이나 컴퓨터에서 검정색으로 쓰인 숫자나 글자를 보면 그 글자 하나하나가 서로 다른 색깔로 지각된다. 그림을 보면 그림에 따라 다른 멜로디가 바로 떠오르기도 하고, 자기 아이의 울음소리를 들으면 항상 노랑 색깔이 보이는 사람도 있다. 『로미오와 줄리엣』을 읽다가 줄리엣을 보거나 생각하면 항상 태양이 보이는 사람들도 있다.

이런 일이 어떻게 가능할까? 이 사람들이 그냥 상상하는 것이 아닐까? 아니면 이 사람들이 글자나 숫자를 보면 색깔이 떠오른다고 하는 것은 어릴 때 경험한 내용을 기억에 의해 연상하는 것이 아닐까? 착각 현상이나 실제는 없는 가짜 현상은 아닐까?

이러한 현상이 존재하는 것은 오래 전부터 알려져왔다. 그러나 인지신경과학이 발달하기 몇 년 전까지는 이러한 현상이 가짜 현상으로 무시되었다. 그러나 인지신경과학이 발달하여 사람이 자극에 대하여 감각, 지각 정보 처리를 할 때의 뇌의 활동 이미지를 측정할 수 있게 되면서 이 현상이 실제로 일어나는 것임이 드러나기 시작하였다.

신경심리학자들의 연구에 의하면, 숫자나 글자를 보면 색깔이 떠오르는 사람들은 항상 특정 숫자나 글자에는 지정된 색깔만 떠올린다고 한다. 글자를 볼 때에 보통 사람들의 뇌에서는 글자 모양 담당 뇌 부위만 가동되는데, 이 사람들은 글자나 숫자를 볼 때에 색깔 담당 뇌 부위도 가동된다고 한다. 심지어는 글자가 희미하게 잘 안 보이

이러한 좌우의 차이가 절대적이고 불변적인 것은 아니다.

뇌가 손상되었을 때

뇌손상에 따라 여러 가지 심리적, 행동적 이상 현상이 나타난다. 이러한 현상들에 대하여는 다른 장에서 분야별로 다루어진다. 여기에서는 뇌손상에 의한 이상 현상 중에서 다른 장에서 다루어지지 않

는데도 그 관련 색깔이 보여서 그 글자가 무엇인지 알아맞히기까지도 한다. 기억에 의해 연상되어서 떠오르는 것이 아니라 실제로 그렇게 지각하는 것이다.

어떻게 이런 현상이 가능할까? 신경심리 연구 결과들에 의하면, 이들은 감각 통합 담당 뇌 부위와 개별 감각 담당 뇌 부위들의 연결이 보통 사람과 다르다. 우리가 숫자나 글자를 보면 우리의 뇌에서 시각 모양 담당 뇌가 가동되어 활성화된다. 그러면 이 부위에서 색깔, 소리 등 여러 감각질 정보를 통합하는 감각통합 센터로 신경 흥분이 보내지며, 동시에 시각 자극 모양과 흔히 관련되는 감각질인 색깔을 담당하는 뇌 부위로도 신경 흥분이 전달된다.

보통 사람의 경우는 이 색깔 담당 뇌 부위로 보내는 신경 연결이 약하거나, 아니면 감각통합센터에서 이 색깔 담당 부위가 가동되는 것을 억제하여 그냥 글자 모양만 보인다고 할 수 있다. 그러나 공감각을 체험하는 사람은 시각 모양 담당 뇌 부위와 색깔 담당 뇌 부위의 연결이 태어날 때부터 밀접하거나, 감각통합 센터에서 색깔 담당 뇌 부위가 가동되는 것을 억제하지 않기에 글자와 함께 색깔이 보이게 된다. 창의적인 사람일수록, 예술가인 사람일수록 이런 공감각 능력을 가진 사람이 더 많다고 한다. 그들은 이 경쟁적인 사회에서 추가 능력의 특혜를 갖고 태어난 사람들이라고도 할 수 있다.

관련 사이트 : BBC Radio Four

http://www.bbc.co.uk/radio4/science/hearingcolours.shtml

는 주의, 대상 인식, 행동 중에서 현저한 현상 일부를 살펴보겠다.

―주의와 반측무시

주의에 대한 인지신경과학적인 연구에서 신기한 현상이 발견되었다. 바로 반측(뇌)무시(hemi-neglect) 현상이다. 이 현상은 손상된 두정엽의 반대쪽 시야의 대상들에 대하여 환자들이 마치 그 시야 세계가 존재하지 않는 듯이 반응하는 현상이다.

예를 들어 우반구 두정엽 손상자들은 왼쪽 시야에 제시된 물체들이 마치 존재하지 않는 것처럼, 인식을 하지도, 반응을 하지도 못하여, 무시하는(의도적이 아님) 경향이 있음이 발견되었다([그림 7] 참조). 환자들에게 왼쪽과 오른쪽 시야에 서로 다른 대상을 눈앞에 제시하여 보여주면 왼쪽 대상은 보지 못하였고, 간단한 물건을 주고 그것을 그리라고 하면 오른쪽만 그렸고, 거울을 보면서 얼굴의 오른쪽 면만 수염을 깎거나 화장을 하였다. 심지어는 식탁의 접시 위의 음식도 오른쪽 것만 먹기에, 그 환자는 접시 오른쪽 음식을 먹고

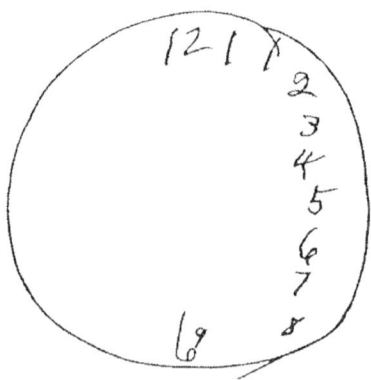

[그림 7]
반측무시증 환자에게 보이는 세상

나서는 의자를 식탁 오른쪽으로 회전하여(왼쪽으로의 회전이란 상상할 수도 없었다) 옮겨서 안 먹은 왼쪽 음식을 (다시 오른쪽이 되었으니) 마저 먹는 '식사 전략'까지 개발하여야 했다. 이러한 반측무시 현상은 좌반구 두정엽 손상시에는 거의 일어나지 않는다.

―실인증(失認症, Agnosia)

우리의 일상생활은 무수한 대상을 인식함으로써 가능하다. 흔히 우리는 이러한 대상 인식이 자동적으로 당연하게 이루어지는 것처럼 생각하지만 그것은 오해이다. 뇌의 여러 부분이 상당히 많은 복잡한 단계를 거쳐서 정보 처리함으로써 비로소 대상을 인식할 수 있으면 뇌의 어느 부분이 손상되면 이러한 기능 수행에 문제가 생긴다. 뇌손상으로 인해 대상을 제대로 지각하지 못하는 증상을 실인증이라고 한다. 실인증에는 여러 유형이 있다.

● 청각 실인증

뇌손상을 당하고 난 후 어떤 의미 있는 소리를 구별 못하는 경우가 있다. 소리의 높낮이, 동물의 울음, 사람의 말은 제대로 인식하는데도 불구하고, 멜로디를 전혀 인식하지 못하여 애국가를 알아차리지 못하고, 초등학교 때 배운 동요나 자기가 좋아하던 팝송도 인식 못하며, 두 곡이 같은 멜로디인지 알아차리지 못하는 경우가 있다. 청각기관에 아무런 이상이 없는데도 그런 증상이 나타난다.

● 시각 실인증

시각기관과 시신경 전도로가 정상인데도 불구하고 대상을 인식 못하는 증후인 시각 실인증에는 여러 유형이 있다. 시각적 실인증이 있는 사람은 예를 들어 강아지를, 약간 갈색이나 희고 아래쪽에는 네 개의 짧은 원통이 있고, 한쪽에는 삼각형 모양과 같은 것이 달려 있고 다른 쪽에는 가는 뾰족한 원통이 수평으로 있고, 끊임없이 움직이는 무엇이라고 기술하지만 그것이 머리와 꼬리와 다리가 달린 강아지로 인식하지는 못한다([그림 8] 참조). 보이는 대상을 그리라고 하면 [그림 9]처럼 부분 중심으로 그리고 전체적 통합성이 결여된 그림을 그리는 데 그친다.

뇌의 좌측 두정엽과 관련 부분이 손상된 환자의 경우, 특정 범주 대상을 인식하지 못하는 경우가 있다. 이러한 증후를 범주 특수적 실인증이라고 하는데, 이 경우 환자는 가위, 시계, 의자 등 각종 무생물인 도구들은 90% 제대로 인식하는데 개, 소, 새, 물고기 등의 생물은 제대로 인식하지 못하였고 겨우 6% 수준에서 맞추었을 뿐이었다. 다른 뇌손상 환자의 경우는 그 반대로, 생물은 제대로 인식하는데 무생물을 제대로 인식 못하는 경우가 있다. 일반적으로 생물을 인식 못하는 경우가 더 두드러진다.

● 얼굴 실인증

범주 특수적 실인증의 가장 두드러진 현상 중의 하나가 얼굴 실인증이다. 후두엽 손상 환자 중에는 다른 일반 대상의 지각은 아주 정상적인데 친숙한 얼굴 인식은 전혀 못하는 경우가 있다. 거울에 비친 자신의 얼굴도, 아내의 얼굴도, 주치의의 얼굴도 못 알아보는 경우다. 이러한 얼굴 실인증 사례는 뇌에 얼굴 인식 담당 전문 부위가 있을 가능성을 탐색하게 하였고, 측두엽의 한 부위인 방추회(fusiform gyrus) 얼굴 인식에 전문화가 되어 있을 가능성이 연구되었다.

[그림 8]
실인증 환자가 제시된 그림을 따라 그린 그림. 환자는 그림을 그리기 전에 이 그림이 무엇인지를 전혀 알지 못했다. 그림을 그리고 난 뒤 무엇이냐고 묻자, 열쇠에 대해서는 "여전히 모르겠다"고 답했고, 돼지에 대해서는 "개나 다른 동물인 것 같다", 새에 대해서는 "해변의 무대 같다", 전차에 대해서는 "마차나 차 종류로 작은 것이 큰 것을 밀고 있는 것 같다"고 답했다.

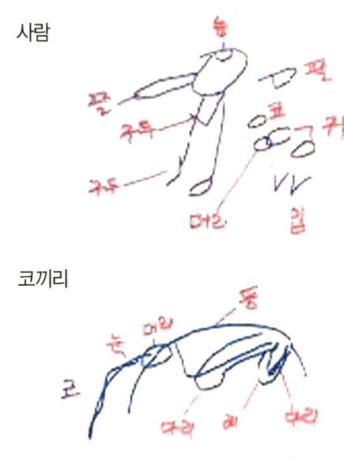

[그림 9]
실인증 환자가 그린 그림

—실행증(失行症, 운동신경 장애증)

전두엽과 양측, 특히 좌측 두정엽의 손상으로 인하여 행동의 부분들이 하나로 통일되지 못하는 증후이다. 손이나 발에 문제가 있는 것이 아니라 운동에의 명령 신호와 부분 명령들을 조직화하는 신경중추에 이상이 생긴 때문에 나타난다. 이 환자들은 예를 들어 바지를 입을 때에 한 가랑이에 계속 두 발을 다 넣으려고 한다. 담배에 불을 붙일 때에 성냥에 불붙인 다음에도 계속 그어대거나 엉뚱한 곳으로 성냥불을 갖다대는 행동을 한다. 이러한 현상은 환자들이 어떤 행동을 하여야 하는지는 알지만 부분들의 행동을 계획하거나 연결하거나 통합하거나 의미 있는 목표로 조직하는 체계가 뇌에서 손상되었음을 보여주는 것이다.

이러한 모든 뇌손상 환자들의 행동적, 심리적 기능의 이상 증후는 우리의 일반적인 행동과 심리적 기능이 자동적으로, 당연히 주어지는 것이 아니라, 뇌의 담당 부분과 많은 다른 부분들의 적절한 그리고 밀접한 연결에 의해 이루어지는 것임을 보여주며, 각각의 과정에서의 관련 신경 정보 처리 메커니즘들이 특수화되어 있음을 시사한다.

적절한 환경 자극이 뇌발달을 유도한다

뇌의 각 부위별로 기능이 전문화되어 있다면, 그러면 각 부위는 한 개인의 일평생 동안 동일한 기능을 하는 것으로만 고정되어 있는가? 아니면 변화하는가?

한 개인의 성장, 발달 과정에서 그리고 신체적 부상, 각종 경험에서 뇌는 계속 변화한다. 이러한 변화 가능성을 '가소성'이라고 한다.

일반적으로 한 아이의 뇌발달은 임신 이전부터의 요인에 의하여 결정되며 굉장히 빠른 속도로 진행되며 여러 주기를 거친다. 뇌는 태아 시절부터 끊임없이 세포가 증가하며 세포 간의 연결이 증가하는 발달과정이 있지만, 다른 한편에서는 불필요한 연결이나 뇌세포 가지들을 계속 솎아내고 정리하는 작업이 이루어진다. 쓰지 않는 세포 연결, 불필요한 가지들은 계속 정리되어 사라진다는 것이다. 따라서 그러한 뇌 부위의 세포와 세포가지들은 일정한 기간(결정적 시기)이 지나면 제대로 기능을 할 수 없다는 것이다. 따라서 이러한 솎아냄이 이루어지기 전에 적절하고 풍부한 자극 환경이 주어져야 한다는 것이다. 단, 이러한 자극은 뇌의 발달 수준에 맞게 적기에 주어져야 한다.

적절한 시기에 적절한 활동을 하여 발달시키지 못한다고 하여 그 사람의 뇌는 영구히 회복 불가능하냐 하면, 그렇지 않다. 인간의 뇌는 한편에서는 불필요한 잔가지들, 연결들을 솎아내는 작업이 끊임없이 진행되면서도, 다른 한편에서는 뇌세포들이 끊임없이 가지를 뻗어 다른 세포들과의 연결을 시도한다는 것이다. 마치 밑둥에서는 잔가지가 솎아져 제거되지만 나무줄기는 계속하여 위로 뻗어나가며 새 가지를 만들어나가는 것같이 다른 세포들과 새로운 연결들이 이루어진다는 것이다. 단 그것은 풍부한 자극 환경과, 개인의 능동적인 활동, 자발적인 동기 등에 의하여 이루어진다고 할 수 있다.

그렇다면 발달과정에서 유전자와 환경이 어떻게 상호작용하여 뇌의 기능을 구성하여 나아가는가? 인간의 뇌가 심리적 특성을 발현하는 것은 마치 사진 필름의 현상과 같다. 사진을 찍으면 필름에 기본 이미지는 이미 박혀 있게 된다(유전). 그러나 이 필름을 어떤 조명 수준에서 어떤 화학물질에 넣어서, 어떤 열을 가하여, 어떤 처리 절차를 거쳐서, 얼마나 오랜 시간에 현상하느냐에 따라 전혀 다른 색깔과 질감의 사진을 얻게 된다(환경). 인간의 뇌와 심리적 특성의 발현도 마찬가지이다. 뇌의 신경세포들의 기본 구조나 연결 특성의 기본은 유전으로 결정되지만 그것이 구체적으로 어떤 구조와 기능 특성의 뇌세포로 드러나는가는 환경의 영향에 의하여 최종 결정된다.

유전자가 모든 것을 결정하는 것은 아니다. 어떤 화학물질을 내는 세포들과 연결할 것인가는 유전자 부호에 의하여 결정되지만, 그 연결의 세부과정은 환경에 의하여 결정된다. 예를 들어 뇌의 시각 담당 세포를 보면, 태어난 지 얼마 안 되는 고양이의 눈을 봉하고 몇 주일이 지나면, 그 고양이 새끼는 완전히 장님 고양이가 된다.

이와 같이 환경 자극이 차단되거나 빈약한 상황과는 반대로 환경 자극이 풍부할 때에는 정반대 현상이 일어난다.

로젠즈바이그 박사의 연구 결과에 의하면 장난감, 굴, 층계 등의 풍부한 자극이 주어지는 환경에서는 쥐의 대뇌피질의 두께가 두 배 이상 증가된다. 그리고 자극이 없는 빈약한 환경에서는 대뇌피질의 부피가 반 이하까지도 얇아진다. 지루한 환경이 계속되면 나흘 만에 대뇌피질의 두께가 얇아졌다. 이렇게 풍부한 자극 환경이 대뇌피질의 두께를 증가시키는 정도보다 자극이 없는 지루한 환경이 대뇌피질의 두께를 얇게 하는 정도가 더 크다.

그러면 환경 자극이 풍부하여 뇌세포들이 발달한다는 것은 무엇이 발달하는 것일까? 이에 대하여 현재 대체로 지지되는 입장은, 새로운 경험이라는 것이 뇌의 신경 구조의 신경 연결 구조나 배열을 전반적으로 재구성하게 한다기보다는 기존의 신경 연결들의 강도를 강화하는 것이 핵심이라는 것이다.

환경의 영향으로 새로운 세포들이 형성되고 새로운 신경 연결 구조가 형성되는 경우도 있다. 이러한 현상은 뇌손상 후의 회복 단계에서 두드러지게 드러난다. 얼마 전까지도 학계에서는 어른이 된 이후에는 인간의 신체의 다른 부분에서는 세포가 새로 생겨나도 뇌에서는 새 세포가 생성되지 않는다고 생각하였다. 그러나 그러한 관점이 최근에 바뀌었다. 뇌에서도 새로운 세포가 생산된다. 예를 들어 기억의 초기 저장을 담당하는 해마 부위에서는 새로운 세포들이 많이 생성되어 새 기억의 저장을 가능하게 하는 것 같다.

환경과 상호작용하며 일어나는 뇌발달의 다른 한 측면은 역할 대행이다. 뇌의 특정 부위가 손상되면 인접 부위에서 그 부위의 기능을 떠맡아 대신 수행하는 경우가 흔하다. 단 그렇게 하기 위해서는 결정적 시기가 중요하다. 팔을 절단한 후 일정한 기간이 지나면 얼굴의 볼을 자극하여도 절단된 손을 자극하는 감각을 느낀다. 손을 담당하는 뇌 부위와 볼을 담당하는 뇌 부위가 인접하여 있었는데 손 감각 기능을 볼 담당 부위가 떠맡은 경우의 예이다. 이러한 구조 조정이 일어나지 않은 상태에서는 팔은 절단되었더라도 팔을 담당하는 뇌 부위는 살아 있기 때문에 이따금 없어진 팔에서 자극이 오는 듯한 유령 감각(Phantom Limbs)을 갖는 경우도 있다.

무엇이 인간의 뇌를 특별하게 하는가?

인간 뇌가 다른 동물과 달리 특수한 능력을 지니는 원인에 대한 한 이론은 인간의 뇌가 다른 동물의 뇌에 비하여 크다는 이론이었다. 인간이 진화하면서 뇌가 발달하여 큰 뇌를 갖게 되고 그에 따라 지능도 크게 발달하여 그로 인한 우연적 부산물로 최근에 언어가 생겨났을 것이라는 입장이다. 그러나 이러한 입장을 전개하기에는 생각해보아야 할 여러 가지 문제점들이 있다. 뇌의 크기로 따진다면 인간의 뇌는 동물 중에 가장 큰 뇌가 아니다. 신체 대 뇌의 비율로 따져도 인간의 뇌가 이 비율이 가장 높은 것은 아니다. 다람쥐의 일종이 이 비율이 가장 높다. 따라서 뇌의 크기나 신체-뇌의 비율에 의해 자연적 부산물로 언어가, 인간 지능이 나타난 것은 아님을 알 수 있다.

인간 뇌의 특수함을 좌반구 특성에 기인한다고 주장할 수도 있다. 그러나 동물의 좌우 반구를 볼 때, 좌우 반구 기능 차이만으로는 확실한 답을 얻기 힘들다. 비둘기나 닭의 경우 좌반구는 대상의 범주, 정체를 확인하는 기능이 높으며, 우반구는 대상의 색깔, 크기, 모양, 위치 등을 탐지하는 데서 우수하다. 동물에게 이러한 좌우 반구 기능 특수화가 있다는 것은, 인간의 뇌가 특별한 것이 좌반구의 기능 때문이라는 주장과는 잘 맞지 않는다.

다른 한 해석은 손동작 관련 이론이다. 200만 년 전에 직립 인간이 출현하면서, 이전에는 몸을 지탱하던 손이 그러한 기능에서 해방되었고, 이를 통하여 손이 의사소통적 제스처와 도구 조작을 담당하게 되었고, 다시 이것이 진화하고 말이 출현하게 되면서 손동작은 제스처의 기능에서 해방되게 되었다고 본다. 인간은 진화과정에서 이러한 손운동을 지배하는 단일 중추가 필요하였고, 이 중추가 좌반구에 자리잡게 되었으며, 좌반구는 오른손과 오른쪽 몸을 지배하면서 계열적인 몸동작을 제어하는 기능을 발달시켰을 것이라는 입장이다. 이러한 계열적 몸동작 제어가 입과, 발성기관에까지 확산되었고, 그에 따라 좌반구의 언어 담당 기능이 특수화되었고, 인간의 뇌 같은 특수한 뇌가 발달하였을 것이라는 견해이다.

이성의 감성적인 면

그 동안 심리학의 연구에서나 신경과학의 연구에서는 정서와 인지를 마치 완전히 독립적인 메커니즘인 것처럼 다루어왔다. 그러나 동물의 진화과정에서 동기와 정서를 담당하는 부분의 뇌가 인지를 담당하는 뇌 부분보다 먼저 진화되었으며, 동기와 정서를 담당하는 뇌가 인지 일반을 담당하는 뇌와 밀접하게 연결되어 있다는 견해가 점차 수용되고 있다.

안토니오 다마지오(A. Damasio) 교수는 이와 관련하여 정서가 이성적 처리인 의사결정 과정의 밑바탕에 있음을 주장하는 이론과 실험 결과를 제시하였다. 그는 전두엽 피질이 손상된 환자와 정상인을 대상으로 실험하였다. 정서적으로 중립적인 평온한 농가 사진 등과 감정을 유발시키는 심하게 부상당한 사람, 나체, 심한 재난 등의 사진을 보여준 결과, 정상인은 중립적 사진과 정서적 사진에 상이하게 반응하였는데, 환자는 중립적 사진과 정서적 사진에 같은 정도의 정서적 흥분(피부 전도 반응)을 보였다. 또 복권과 같은 카드게임에서 모험 상황(거액을 탈 가능성이 있지만 많은 돈을 투자해야 하는 선택지)과 중립적 상황(적은 액수를 타지만 투자액수도 적은 선택지) 중에서 하나를 선택하게 한 실험 결과, 정상인은 모험 상황을 선택할 때 정서적 반응을 보였으나 전두엽 손상 환자는 보이지 않았다.

이 결과는 전두엽이 인지와 관련된 정서를 담당하고 있음과 인지적 결정을 할 때에 그 근저에 정서가 있어서 핵심적 역할을 함을 시사한다.

생각상자

두 손이 서로 다른 일을 할 때

어린 시절 친구들과 하기 어려운 행동을 해 보이는 놀이를 해본 적이 있을 것이다. 예를 들어 왼손으로는 원을 그리며 배를 문지르고 동시에 오른손은 자신의 머리를 위아래 방향으로 두드리는 것을 해 보이는 놀이다. 이것 자체도 실수가 많이 일어나고 쉽지 않지만, 한 단계 더 나아가 친구의 신호에 따라 왼손이 하던 일을 오른손이, 오른손이 하던 일을 왼손이 하게 하고, 이 역할을 자주 바꿔서 하게 한다면, 결국은 어떤 한 행동이 더 우세하게 되어서 실수를 하게 된다. 배를 원을 그리며 문지르는 것이 아니고 배를 위아래로 문지르거나 두드리게 되고, 머리를 두드리는 것이 아니고 문지르는 행동을 하고 있는 자신을 발견할 수 있다.

왜 이렇게 되는가? 두 손이 서로 다른 일을 동시에 하게 되면 뇌는 어떻게 이 행동들을 통제하는가? 만일 뇌의 좌우 반구를 갈라서 서로 연락을 못하게 하고 양쪽 뇌가 다른 일을 맡게 하면 어떻게 될까?

이러한 물음을 가지고 인지과학자들은 좌우 뇌 사이의 정보를 주고받는 연결 다리인 뇌량이 절단된 분할뇌 환자와 좌우 뇌의 연결이 정상인 일반인에게서 이러한 동시적으로 다른 일을 하는 것이 어떻게 이루어지는가를 실험을 통해 살펴보았다. 그 결과 재미나는 현상이 발견되었다.

오른쪽 위 그림에서와 같이 왼손은 'ㄷ'자를 오른손은 'ㄷ'자의 거울 이미지를 그대로 따라 그리게 한다. 그리는 방향이 왼손은 중심 응시점이 있는 방향인 오른쪽에서 시작하여 왼쪽으로 그려가고, 오른손은 중심 응시점의 방향인 왼쪽에서 시작하여 오른쪽으로 그리는 것인데, 공통된 축에서 반대방향으로 번져 나가게 하는 이런 일에서는 정상인이나 분할뇌 환자 사이에 별로 차이가 없었다.

반면 오른쪽 아래 그림과 같이 그려가는 방향이 왼손은 "가운데에서 → 왼쪽으로 → 아래로 → 오른쪽으로", 오른손은 "아래로 → 오른쪽으로 → 위로"와 같이 서로 그 축이 어긋나는 방향으로 동시에 두 손이 일을 하게 하였을 경우에, 좌우 반구를 연결하는 뇌량이 그대로 있는 정상인의 경우에서는 오히려 어려움을 겪고 잘 못하는 데

위 그림

아래 그림

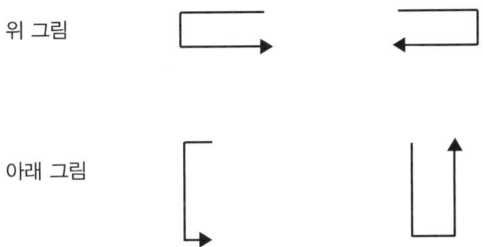

비해, 좌우 뇌의 정보 교환 연결 다리인 뇌량이 절단된 환자의 경우는 오히려 두 가지 일을 동시에 해내는 데 별 문제가 없었다. 뇌 좌우 반구 연결이 절단된 환자가 이중작업을 동시에 해내는 데에 더 유리한 것이다.

왜 그럴까? 정상인의 경우에서는 원을 그리며 문지르는 왼손의 목표와 위아래로 두드리는 오른손의 목표가 각기 우반구와 좌반구에서 담당하여 진행하는데 좌우 반구가 서로 정보를 교환하기에 두 목표가 서로 간섭을 일으킨다.

반면 분할뇌 환자는 좌우반구 연결 통로인 뇌량이 절단되어서 이러한 정보 교환이 안 일어났기 때문에 서로 간섭을 안 받고 두 뇌가 각기 독립적으로 작업을 해낼 수 있었다고 할 수 있다.

그러나 분할뇌 환자의 경우도 완전히 좌우가 독립적으로 따로 노는가 하면 그렇지 않다. 왼손, 오른손의 작업이 거의 동시에 시작되고 동시에 끝난다. 시간적으로 공동 보조를 맞추는 것이다. 뇌의 다른 부분에서 좌우 뇌의 시간적 타이밍을 통합적으로 조정하기 때문에 그런 것 같다.

분할뇌 환자에서와 같이 감각운동적, 인지적 핸디캡을 지닌 사람들이 더 잘 할 수 있는 일을 발굴해내는 것도 심리학자, 인지과학자의 중요한 과제의 하나라고 하겠다.

의식은 어떻게 가능한가?

우리는 의식을 지니고 있고, 주관적 체험을 한다. 의식은 인간을 다른 동물과 차별화하는 가장 큰 기준의 하나이며, 아마도 자연 현상 중에서 가장 복잡한 현상일 것이다. 의식도 인간 뇌의 작용에 의하여 가능함은 틀림없다. 그러나 뇌의 어떤 과정에 의하여 의식이 출현하고 가능해지는가? 의식을 뇌의 과정으로 다 설명할 수 있을까? 뇌의 손상에 의하여 의식에는 어떤 이상이 생길까?

TV 광고에서 자주 사용하는 기법의 하나인 역하자극에 의한 무의식적 정보 처리의 예를 생각하여볼 수 있다. 광고주가 암묵적으로 전달하려는 자극 내용을 찰나적으로 제시하면 시청자는 그 자극이 제시되었다는 것을 의식하지는 못하지만, 뇌에서는 담당 부위에서 처리가 일어나서, 상품을 선택한다든지 하는 단계에서는 그 상품을 선택하거나 상품에 대하여 호의적으로 반응한다. 이러한 사례들은 의식을 논함에 있어서 무의식에 대한 이론적 논의도 함께 이루어져야 함을 시사하고 있다.

다른 연구에 의하면 어떤 것을 학습하는 의식적 단계와 그것을 완전히 학습한 뒤에 무의식적으로, 기계적으로 처리할 단계에서(운전 같은 경우) 각각 상이한 뇌 부위가 가동된다는 연구 결과도 있다. 서양장기를 처음 배울 때에는 주로 좌반구를, 고수가 되면 주로 우반구를 사용한다는 실험 결과도 있다. 의식 수준에서 일어나는 처리와 무의식 수준에서 일어나는 처리의 본질적 차이는 앞으로 더 연구되고 규명되어야 할 것이다.

의식의 다른 한 측면은 자기 자신에 대한 자각이다. 자기와 관련된 정보에 대하여 자각하고 내성할 수 있는 기능의 측면이다. 뇌 연구 결과에 의하면 이러한 자기 관련 정보 처리가 전두엽과 우반구에서 주로 이루어지는 것 같다. 간질 환자의 경우, 좌우 반구를 각각 번갈아 마취하면서 자신의 얼굴과 다른 사람의 얼굴이 복합된 그림을 제시하고 누구인지를 말하라고 하면 우반구는 정확히 맞추는데 좌반구는 오류를 크게 범한다. 이는 우측 전두엽이 '자기'에 대한 의식을 관장함을 시사한다고 볼 수 있다.

분업화된 뇌의 통일 작업

지금까지의 논의는 주로 뇌 각 부위의 기능 전문화와 역할 분담 중심으로 전개되었다. 그런데 우리의 일상 경험이란 조각난 부분의 경험이 아니라, 하나의 통일된 의식의 주체로서의 경험이다. 우리가 일상적으로 겪는 사건들은 흔히 원인과 결과의 틀이 적용된 이야기로서의 사건으로 경험된다. 서로 연결되지 않은 낱개 개별 사건으로서 의식되는 것이 아니다. 어느 시점에서 뇌의 어디에서 어떻게 우리가 경험하는 사건의 인과적 관계성을 구성해내고 통일성, 통합성을 부여하는 것일까? 그리고 그러한 것은 인간의 의식, 마음의 본질에 대한 어떠한 의의를 지니는 것일까?

이에 대해 가자니가(Gazzaniga) 교수와 르두(LeDoux) 교수는 좌반구에서 뇌 해석기(brain interpreter)라는 시스템이 작용한다는 제안을 하였다. 이 시스템은 외적, 내적 사건에 대하여 적절한 행동을 산출하기 위한 인과적, 이야기적 설명을 도출하는 시스템이라고 볼 수 있다. 이러한 시스템이 좌반구에 내장되어 있는데 이 시스템이 뇌의 여러 부위에서 일어나는 신경적 활동, 특히 의식의 범위 밖에서 이루어지는 신경적 활동에 의미를 부여해준다는 것이다.

가자니가와 르두는 분할뇌 환자에게 [그림 10]과 같은 자극을 주었다. 이 경우 좌반구로는 닭발 그림이 표상되지만 우반구에는 눈

[그림 10]
분할뇌 실험 자극 및 상황 예

내린 겨울 풍경이 표상된다. 그림 중에서 선택하라고 하면 좌반구의 지배를 받는 오른손은 닭 머리를, 우반구의 지배를 받는 왼손은 눈 치우는 삽을 선택하게 된다. 그런데 왜 삽을 선택하였냐고 물으면 "눈 내린 겨울의 눈을 치우기 위해서"가 아니라 엉뚱하게도 "닭장을 청소하기 위하여 삽을 선택하였다"고 답을 한다. 우반구의 지배를 받는 왼손이 삽을 선택한 이유를 좌반구가 알고 있는 유일한 맥락 정보인 닭과 연결시켜서 자신의 행동에 의미를 부여하는 해석, 즉 이야기를 만들어낸 것이다.

이것은 기능이 전문화된 뇌 부위 시스템들이 각각 (의식되지 않는 수준에서) 독립적으로 작동하여 집행한 결과들을 좌반구의 해석기 시스템이 받아서 이들에게 통합적인 의미를, 인과성을, 이야기를 부여하는 것이라고 볼 수 있다. 그 이야기에는 자기 자신 관련성이 들어가며 이것이 자의식과 연결된다.

종합한다면 인간의 뇌가 다른 동물과 달리 특별한 이유, 인간이 의식을 가지고 있다는 것은 바로 이러한 좌반구에 내장된 해석기의 작용에 의하는 것이라고 할 수 있다.

뇌와 마음의 연결에 대한 연구와 논의를 진행함에 있어서 우리 모두 다시 한 번 생각하고 유념하여야 할 문제들이 있다. 사람들은 흔히 심리학에서 도출된 기능적 구성요소와 신경과학의 구조 분석에서 도출되는 구조요소 사이에 일대일의 대응이 있어야만 된다고 생각한다. 하지만 반드시 그렇지는 않다. 단순하게 보이는 한 심리적 기능요소가 다양한 신경적 구조요소로 대응될 수 있다.

다음으로 이분법적 사고의 위험성을 들 수 있다. 좌뇌는 무엇 남당, 우뇌는 무엇 담당, 인지는 어떤 처리, 정서는 어떤 처리 식으로 어떤 심적과정이나 인지신경기제의 범위나 특성을 단정적으로 이분법적으로 경계지어 이해하거나 접근하려는 태도는 피해야 할, 경계해야 할 비과학적 태도이다.

■ 더 읽을거리

James W. Kalat, 「생물심리학」, 김문수, 문양호, 박소현, 박순권, 박정현 옮김, 시그마프레스, 1999
올리버 색스, 「아내를 모자로 착각한 남자」, 조석현 옮김, 살림터

우리가 잘못 알고 있는 뇌*

김완석 아 주 대 학 교 심 리 학 과

1990년 고려대학교 대학원 심리학과를 졸업하고 산업심리학 전공으로 문학 박사 학위를 받았다. 1993년부터 아주대학교 심리학과 교수로 재직중이며, 2004부터는 한국 소비자광고심리학회 회장을 역임하고 있다. 「커리어 상담」, 「소비자 행동의 심리학」을 옮겼으며 「광고심리학」, 「심리검사」를 지었다.

wsgim@ajou.ac.kr

우리의 뇌는 바로 우리 자신이다. 뇌의 구조와 기능을 알지 못하고는 우리 자신을 알 수가 없다. 즉, 우리가 인간으로서 경험하는 주관적인 느낌은 물론이고, 다양한 생각과 행동들이 모두 뇌의 활동과 관계가 있다. '뜨거운 가슴, 차가운 머리'라는 말은 문학적 표현에 불과하다. 뜨거운 감정이나 차가운 계산과 생각들이 모두 뇌 활동의 결과라는 것은 이제는 상식이다. 하지만 우주가 아직 미지의 세계로 남아 있듯이 소우주라 부르는 인간의 뇌도 미지의 영역으로 남아 있다. 그래서 세계 각국은 뇌에 대한 연구에 엄청난 자원을 투자하고 있다.

우리는 뇌에 대해 얼마나 잘 알고 있을까? 최근 뇌과학의 발달은 인간의 뇌에 관해 많은 새로운 지식들을 쏟아내고 있다. 그래서 그동안 진실이라 믿었던 사실들이 잘못된 생각이었음이 밝혀지기도 한다. 하지만 아직도 우리는 뇌에 대해 잘못 알고 있는 것들이 많다. 다음과 같은 생각에 동의하는지 그렇지 않은지 답해보자.

1. 사람이 늙어도 뇌의 크기는 줄어들지 않는다.
2. 머리를 많이 쓰면 뇌세포가 많아진다.
3. 뇌세포는 한 번 죽으면 재생되지 않는다.
4. 뇌도 직접 건드리면 고통이 있다.
5. 남자의 뇌와 여자의 뇌는 평균적인 크기가 같다.
6. 남자는 여자에 비해 왼쪽 뇌가 더 발달되어 있다.

---

* 이 연구는 2003년 한국심리학회 심포지엄을 위한 조사 연구의 일부이다. 강은주(서울대학교 의과대학), 김성일(고려대학교), 도경수(성균관대학교), 조용래(한림대학교) 교수가 자료 수집과 집필을 도와주었고, 강혜련, 방희정(이화여자대학교), 성한기(대구가톨릭대학교), 유태용(광운대학교), 이현진(영남대학교), 최윤미(강원대학교) 교수는 자료 수집에 도움을 주었다.

7. 인간은 자기 뇌의 능력을 10%도 활용하지 않고 있다.
8. 뇌의 표면에 주름이 많을수록 머리가 좋다.
9. 치매 예방을 위해서는 운동보다 바둑이나 화투, 암기 같은 것이 좋다.
10. 태교를 위해 임산부에게 클래식 음악을 들려주면 머리 좋은 아이를 낳는다.

위의 10가지 질문은 우리나라 사람들이 알고 있는 뇌 상식에 관한 조사에서 50여 개의 질문 중에서 오답율이 가장 높았던 10개 문항이다. 과연 몇 개나 옳은 것일까? 현대의 뇌과학은 위의 10가지 생각 모두가 잘못되었음을 보여주고 있다. 만일 독자가 이중 4개 이상을 '틀렸다'고 생각했다면, 한국의 평균적인 사람들에 비해 비교적 뇌에 관해 잘 알고 있는 셈이다. 이 10개 문항에 대한 우리나라 사람들의 평균점수는 10점 만점에 3.3점에 불과했다. 그만큼 뇌에 관한 우리의 지식 중에는 잘못된 것이 많다는 뜻이다.

어떻게 조사했을까?

2003년에 10명의 심리학자가 뇌에 관한 일반인들의 상식이라고 생각되는 문항들을 각기 수집했다. 이렇게 모은 문항은 중복되는 것을 제외하고 77문항이었는데, 뇌에 관한 전문가인 심리학자들을 통해 각 문항이 옳고 그름을 판정할 수 있는 문항인가를 검토하도록 해서 최종적으로 55문항을 선별하였다.

문항의 내용은 크게 뇌의 구조와 기능, 뇌와 지능의 관계, 뇌기능의 증진과 활용, 뇌와 병리적 행동, 뇌의 건강, 뇌의 개인 또는 집단 간 차이에 대한 여섯 분야로 묶어볼 수 있는 것이었다. 이렇게 선별한 문항을 중학생 이상인 우리나라 사람 1380명에게 응답하도록 하여 그 결과를 집계 분석했다.

이 글에서는 조사 결과 중에서 오답률이 높은 문항들, 그리고 비록 오답률이 낮아서 잘못 알고 있는 사람의 비율이 적더라도 그런 잘못된 지식이 끼치는 해가 클 수 있는 문항들을 중심으로 다루었다. 이를 통해 뇌에 관한 관심을 북돋우고, 뇌를 바로 이해하는 데 도움이 되고자 했다.

사람이 늙으면 뇌의 크기가 줄어들까?

노인이 되면 키가 줄어든다. 하지만 뇌는 두개골이라는 단단한 뼈 속에 들어 있다. 이 뇌의 크기도 나이를 먹으면서 줄어드는 것일까? 진실은 '그렇다' 이다. 하지만 우리나라 사람들의 64% 정도는 그렇지 않다고 믿고 있다.

36.4	63.6
그렇다	아니다

최근에 보고 된 샤힐(Scahill) 박사 등의 연구에 따르면 인간의 뇌는 나이가 들어감에 따라 전체 부피가 감소한다. 이러한 위축 효과는 특히 만 70세 이후에 더 빠르게 진행되는데, 뇌 전체의 부피가 줄어들며 특히 측두엽과 해마의 부피 감소가 두드러진다. 이렇게 뇌의 부피가 줄어들면 두개골 안에 빈 공간이 생기게 될 테지만, 뇌가 줄어서 생긴 공간은 뇌실의 부피가 증가하는 것으로 메워진다. 그래서 뇌 자체의 크기가 줄어들어도 뇌가 들어 있는 두개골 안의 전체 부피에는 변화가 없다.

왼쪽 뇌와 오른쪽 뇌는 하는 일이 전혀 다른 것일까?

인간의 뇌는 껍질을 깐 호두처럼 좌우대칭으로 되어 있다. 왼쪽 뇌는 신체의 오른쪽 부분의 감각을 느끼고 근육을 통제하며, 오른쪽 뇌는 신체 왼쪽의 감각 경험과 운동 통제를 맡는다. 이런 점에서 좌뇌와 우뇌는 하는 일이 별로 달라 보이지 않는다. 하지만 뇌출혈이나 뇌경색, 사고 등으로 왼쪽 뇌에 손상을 입은 사람들은 언어장애를 겪게 되지만, 오른쪽 뇌에 손상을 입은 사람들은 상대적으로 언어장애를 적게 나타낸다. 그래서 옛날에는 다치면 언어장애를 일으키는 좌반구를 우세한 뇌(dominant brain)라 부르고 우반구는 특별한 역할이 없는 열등한 뇌라고 생각하기도 했다.

그러나 간질이 심해서 한쪽 반구라도 보존하기 위해 어쩔 수 없이 좌반구와 우반구를 연결해주는 신경섬유다발인 뇌량을 절단한 환자들을 대상으로 한 스페리, 가자니가 등의 연구는 좌반구와 우반구의 역할이 다를 수 있다는 것을 보여주었다.

하지만 그렇다고 양쪽 뇌가 하는 일이 완전히 다르다고 보기는 어렵다. 예를 들어, 어렸을 때 한쪽 뇌에 손상을 입은 경우에는 반대쪽 뇌가 해당 기능을 담당하게 되는 현상도 있고(이를 뇌의 '가소성'이라 한다), 정상인의 경우에도 양쪽 뇌에서 다 활동이 일어나는 경우도 있기 때문에 두 반구가 하는 일이 완전히 다르다고 할 수는 없다.

뇌세포는 한 번 죽으면 재생이 되지 않는 것일까?

지금까지 인간의 뇌세포는 태어난 이후의 극히 짧은 기간을 제외하면 새로 뇌세포가 생겨나지는 않는 것으로 알려졌다. 즉, 인간은 출생 이후 계속 뇌세포를 손실하는데 이를 보충할 수 있도록 죽은 뇌세포가 재생되거나 새로운 뇌세포가 생겨나지는 않는다는 것이 정설이었다.

54.7	45.3
■ 그렇다	■ 아니다

하지만 최근 할렌벡(Hallenbeck)의 연구에 따르면 정상인의 경우에도 뇌실 주변과 해마의 특정 영역 두 군데에서 새로운 뇌세포가 만들어진다는 것이 밝혀졌다. 이미 특정 질병 상태에서는 뇌세포가 새로 만들어질 수 있음이 밝혀졌는데, 이는 특히 뇌출혈로 인해 뇌에 피가 부족하게 되는 허혈이 온 경우에 그렇다. 따라서 뇌세포는 한 번 죽으면 재생되지 않는다는 생각은 이제는 틀린 생각이 되었다. 물론, 뇌세포가 새로 생긴다는 것이 뇌의 모든 부위에서 뇌세포가 손상되었을 때 해당 부위에서 새로운 세포가 재생된다는 것을 뜻하는 것은 아니다.

머리를 많이 쓰면 뇌세포도 많아지는 것일까?

앞에서 뇌세포가 재생될 수 있다는 최근의 발견을 소개하였다. 그렇다면 머리를 많이 쓰면 뇌세포도 많아지는 것일까? 사람이나 동물이 무엇인가를 새로 배운다는 것은 뇌에서 어떤 변화가 생긴다는 것을 뜻하는데, 이것이 새로운 세포의 생산을 뜻하는 것일까?

하지만 아직은 이렇게 새로운 학습의 결과로 뇌세포가 많아진다고 보기는 어렵다.

57.5	42.5
■ 그렇다	■ 아니다

그렇다면 도대체 뇌에서 어떤 일이 생기는 것일까? 답은 머리를 많이 쓰면 뇌세포가 늘어나는 것이 아니라 기존 뇌세포들 간의 새로운 연결(이를 시냅스라 한다)이 늘어난다는 것이다. 어미가 같은 쥐들을 두 집단으로 갈라서 한쪽은 새로운 것을 많이 배울 수 있는 풍부한 환경에서 기르고, 다른 쪽은 그렇지 못한 열악한 환경에서 기른 후에 이들 두 집단 쥐들의 뇌피질을 관찰해보면 신경세포들 간의 연결 정도가 상당히 다른 것을 알 수 있다. 물론, 공부를 많이 할 수 있는 풍부한 자극 환경에서 자란 쥐들의 신경세포 간 연결이 훨씬 더 복잡하게 발달한다. 인간의 경우도 비슷해서, 신생아와 생후 3개월, 15개월 된 아이의 뇌피질을 관찰해 보면 발달이 진행될수록 신경세포들 간의 연결이 훨씬 더 복잡해지는 것을 볼 수 있다. 결국 머리를 많이 사용하는 것은 뇌세포의 숫자를 늘리는 효과보다는 뇌세포 간의 새로운 연결을 새로 형성하는 효과를 갖는다고 볼 수 있다.

뇌도 직접 건드리면 통증을 느낄 수 있을까?

우리의 몸을 긁거나 찌르거나 하면 통증을 느끼게 된다. 사실상 뇌는 아프다거나 슬프다거나 간지럽다거나 하는 모든 주관적 감정 경험과 생각이나 계산과 같은 인지 활동을 주관하는 곳이다. 사람의 피부에는 눌리거나 찢기는 것 등에 반응하는 세포들, 즉 통각세포들이 있어서 이들 세포들이 자극을 받으면 그 정보가 말초신경계에서 중추신경계를 통해 뇌로 전달됨으로써 통증을 느끼게 된다. 통각을 비롯한 피부 감각은 인간이 이를 인식함으로써 자신을 위험한 상황에서 벗어나도록 하거나 아픈 부위에 주의를 기울여서 적절한 조치를 취하게 함으로써 신체적 안전을 유지하게 만드는 중요한 감각이다.

하지만 두개골 안에 들어 있고 또 세 겹의 막과 뇌척수액으로 싸여 있어 이중 삼중의 보호를 받는 뇌 자체에는 통각세포들이 없다. 그래서 뇌를 직접 건드려도 고통을 느끼지 못한다. 하지만 조사 대상 응답자의 70%가량은 뇌도 그 자체로 통증을 느끼는 것으로 잘못 알고 있는 것으로 나타났다.

70.4	29.6
■ 그렇다	■ 아니다

뇌세포 하나마다 한 가지 기억이 저장되어 있는 것일까?

뇌는 정보를 어떻게 저장할까? 컴퓨터의 하드디스크는 특정 정보를 특정 위치에 기록하는 방식으로 정보를 저장하고 있다. 인간의 뇌는 어떨까?

특정한 사건이나 대상에 대한 기억이 뇌의 특정 세포에 저장되어 있을 것이라는 생각은 아주 매력적인 생각이다. 이를 '국소 표상(localized representation) 이론'이라 하는데, 특정 기억은 뇌의 특정 부위에 저장된다는 것이다. 우리가 기억해야 할, 또는 기억하고

생 각 상 자

뇌량 절단 환자는 어떻게 다를까?

스페리와 가자니가(Sperry & Gazzaniga)는 양쪽 뇌를 연결하는 부위인 뇌량을 절단(분할뇌)한 환자들을 대상으로 좌우 반구의 기능차를 보여주는 실험을 하였다. 인간의 시각신경계는 한쪽 시야의 정보를 각기 반대쪽 뇌로만 전달한다. 즉, 시야의 왼쪽에 있는 물체는 두 눈의 오른쪽 망막에 상을 맺고 이 정보는 오른쪽 뇌로 전달되며, 시야의 오른쪽에 있는 물체는 두 눈의 왼쪽 망막에 상을 맺고 이 정보는 왼쪽 뇌로 전달된다. 정상인의 경우 오른쪽 뇌나 왼쪽 뇌로만 들어온 정보도 금방 뇌량을 통해 반대쪽 뇌로 전달된다. 하지만 뇌량을 절단한 환자의 경우는 그렇지 않다. 이 실험은 뇌량 절단 환자의 이런 특성을 이용한 것이었다.

환자를 책상에 앉게 하고 앞에 놓인 스크린의 중앙에 찍어놓은 점을 바라보게 한 후, 이 점의 왼쪽과 오른쪽에 순간적으로 물체나 문자를 보여주면 이 정보는 각기 한쪽 반구로만 전달되게 된다. 환자에게 점의 왼쪽에 순간적으로 '가위'라는 단어를 보여주고 나서 지금 본 것이 무엇인지를 물은 결과 무엇인지 말하지 못했다. 하지만 손을 스크린 뒤로 뻗어서 지금 본 것을 여러 물체 중에서 만져보아 찾게 한 결과 가위를 찾아낼 수 있었다. 즉, 시야의 왼쪽에 순간적으로 제시된 '가위'라는 정보는 오른쪽 뇌로 전달되었는데 이를 말할 수 없었지만 손으로는 찾을 수 있었던 것이다. 반대로 점의 오른쪽에 '연필'을 제시하고 지금 본 것을 말하라고 했을 때는 환자가 '연필'을 보았다고 이야기할 수 있었다. 또한 손으로 만져서도 연필을 찾아낼 수 있었다. 이런 결과는 말을 하는(즉, 언어를 생성하는) 기능이 왼쪽 뇌에만 있다는 것을 시사하는 것이었다.

후속 연구들은 선천적인 오른손잡이의 경우 80% 이상이 좌반구에 언어 구사 능력이 있으며, 왼손잡이의 경우는 좌반구와 우반구가 반반 정도라는 것을 보여주었다.

있는 내용이 얼마나 많은가 하는 점과 뇌의 신경세포가 10^{14}개로 추정된다는 사실을 감안하면 이 생각은 더욱 매력적으로 보일 수 있다. 그러나 이 생각은 적어도 두 가지 점에서 문제가 있다.

첫째, 현재 뇌 연구 기술 수준으로는 뇌세포 하나에 어떤 정보가 저장되어 있는지 정확하게 알 수 없다. 둘째, 사람들은 한 가지 생각을 하면 이와 비슷한 내용을 잘 떠올리는데, 예를 들어 '고양이'를 생각하면 '청와대' 보다는 '쥐' 가 더 잘 떠오른다. 이를 연상점화 효과라 부르는데 세포마다 기억이 저장되어 있다는 입장에서는 연상점화 효과를 설명하기 어렵다. 만약 세포마다 다른 기억이 저장되어 있다면 내용이 비슷하다고 해서 가까이 있는 세포에 저장되어 있다고 가정해야 할 이유가 없기 때문에 한 가지 생각이 비슷한 다른 생각을 불러일으키는 것을 설명하기 어렵다.

따라서 최근에는 국소 표상이라는 생각보다는 여러 개의 신경세포가 서로 어떻게 연결되어 있는지에 의해 정보가 표상된다고 보는 '분산 표상(distributed representation)' 이라는 연결주의(connectionist)적 생각이 더 널리 받아들여지고 있다. 즉 하나의 세포마다 다른 기억이 저장되어 있는 것이 아니라 일련의 세포들이 서로 어떻게 연결되어 있느냐에 의해 정보들이 저장된다고 보는 것이다.

잘라낸 팔다리의 감각을 느낄 수 있을까?

우리는 여러 가지 이유로 사지의 일부를 잘라낸 사람들을 볼 수 있다. 이런 사람들이 잘라낸 팔이나 다리가 가렵다거나 아프다거나 하는 느낌을 느낄 수 있을까? 팔이 없는데 팔이 아프다고 호소할 수 있을까? 그럴 수 있다.

평소에 우리가 통증에 반응하거나, 움직임이나 감촉을 느끼는 과정은 다음과 같다. 우리의 피부나 관절, 내장에는 자극에 반응하는 수용기 세포가 있어서 정상적인 경우 이들 수용기 세포로부터 오는 신호가 복잡한 경로를 통해 뇌로 전달되고 뇌에서 이 신호를 해석함으로써 우리가 감각을 경험하게 된다. 그러나 이런 복잡한 경로 내의 신호전달 요소들, 즉 뇌로 신호를 보내는 신경들이 팔이나 다리를 절단한 후에도 여전히 남아 있어서 잘못된 신호를 뇌로 보낼 수 있다. 아니면 뇌가 다른 곳에서 오는 신호의 위치 파악을 잘못하는 경우도 있을 수 있다. 그래서 실제 잘린 팔다리에서 오는 정보가 없는데도 뇌는 그렇게 해석할 수 있기 때문에 잘린 팔이나 다리가 아플 수 있다. 이것을 보통 환지통(phantom pain)이라고 부른다. 그러나 통증 말고도, 이상한 감각이나 접촉감, 움직이는 감각 등 다양한 경험이 가능하다. 예를 들어 절단되기 이전의 팔이나 다리에서 오는 신호가 도착하던 뇌 영역의 근처 영역으로 전달된 신호를 팔다리에서 오는 것으로 잘못 해석할 수가 있다. 그래서 이웃 뇌 영역이 담당하는 곳에 전달된 작은 온도의 변화나 공기 압력 등이 이미 절단된 팔다리의 통증이나, 이상한 감각, 촉각을 느끼게 할 수도 있는 것이다. 이런 감각을 직접 느끼는 사람은 얼마나 이상하고 고통스러울까?

뇌파를 통해 그 사람의 생각을 읽어낼 수 있을까?

공상과학 영화에서는 뇌파를 통해 사람의 생각을 읽거나 생각을 조작하는 경우를 볼 수 있다. 정말로 뇌파를 보고 그 사람의 생각을 알아낼 수 있는 걸까? 응답자의 반 정도가 그렇다고 생각하는 것으로 나타났지만, 답은 '아직은 아니다'이다.

47.9	52.1
그렇다	아니다

뇌파란 대뇌피질의 가장 바깥층에 있는 뇌 신경세포에서 나오는 전기적 활동으로서 두피에 붙인 전극을 통해 그 전기적 활동을 측정하여 기록할 수 있다. 기본적으로 뇌파는 0.5~30Hz의 주파수를 보이며, 그 주파수는 인체의 특정 상태와 연관되어 있는 것으로 알려져 있다. 뇌파는 주파수 영역에 따라서 감마파, 베타파, 알파파, 세타파, 델타파로 나누어진다. 감마파는 30Hz 이상으로 극도의 분노, 흥분, 공포 상태에 있거나, 몸이 경직된 상태일 때 나타나며, 14~30Hz에 나타나는 베타파는 평소 깨어 있는 상태, 외부 세계에 대응해서 일을 처리하며 생활하는 상태, 긴장되어 있지만 몸은 경직되어 있지 않은 상태에서 나타난다. 빠른 알파파(12~14Hz)와 중간 알파파(9~12Hz)는 약간 긴장되어 있으나 몸은 이완되고 의식이 집중된 상태에서 나타나게 되며, 느린 알파파(7~9Hz)는 수면과 의식을 오가는 얕은 수면 상태에서 나타나게 된다. 수면시에는 아

주 느린 저주파(세타파, 델타파)가 특징적으로 나타난다. 따라서 뇌파를 보고 사람의 생각을 읽을 수 있다기보다는 그 사람의 의식이나 기분의 상태 또는 신체 상태 등을 파악할 수 있다고 하겠다.

남자의 뇌가 여자의 뇌보다 클까?

몸무게나 키를 비교해보면 남자가 평균적으로 여자에 비해 더 무겁고 더 크다. 그렇다면 뇌는 어떨까? 뇌도 남자가 더 크고 무거운 것일까? 정답은 뇌도 마찬가지로 남자가 여자보다 평균적으로 더

> **생각상자**
>
> **뇌가 나인가, 내가 뇌인가**
>
> 로버트 화이트(Robert White) 박사는 뇌이식의 전문가이다. 그가 오하이오 주의 한 대학에 재직하던 1970년 4월 박사팀은 영장류의 머리 이식수술에 성공했다. 이 수술은 원숭이의 머리를 다른 원숭이의 몸에 이식하는 것이었다. 이렇게 머리를 이식받은 (아니면 몸을 이식받은?) 원숭이는 수술 후에 깨어나서는 빛에 반응할 뿐 아니라 수술진의 손을 깨물려고도 했다. 원숭이는 이후 8일간 생존했다. 화이트 박사의 수술은 1980년대에는 수술받은 원숭이가 기계의 도움 없이 숨을 쉴 수 있을 정도로 진전되었다. 1998년 4월 ABC 방송은 화이트 박사 팀이 원숭이의 머리를 바꾸는 수술에 완전히 성공했다고 전했다. 지금은 대학에서 정년 퇴임한 화이트 박사는 사람을 대상으로 하는 이식수술을 계획하고 있다.
>
> 머리를 통째로 이식한다는 화이트 박사의 생각은 엄청난 반대에 부딪혔다. 반대 이유는 주로 윤리적인 것이었다. 특히 1985년 『리더스 다이제스트』에 화이트 박사의 연구가 소개되면서 화이트 박사는 프랑켄슈타인과 같은 사람이라며 비판하는 사람들이 나타났다. 하지만 화이트 박사는 뇌를 이식하는 것은 심장이나 간을 이식하는 것과 다를 것이 없다며 세상에는 몸은 건강하지만 머리가 죽은 사람도 많이 있고, 그 반대인

크고 무겁다는 것이다. 언뜻 당연한 것 같은 질문인데도 정확히 아는 사람이 오히려 적었다.

■ 그렇다   ■ 아니다

갓 태어난 영유아의 뇌 무게는 남녀 차가 거의 없이 360~400g 정도 되고, 성인이 되면 평균 1.3kg으로 늘어나는데 남자의 뇌가 여

사람들도 많이 있는데, 머리 이식은 이들 중 최소한 반을 구할 수 있다고 주장했다.

문제는 자기 정체성에 있다. 즉, 머리를 제공한 사람이 주인인가 아니면 몸을 제공한 사람이 주인인가 하는 문제이다. 이 문제에 관해 화이트 박사의 생각은 확고하다. 즉, 인간이라는 존재성은 뇌가 결정하는 것이기 때문에(즉, 마음이 머무는 자리가 뇌이기 때문에) 머리를 제공한 사람이 주인이라는 것이다.

화이트 박사의 실험실은 1998년 은퇴와 함께 폐쇄되었지만, 화이트 박사는 다른 수술실을 이용해서 인간의 머리 이식을 하려는 계획을 중단하지 않고 있다. 이미 화이트 박사의 수술을 예약해놓은 사람들도 있다. 이들은 머리만 살아 있고 목 아래의 사지나 장기가 마비되어 기능이 정지된 사람들인데, 몸을 기증해줄 사람을 기다리고 있다. 그중 한 사람인 베토비츠(Craig Vetovitz)는 다이빙 사고로 목 아래가 마비된 환자인데, 몸을 이식받는 것이 현재 널리 이루어지고 있는 장기 이식과 전혀 다르지 않다고 믿고 있다. 다음은 화이트 박사의 말이다.

"스티븐 호킹 교수를 보라. 그는 수학과 물리학 천문학 등에 관해 세계적인 영향력을 발휘하고 있지 않은가. 그리고 그는 컴퓨터 위에 달린 머리―이 말을 나는 적절한 말이라고 생각하지 않지만 많은 사람들이 그렇게 쓰고 있다―가 아닌가."

과연 나는 누구인가? 뇌가 나인가 아니면 내가 뇌인가?

자의 뇌에 비해 약 10% 정도 크고 더 무겁다. 키가 같은 남녀를 비교해볼 때도 남자의 뇌는 여자보다 100g 정도 무거웠다. 미국 펜실베이니아 대학의 뇌연구소에 따르면 여성의 뇌는 남성의 뇌보다 평균적으로 11% 작다고 한다.

그렇다면 이런 뇌의 부피와 무게의 차이를 토대로 남자가 여자보다 더 우수하다고 말할 수 있을까? 그렇지는 않다. 많은 연구 결과를 보면, 남자와 여자의 지적 능력에는 거의 차이가 없다. 오히려 작은 크기인데도 동일한 기능을 한다면 여성의 뇌가 더욱 정교하고 효율적 처리를 하는 더욱 진화한 형태의 뇌로 간주할 수도 있다. 실제 대뇌에서 정보를 처리하는 회백질의 크기와 좌우뇌를 연결하는 뇌량의 신경다발의 두께 등에선 오히려 여성의 뇌가 큰 것으로 알려져 있다. 아인슈타인의 뇌는 네안데르탈인의 뇌보다 작다.

사실 인간보다 더 크고 무거운 뇌를 가진 동물들도 많다. 코끼리의 뇌는 인간의 다섯 배 정도나 크고 무거우며 대부분의 고래류의 뇌도 인간보다 훨씬 크고 무겁다. 이렇게 보면 남자의 뇌가 여자의 뇌보다 큰 것은 그저 남자의 몸이 그만큼 더 크기 때문이라고 볼 수 있다. 뇌의 기능을 결정하는 것은 크기나 부피가 아니라 뇌세포들의 발달 정도에 달려 있다.

남자는 여자에 비해 왼쪽 뇌가 더 발달한 것일까?

왼쪽 뇌와 오른쪽 뇌가 하는 일이 많이 다르다는 것이 알려지면

서 왼쪽 뇌를 이성 뇌, 오른쪽 뇌를 감성 뇌 등으로 구분하는 것을 흔히 볼 수 있다. 또 보통 남자가 여자보다 더 이성적이고 여자는 남자보다 더 감성적이라는 단순한 이분법을 토대로 "남자는 왼쪽 뇌가 발달했고 여자는 오른쪽 뇌가 발달했다"는 이야기를 많이 한다. 과연 그럴까?

응답자의 반 이상이 그렇다고 대답했지만 정답은 그 반대이다. 즉, 지금까지의 과학적 연구 결과를 종합해보면, 오히려 남자는 여자에 비해 우뇌가 더 발달해 있고, 여자는 남자에 비해 좌뇌가 더 발달해 있다고 보는 것이 옳다.

인간의 좌뇌는 논리적, 분석적 사고와 언어 능력과 관련이 있으며 우뇌는 공간지각 능력이나 총체적, 직관적 사고 능력과 관련이 있다. 일반적으로 3차원에 대한 이해와 판단력이 빨라서 운전시 주변 상황 판단이 뛰어나다든지, 길눈이 밝다든지, 건물 안에서 방향을 빨리 찾는다든지, 복잡한 추리 문제를 빨리 푼다든지 하는 것은 주로 우뇌가 담당하는 기능인데, 이런 면에서는 남자들이 여자보다 나은 것으로 알려져 있다. 반면 여자는 남자에 비해 세세한 내용에 대한 기억에서 훨씬 정확하며 언어적인 능력도 남자보다 뛰어난 것으로 알려져 있는데 이런 능력은 주로 좌뇌의 기능이라 할 수 있다. 예를 들어, 예일 대학교의 샐리 셰이위츠 교수는 여자가 동일한 철자로 시작하는 단어를 남자보다 더 많이 생각해내며, 동의어나 색, 형태를 나타내는 단어도 더 빨리 생각해냈다는 결과를 보고했다. 셰이위츠는 이런 결과를 여자는 남자와 달리 책을 읽을 때 뇌의 좌우 반구에 있는 신경 영역을 모두 사용하기 때문이라고 해석했다. 따라서 여자는 남자에 비해 좌뇌가 발달했으며 남자는 여자보다 우뇌가 발달했다고 볼 수 있다.

이러한 결론을 해석할 때 한 가지 주의할 점은 남자와 여자의 평균적 차이보다는 같은 성별 내의 개인 간의 차이가 훨씬 더 크다는 점이다. 대부분의 남자가 대부분의 여자에 비해 우뇌의 기능이 뛰어나고, 대부분의 여자가 대부분의 남자에 비해 좌뇌의 기능이 뛰어나다고 말하는 것은 잘못하면 심각한 오류를 범할 수 있다는 말이다. 그보다는 같은 성별에서 볼 수 있는 좌우 뇌의 기능 차이가 훨씬 더 크다는 것을 이해해야 한다.

뇌 표면의 주름이 많을수록 머리가 좋은 것일까?

한국 사람 10명 중 8명은 뇌 표면의 주름이 많을수록 머리가 좋은 것으로 믿고 있었다. 사실일까? 아니다. 그런데 왜 이런 잘못된 생각이 널리 퍼졌을까? 아무도 그 이유를 알 수는 없지만 필자는 이런 이야기를 초등학교 시절에 보았던 어린이 잡지에서 읽은 기억이 있다. 아마 아인슈타인의 뇌를 보니까 주름이 엄청나게 많았고 그래서 아인슈타인이 그렇게 위대한 천재라는 기사였을 것이다. 어떻든 현대 뇌과학의 관점에서 보면 뇌 표면의 주름은 지적 능력과 관계가 없다.

81.1	18.9
■ 그렇다	■ 아니다

동물 종들을 비교해보면 하등동물에서 고등동물로 올라갈수록 뇌의 주름이 많아진다. 즉 지적인 능력은 뇌의 절대적 부피나 무게가 아니라 뇌의 표면적이 더 중요한 것처럼 보인다. 뇌의 주름이 많으면 표면적이 넓어지고 그만큼 산소 공급을 받기 쉬워진다고 볼

수 있어서, 적어도 종들 간에서는 뇌 표면에 주름이 많으면 머리가 더 좋을 수 있다. 하지만 이것도 사실은 아니다. 뇌가 인간보다 훨씬 큰 고래류의 경우 표면적도 인간보다 훨씬 더 넓다. 그러나 어느 정도는 체중에 비례한 뇌의 크기나 무게, 표면적(주름) 등이 진화적 위계와 관계가 있다. 하지만 같은 종 내에서는 뇌의 이러한 물리적 특성보다는 뇌세포들 간의 연결 정도(시냅스의 복잡성)가 훨씬 더 지적 능력의 차이를 잘 설명해준다. 참고로 아인슈타인의 뇌는 정상 성인에 비해 오히려 작았지만, 대뇌피질의 신경세포의 수라든가 신경세포에 영양을 공급하는 아교세포의 수 등이 더 많았고, 이를 우세한 뇌기능의 근거로 보기도 한다.

인종에 따라 지능의 차이가 있을까?

인종에 따라 지능의 차이가 있다는 생각은 그 과학적 사실 여부와 관계없이 많은 민족적, 인종적 차별의 근거로 사용되었다. 과연 인종에 따라 지능의 차이가 있을까? 그 답은 '아니오'이다.

인종 간에 지능 수준이 다른가 하는 질문은 미국 흑인과 백인의 지능 수준에 관한 연구로 한동안 격렬한 논쟁을 일으켰다. 많은 연구들에 따르면, 미국 흑인의 평균 지능지수(IQ)는 백인에 비해 약 11~15점 정도 낮다고 한다. 그러나 이런 결과를 토대로 백인이 흑인보다 지능이 높다고 해석할 수는 없다. 이에 대해 살펴보기 전에 먼저 짚고 넘어가야 할 중요한 사실이 있다. 앞서 보고된 IQ의 차이는 두 집단 간의 평균상의 차이이며 두 집단의 분포 사이에는 서로 중첩되는 부분이 상당히 많아서 흑인의 20%가량은 백인의 50%보다 더 높은 IQ를 갖고 있으며, 인종 집단 간의 차이보다는 동일한 인종 집단 내의 개인차가 훨씬 더 크다는 점이다.

젠센(Jensen) 같은 학자는 인종간의 평균 IQ의 차이를 IQ를 결정하는 유전인자들이 서로 다르기 때문이라고 주장함으로써 인종 간의 지능 차이를 정당화하였다. 그러나 젠센의 주장에 대해 지능에 대한 유전의 영향을 과대평가했다는 반론이 있을 뿐 아니라 지능을 측정하는 검사도구의 문화적 편향성에 의해 백인이 높은 점수를 받게 된다는 주장도 설득력이 있는 것으로 받아들여진다. 즉 미국 연구에서 사용한 지능검사는 백인 중류층을 대상으로 제작된 것이어서 문화적으로 다른 인종 집단은 점수가 낮을 수밖에 없는 것이다.

또다른 문제는 지능검사에 임하는 동기와 검사자에 대한 태도의 차이도 무시 못할 문제이다. 흑인들은 검사에 대한 동기가 상대적으로 낮고, 실제로 다른 인종의 검사자 앞에서 검사를 수행해야 할 경우 불안 수준이 더 높아질 수 있다는 것이다. 더 나아가 아주 중요한 이유는 흑인의 경우 집단적으로 열악한 환경조건에 처해 있기 때문에 그러한 차이가 나왔다는 것이다. 조직적이고 뿌리 깊은 인종차별, 빈곤, 낮은 평균수명, 빈약한 영양상태와 거주조건, 그리고 열악한 학교교육 등의 환경요인이 인종 간의 IQ 차이를 가져왔다는 주장이다. 이러한 주장이 타당하다면 환경을 바꾸어줄 경우 흑인의 IQ가 높아질 가능성이 높을 것이다. 실제로 어린 시기에 백인 중류층의 부모에게 입양되어 자란 흑인 아동들을 대상으로 한 연구에서 이 아동들의 평균 IQ는 흑인 아동의 전국 평균보다 약 25점 높게 나왔다.

 지금까지 소개한 내용들을 요약하면 다음과 같다. 1) 미국 내에서 흑인과 백인 집단 간에 지능검사의 점수는 다르게 나왔다. 2) 이러한 차이는 지능검사의 문화적 편파성, 동기와 태도, 환경요인 및 유전인자 등이 서로 복합적으로 상호작용하여 나왔을 가능성이 크다. 3) 인종 및 사회 경제적 측면에서 집단 내 개인차는 집단간 차이보다 훨씬 크다는 사실에 주목할 필요가 있다. 결론적으로 인종에 따라 지능 수준이 다른지 혹은 그렇지 않은지 여부를 단정적으로 말할 수는 없다.

 이제 유전적 특성을 토대로 한 인종 간 지능 차이라는 설명은 별로 설득력을 갖지 못한다. 혹시 인종 간 지능 차이가 있다 해도 이는 유전적 차이가 아니라 문화적 환경에 따른 결과라는 설명이 더 큰 설득력을 얻고 있다. 요약하면 흑인과 백인 간에 유전적인 지능 수준의 차이가 있다는 증거는 없으며, 혹시 있다고 해도 이는 백인 문화를 토대로 제작한 검사가 흑인에게 불리하게 작용한 결과일 수 있으며, 검사 때문이 아니라 해도 이는 흑인과 백인이 미국 사회에서 처한 사회 문화적 환경의 산물이라는 것이다.

 이 점에 관해 한국인들은 10명에 6명 이상이 지능에 인종 차이가 없다는 데 동의했다. 차이가 있다고 믿는 사람들은 3~4명 수준이었다. 이런 믿음이 자칫 차별을 정당화할 수 있다는 점에서 정확한 지식을 갖추는 것이 중요할 것이다.

임 산 부 에 게 클래식 음악을 들려주면 머리가 좋은 아이를 낳을까?

 시중에 보면 태교를 위한 서적이나 음반을 손쉽게 구할 수 있을 뿐만 아니라 많은 사람들이 태교를 위해 태아에게 음악을 들려주는 것이 도움이 된다고 믿는다. 실제로 이 연구에서도 한국 사람의 65%는 태아에게 음악을 들려주는 것이 머리 좋은 아이를 낳는 데 도움이 된다고 믿는 것으로 나타났다. 정말 그럴까?

36.4	63.6
■ 그렇다	■ 아니다

지능의 발달에 자궁 내 환경요인이 중요하기는 하지만, 태교를 위해 클래식 음악을 듣는 것 자체가 아이의 지능 발달에 직접 영향을 준다는 사실을 뒷받침할 만한 경험적 자료는 현재로선 드물다. 2003년 6월에 KBS 라디오 방송국에서는 태교음악 임상실험 프로그램을 방송하였는데, 임신 25~34주째인 산모 90명을 대상으로 태교음악을 들려주고 그 효과를 측정한 것이었다. 하지만, 어떤 음악 장르가 태교에 특별히 좋다는 사실을 뒷받침하는 증거를 찾지 못하였다.

사실, 적지 않은 사람들이 클래식 음악을 들으면 개인의 능력이 향상된다고 알고 있다. 이것은 아마도 모차르트 효과(Mozart Effect)의 영향인 것 같다. 이 효과를 처음 보고한 미국의 쇼(Gordon Shaw) 교수와 동료들은 학생들에게 공간적 과제를 수행하도록 하면서 모차르트 소나타를 들려주었다. 그 결과 모차르트 음악을 듣고 과제를 수행한 집단은 그 공간과제의 수행이 향상되었다. 이 결과를 쇼 교수는 모차르트 음악이 뇌 신경세포들 사이에 연결성을 높여주기 때문이라고 해석하였다. 그러나 이후 비슷한 방법으로 실험한 다른 연구들에서는 이런 효과를 지지하는 증거가 발견되지 않았다. 따라서 모차르트 음악이 과제 수행을 향상시킨다는 소위 모차르트 효과를 입증하기 위해서는 앞으로 많은 추가 연구가 필요하다고 하겠다.

지능이 높은 사람들은 사회성이 낮을까?

가끔 성적이 아주 좋은 학생이 조용하고 내성적이어서 친구들과 교류를 별로 못하는 경우가 있다. 또 학교에 다닐 때 공부를 아주 잘하던 사람이 사회생활에서 별로 성공적이지 못한 경우도 볼 수 있다. 그렇다면 지능이 높은 사람은 사회성이 낮은 것이 아닐까 하는 일종의 상식적 가설을 세워볼 수 있다. 정말 그런 것일까?

19.7	80.3
■ 그렇다	■ 아니다

최근 들어 지능의 개념은 음악과 사회성 및 정서 조절 등의 다양한 능력에까지 확장되는 추세이다. 따라서 지능을 어떻게 정의하는가에 따라 사회성 역시 지능에 포함되는 능력으로 간주할 수도 있다. 한편 전통적인 지적 능력 혹은 학업 능력으로 지능을 정의한다 하더라도 지능과 사회성 지능은 독립적인 능력이다. 즉 지능이 높은 사람이 사회성이 낮다는 증거는 어디에서도 찾아 볼 수 없다.

다만 우리의 경우 입시 등의 경쟁적 상황에서는 학업 능력이 높은 학생들이 경쟁에서 이기기 위해 보여주는 사소한 행위들이 이기적으로 비춰지기 때문에 이러한 미신적 사고가 발생한 것일 수 있다. 또는, 인간은 자신의 가설에 맞추어 이를 입증하는 일부 증거들에만 주의를 기울이는 경향이 있는데, 이런 경향의 결과일 수도 있다. 하지만 객관적으로 살펴보면 우리 주변에는 학업 수행 지능과 사회성 지능이 모두 높은 경우나 둘 다 떨어지는 경우도 얼마든지 볼 수 있다.

여자가 아이를 낳고 나면 머리가 나빠질까?

여자들 중에는 출산 후에 기억력 저하를 호소하는 경우가 있다. 그래서 여자가 아이를 낳고 나면 머리가 나빠지는가 하는 질문을 하는 경우가 있다. 전혀 그렇지 않다. 출산의 스트레스로 일시적으로 그럴 수는 있겠지만 전체적으로는 오히려 출산이 여자의 지능을 높인다는 연구 결과도 있다.

21.9	78.1
■ 그렇다	■ 아니다

최근 권위 있는 과학잡지인 『네이처』는 아이를 출산하는 것이 지능을 발달시킬 수 있을 가능성을 시사했다. 미국 리치먼드 대학 신경학 교수인 킨슬리(Craig Kinsley) 박사는 새끼를 낳은 쥐는 새끼를 뱄을 때 분비되는 호르몬과 낳은 새끼를 돌보는 과정에서 얻어지는 감각적인 자극으로 기억력과 학습 능력이 향상되는 것으로 밝혀졌다고 말했다. 실험 결과 새끼를 낳은 적이 있는 쥐가 그렇지 않은 쥐보다 학습 능력과 기억력이 뛰어났다. 실험실의 한 구석에 감춰진 먹이를 찾는 데 어미 쥐는 평균 42초밖에 걸리지 않았으나 새끼를 낳아보지 않은 쥐는 2분이 넘게 걸렸으며 다른 지능 실험에서도 어미 쥐가 단연 앞선 것으로 나타났다.

이 연구를 이끈 킨슬리 교수는 출산 이후에 지능이 향상되는 것은 사회학적, 생물학적 견지에서 충분한 이유가 있다고 설명했다. 아이의 양육이라는 새로운 과제를 제대로 수행하기 위해서는 이전보다 더 높은 지능이 필요하게 된다. 또한 임신중에 증가하는 에스트라디올과 프로게스테론 등의 성호르몬은 뇌의 신경세포들 사이의 접촉을 증가시킴으로써 뇌발달을 촉진한다는 것이다. 물론 이런 결과가 인간에게 그대로 적용될 수 있는지는 아직 확인되지 않고 있으나 출산에 따르는 어미의 지능 발달은 인간에게도 그대로 적용될 가능성이 높다고 연구팀은 지적했다.

바둑이나 화투, 암기 같은 것이 치매 예방에 효과적일까?

한국인 10명 중 7명 이상이 치매 예방을 위해 운동을 하기보다는 바둑이나 화투, 암기 같은 것이 더 효과적이라고 믿는 것으로 나타났다. 아마도 치매가 뇌기능의 손상으로 나타나는 것이고, 바둑이나 화투, 암기 등이 뇌 활동을 필요로 하는 것이라는 점에서 뇌 활동을 자극함으로써 치매를 예방할 수 있다는 믿음이 생긴 것이 아닌가 한다. 하지만 규칙적인 운동을 하는 것이 치매 예방에 가장 효과적인 방법이다. 적절한 섭식이 뒷받침되어야 한다는 것은 당연하다.

그렇다	아니다
73.0	27.0

치매는 기본적으로 여러 가지 원인 때문에 뇌세포가 비정상적으로 빨리 파괴되면서 인지 능력이나 정서, 성격의 변화가 나타나게 되는 질환이다. 따라서 여러 종류의 치매가 있을 수 있으며, 이중에서 가장 많은 것이 알츠하이머성 치매와 혈관성 치매인데 전체 치매의 80~90%를 차지한다. 따라서 뇌세포의 비정상적 파괴를 방지하는 가장 좋은 방법은 뇌의 신진대사를 활발하게 해주고, 이를 위

해 뇌에 혈액을 원활하게 공급하는 것이다. 미국 일리노이 대학 처칠(churchill) 교수 등의 쥐 실험 결과에 따르면 운동은 뇌 혈류를 개선시킴으로써 뇌세포의 사망 속도를 늦추며, 인지 기능을 개선시키는 것으로 나타났다. 우리나라에서도 김용규(2003) 박사팀이 치매에 걸리게 한 쥐를 이용해서 운동요법을 시행한 결과 치매로 인한 행동장애가 뚜렷하게 개선되었다는 결과를 보고하였다.

규칙적인 운동은 뇌의 혈액 순환을 도와 영양소와 산소를 적절히 공급해주는 가장 좋은 방법이다. 예를 들어, 걷는 것은 혈액 순환을 도울 뿐 아니라 몸 전체의 근육을 사용하기 때문에 뇌를 자극할 수 있다. 특히 여자의 경우 혈관성치매를 예방하는 데에는 규칙적인 운동이 더 효과적인 것으로 알려져 있다. 물론 바둑이나 화투, 암기 같은 정신활동이 도움이 안 되는 것은 아니지만, 이런 활동들은 대체로 신체 운동을 방해하기 때문에 오히려 덜 효과적일 수 있다.

여성호르몬 요법이 치매환자에게 효과가 있을까?

폐경 이후 여성호르몬인 에스트로겐이 결핍될 경우 그 장기 후유증으로 퇴행성관절염, 골다공증, 심혈관 질환, 뇌졸중뿐만 아니라 치매 등이 나타날 수 있는데, 이러한 여성호르몬 결핍으로 일어나는 모든 증상의 완화를 위한 한 가지 방법으로 호르몬 대치요법이 사용된다. 특히 치매와 관련하여, 알츠하이머성 치매(퇴행성 치매)에 걸린 여자 환자에게 여성호르몬 대치요법을 사용한 결과 병의

진행을 억제하고 기분을 상승시키는 효과가 있었다는 보고가 최근 주목을 받고 있다.

스트레스를 받으면 뇌세포가 파괴될까?

스트레스는 여러 가지 원인으로 발생하는 심리적 불편감이다. 이런 심리적 불편감이 생물체인 뇌세포를 파괴할 수 있을까? 물론 정도의 문제이기는 하지만 장기간의 만성 스트레스는 신체 조직을 파괴해서 심각한 질병을 일으키는 중요한 원인이다. 위궤양이나 협심증, 뇌졸중 같은 질병들이 대표적 예가 된다. 이렇듯 스트레스는 신체 장기의 손상을 일으킬 수 있으며, 또한 뇌세포를 손상시킨다.

78.7	21.3
■ 그렇다	■ 아니다

만성적 스트레스는 코르티솔 분비를 자극해서 기억과 감성 등에 관여하는 뇌의 해마 조직을 파괴하며, 그 결과 기억력의 상실과 급격한 노화를 야기하며 결국 치매를 일으키기도 한다. 해마에는 코르티솔을 인식하는 수용체가 가장 많이 존재하는데, 코르티솔에 의해 이런 수용체가 파괴되어 많은 양의 코르티솔 분비를 억제하지 못하게 되며, 그 결과 뇌세포가 더 많이 파괴되는 악순환이 일어나게 된다. 스트레스 호르몬이라 부르는 코르티솔은 해마의 세포에만 영향을 미치는 게 아니라 뇌의 청반핵에도 직접 작용해 스트레스를 물리치는 호르몬인 노르에피네프린의 분비를 억제한다. 또 뇌의 봉선핵(raphe nucleus)이라는 조직에도 영향을 미쳐 세로토닌 분비와 세로토닌 세포 기능을 억제해서 우울증과 두려움, 통증을 일으키고

심할 경우 자살까지 몰고 간다. 스트레스가 심하게 쌓인다고 해서 반드시 뇌세포가 죽는 것은 아니다. 뇌세포의 컨디션이 나빠져, 제 기능을 발휘하지 못하게 되는 경우도 있다. 하지만 스트레스를 심하게 받으면, 뇌세포의 생장에 지장을 주게 되는 것은 확실하다.

담배는 폐에만 해롭고 뇌에는 영향을 미치지 않는 것일까?

담배 회사들은 부인하고 있지만, 많은 연구 결과들은 흡연은 폐질환을 야기하는 중요한 원인임을 밝히고 있다. 그렇다면 담배가 뇌에는 영향이 없는 것일까? 이 점에 대해 10명 중 9명은 영향이 있다고 제대로 응답하였고, 영향이 없다고 보는 사람은 10명 중 1명에 불과한 것으로 나타났다. 하지만 10명에 1명꼴이라도 이들 1명이 가지고 있는 잘못된 신념은 매우 부정적일 수 있다.

10.9	89.1
■ 그렇다	■ 아니다

담배에 들어 있는 니코틴과 일산화탄소는 혈관을 수축시키고 혈액 중 산소의 농도를 낮춘다. 그 결과 중풍이나 심장병, 뇌일혈과 같은 혈관계 질환을 야기할 수 있다. 특히 담배 연기에 포함된 일산화탄소는 뇌세포에 충분한 산소가 공급되는 것을 막아서 뇌를 일종의 질식 상태로 만든다. 결국 뇌세포의 기능 저하나 파괴를 야기한다. 그래서 흡연은 기억력 감퇴 또는 상실, 판단력 감소, 의지력의 빈약 등 사고 능력의 손상을 일으킨다.

정말 인간은 자기 뇌의 능력을 10%도 쓰지 못하는 걸까?

흔히 인간의 잠재적 가능성을 강조하는 말로 "인간의 뇌는 무한한 능력을 가지고 있다. 우리는 그런 잠재력을 10%도 못 쓰고 있다"는 말을 한다. 정말 그럴까?

그렇다	아니다
83.6	16.4

인간의 뇌는 다른 기관에 비해 최고급 에너지를 사용하고 있으며, 그 활동을 유지하기 위하여 고도로 많은 영양과 산소 등의 공급을 비상시에도 포기하지 않는 기관이다. 예를 들어, 뇌는 신체 무게의 5% 정도밖에 안 되는 기관이지만, 뇌를 돌아다니는 혈류의 양은 몸 전체의 15%나 되며, 뇌가 사용하는 산소와 칼로리는 몸 전체 사용량의 20%에 이른다. 그런데, 겨우 그 10%만을 사용하기 위해 이렇게 막대한 에너지를 써가면서 유지하기에는 너무나 비싼 기관이다. 뇌는 그 위치에 따라서 조직 손상이 $1mm^3$만 되어도 생명을 유지할 수 없게 되는 영역도 있으며, 약간의 손상으로도 우리의 언어와 기억, 주의, 사고 등 여러 기능이 저하되거나 장애가 나타날 수 있는 부위도 있다. 또한 손상된 영역에 따라서는 주변의 뇌 영역이나 아니면 먼 거리의 다른 영역들이 손상된 영역이 맡고 있던 기능을 대신 맡게 되는 엄청난 가소성을 발휘하기도 한다.

우리 인간이나 동물은 진화적 발달단계에서 불필요한 세포나 세포 연결(시냅스)은 발달과정 초기에 제거하여 경쟁력 있는 것만을 남겨두는 계획적인 세포 죽이기 작전까지 쓴다. 즉 정보 처리 효율성이 높은 가지만 남기고 가지치기를 하는 것이다. 이렇듯 정교하게 발달한 뇌가 그 기능을 10%도 사용하지 않고 있다는 것은 생각하기 어렵다. 다만 이런 속설은 과학적 표현이기보다는 은유적 표현으로서 인간이 자신의 뇌를 계발할 가능성이 있음을 역설적으로 표현한 것으로 보는 것이 옳다.

머리를 때리면 뇌세포가 죽는다?

머리를 때리면 뇌세포가 죽을까? 당연히 정도의 문제이다. 두개골이 부서질 정도로 때리면 뇌세포가 죽겠지만, 꿀밤 정도로는 그렇지 않을 것이다.

71.5	28.5
■ 그렇다	■ 아니다

뇌는 단단한 두개골로 싸여 있고 그 안에는 또다시 세 개의 막과 뇌척수액으로 보호되고 있어서 웬만한 충격에는 뇌세포가 손상되지 않는다. 하지만 강력한 충격을 받는 경우 특정 뇌 부위의 세포들이 손상될 수 있고, 어떤 부위가 손상되는가에 따라 기억상실에 걸리는 경우도 있고, 바보가 되는 경우도 있고, 심할 경우 식물인간이 되는 경우도 있는 것이다. 그래서 축구 경기에서 많은 헤딩도 뇌에 손상을 준다는 주장도 있다. 하지만 보통 말하는 꿀밤을 때린다거나 회초리나 출석부 등으로 머리를 가볍게 때리는 정도로는 뇌세포가 파괴되지 않는다. 그런 점에서 일상생활에서 들을 수 있는 "머리를 때리지 말라"는 말은 뇌의 중요성을 강조하는 은유적 표현으로 볼 수 있겠다. 물론 안 때리는 것이 상책이기는 하다.

머리가 나쁜 사람은 좋은 사람에 비해 뇌 자체가 딱딱할까?

"'머리가 굳어서' 잘 돌아가지 않는다"는 말은 뇌의 기억 기능이나 사고 기능이 원활하게 작동하지 않는다는 뜻으로 많이 쓴다. 이 말이 뇌 자체가 굳었다는 것을 뜻하지는 않는다. 뇌는 순두부 모양의 부드러운 기관이지만 앞서 말한 것처럼 두개골과 세 겹의 막, 뇌척수액 등으로 철저하게 보호되어 있다. 이런 조직이 더 부드러워지거나 딱딱해지는 정도의 변화는 심각한 생물학적 상태의 변화를 의미하는 것으로 정상적으로는 있을 수 없는 일이다.

16.3	83.7
■ 그렇다	■ 아니다

그러나 '딱딱하다'는 의미를 은유로 쓸 때는 이는 의미가 통하는 표현이다. 머리가 좋고 나쁜 것의 차이는 새로운 경험을 통해 뇌의 유용한 회로 변화가 야기될 수 있는 뇌신경망의 가소성이 큰 역할을 할 수 있다. 새로운 경험이 기억에 남으려면 뇌가 이를 저장해야 하고 그러기 위해서는 뇌 회로상의 눈에 보이지 않는 작은 변화가 야기된다. 성장에 의해서도 그런 변화가 야기될 수도 있고, 뇌손상과 같은 사건으로 뇌가 적응하는 과정에서 나타나기도 하는 즉 '변화할 수 있는 가능성'을 은유적으로 표현하여 딱딱하냐, 아니냐를 말한다면 이 표현은 의미가 있을 수 있다.

뇌의 수수께끼는 여전하다

이상으로 본 연구를 위해 사용한 55개의 문항 중에서 잘못된 응답이 많은 문항들과 비록 정답률이 높다고 해도 흥미롭거나 중요한 문항들을 골라서 설명을 달았다. 나름대로 전문가들을 통해 현재 수준에서 진위를 비교적 확실하게 가릴 수 있는 문항들로 조사를 진행했지만, 현재의 지식으로는 상반되는 증거들이 모두 있어서 제대로 진위를 판단하기 어려운 문항들도 있었다. 한편, 현재 수준에서는 옳은 것, 또는 그른 것으로 판정을 했지만 향후 연구 결과에 따라 뒤집어질 수도 있다. 과학적 진실이란 언제든지 반대 증거에 의해 진실이 아닌 자리로 떨어질 수 있는 것이기 때문이다. 특히나 뇌에 관해서는 그 동안 '신비한' 것으로 비춰지는 경우가 많았는데, 이는 그만큼 우리가 뇌에 대해 아는 것이 적다는 것의 방증이기도 하며, 또다른 의미에서는 이 연구에서 내린 판정도 아직은 잠정적인 것일 수 있다는 것을 뜻하기도 한다.

현대사회를 지식사회라 한다. 뇌에 관한 지식은 그중 핵심 지식 중의 핵심 지식이다. 그런 이유로 선진국들은 뇌를 이해하기 위한 대규모 프로젝트를 구성하고 국가적으로 지원하고 있으며, 우리나라도 마찬가지이다. 이런 연구 결과로 나온 정확한 지식을 시민들이 공유하는 것은 과학적이고 합리적인 생활을 위해서도 너무나 중요한 일이다. 뇌에 관한 최근 지식들에 관심을 기울여야 하는 이유도 바로 이 때문이다.

■ 더 읽을거리

다니엘 G. 에이멘, 「당신의 뇌를 점검하라」, 안한숙 옮김, 한문화, 2000

김종성, 「뇌에 관해 풀리지 않는 의문들」, 지호, 2001

「나의 뇌, 뇌의 나」, 김현택 외 옮김, 학지사, 1997

2장
뇌는 어떻게 생각하고 느끼는가

주의집중하는 뇌	김명선
뇌는 어떻게 기억하는가	김성일
뇌는 어떻게 희로애락을 느끼는가	김문수

주의집중하는 뇌

김명선 성신여자대학교 심리학과
이화여자대학교 교육심리학과, 고려대학교 대학원 심리학과와 미국 조지아 대학교 대학원 심리학과를 졸업하였으며, 현재 성신여자대학교 심리학과에 재직하고 있다. 주된 연구 분야는 사건관련전위를 사용한 인지 기능의 신경심리학적 이해이다. 『인지 뇌 연구 Cognitive Brain Research』에 발표된 「단어의 즉각적 반복과 지연반복이 사건관련전위에 미치는 효과」와 「정신의학 연구 저널 Journal of Psychiatric Research』에 발표된 「강박장애 환자의 신경심리 프로파일 : 치료 전후의 비교」등 여러 편의 논문을 썼다.
kimms@sungshin.ac.kr

지난해 여름, 태풍으로 인해 심하게 파손된 도로를 복구하기 위하여 몇 개의 차선을 막고 인부들이 도로 공사를 하고 있는 곳을 지나간 적이 있다. 수없이 얽혀 있는 차들을 피해가면서 차선을 바꿀 때마다 여간 긴장되는 것이 아니었다. 주의를 기울여야 하는 것이 차들뿐만이 아니었다. 교통 신호도 눈여겨보아야 하고 도로에서 일하고 있는 인부들도 살펴야 했다. 이렇게 엄청나게 복잡한 상황에서도 우리는 마주 오는 차들과 길에서 일하는 인부들을 피해가면서 원하는 목적지로 갈 수 있었는데, 이는 무수한 정보 혹은 자극들이 우리 주위에 있다 하여도 그중에서 몇 가지 중요한 자극이나 정보에만 주의를 줄 수 있는 능력을 우리가 가지고 있기 때문이다. 만약 수많은 정보들 중에서 일부 중요한 정보만을 선택할 수 있는 기능을 가지고 있지 못하다면, 다시 말하면 주의라는 중요한 인지 기능이 우리에게 없다면 일상생활을 영위하는 것이 결코 쉽지 않을 것이다.

주의집중력이 없다, 있다란

우리는 '주의집중력이 없다' '주의가 산만하다' 등의 표현을 자주 사용한다. 그러나 누군가가 우리에게 주의가 무엇이냐고 물으면 명확하게 답할 수 없을 것이다. 실제로 주의를 연구하는 심리학자들조차 주의를 정의하는 것이 쉽지 않다고 한다. 그러나 많은 심리학자들은 인간의 뇌가 한순간에 처리할 수 있는 정보의 양이 제한되어 있기 때문에 극히 소수의 중요한 자극만이 선택되어 뇌에서 처리된다는 것과 이러한 정보선택 과정을 주의라고 정의하는 것에 동의한다.

주의는 대체로 다음의 네 가지 유형, 즉 각성, 경계(지속 주의),

선택 주의와 자원(분리 주의)으로 구분된다.

―각성

주의의 가장 기본적인 유형이 각성(alertness, arousal)이다. 만약 우리가 깨어 있지 않거나 각성 상태가 아니라면 환경으로부터 오는 자극에 적절하게 반응하지 못하게 된다. 대개 피곤하거나 졸음이 올 때 각성 수준이 낮아지는데, 이때에는 중요한 정보를 놓치거나 잘못된 결정을 내리는 등의 실수를 하게 된다. 수업중 졸음이 올 때에는 강의 내용을 잘 이해하지 못하게 되는데, 이런 경우를 어느 누구나 경험하였을 것이다. 각성 수준이 가장 낮은 경우는 뇌에 손상을 입을 때에 초래되는 혼수 상태(coma)인데, 혼수 상태에 있는 환자는 외부 자극에 전혀 혹은 거의 반응을 하지 못한다.

―경계 또는 지속 주의

주의의 또다른 유형은 일정 시간 동안 지속적으로 각성 수준을 유지하는 것으로, 이를 지속 주의(sustained attention)라고 부른다. 자녀들이 잠시 동안도 책상 앞에 앉아 있지 못할 경우 부모들이 "우리 애는 지구력이 떨어진다" "주의가 산만하다"라고 얘기하는 것을 종종 듣는다. 이런 경우처럼 일정 시간 동안 지속적으로 주의를 유지하지 못하는 것은 지속 주의가 낮기 때문이다. 지속 주의는 중간에 쉬지 않고 계속해서 어떤 일을 해야 할 경우에 매우 중요하다. 예를 들어 3시간 동안 연속해서 강의를 들어야 할 때 지속 주의가 낮은 사람은, 특히 강의가 지루할 때, 상당한 어려움을 겪는다.

―선택 주의

많은 정보 중에서 필요한 정보를 선택하고 이 정보에 초점을 맞추기 위해서는 선택 주의(selective attention)가 필요하다. 예를 들어 지금 여러분이 이 책을 읽으면서 이 책의 내용이 무엇인지를 이해하고자 노력한다고 하자. 만약 책을 읽으면서 TV를 본다든지 주위 사람들이 하는 대화에 귀를 기울이면 비록 이 책을 읽고는 있지만 책의 내용이 무엇인지 이해하기 쉽지 않다는 것을 경험을 통해서 잘 알고 있을 것이다. 선택 주의는 우리 앞에 놓여 있는 많은 정보들 중에서 지금 이 순간에 해야 할 일에 필요한 정보를 선택하게 하는 인지적 작용을 의미한다.

― 자원 또는 분리 주의

주의를 일종의 제한된 용량을 가진 자원(resources)으로도 정의한다. 자원은 여러 가지 일을 동시에 해야 할 때 각각의 일에 필요한 만큼 주의를 할당하는 것을 의미한다. 뇌는 한정된 용량을 가지고 있기 때문에 동시에 두 가지 일을 해야 할 필요가 있을 경우 각각의 일에 일정 양의 주의를 할당하게 된다. 그런데 우리가 행하는 인지 기능, 예를 들어 언어, 시각, 청각 등은 각각 다른 주의 자원에 의존하는 것으로 알려져 있다. 따라서 동일한 주의 자원을 필요로 하는 두 가지 이상의 일을 수행할 때에는 제한된 용량으로 말미암아 한 가지 일만을 수행할 때보다 주의집중을 잘하지 못하게 된다. 그러나 두 가지 이상의 일이 각각 다른 주의 자원에 의존할 경우에는 여러 일을 동시에 행하여도 주의를 집중할 수 있다고 한다. 예를 들어 TV를 보고 듣는 것은 각각 청각과 시각 기능을 필요로 하고, 또 두 기능이 서로 다른 주의 자원을 필요로 하기 때문에 듣고 보는 것에 큰 어려움이 없다. 그러나 TV를 보면서 책을 읽는 경우, 두 가지 일이 모두 시각 기능을 요구하기 때문에, 다시 말하면 동일한 주의 자원에 의존하기 때문에, 두 가지 일 모두에 주의를 집중하는 것이 어렵다.

정보의 선택은 언제 어떻게 이루어지는가

주의가 정상적으로 기능하지 못할 경우에는 생존에 심각한 위협을 느끼게 된다. 예를 들어 길을 건널 때 나를 향해 달려오는 차에 주의를 주지 못하거나 뜨거운 음식이 담긴 그릇을 옮길 때 주의 부족으로 뜨거운 음식을 쏟는다고 가정해보자. 이러한 경우 교통사고를 당하거나 화상을 입게 될 것이다. 또한 주의력 결핍 장애가 발생하면 다른 인지 작용도 정상적으로 기능하지 못한다. 길을 걸어가면서 다른 생각에 골똘히 잠겨 있으면 친구가 옆에 와도 잘 알아보지 못하게 되며, 대화 도중에 다른 생각을 하게 되면 전하고자 하는 것을 정확하게 전달하지 못한다. 이러한 예들은 주의가 지각이나 언어 등과 같은 다른 인지 기능과 밀접하게 관련되어 있다는 것을 시사한다.

주의가 인간의 생존과 정상적인 인지 기능에 매우 중요한 역할을 하기 때문에 심리학자들은 오래전부터 많은 관심을 가지고 주의를 연구하여왔다. 심리학자들이 특히 관심을 가진 쟁점은 정보의 선택이 정보처리 과정 중 어느 단계에서 일어나는가와 정보의 선택이 어떤 요인들에 의해 결정되는가였다.

주의를 연구하는 심리학자들이 특히 관심을 가진 것은 정보의 선택이 정보 처리과정의 어느 단계에서 일어나는가이다. 다시 말하면 정보의 선택이 정보 처리과정의 초기 단계, 즉 정보가 무엇인가에 관한 인식이 일어나기 이전에 일어나는가 아니면 정보 처리과정의

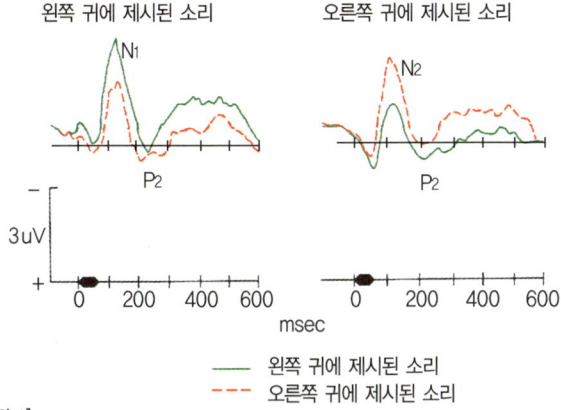

[그림 1]
왼쪽, 오른쪽 귀 중 한 귀에만 주의를 줄 경우 초래되는 사건관련전위. 주의를 준 귀에서 측정한 N1의 진폭이 주의를 주지 않은 귀에서 측정한 N1의 진폭보다 더 큰 것을 보여준다. 이 결과가 시사하는 것은 N1 진폭이 주의의 영향을 받는다는 것이며, 이 영향이 정보처리 과정의 초기 단계에 이루어진다는 것이다. 그래프의 X축은 시간을 나타내고 Y축은 진폭을 나타낸다. 이 그래프에서는 부적 전위(-uV)는 Y축의 위쪽에, 정적 전위(+uV)는 아래쪽에 표시되어 있다.
Knight 등, 1981

후기 단계, 즉 정보를 인식하고 분류한 다음에 일어나는가에 많은 관심을 가졌다. 전자를 '초기 선택 입장(early selection viewpoint)' 이라고 하고 후자를 '후기 선택 입장(late selection viewpoint)' 이라고 부른다.

두 입장 중 어느 것이 더 정확한가에 관해서는 많은 논란이 있었고 지금까지 계속되고 있다. 인지심리학의 실험에서 종속변인으로 자주 사용되는 반응 정확성이나 반응 시간으로는 이 논란에 대한 답을 얻기 어렵다. 따라서 많은 심리학자들은 이 논란에 대한 답을 다른 곳에서 찾고자 하였는데, 이중의 하나가 '사건관련전위(event-related potential, ERP)' 이다.

사건관련전위는 자극 혹은 정보의 제시와 관련되어 일정 시간 동안 나타나는 뇌의 전기적 활동, 즉 뇌파를 의미한다. 사건관련전위는 정적 전위(positive potential) 및 부적 전위(negative potential)를 띠는 여러 정점으로 구성되는데, 각 정점들은 특정한 인지 기능을 반영하는 것으로 알려져 있다. 또한 각 정점은 극(polarity)과 잠복기(latency)에 따라 이름 붙여진다. 예를 들어 자극 제시 후 100밀리초에 나타나는 부적 전위를 갖는 정점을 N100(혹은 N1)이라고 부르고, 자극 제시 후 300밀리초에 나타나는 정적 전위를 띠는 정점을 P300(혹은 P3)이라고 부른다.

사건관련전위의 여러 정점들 중에서 주의와 관련되어 있는 정점이 N1이라는 것을 1970년대 힐야드(Hillyard)와 그의 동료들이 처음으로 보고하였다. 이들은 이어폰을 통하여 피험자의 두 귀에 두 가지 자극을 제시하였다. 즉 고음과 저음을 들려주었는데, 저음은 자주, 고음은 드물게 제시하였다. 낮은 제시율을 갖는 고음이 목표음(듣기를 요구하는 음)이 되고 제시율이 높은 저음은 비목표음이 된다. 피험자에게는 한쪽 귀, 예를 들면 왼쪽 귀에만 주의를 줄 것을 지시하였다. 피험자가 주의를 준 귀에 제시된 고음에 의해 초래된 사건관련전위와, 주의를 주지 않은 귀에 제시된 고음에 의해 초래된 사건관련전위를 비교하였다. 측정 결과 주의를 주지 않은 귀보다 주의를 준 귀에 제시되었던 고음이 훨씬 더 큰 진폭의 N100을 생성하였다. 이러한 목표음에 대한 진폭의 차이는 자극 제시 후 80밀리초 정도에서부터 관찰되었다. 이 결과는 주의의 영향이 정보처리의 초기 단계에 이미 시작된다는 것을 의미하며, 따라서 초기 선택 입장을 지지하였다.

그러나 N100뿐만 아니라 훨씬 뒤에 관찰되는, 예를 들어 300밀리초 정도에서 관찰되는 P300 역시 주의의 영향을 받는 것으로 알려지면서 후기 선택 입장 또한 지지를 받았다. P300의 측정에 자주 사용되는 '두 자극(oddball) 과제'에서는 앞서 소개한 힐야드의 실험에서처럼 두 가지 자극이 제시된다. 예를 들어 고음과 저음이 제시되는데, 고음은 목표음으로서 드물게 제시되는 반면 저음은 비목표음으로서 자주 제시된다. 이 과제에서 피험자는 목표음이 제시될 때마다 버튼을 눌러 반응을 하든지 목표음이 전체 자극들 중 몇 번 제시되었는가를 세게 된다. 즉 피험자는 목표음에 주의를 주어 반응을 해야 한다. 두 자극 과제를 사용하여 P300을 측정한 결과 비목표음보다 목표음에서 더 큰 진폭의 P300이 관찰되었다.

따라서 현재까지 초기 선택 입장과 후기 선택 입장 중 어느 것이 정보 선택의 시기에 대해 더 정확한 것을 알려주는가에 관해서는 의견의 일치가 이루어지지 않고 있는 실정이나, 앞서 살펴본 바와 같이 정보의 선택은 정보 처리과정의 초기와 후기 단계 모두에서 일어나는 것으로 여겨진다.

정보 선택 기준이 공간 위치냐, 대상이냐

주의를 연구하는 심리학자들이 관심을 가지는 또다른 쟁점은 정보의 선택이 공간 위치에 의해 결정되는가 혹은 대상에 의해 결정되는가이다. 전자를 '공간 기초 주의 견해(space-based viewpoint of attention)'라 하고 후자를 '대상 기초 주의 견해(object-based viewpoint of attention)'라 한다.

주의가 공간 위치 혹은 대상에 의해 결정되는지를 예를 들어 알아보자. 만약 당신이 서울역 계단 앞에서 친구를 만나기로 약속하였다고 가정하자. 당신은 친구가 빨강색 코트를 입고 올 것을 미리 알고 있다. 당신이 서울역에 도착하여 친구를 찾기 시작할 때, 당신

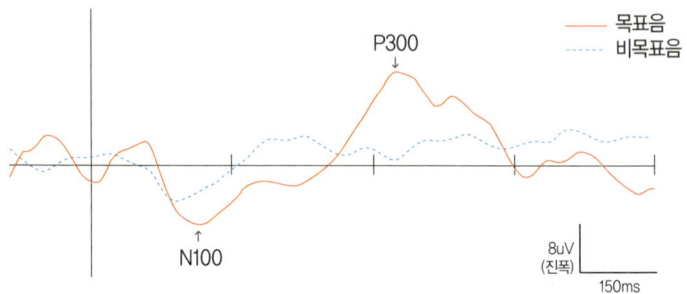

[그림 2]
목표음과 비목표음에 의해 초래된 사건관련전위. 주의를 준 목표음에서는 자극 제시 300밀리초 정도에서 P300(P3)이 관찰되지만 주의를 주지 않은 비목표음에서는 P300이 관찰되지 않는다. 따라서 정보처리 과정의 후기 단계에 나타나는 P300은 N100과 더불어 주의의 영향을 받는다. [그림 1]과 [그림 2]에서 전위의 방향이 반대로 표시되어 있다. [그림 2]에서는 부적 전위가 Y축의 위쪽에, 정적 전위가 아래쪽에 표시되어 있다.

은 다른 곳은 무시하고 곧바로 서울역 계단에 주의를 줄 것이다. 그러나 만약 당신이 대상에 기초하여 주의를 줄 경우에는 무엇보다도 우선 빨강색 옷을 찾고자 할 것이다. 선행 연구들은 정보의 선택이 공간 위치와 대상 모두에 근거하여 일어난다는 것을 밝혔다.

먼저 정보 선택이 공간 위치에 의해 결정된다는 것을 밝힌 선행 연구들의 결과를 살펴보자. 뇌영상 기법을 사용한 연구들은 좌측 혹은 우측 시야에 제시된 자극에 주의를 줄 경우, 시야 반대편 뇌의 선조외피질(extrastriate cortex)의 활동이 증가한다고 보고하고 있다. 또한 사건관련전위 연구에서는 선조외피질의 활동이 정보처리의 초기 단계에 일어난다고 보고하였는데, 즉 자극 제시 후 100밀리초 정도에서 정적 전위를 띠는 정점인 P1이 주의를 주지 않은 자극보다 주의를 준 자극에 대해 더 큰 진폭을 보이는 것을 보고하였다. P1의 대뇌 생성지는 이차 시각피질, 즉 선조외피질이다.

정보의 선택이 대상이 가지고 있는 속성에 의해 결정된다는 것 역시 뇌영상 연구들에 의해 보고되었다. 피험자들이 연속적으로 움직이는 두 개의 물체들이 동일한 것인지 혹은 서로 다른 것인지에 대해 반응하는 실험을 하였다. 피험자들은 물체의 한 속성(예를 들어 색채)에만 근거하고 다른 속성(예를 들어 모양)은 무시하고 반응하도록 지시받았다. 피험자들이 색채에 주의를 주고 반응을 할 경우에는 색채 정보를 처리하는 후두엽의 V4 부위의 활동이 가장 많이 증가한 반면 피험자들이 모양에 주의를 주어 반응할 경우에는 형태 처리에 관여하는 복측 부위(ventral stream, 후두엽과 측두엽의 연결 부위)의 활동이 가장 많이 증가하였다. 또한 피험자가 움직임에 주의를 줄 경우에는 움직임의 처리에 관여하는 배측 부위(dorsal stream, 후두엽과 두정엽의 연결 부위)의 활동이 가상 증가하였다. 사건관련전위 연구에 의하면 물체의 속성에 근거한 정보 선택은 자극 제시 후 250~300밀리초 정도에서 이루어진다고 한다.

정보 선택이 대상의 속성뿐만 아니라 대상 전체에 의해서도 이루어진다는 것을 밝힌 연구들도 있다. 한 연구에서는 사람의 얼굴과 집을 중복하여 제시한 후 피험자에게 한 대상에만 주의를 주고 다른 대상은 무시한 채 반응하게 하였다. 그 결과 얼굴에만 주의를 준 경우에는 시각피질의 방상추 영역의 활동이 증가한 반면 집에 주의를 준 경우에는 해마 영역의 활동이 증가하였다. 사건관련전위에서는 대상 전체에 근거한 정보 선택이 정보처리의 초기 단계에 일어난다는 것을 밝혔는데, 즉 얼굴에만 주의를 준 경우 자극 제시 후 170밀리초 정도에서 부적 전위를 띠는 정점, 즉 N170이 관찰되었으며, N170이 대상 전체에 기초한 정보 선택을 반영하는 것이라고 주장하였다.

지금까지 살펴본 바와 같이 정보 선택은 여러 방법을 통하여 일어난다. 즉 공간 위치, 대상의 속성 혹은 전체 대상에 주의를 줌으로써 정보 선택이 가능하게 된다는 것이다. 또한 주의를 어디에 주느냐에 따라 활성화되는 뇌 영역들도 서로 다르다. 이러한 사실들이 시사하는 것은 주의는 하나의 특정 뇌 부위에 위치하는 것이 아니라 여러 뇌 영역들이 주의에 관여한다는 것과 주의를 주는 정보 유형에 따라 활성화되는 뇌 영역들이 다르다는 것이다.

주의에 관여하는 뇌 구조들

언어, 기억 등과 같은 인지 기능도 마찬가지이지만, 특히 주의의 통제에는 여러 뇌 구조들이 관여하는 것으로 알려져 있다. 주의의 통제에는 다음의 6가지 뇌 구조들이 중요한 역할을 하는 것으로 알려져 있다.

一망상 활성 체계

주의의 가장 기본적인 유형인 각성에 중요한 뇌 구조가 망상 활성 체계(reticular activating system, RAS) 혹은 망상계이다. 망상계는 수면-깸 주기(sleep-wake cycle)에도 관여한다. 비록 망상계의 세포체가 뇌간에 위치하지만 망상계는 뇌간뿐만 아니라 다른 많은 뇌 영역들과 연결되어 있는데, 특히 중뇌와 전뇌의 일부와도 연결되어 있다. 망상계에 손상을 입게 되면 의식의 변화가 초래되며, 극단의 경우에는 혼수 상태에 빠지게 된다. 혼수 상태에 빠지면 외적 자극에 대해 반응을 보이지 못하기 때문에 유해한 자극이 가해져도 이에 대해 자신을 방어하지 못한다. 혼수 상태는 좌우 반구의 망상계에 직접적으로 손상을 입은 경우뿐만 아니라 여러 원인들로 말미암아 망상계가 정상적으로 기능하지 못하는 경우에도 초래된다. 예를 들어 뇌종양, 뇌출혈, 간질 발작, 뇌막염 등을 앓거나, 신진대사에 이상이 있거나 티아민과 같은 비타민이 부족하거나 혹은 혈액 내에 독성물질이 있을 경우에도 망상계가 정상적으로 기능하지 못하게 되며 이로 인해 혼수 상태에 빠지게 된다.

혼수 상태의 기간과 의식 회복 후의 인지 기능 사이에 밀접한 관련이 있는 것으로 알려져 있다. 최근 뇌영상 기법을 사용하여 혼수 상태에서도 뇌가 정보를 처리할 수 있는가를 조사한 연구에서 흥미로운 결과가 보고되었다. 즉 혼수 상태에 빠진 한 여자 환자에게 환자가 잘 아는 사람의 얼굴 사진과 이 사진을 모자이크 처리한 사진을 보여주는 동안 환자의 뇌 활동을 측정하였다. 그 결과 모자이크 처리한 사진보다 얼굴 사진을 보여주는 동안에 측정한 뇌 활동이 우반구 시각피질의 방상추회에서 더 증가하였다. 다행히 이 환자는 이 실험이 끝난 직후 의식을 찾게 되었으며, 4개월 후에는 주위 사람들의 얼굴을 인식하기 시작하였다. 혼수 상태에 있는 환자의 뇌 활동의 수준이 앞으로의 환자 예후에 관해 중요한 정보를 제공할 수 있다는 점에서 이 연구 결과는 매우 의미 있다고 할 수 있다.

―상소구

주의는 단순히 각성, 즉 깨어 있는 것만으로는 충분하지 않다. 각성 다음으로 주의에서 필요한 것이 주의를 전환하는 것이다. 주의를 한 위치에서 다른 위치로 전환 혹은 이동하는 데에는 중뇌에 위치하는 상소구가 중요한 역할을 한다. 상소구는 주변의 사물을 중심 시야로 옮겨놓는 데 필요한 눈 운동을 통제함으로써 주의를 한 위치 혹은 한 대상에서 다른 위치나 다른 대상으로 이동하는 것을 도와준다. 주의에서의 상소구의 역할은 핵상 마비 환자를 대상으로 한 연구에서 잘 드러난다. 핵상 마비는 기저핵의 일부나 상소구의 퇴화로 말미암아 초래되는 질병이다. 이 환자들은 일상생활에서 마치 맹인처럼 행동한다. 즉 자신들에게 접근하는 사람들을 향하여 얼굴이나 몸을 돌리지 못하고 식사를 할 때에는 음식이 담긴 접시를 쳐다보지 못하며 대화중에는 상대방과 눈을 마주치지 못한다. 그러나 자발적으로는 이러한 행동들을 하지 못하지만 요구나 지시가 주어지면 이러한 행동들을 할 수 있다. 이 환자들이 가지는 주된 장애는 공간 내의 한 위치에서 다른 위치로 주의를 이동하지 못하는 것이다. 시각체계에서의 주의 이동에는 상소구가 중요한 역할을 하는 한편 청각체계의 경우에는 상소구와 같이 중뇌에 위치하는 하소구가 중요한 역할을 담당하는 것으로 알려져 있다.

—시상

시상은 전뇌에 포함되는 뇌 구조로서 여러 핵으로 구성되어 있다. 후각을 제외한 모든 감각 정보는 대뇌피질에 도달하기 이전에 시상의 특정 핵과 먼저 연결된다. 시상은 각 감각기관으로부터 오는 감각 정보를 대뇌피질로 보내기 전에 불필요한 정보를 여과시키고, 정보를 재정비 혹은 재조직화하는 기능을 가지고 있다. 시상의 여러 핵들 중 내배측핵과 망상핵 등은 대뇌피질의 각성 수준을 조율함으로써 각성과 깨어 있음에 중요한 역할을 하는 한편 또다른 핵인 시상침(pulvinar)은 선택 주의에 중요하다. 특히 시상침은 끊임없이 뇌로 유입되는 감각 정보들을 여과시키는 기능을 한다. 즉 감각기관으로부터 오는 수많은 정보들 중 일부를 여과시켜 대뇌피질로 보내는 문지기의 역할을 한다. 따라서 시상침에 손상을 입게 되면 한 곳에 주의를 집중하는 동시에 다른 곳의 정보는 무시하는 행동을 할 수 없게 되어 결국에는 주의력 장애를 초래하게 된다. PET을 사용하여 여러 자극들 중에서 하나의 자극을 선택하는 동안의 뇌 활동을 측정한 연구에 의하면 하나의 자극을 제시하고 이 자극에 대한 반응을 요구하는 것보다 여덟 개의 자극을 제시하고 이 중에서 하나를 선택하게 하는 경우 시상의 활동이 훨씬 더 증가한다고 한다. 또한 사건관련전위를 사용한 연구에서는 시상의 여과 활동이 정보 처리과정의 초기 단계에 일어난다고 보고하고 있다. 즉 자극을 제시한 후 35~85밀리초 정도에서 시상의 여과 활동이 이루어진다고 한다.

―두정엽

시상에 의해 감각 정보가 여과된 후에는 더 정밀하고 세밀한 정보의 선택이 필요한데 이 과정에는 두정엽이 관여하는 것으로 알려져 있다. 다시 말하면 선택 주의에 두정엽이 중요한 역할을 한다는 것이다. 이와 같은 사실은 뇌영상 기법과 단일 신경세포의 전기적 활동을 측정한 연구들에 의해 밝혀졌다. 원숭이의 두정엽에 위치하는 단일 신경세포의 전기적 활동을 측정한 결과 원숭이가 특정 물체에 주의를 줄 경우 신경세포의 발화율이 증가하였다. 또한 뇌영상 연구에서는 시각 주의가 증가할 경우, 예를 들어 특정 위치나 사물에 주의를 줄 때에 두정엽의 활동이 급격하게 증가하는 것이 관찰되었다. 이에 덧붙여서 뇌영상 연구들은 공간 주의가 전환할 경우, 다시 말하면 한 위치에서 다른 위치로 주의가 이동할 경우에도 두정엽, 특히 상두정엽 부위의 활동이 급격하게 증가한다고 보고하였다.

─전측 대상회

이제까지 주의의 위계적 단계, 즉 뇌가 어떻게 각성하고, 주의가 어떻게 이동하고, 감각 정보의 여과가 어떻게 일어나며, 나아가서는 정보가 어떻게 선택되는가에 관해 살펴보았다. 정보의 선택 후에는 반응의 선택이 필요한데, 여기에는 전측 대상회가 중요한 역할을 한다. 특히 서로 갈등을 일으키는 반응들 중에서 하나의 반응을 선택해야 할 경우에 전측 대상회의 활동이 증가한다. 예를 들어 주의력을 측정하는 신경심리 검사 중의 하나가 스트룹 검사(Stroop test)이다. 이 검사에서는 색깔을 의미하는 단어들이 제시되며, 단어들은 특정 색깔로 인쇄되어 있다. 어떤 단어는 의미하는 색깔과 인쇄된 색깔이 동일한 반면(빨강이라는 단어가 빨강색 잉크로 인쇄되어 있음), 어떤 단어는 그 단어가 의미하는 색깔과 다른 색으로 인쇄되어 있다(빨강이라는 단어가 초록색 잉크로 인쇄됨). 스트룹 검사에서는 글자를 무시하고 글자가 인쇄된 색깔의 이름을 말하는 것이 요구되는데, 정확한 반응을 하기 위해서는 자동적 반응(단어를 말하는 것)을 억제하고 의식적 반응(색깔의 이름을 말하는 것)을 해야만 한다. 스트룹 검사의 수행 동안 전측 대상회의 활동이 증가되는 것이 뇌영상 연구들에서 관찰되었다. 이 결과가 시사하는 것은 반응 선택에 주의 통제가 요구될 경우에 전측 대상회가 중요한 역할을 한다는 것이다. 또한 다른 인지과제의 수행 동안에도 전측 대상회의 활동이 자주 관찰된다. 특히 과제가 어렵거나 과제에서 요구되는 것이 많을수록 전측 대상회의 활동이 두드러진다. 따라서 일부 학자들은 전측 대상회가 망상계와 밀접하게 상호작용을 하며, 과제의 요구가 증가함에 따라 더 많은 각성과 주의가 필요하다는 것을 이 상호작용을 통하여 대뇌피질에 전달한다고 주장한다.

―전두엽

전두엽은 주의의 전체 과정을 통제하는 가장 중요한 역할을 담당한다. 특히 추상적 특성을 띠는 반응의 선택, 예를 들면 특정 의미를 가지는 단어의 선택 등에 관여한다. 또한 행동으로 나타나는 반응을 선택하거나 억제하는 기능도 가지고 있다. 즉 전두엽은 주의의 실행적 측면에 관여한다. 따라서 전두엽에 손상을 입으면 손상을 입은 뇌 반대쪽의 행동을 개시하는 것에 장애를 갖게 된다. 또한 주의에서 중요한 역할을 하는 눈 운동의 통제에도 관여한다.

주의 통제의 네트워크

앞서 살펴본 바와 같이 다양한 뇌 영역들이 주의에 관여한다. 그러면 여러 뇌 영역들이 어떻게 상호작용하여 주의를 통제하는가? 여기에 대해 여러 가설들이 제안되었지만 각각의 뇌 영역들이 주의과정의 특정 측면에 관여하는 동시에 이 영역들이 하나의 네트워크를 형성하여 작용한다는 주장이 가장 설득력 있는 것으로 알려져 있다.

―포스너의 후방 및 전방 네트워크

포스너는 주의에 관여하는 영역들을 전방 주의 네트워크와 후방 주의 네트워크로 구분하였다. 전자는 정보의 추상적 측면(예를 들어 의미)에 근거하여 정보를 선택하게 하고, 후자는 정보의 감각 속성(예를 들어 시각, 청각)에 근거하여 정보를 선택하게 한다고 주장하였다.

포스너는 시각 선택 주의를 다음의 방법을 사용하여 연구함으로써 주의가 어떤 단계를 거쳐 일어나고, 각 단계에 관여하는 뇌 영역들이 무엇인가를 제안하였다. 피험자에게 컴퓨터 모니터를 통하여 두 개의 상자와 그 가운데 고정점을 제시한다([그림 3] a). 피험자는 중앙의 고정점에 항상 시선을 두어야 한다. 두 개의 상자 중 하나, 즉 왼쪽과 오른쪽 상자 중 하나에 단서가 제공된다([그림 3] b). 전체 시행 중 80%에서는 단서가 제공된 상자와 동일한 위치에 있는 상자에 불빛이 들어오며([그림 3] c의 왼쪽), 20%에서는 단서와 다른 위치에 있는 상자에 불빛이 들어온다([그림 3] c의 오른쪽). 피험자는 불빛이 들어온 상자와 동일한 위치에 있는 버튼을 눌러 반응하도록 요구되었다. 단서와 동일한 위치에 불빛이 들어오는 시행을 '타당 시행'이라고 하고 다른 위치에 불빛이 들어오는 시행을 '부당 시행'이라고 부른다. 반응 시간은 타당 시행에서 훨씬 더 빠르다.

포스너는 이 실험 결과를 다음과 같이 해석하였다. 즉 타당 시행에서는 단서가 제공된 위치와 동일한 위치에 있는 상자에 먼저 주

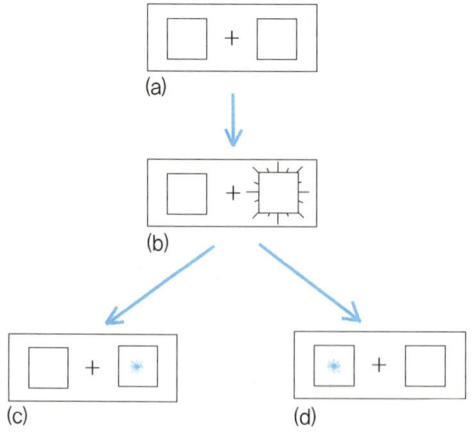

[그림 3]
포스너의 주의 실험 방법. a) 피험자는 두 상자 사이에 있는 고정점 (+)에 시선을 두고 있다. b) 좌, 우측의 상자 중 한 상자에 단서가 제시된다. c) 타당 시행에서는 단서가 제시된 방향의 상자에 불빛에 제시되는 반면 부당 시행에서는 단서가 제시된 방향과 다른 쪽의 상자에 불빛이 제시된다.
Posner, 1980

의가 가기 때문에 주의의 이동 없이 반응을 하게 되지만, 부당 시행에서는 단서가 제공된 위치와 다른 위치의 상자에 불빛이 제시되고 피험자는 단서와 같은 위치의 상자에 주었던 주의를 다른 상자로 이동해야 되기 때문에 더 긴 반응 시간이 필요하다는 것이다. 이 실험 결과에 근거하여 포스너는 주의과정이 주의를 주고 있는 위치에서 주의를 떼어놓는 '이탈', 주의를 다른 곳으로 옮기는 '이동', 새로운 위치에 주의를 주는 '몰입'의 세 단계로 구성되어 있다고 주장하였다. 그리고 각 단계에 관여하는 대뇌 영역들이 서로 다르다고 주장하였다. 주의의 이탈 단계에는 두정엽이, 주의를 다른 곳으로 이동하는 과정에는 상소구가, 그리고 새로운 위치에 주의를 주어 몰입하는 단계에는 시상이 관여한다는 것이다.

포스너의 주장은 이 영역들에 손상을 입은 환자들이 보이는 주의력 결핍 장애를 통하여 지지를 받는다. 즉, 두정엽에 손상을 입은 환자들은 주의의 이탈에 어려움을 보이며, 핵상 마비를 앓고 있는 환자들은 주의의 이동에, 그리고 시상에 손상을 입은 환자들은 새로운 곳에 몰입하는 것에 어려움을 보인다.

―메서럼의 네트워크 모델

메서럼(Mesulam)은 주의의 통제에 네 가지 대뇌 영역이 관여한다고 주장하였다. 즉 망상계, 대상회, 두정엽 후방 부위와 전두엽이 하나의 네트워크를 구성하면서 주의를 통제한다는 것이다. 그리고 각 대뇌 영역은 특유의 기능을 가지고 있다고 주장하였다. 망상계는 각성, 경계를 유지하고, 대상회는 정보에 동기적 중요성을 부여하고, 두정엽 후방 부위는 주위 환경에 대한 감각 지도를 제공하고, 전두엽은 주의 초점을 움직이게 하여 탐색, 스캐닝, 고정 등을 가능하게 한다. 각 대뇌 영역들은 이렇게 고유의 기능을 가지고 있는 동시에 서로 상호작용하여 주의를 통제한다고 한다. 따라서 한 영역에 손상을 입을 경우보다 두 영역 이상에 손상을 입을 경우 훨씬 더 심각한 주의력 결핍 장애가 초래된다고 주장하였다.

왼쪽이 없는 사람들

주의를 통제하는 뇌 영역들에 손상을 입을 경우 다양한 주의력의 장애가 초래된다. 이중에서 가장 관심을 끌고 있는 주의력 장애인 반측무시증과 주의력 결핍/과잉행동장애를 소개하고자 한다.

반측무시증(Hemineglect)은 신체의 좌우 공간 중 한 공간에 존재하는 자극을 무시하는 것을 주증상으로 하는 주의력 장애이다. 손상된 뇌의 반대편 공간을 무시하는데, 대개 우반구에 손상을 입게 되어 왼쪽 공간을 무시하지만 간혹 오른쪽 공간에 주의를 주지 않는 반측무시증도 보고된다. 반측무시증은 주로 우반구 두정엽 부위의 혈관에 손상을 입을 경우 초래되며 전두엽이나 시상에 손상을 입을 경우 발생하기도 한다.

뇌손상의 심각성에 따라 나타나는 증상도 다양하다. 경미한 반측무시증을 앓는 환자들의 경우 접시의 왼쪽에 담긴 음식을 먹지 않거나 사물을 그림으로 그릴 때에 사물의 왼쪽을 그리지 않거나 단어를 읽을 때에는 왼쪽 철자들을 읽지 않거나 혹은 신체의 왼쪽을 사용하지 않는다. 그러나 심각한 경우에는 환자는 자신의 왼팔과 왼쪽 다리가 자신의 신체 일부가 아니라고 여긴다. [그림 4]와 [그림 5]는 왼쪽 면 반측무시증 환자들이 그린 그림과 쓴 글을 보여준다. 반측무시증은 뇌손상 직후에는 매우 심각하여 환자는 왼쪽 공간에 있는 모든 자극을 무시하지만 뇌손상을 입은 지 몇 주 혹은 몇

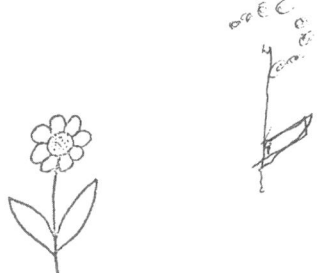

[그림 4]
반측무시증 환자가 그린 그림. 오른쪽 그림은 왼쪽에 제시된 꽃 그림을 환자가 모사한 것이다. 꽃의 왼쪽을 무시하고 오른쪽만을 그린 것을 볼 수 있다
Heilman & Valenstein, 1993.

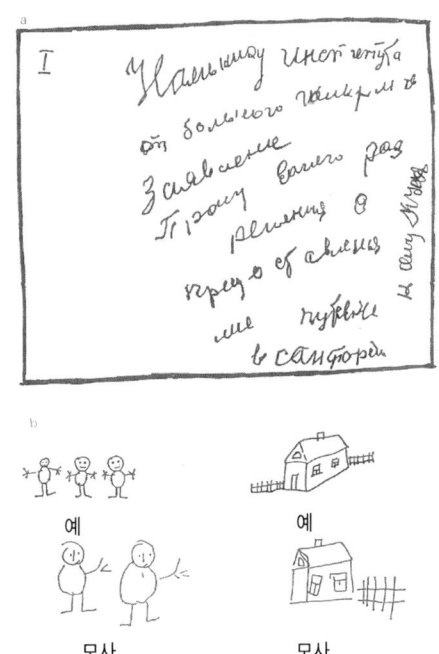

예 예
모사 모사

[그림 5]
왼쪽 면을 무시하는 반측무시증 환자가 쓴 글과 그린 그림. 왼쪽 공간에는 글을 쓰지 않은 것을 알 수 있다. 또한 예로 제시된 그림을 모사하는 과정에서도 그림의 왼쪽을 무시하여 그리지 않은 것을 알 수 있다. Luria, 1973

달이 지나면 무시하는 공간에 위치하는 일부 자극들은 인식하게 된다. 그러나 반측무시증은 완치가 어렵다. 특히 유사한 자극이 왼쪽, 오른쪽에 동시에 제시되면 무시 현상의 정도가 심하다.

반측무시증이 주의력의 장애가 아닌 감각장애로 말미암은 것은 아닌가 하는 추측이 있었다. 그러나 감각장애로 인해 공간무시증이 초래되는 것은 아닌 것으로 입증되었다. 그 증거로는 다음의 예들을 들 수 있다. 반측무시증 환자라도 자신이 무시하는 공간에 환자의 주의를 끌 수 있는 강한 자극이 제시되면, 예를 들면 폭발이나 그릇이 깨지는 것과 같은 시끄러운 소리가 나거나, 간호사가 매우 큰 주사바늘이 있는 주사기를 들고 서 있는 것과 같이 강한 자극이 제시되면 무시하는 공간에 주의를 준다. 또 감각 경로를 살펴보면 시각과 체감각 정보는 완전한 대측성(contralateral, 반대쪽의 유사한 부분과 연동하는) 경로를 따라 전달되기 때문에 자극이 주어진 신체의 반대편 뇌로 정보가 전달된다. 그러나 청각의 경우에는 대측성 경로뿐만 아니라 동측성(ipsilateral) 경로를 통하여서도 자극이 전달된다. 따라서 만약 반측무시증이 감각장애로 말미암아 초래되었다면 감각 경로의 특성으로 보아 청각 자극보다 시각이나 체감각 자극을 더 무시하는 경향이 나타날 것이다. 그러나 반측무시증 환자는 자극 유형에 상관없이 자신이 무시하는 공간에 제시되는 모든 자극을 무시한다.

그러면 반측무시증이 주의과정의 장애로 말미암아 초래된다는 것을 지지하는 증거로는 어떠한 것이 있나? 앞서 반측무시증이 감각장애와 관련되지 않는다는 것을 보여주는 첫번째 예가 바로 반측무시증이 주의력의 장애라는 것을 시사한다. 즉 무시하는 공간으로 주의를 돌리게 함으로써 그 공간에 제시된 자극이나 정보를 지각하

생각상자

뇌에 '알람' 기능이 있다

뇌는 과거의 위험을 컴퓨터처럼 상세하게 기억하였다가 같은 상황이 발생하면 미리 경보를 발령하는 '조기경보 체제'를 갖추고 있다는 사실이 밝혀졌다.

영국 런던 대학 영상신경과학과의 젠 세이머 박사는 과학 전문지인 『네이처』 최신호에 발표한 논문에서 이같은 사실을 밝혔다. 세이머 박사는 14명의 실험 대상자들을 자기공명영상 장치에 눕히고 여러 가지 도형 그림들을 연달아 보여주다가 1초 동안 전기 충격(바늘로 피부를 순간적으로 찌르는 정도)을 가한 다음 전기 충격이 가해지기 전에 보여준 도형 그림들을 순서대로 기억하도록 하였다. 대부분의 실험 대상자들은 도형 그림들을 기억해내지 못하였다.

그러나 MRI 결과는 뇌의 중요한 2개 부위인 배측 선조와 대뇌피질의 일부가 서로 협력하여 도형 그림의 순서와 어떤 그림 다음에 전기 충격이 온다는 사실을 하나하나 기억해두었다가 같은 상황이 되풀이되면 전기 충격 전에 제시되었던 그림들이 나타났을 때 경보를 발령한다는 것을 보여주었다. 즉 사각형 그림 다음에 원 그림을 보여주고 뒤이어 전기 충격을 가하면 뇌는 이전에 제시되었던 원 그림이 좋지 않은 것임을 감지하며 원 그림 이전에 나온 사각형 그림도 나쁘다는 것을 알게 된다고 세이머 박사는 밝혔다.

그는 뇌가 연속적인 사건을 해석하고 사건의 의미(나쁘거나 좋음)를 평가함으로써 무엇이 위험한 것인지를 미리 알아내어 알람을 울린다고 주장하였다. 세이머 박사의 실험에 참여한 실험 대상자들은 의식 수준에서는 전기 충격 이전에 제시되었던 도형 그림들의 순서를 기억해내지 못하였지만 그들의 뇌는 이를 기억하고 있고 전기 충격 직전에 제시되었던 도형 그림이 제시되면 위험하다는 것을 경보하는 알람 기능을 가지고 있었다.

우리가 과거에 경험한 위험한 일들을 비록 기억하지 못하더라도 이와 비슷한 상황에 처할 경우 우리의 뇌 속에 위치하는 알람 기능 때문에 평소보다 더 주의를 기울이는 것이 가능한 것이 아닐까?

거나 인식하게 된다는 것은 반측무시증이 주의력 장애로 초래된다는 것을 시사한다. 또한 환자의 동기 수준을 높임으로써 무시하는 공간에 제시되는 자극을 인식하게 할 수도 있다. 예를 들어 반측무시증 환자가 심리검사를 수행할 경우, 검사지의 왼쪽 면의 자극에는 반응을 보이지 않는다. 그러나 환자가 정답을 맞힐 때마다 인센티브를 주면, 무시하던 왼쪽 면의 자극에 주의를 주게 되며, 이로 인해 검사 수행의 수준이 증가한다는 것이 관찰되었다. 이러한 예들은 반측무시증이 주의력 장애와 관련이 있으며, 주의를 끄는 내, 외적 요인들에 의하여 무시 증상이 감소될 수 있다는 것을 보여준다.

왼쪽에서의 일을 등뒤에서의 일처럼 여기다

앞서 반측무시증에 관한 것을 읽을 때 많은 사람들이 다음과 같은 생각을 하였을 것이다. "왜 환자에게 왼쪽에 주의를 주라고 강조를 하지 않을까?" 문제는 환자가 자신이 왼쪽 공간을 무시한다는 것을 전혀 모른다는 것이다. 따라서 환자에게 무시하는 왼쪽 공간에 주의를 주라고 얘기하는 것이 소용이 없다. 마치 우리가 뒤쪽에 주의를 주지 않고 단지 앞쪽에만 주의를 주는 경우와 같다. 뒤를 돌아보라는 지시를 받아도 어깨너머로 아주 잠깐 동안만 뒤를 돌아보고는 즉시 앞을 바라본다. 그러나 등뒤에서 큰 폭발음이 들리거나, 밤중에 혼자서 길을 가는데 뒤에서 발자국 소리가 나면 우리는 등뒤에 주의를 줄 것이다. 반측무시증 환자가 왼쪽 공간에 주의를 주지 않는 것은 마치 우리가 등뒤의 공간에 주의를 주지 않는 것과 유사하다.

임상가들은 반측무시증이 초래되는 것을 무시 공간에 대한 '심적 표상(mental representation)'이 부족하기 때문이라고 주장한다. 비지악(Bisiach)과 동료들은 1978년 아주 흥미로운 연구 결과를 발표하였다. 이들은 두 명의 왼쪽 면 무시 환자들에게 자신들이 잘 아는 곳, 즉 밀라노의 한 광장을 마음속으로 그리게 하였다. 그런 다음 그곳에 있는 건물이나 장소 등을 얘기하게 하였다. 〔그림 6〕의 A는 환자들로 하여금 자신들이 광장의 한쪽 끝, 즉 성당과 마주 보는 곳에 서 있다고 상상하게 한 다음 광장 주변의 장소 및 건물들을 얘기하게 한 결과이다. 예상한 바와 같이 환자들은 광장의 오른쪽에 위치하는 건물이나 장소들을 왼쪽에 위치하는 것들보다 훨씬 더 많이 보고하였다(검은 점은 환자들이 보고한 장소). 다음으로는 환자들로 하여금 이전과 반대 방향, 즉 성당의 계단에 서서 광장을 바라보는 것을 상상하게 한 다음, 생각나는 장소를 반응하게 하였다. 이 반응의 결과가 〔그림 6〕 B이다. 이번에는 광장의 왼쪽에 위치하는 장소들을 기억하여 반응하였다.

이 연구 결과는 몇 가지 중요한 점을 시사한다. 첫번째로는 환자의 왼쪽 면 무시가 기억장애로 초래된 것이 아니라는 사실이다. 두 번째로는 왼쪽 무시가 외적 자극에 의해서만 야기되는 것이 아니라 심상에 의해서도 초래된다는 것이다. 즉 왼쪽 무시 환자는 세상의 왼쪽, 오른쪽 면 중 한 면의 내적 표상을 만들어내지 못하거나 한 면에 주의를 주지 못한다는 것이다. 이들에게는 마치 왼쪽, 오른쪽 면 중 하나가 전혀 존재하지 않는다는 것이다.

반측무시증을 설명하는 또다른 가설은 좌우 반구가 주의의 통제에 불균형적으로 서로 경쟁을 한다는 것이다. 정상적으로 기능하는 뇌에서는 좌뇌와 우뇌가 서로 균형 있게 상호작용하여 정보를 처리하지만 만약 뇌에 손상을 입게 되면 이러한 균형이 깨어지고 두 대뇌반구가 서로 지나치게 경쟁을 하게 된다는 것이다. 이 주장에 대

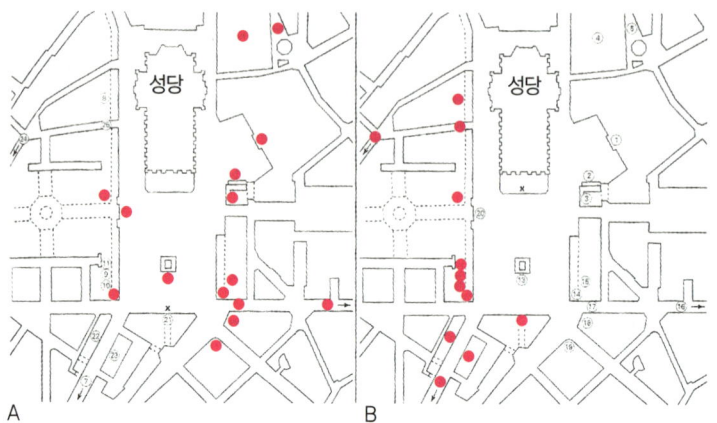

[그림 6]
비지악과 그의 동료들의 실험 결과. A는 반측무시증 환자가 성당과 마주 보는 위치에 서 있다고 가정한 다음 생각나는 건물이나 장소를 반응한 결과를 나타내고, B는 성당 앞 계단에 앉아 있다고 가정한 다음 반응한 결과를 나타낸다. 검은 점은 환자가 기억해낸 건물 및 장소를 표시한 것이다. 환자의 왼쪽 면에 위치한 장소 및 건물보다 오른쪽 면에 위치한 장소 및 건물을 훨씬 더 많이 기억하였다. 이 결과는 반측무시증이 감각 및 기억의 장애로 초래되는 것이 아니라는 것을 보여준다. Bisiach & Luzzatti, 1978

한 지지는 반측무시를 보이는 환자에게 두개경부 자기 자극 방법을 실시한 치료 결과로부터 나왔다. 만약 반측무시가 두 대뇌 반구가 불균형하게 기능하기 때문에 초래된다면 손상을 입지 않은 뇌에 두개경부 자기 자극을 실시하면 이러한 불균형이 깨어지고 두 대뇌 반구 사이의 균형을 찾게 될 것이라는 것이 두개경부 자기 자극 치료법의 기본 가정이다. 실제로 두개경부 자기 자극을 반측무시 환자에게 실시한 결과, 무시하던 공간에 더 많은 주의를 주는 것이 관찰되었다.

그러면 반측무시증의 치료에는 어떤 것이 있나? 앞서 언급한 것과 같이 반측무시증은 뇌손상 직후에는 매우 심각하지만 시간이 지남에 따라 점차 호전된다. 그러나 증상이 완전히 사라지지는 않는다. 반측무시가 일상생활을 영위하는 데에 얼마나 많은 불편과 어려움을 초래할지를 상상해보라! 길을 건너고자 할 때, 또 운전을 할 때 한쪽 공간에 주의를 주지 못한다면 얼마나 위험한가는 충분히 상상할 수 있을 것이다.

최근 들어 반측무시를 호전시킬 수 있는 새롭고 간단한 치료법들이 소개되고 있다. 무시증을 감소시키는 단순한 방법 중의 하나는 무시하는 면의 사지를 적극적으로 움직이게 하는 것이다. 또는 열량 자극을 사용하거나 무시하는 공간 쪽의 목에 진동을 주는 방법 역시 무시를 감소시킨다고 보고되었다. 그러나 이러한 방법들이 부작용을 낳는다는 보고도 있다. 예를 들어 열량 자극이 현기증이나 구토를 야기시킨다고도 한다. 이로 인해 이 방법들을 정규적으로 사용하는 것에 대해 논란이 있다.

산만하고 과잉 행동하는 아이들

주의력 결핍/과잉 행동 장애(attention deficit/hyperactivity disorder) 혹은 ADHD는 세 가지 증상, 즉 과잉 행동, 주의력 결핍과 충동성으로 특징된다. ADHD는 유아기나 아동기 초기에 시작되어 청소년기 및 성인기에까지 지속되는 것으로 알려져 있다. ADHD의 발병률은 4~26%에 이르기까지 다양하게 발표되었지만 일반적으로 학령기 아동의 3~5%가 ADHD를 경험하는 것으로 받아들여지고 있다. 여자보다 남자에게서 두 배 정도 더 많이 발병된다.

ADHD 아동의 약 50%는 청소년기에 주의력 결핍과 과잉 행동의 감소를 보이지만, 반면 사회적 문제나 학업적 문제는 계속되는 것으로 보고되었다. 특히 청소년기에 이르면 정서적 문제가 더욱더 심각해져서 우울증이나 낮은 자존감을 가지며 이로 인해 약물 남용이나 품행장애를 보이는 경우가 많다고 한다. ADHD 아동의 25%는 성인기에 이르러서도 ADHD 증상을 보이는 것으로 알려져 있다. 즉 충동성과 과잉 행동을 보이고 직업 및 대인 관계의 문제를 가지며 경계선 성격장애나 반사회적 성격장애 등을 포함한 다양한 정신과적 문제를 가지는 것으로 보고되고 있다. 이러한 연구 결과들은 아동기 때 발병되는 ADHD의 조기 발견과 적절한 치료가 매우 중요하다는 것을 시사한다.

ADHD 환자들의 인지 기능을 신경심리 검사를 사용하여 조사한 연구들에 의하면 이들이 실행 기능, 인지 통제, 부적절한 사고 및 행동의 억제 등과 같이 전두엽에 의해 통제되는 것으로 알려져 있는 인지 영역에서 장애를 가진다고 보고하였다. 이에 덧붙여서 ADHD 환자들에서 학습장애나 틱을 동반하는 투렛 장애 등이 빈번하게 동반되어 나타나는 것이 알려지면서 ADHD가 뇌 구조 및 기능 이상에 의해 초래되는 것이 아닌가 하는 추측이 있었다. 특히 전전두엽-기저핵 회로의 이상과 관련되어 있을 것으로 여겨왔으며, 최근의 뇌영상 기법을 사용한 연구들에 의해 이러한 추측이 입증되고 있다.

ADHD의 발병이 뇌손상이나 뇌기능의 이상 때문이라고 주장하는 여러 가설들을 살펴보자. 뇌손상이 ADHD의 주요 발병 원인이라는 가설은 뇌손상 환자들이 부주의, 과잉 행동 등과 같은 여러 행동 문제를 보인다는 것에서 비롯되었다. 1934년 칸(Kahn)과 코헨(Cohen)은 과잉 행동, 주의산만, 충동성 및 주의력 결핍이 뇌간의 종양과 관련되어 있다고 주장하였고, 이후 1947년 스트라우스(Strauss)와 그의 동료들은 주의산만이나 과잉 행동이 뇌손상의 근본적인 증후라고 주장하였다. 그러나 이들의 주장은 경험적 자료가 미비하여 지지받지 못하였다.

ADHD의 발병 원인에 대한 또다른 가설은 망상 활성 체계의 각성 수준이 저하되어 있기 때문이라고 주장한다. 즉, ADHD 아동들이 저각성 상태에 있기 때문에 자극에 대해 과소 반응을 하게 되며, 이를 극복하고 최적의 자극을 얻기 위해 지나치게 활동적이 된다고 주장한다. 최근 들어 뇌영상 기법들의 개발로 말미암아 뇌기능을 일상적으로 촬영하는 것이 가능해지면서 ADHD 환자들이 인지과제를 수행하는 동안 이들의 뇌기능을 직접적으로 촬영한 결과가 자주 보고되고 있다. 뇌영상 연구들은 ADHD가 전전두엽과 기저핵 회로의 기능 이상과 관련되어 있다는 것을 비교적 일관성 있게 보고하고 있다. 예를 들어 더스턴(Durston)과 동료들은 ADHD 아동들이 Go/NoGo 과제를 수행하는 동안 뇌 활동을 측정하였다. Go/NoGo 과제는 Go 시행 동안에 반응하였던 것을 NoGo 시행에서는 억제하는 것이 요구된다. 실험 결과 NoGo 시행 동안 정상 아동들에서는 기저핵의 일부인 미상핵과 담창구의 활동이 증가하였다. 그러나 ADHD 아동들에서는 이 부위들의 활동은 관찰되지 않았던 반면 두정엽과 후측 대상회의 활동이 증가되는 것이 관찰되었다. 연구자들은 이 결과가 ADHD가 전전두엽-기저핵의 회로 이상과 관련되어 있다는 것을 시사한다고 주장하였다.

또한 부시(Bush)와 동료들은 ADHD 성인 환자들이 스트룹 검사를 하는 동안 뇌기능을 촬영한 결과 전측 대상회의 활동이 정상인들에 비하여 현저하게 감소되어 있는 것을 보고하였다. 전측 대상회는 메서럼이 주장한 주의 네트워크의 주요 구조이며, 부적절한 자극에 대한 반응을 억제하는 데 중요한 역할을 하며 전전두엽 및 기저핵과 밀접하게 연결되어 있다. 〔그림 8〕의 네모 상자 안에 있는 부위가 전측 대상회인데, 정상인에서는 스트룹 과제 동안 전측 대

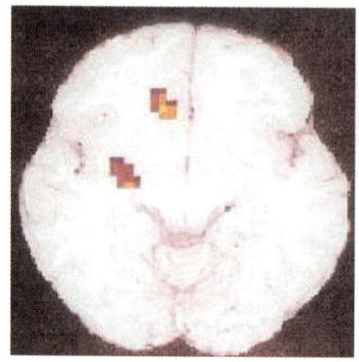 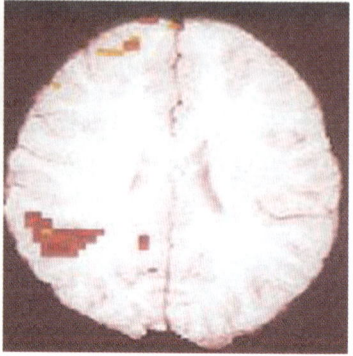

[그림 7]
Go/NoGo 과제를 수행하는 동안 정상 아동과 ADHD 아동의 뇌 활동을 측정한 결과, 반응을 억제하는 것이 요구되는 NoGo 시행 동안 정상 아동에서는 미상핵과 담창구의 활동이 관찰된 반면(왼쪽), ADHD 아동에서는 이 부위들의 활동이 관찰되지 않았고 대신 두정엽과 후측 대상회의 활동이 관찰되었다(오른쪽).
Durston 등, 2003.

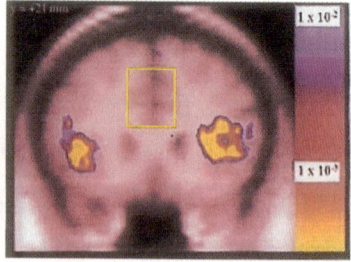

[그림 8]
스트룹 과제 동안 정상 성인과 ADHD 성인 환자의 뇌 활동을 측정한 결과, 정상 성인에서는 전측 대상회의 활동이 관찰된 반면(왼쪽 그림의 네모 상자 부위), ADHD 환자에서는 이 부위의 활동이 관찰되지 않았다(오른쪽).
Bush 등, 1999

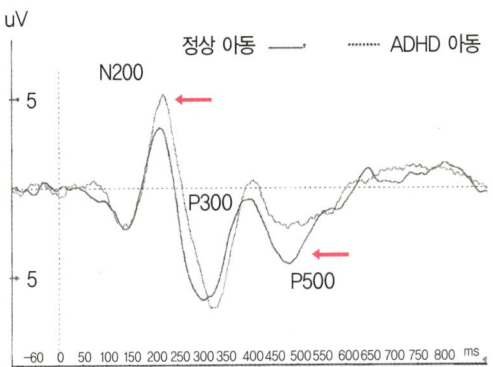

[그림 9]
두 자극 과제 동안 측정한 정상 아동과 ADHD 아동의 사건관련전위. ADHD 아동은 정상 아동에 비하여 증가된 N200 진폭과 감소된 P500 진폭을 보였다. Potgieter & Lagae, 2003

상회의 활동이 관찰되는 반면 ADHD 환자에서는 이 부위의 활동이 관찰되지 않았다.

두 자극 과제를 사용한 사건관련전위 연구에서도 ADHD 아동들은 정상 아동들과 다른 결과를 보였다. 포트기터(Potgieter)와 라게(Lagae)는 시각 과제를 사용하여 ADHD 아동들과 정상 아동들의 사건관련전위를 측정하였다. 그 결과 ADHD 아동들은 정상 아동들에 비하여 전두엽 부위에서 더 큰 N200 진폭과 두정 부위에서 감소된 P500 진폭을 보였다. 연구자들은 주의에 관여하는 뇌 부위들의 기능 이상과 정보처리 과정의 미성숙을 이 결과가 시사한다고 주장하였다.

살펴본 바와 같이 뇌영상 기법 및 사건관련전위를 사용한 여러 연구들은 ADHD가 다양한 뇌 영역들의 기능 이상과 관련되어 있다는 것을 밝히고 있다. 여러 뇌 영역들 중에서도 특히 전전두엽-기저핵 회로와 전측 대상회 등의 기능 이상이 ADHD의 발병과 깊은 관련이 있는 것으로 여겨진다.

 ADHD는 청소년기, 성인기까지도 영향을 미치므로 ADHD의 조기 발견과 발병 초기 단계에서의 적절한 치료가 매우 중요하다. 현재 ADHD의 치료에는 행동치료, 상담 및 약물 치료가 사용되고 있다. ADHD 증상이 경미할 경우에는 행동 수정과 부모 및 아동 상담이 효과적이다. 그러나 학교나 가정에서 정상적으로 기능하지 못하거나 주의력의 결핍으로 말미암아 학습에 장애를 가질 경우에는 반드시 전문의와 상의하여 약물치료를 해야 한다고 권하고 있다. ADHD 치료에 자주 사용되는 뇌기능 자극제는 ADHD 환자들 중 70%에서 효과가 있다고 보고되었으며, 또다른 연구에서는 약물치료와 행동 수정을 병행하는 것이 환자의 예후에 더 바람직하다고 밝히고 있다.

■ 더 읽을거리

 Banich, M. T., *Cognitive neuroscience and neuropsychology*(2nd ed.), NY: Houghton Miflin Company, pp.253-284, 2004

 Stirling, J., *Introducing neuropsychology*, NY: Psychology Press, pp. 181-205, 2002

ADHD의 진단

 ADHD의 초기 개념화에서는 과잉 행동이 주요 증상으로 간주되었으나 1970년대 이후부터는 과잉 행동보다는 주의력 결핍과 충동성이 ADHD의 진단에 더 중요한 증상으로 인식되고 있다. 미국 정신과학회에서 출판한 『정신장애의 진단 및 통계열람 4판』에서 제시하고 있는 ADHD의 진단 준거는 다음과 같다.

 주의력 결핍 항목

 * 학교 수업이나 일 혹은 다른 활동을 할 때 주의집중을 하지 못하고 부주의해서

자주 실수한다.
* 과제나 놀이를 할 때 지속적으로 주의집중하는 데 자주 어려움을 보인다.
* 다른 사람이 말할 때 귀 기울여 듣지 않는 것처럼 보인다.
* 한 장소에서 지시에 따라서 하던 일을 끝마치지 못한다(학교 활동이나 집안일, 숙제 등).
* 과제나 활동을 체계적으로 하는 데 어려움을 보인다.
* 지속적인 정신적 노력을 필요로 하는 과제를 하는 것을 회피하고 싫어하거나 안 하겠다고 저항한다.
* 과제나 활동을 하는 데 필요한 물건들을 자주 잃어버린다(장난감, 숙제, 연필, 책 등).
* 외부 자극에 의해 쉽게 주의가 흐트러진다.
* 일상적인 활동에서 자주 부주의하다.

과잉 행동-충동성 항목
* 가만히 앉아 있지 못하고 손발을 계속 움직이거나 몸을 꿈틀한다.
* 수업 시간이나 가만히 앉아 있어야 하는 상황에서 일어나 돌아다닌다.
* 상황에 맞지 않게 과도하게 뛰어다니거나 기어오른다.
* 조용히 진행해야 하는 놀이나 오락 활동에 참여하는 데 자주 어려움이 있다.
* 마치 모터가 달린 것처럼 계속적으로 움직인다.
* 말을 너무 많이 한다.
* 질문을 끝까지 듣지 않고 대답해버린다.
* 자주 자기 순서를 기다리지 못한다.
* 자주 다른 사람을 방해하고 간섭한다(대화나 게임하는 데 불쑥 끼어듦).

위에 열거한 주의력 결핍 항목 중 6개 이상 혹은 과잉 행동-충동성 항목 중에서 6개 이상을 지난 6개월 동안 지속적으로 보이고, 이러한 증상들이 7세 이전부터 있었으며 또 이러한 증상들을 가정과 학교에서 보일 때 ADHD의 진단이 내려진다.

뇌는 어떻게 기억하는가

김 성 일 고려대학교 교육학과

고려대학교 심리학과를 졸업하고 미국 유타 주립대학교에서 인지심리학을 전공하였다. 미국 네브라스카 대학과 광운대학교 교수를 지냈으며, 현재 고려대학교 교육학과에 재직중이다. 흥미와 동기가 어떻게 발생되고 유지되는가에 관심을 두고 연구하고 있으며 두뇌 기반 학습을 바탕으로 신나고 즐거운 학습 환경을 만들기 위해 노력하고 있다.

sungkim@korea.ac.kr

당신의 열세번째 생일에 받은 선물은 무엇인가? 알력이란 무슨 뜻인가? 애국가 4절을 부르면서 259×387의 답을 말해보라. 자전거 타는 방법을 말로 설명해보라. 성수대교가 붕괴하였다는 소식을 처음 접하였을 때 당신이 입고 있던 옷은 무엇인가? 당신은 어떠한 성격의 사람인가? 다음 단어들을 기억해보라. 작업, 일화, 외현, 의미, 점화, 암묵, 절차, 서술, 단기…… 이러한 물음에 답하거나 지시를 따르기 위해서는 다양한 방법을 사용하여 상이한 유형의 기억(질문의 순서대로 필요한 기억을 말하면, 일화기억, 의미기억, 작업기억, 절차기억, 정서적 기억, 자전적 기억 등이다)을 떠올리고 활용하여야 할 것이다. 물론 그중에는 쉽게 성공하는 것도 있고 아무리 기억하려 해도 실패하는 것도 있을 것이다.

자아(self)란 다름 아닌 기억이다. 기억의 일부분을 잃어버린다면 자아도 상실되는 셈이다. 그렇다면 우리의 경험은 어디에 기록되는 것인가? 기억은 어떻게 만들어지며, 어떻게 끄집어내어지는가? 어떤 정보는 기억에서 사라지는 반면, 다른 정보는 기억에 남아 있는 이유는 무엇인가? 기억을 잘하는 사람과 못하는 사람은 무슨 차이가 있는 것인가? 나이가 들면 기억력은 쇠퇴하는가? 왜 사람들은 기억상실에 걸리게 되는가? 정서는 기억에 어떠한 영향을 미치는가? 인간의 기억은 정확하고 믿을 만한 것인가? 이 장에서는 이러한 물음에 대한 인지심리학적 연구와 인지신경과학적 연구 결과를 토대로 기억 현상 전반에 걸친 이해를 돕고자 한다.

뇌영상화 기법의 발달로 인해 정상인의 건강한 뇌 영역에서의 순간적 활성화 패턴을 관찰할 수 있게 됨으로써 기억에 관한 새로운 사실들이 계속 밝혀지고 있다. 과연 작업기억, 장기기억, 서술기억, 절차기억, 일화기억, 의미기억들은 어떻게 구분되며 대뇌피질의 전전두엽, 내측 측두엽, 해마 등은 기억과 관련된 무슨 일을 하는지 살펴보도록 하자.

인간의 기억은 몇 가지인가?

개인의 직·간접적 경험에 대한 기억은 모두 개인의 뇌에 기록되어 저장되고 사용된다. 그렇다면 뇌에 있는 기억이란 하나의 체계인가 아니면 여러 개의 독립적인 기억체계인가? 우리는 시각과 청각을 동일한 감각체계로 간주하지 않는다. 왜냐하면 시각과 청각은 각각 상이한 감각기관이 담당하고 있으며, 뇌에서의 표상 역시 구분될 뿐만 아니라, 두 감각체계의 손상을 일으키는 원인도 분명 다르기 때문이다. 만약 기억의 경우에도 이러한 기준을 충족시킨다면 기억의 유형에 따라 별도의 독립적 기억체계로 간주할 수 있을 것이다.

전통적으로 구분해온 기억의 유형은 단기기억과 장기기억의 구분으로 이를 기억의 이중 저장 모형이라 부른다. 이 모형을 정보의 기억 지속 시간, 기억 가능한 정보량 그리고 정보의 부호화 코드 등을 기준으로 기억을 구분하였다. 장기기억에 비해 단기기억은 지속시간도 짧고 한꺼번에 기억 가능한 정보량도 7±2개의 '덩어리'로 제한되어 있으며, 주로 음성 코드로 부호화되는 특성이 있다. 그러나 최근에 와서는 단기기억의 개념이 현재 사용중이면서 강하게 활성화되고 있는 기억이라는 측면에서 '작업기억(working memory)'으로 대치되었다.

작업기억에 관한 인지 모형은 영국의 심리학자 배들리(Baddley, 1986)에 의해 제안되었다. 그는 작업기억이 중앙집행장치와 언어적 정보와 시공간적 정보를 담당하는 두 개의 부속장치로 이루어졌다고 주장하였다. 언어적 정보는 음운회로(phonological loop)를 통해 작업기억에 유지되며, 시공간적 정보는 시공간 잡기장(visuospatial sketchpad)에서 담당한다. 중앙집행장치는 일종의 조절장치로 주의의 할당, 계획, 정보의 조직화, 반응 모니터링, 부적절한 반응 억제 그리고 맥락에 대한 기억 등 다양한 기능을 담당한다.

캐나다의 심리학자 툴빙(Tulving, 1972)은 장기기억을 서술기억(declarative memory)과 절차기억(procedural memory)으로 구분하였다. 서술기억이 사실에 대한 기억이라면 절차기억이란 운동, 지각, 인지적 기술에 관한 기억을 말한다. 기술 습득의 초기에는 명제 형식의 서술기억(일화기억과 의미기억 모두 포함)의 형태로 저장되었던 내용이 반복적 경험과 연습에 의해 IF-THEN 형식의 산출 체계 형식으로 지칭된다. 이러한 절차기억은 일단 자동화되면 명제와 같은 언어 형식으로 표현하기보다 실제 수행으로 시범을 보이는 것이 쉬워지는 특성이 있다.

서술기억은 다시 정보의 유형에 따라 의미기억(semantic memory)과 일화기억(episodic memory)으로 구분된다. 의미기억은 정보가 함의하고 있는 의미에 대한 기억을 말하는 반면 일화기억은 사건이나 일화의 발생 여부와 시공간적 맥락에 대한 기억을 말한다. 예를 들어, 어제 저녁에 무엇을 먹었는지에 대한 기억이 일화기억이라면, 가장 좋아하는 음식을 떠올리는 것은 의미기억에 해당한다. 이 두 가지 기억은 학습 속도에서 큰 차이를 보이는데, 일화기억은 한 번의 경험으로도 기억이 되는 반면, 의미기억은 여러 차례의 반복을 통해 기억되는 경향이 있다. 또한 일화기억은 의미기억보다 인출시 맥락의 영향을 많이 받는다. 즉 인출 환경이 바뀌어도 의미기억은 크게 달라지지 않지만, 일화기억은 인출 환경이 동일하거나 유사할 때 훨씬 좋은 기억 수행을 보인다. 일화기억이 의미기억의 특수한 형태의 하위기억이라면, 의미기억은 서술기억의 특수한 형태라 볼 수 있다.

의미기억과 일화기억은 시각체계와 청각체계처럼 상이한 기억체계로 간주할 수 있다. 우선 의미기억이나 일화기억과 관련된 뇌 영역이 상이하다. 일화기억의 의식적인 회상은 주로 측두엽의 해마 영역이 담당하고 무의식적 기록은 신피질이 관여한다. 반면 의미기억은 개별 경험에 대한 일화기억이 축적된 후 공통요소만 추출된 기억으로 신피질에 저장된다. 또한 의미기억의 손상과 일화기억의 손상은 분명하게 구분된다. 즉 의미기억은 이상이 없지만 일화기억이 손상되는 환자군이 있는 것으로 보아 두 가지 기억은 상이한 기억체계로 간주할 수 있다. 한 가지 특이한 점은 일화기억에는 손상이 없고 의미기억에만 이상이 있는 경우는 발견되지 않는다는 점이다. 이는 아마도 해마 영역에 저장된 일화기억은 이 영역의 손상으로 인해 기억 수행이 쉽게 저하되지만, 의미기억은 신피질의 여러 영역에 걸쳐 고르게 분산되어 저장되어 있으므로 부분적인 뇌손상으로는 기억 수행이 저하되기 어렵기 때문이라 볼 수 있다.

튤빙의 제자인 섀크터(Schacter, 1987)는 자각 없는 무의식적 기억인 암묵기억을 주장하고 외현기억과 구분하였다. 암묵기억은 특정 사건의 기억에 대한 개인의 의식은 없으나 현재의 행동에는 영향을 주는 기억을 말하며 간접적 기억, 우연적 기억이라고도 한다. 외현기억이 전통적인 기억과제인 재인과 회상에 의해서 측정되는 반면, 암묵기억은 단어 완성 검사나 단어 식별 검사처럼 간접적인 기억검사에 의해 측정된다. 예를 들어 여러 개의 단어로 구성된 목록에서 '감자'라는 단어를 본 다음, 이전 시행과 전혀 관계없는 새

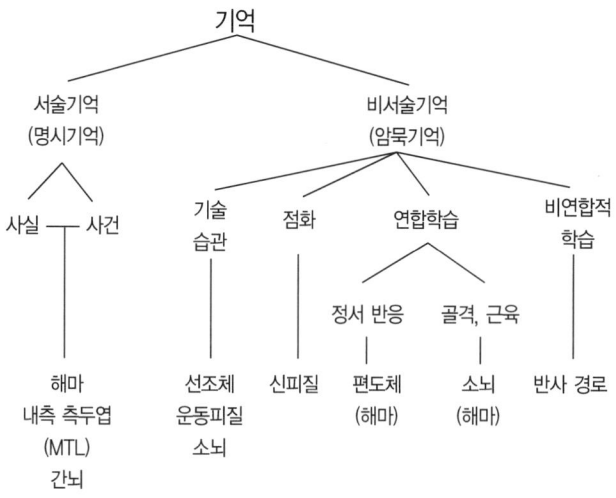

[그림 1]
기억의 유형과 담당 뇌 영역

로운 과제에서 'ㄱㅈ'을 제공받고 가장 먼저 떠오르는 단어를 완성하라고 지시받는다. 이때 많은 사람들은 'ㄱㅈ'을 '감자'로 완성된다. 이러한 결과는 감자가 제시되었는지조차 전혀 기억하지 못하는 정신분열증 환자나 기억상실증 환자에게서도 발견되었다. 암묵기억에는 조건 형성에서부터 점화와 절차기억이 포함된다. 기억의 유형과 관련 대뇌피질의 영역을 요약하면 [그림 1]과 같다.

작업 기억과 전두엽

인간의 기억은 하나의 동일한 체계로 간주하기 어려울 만큼 표상이나 기능에서 차이가 나므로 기억 유형을 작업기억, 의미기억, 일화기억, 자전적 기억, 절차기억, 암묵기억 등으로 분류하여 접근하도록 하자.

작업기억 검사로 주로 사용되는 네 가지 대표적 유형의 과제가 〔그림 2〕에 제시되어 있다. 작업기억에서의 정보 유지 기능을 살펴보기 위해서는 자극의 유형에 따른 지연 반응 과제를 사용하며(〔그림 2〕의 A, C, D), 유지 기능뿐만 아니라 중앙집행장치의 정보 갱신 기능을 살펴보기 위해서는 N-back 검사를 사용한다(〔그림 2〕의 B). N-back 검사는 연속적으로 제시되는 항목 중에서 N개 이전에 제시된 항목과 현재의 항목이 동일한 것인지 여부를 지속적으로 비교 판단하여야 하는 과제로 N이 클수록 작업기억의 부담이 증가한다. 또한 특정 규칙에 따라 반응을 산출하도록 하는 검사(예, 철자 순서대로 배열하기)를 사용하여 작업기억의 모니터링 기능뿐만 아니라 부적절한 반응의 억제 기능을 요구하도록 할 수 있다.

작업기억을 담당하는 것으로 알려진 대뇌의 영역은 전전두엽(Prefrontal Cortex, PFC)이다. 이를 처음으로 밝혀낸 것은 〔그림 3〕

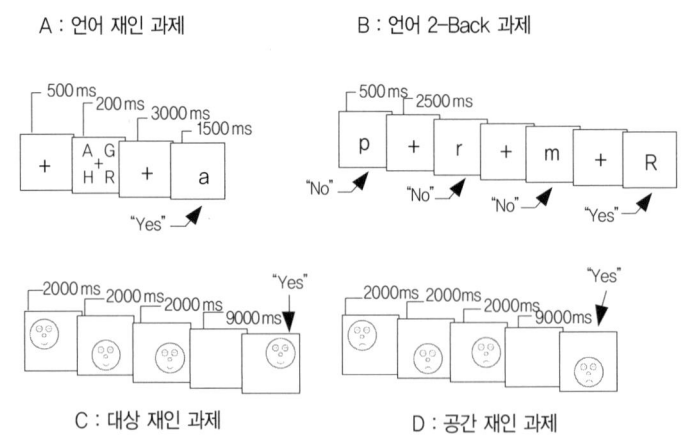

[그림 2]
작업기억 검사 유형
Smith & Jonides, Science, 1999

에서와 같이 원숭이에게 두 개의 장소 중 한 곳에 음식이 있는 것을 보여주고, 일정 시간이 지난 다음 하나를 선택하도록 하는 지연 과제 실험을 수행한 연구에서였다. 그 결과 지연 기간 동안 원숭이의 전전두엽에 있는 신경세포들이 지속적으로 격발하는 것을 관찰할 수 있었다. 또한 전전두엽이 손상된 원숭이의 경우 지연 반응 과제를 제대로 수행할 수 없었다.

작업기억은 정보의 유지와 조작이라는 두 가지 주요 기능을 담당한다. 유지란 외부 자극 없이 정보를 지속적으로 활성화시키는 기능을 말한다. 반면 조작이란 유지되는 정보의 재조직화를 의미하며 중앙집행의 역할을 담당한다. 중앙집행장치는 제한된 주의 용량을 할당하는 등의 인지적 처리과정 전반에 걸친 조절 기능을 담당한다. 작업기억에 관한 최근의 뇌영상 연구 결과를 종합해보면, 복외측 전두엽(Ventrolateral Prefrontal Cortex, VLFC)은 주로 작업기억의 내용 갱신과 유지의 기능을 담당하는 반면, 배외측 전두엽(Dorsolateral Prefrontal Cortex, DLFC)은 이미 유지된 정보에 가해지는 내용 선택, 조작 및 점검 과정을 담당하며, 전전두엽은 중앙집행장치와 관련된 기능(목표 및 산출 결과 유지 등)을 담당하는 것으로 요약할 수 있다([그림 4] 참조).

작업기억에서의 음운 회로는 정보의 음성 코드 저장과 시연(rehearsal)의 역할을 모두 담당한다. 인지신경과학적 뇌영상화 연구는 저장과 시연과정에 독립적 신경회로가 관여함을 발견하였다. 즉 음운 저장은 좌반구의 후두정엽이 관여하며 음운 시연은 좌반구의 하전전두엽(브로카 영역)이 관여하는 것으로 나타났다.

작업기억과 관련된 전두엽의 기능적 분화에 대해서는 영역특수이론(domain-specific theory)과 처리특수이론(process-specific

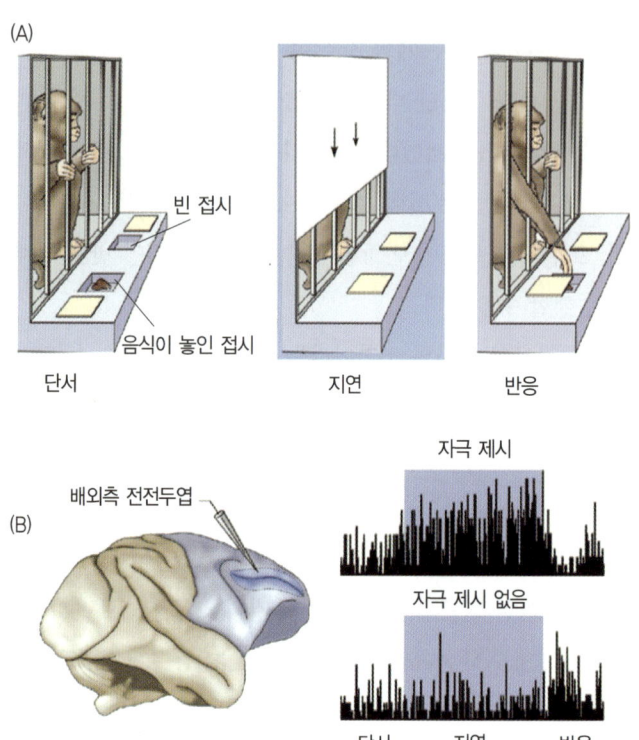

[그림 3]
지연 기억 과제 절차. 지연 기간 동안 원숭이의 전전두엽 세포들이 격발하는 것을 관찰할 수 있다.

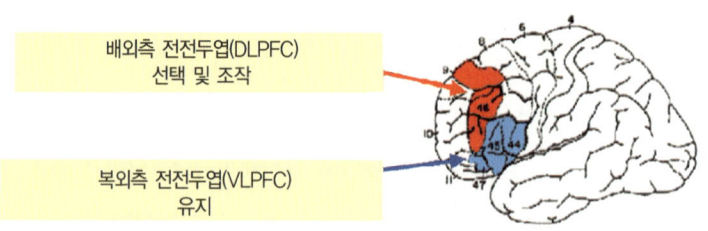

[그림 4]
작업기억을 담당하는 전전두엽 영역

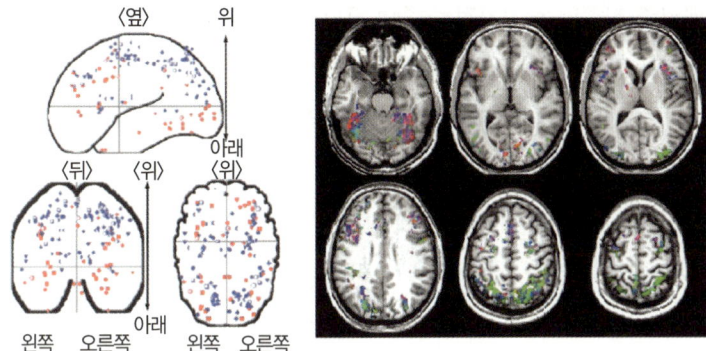

[그림 5]
공간 작업기억 및 대상 작업기억과 관련된 뇌 영역.
왼쪽 그림에서는 빨간색은 대상에 대한 작업기억을 담당하는 영역이며, 파란색은 공간에 관한 작업기억을 담당하는 영역이다. Smith & Jonides, Science, 1999
오른쪽 그림에서는 붉은색은 얼굴 정보를 처리하는 동안 활성화되는 뇌 영역이며, 파란색은 집 정보를 녹색은 장소 정보를 처리하는 동안 각각 활성화되는 뇌 영역이다.
Sala, Rama & Courtney, Neuropsychologia, 2003

theory)이 경합하고 있다. 영역특수이론은 전두엽의 각기 다른 영역은 다른 유형의 정보를 처리하는 것으로 간주한다. 즉 자극의 유형이 형태에 관한 정보인가(무엇인가) 혹은 공간에 관한 정보인가(어디인가)에 따라 전두엽의 다른 영역이 활성화된다는 것이다. 복외측 전두엽은 자극의 형태 정보를, 배외측 전두엽은 자극의 공간적 위치 정보를 각각 작업기억 내에 유지하는 기능을 담당하는 것으로 알려져 있다([그림 5] 참조). PET를 사용한 뇌영상화 연구에서 역시 공간 기억과제를 하는 경우 우반구 하전두엽이 활성화되었다.

반면 처리특수이론에 따르면, 복외측과 배외측 전두엽의 구분은 자극의 유형보다는 처리의 유형에 기초한다고 본다. 복외측 전두엽은 작업기억 내의 정보의 전이 및 유지 등의 기능을 담당하는 반면,

배외측 전두엽은 고차적 수준의 모니터링과 계획 등의 기능을 담당한다. 처리특수이론을 지지하는 증거는 주로 동물과 인간의 손상 연구에 기인하는 것으로 상이한 영역의 전두엽 손상이 상이한 과제 수행의 차이를 가져온다는 것이다. 예를 들면, 먼저 제시된 자극들 중의 하나와 나중에 제시되는 자극이 일치하는지를 판단하는 지연 기억 과제를 수행하는 동안에는 자극의 단순한 유지만이 필요하므로 복외측 전두엽이 관여한다. 반면, 먼저 제시된 자극들 중에서 중복되지 않는 범위에서 한 번에 하나씩의 자극을 선택하는 순서화 과제에서는 자극의 단순한 선택뿐만 아니라 이전 반응의 점검과 갱신 등의 비교적 복잡한 과정이 요구되므로 배외측 전두엽이 관여한다. 실제 배외측 전두엽이 손상된 영장류의 경우 순서화 과제에서의 수행은 저조하지만 지연 기억 과제에서의 수행은 영향을 받지 않는 것으로 나타났다.

서술기억과 내측 측두엽

기술 획득이나 반복 점화 그리고 조건 형성 등의 절차기억과는 달리, 서술기억은 개념적 사실에 대한 의미기억과 개인적 사건에 대한 일화기억을 포함하는 기억체계를 말한다. 서술기억은 주로 내측 측두엽(Medial Temporal Lobe), 간뇌 영역 및 전두엽을 포함한 신피질 영역 간의 상호작용한 결과라 생각된다. 내측 측두엽과 간뇌 영역이 손상된 환자의 경우는 대부분 새로운 내용을 학습하지 못하는 순행성 기억상실의 증세를 보인다. 한편 이전의 기억을 떠올리지 못하는 역행성 기억상실 증세는 기억상실 발병 시점과 가장 가까운 시기를 정점으로 점차적으로 감소하는 경향을 보인다.

알코올 중독으로 인해 뇌손상을 입은 코르사코프 증후군 환자들의 뇌를 살펴보면 내측 시상하부와 유두핵을 포함한 간뇌 영역이 손상되어 있다. 이들은 내측 측두엽은 손상되지 않은 경우에도 심한 서술기억 장애를 보인다. 내측 측두엽의 손상은 H.M. 환자의 경우처럼 뇌절제 수술로도 발생할 수 있으며 기타 산소 결핍이나 뇌경색, 단순 포진성 뇌염 등에 의해 발생할 수도 있다.

내측 측두엽은 크게 해마(hippocampus) 영역과 해마방회(parahippocampus) 영역으로 구분되는데, 잘 학습된 내용의 인출은 해마 영역이 관여하며, 새로운 기억의 부호화는 해마방회 영역이 관여한다. 내측 측두엽의 활성화는 의도적인 인출이나 부호화시에 관찰된다. 뇌영상화 연구에 따르면, 인출시에는 이전에 학습한 자료를 기억하는 경우가 새로운 자극에 대한 기억 여부를 판단하는 경우보다 내측 측두엽이 더욱 활성하되며, 부호하시에는 반복되는 자극보다 새로운 자극을 부호화할 때 내측 측두엽이 더 활성화되는 것으로 나타났다.

부정적 자극에 대한 정서 기능을 담당하는 것으로 알려진 편도체 역시 측두엽의 해마 근처에 위치하기는 하지만, 부정적 정서를 유발하는 경험에 대한 서술기억과 관련해서는 제한된 역할만을 담당한다. 서술기억과 관련된 편도체의 역할은 정서적인 기억에만 국한된다. 정상인의 경우에는 부정적 정서를 유발하는 자극이 중립 자극보다 잘 기억되는 반면, 편도체가 절제된 위어바흐-위데(Urbach-Weithe) 환자는 정서적 자극을 잘 기억하지 못한다. PET 연구에서도 정서가가 높은 경험에 대한 자전적 기억의 인출시에 편도체의 활성화가 관찰되었다. 이러한 연구 결과를 종합해보면 편도체의 활성화가 정서적 자극의 인출과 상관이 높은 것으로 보인다.

의미기억의 인출과 대뇌피질

의미기억이란 단어에 대한 의미를 포함하여 세상에 대한 지식 일체를 말한다. 주로 의미적 범주화나 특정 단서에 대한 생성 과제를 통해 연구되고 있다. 이러한 의미기억의 인출과 관련된 뇌 영역은 전전두엽, 측두엽 그리고 전대상회와 소뇌 영역 등이다. 이중에서도 좌반구 전전두엽의 관여가 일관되게 관찰되는데, 자극의 형태가 언어 자극이 아닌 비언어적 자극인 경우에서도 마찬가지이다.

특정 대뇌피질(주로 좌측 측두엽 영역)의 부분적 손상으로 인한 건망성 실어증(anomia) 환자들은 대부분의 의미기억은 정상인데 반해 범주 특정적 기억상실 증세를 보인다. 예를 들면, 사람이나 기타 고유명사, 과일, 동물, 도구 등과 같은 특정 범주에 해당하는 사물의 이름만을 인출하는 데 결함을 보인다. 어떤 환자의 경우에는 동물의 이름은 떠올리지 못하지만 도구의 이름은 정확히 인출할 수도 있으며, 여러 개의 보기를 제공하면 정답을 선택하는 경우도 있다. 또 자극에 대한 언어 지식과 그림 지식의 해리가 발견되는 경우도 있다. 도구 혹은 동물의 이름을 말하는 동안의 뇌 활성화 패턴을 살펴보면 동일한 영역과 상이한 영역의 활성화가 모두 관찰된다. 또한 자신의 자전적 이야기를 듣는 동안에는 다른 사람의 자전적 이야기를 듣는 동안에 비해서 우측 전두엽과 측두엽의 활성화가 많은 것으로 관찰되었다. 이러한 연구 결과는 특정 범주의 장기기억이 대뇌의 특정한 신경 네트워크에 광범위하게 분산되어 표상된다는 점을 시사한다.

한편 도구와 관련된 경험은 주로 운동 경험이므로 도구의 이름이나 사물과 관련된 동작을 말할 때에는 뇌의 운동영역 옆에 있는 좌측 전두엽이 활성화되지만, 동물의 이름이나 사물의 색을 말하는 경우에는 운동 경험과 거의 관련이 없으므로 운동영역의 활성화가 관찰되지 않는다. 이와 유사하게 색과 관련된 단어를 생성하는 동안에는 색채지각 영역과 가까운 방추회 영역이 활성화되며, 동작 단어를 생성하는 동안에는 운동지각 영역과 가까운 좌측 측두-후두엽 영역이 활성화된다. 이러한 결과는 대상의 속성에 대한 지식이 속성의 지각을 담당하는 대뇌 영역 가까이에 저장되어 있다는 사실을 말한다.

의미적 처리나 깊은 처리(단어 읽기보다는 단어 생성이 더 깊은 처리임)는 좋은 기억을 낳는데 이러한 부호화는 좌반구 전두엽 특히 하전전두엽 영역이 담당한다.

전략적 기억은 인출된 기억을 평가하여 조작하고 변형하는 기억을 말한다. 전두엽에 손상을 입은 환자는 지연 회상 과제나 순서대로 나열하는 과제 등의 수행이 현저하게 떨어진다. 이러한 전략적 기억은 문제 해결이나 추리 과제에 필요한 기억으로 일종의 작업기억 능력의 일부라고도 볼 수 있다.

전략적 기억의 장애는 파킨슨 병이나 헌팅턴 병 혹은 투렛 증후군과 같은 기저핵(basal ganglia)이나 선조체(striatum)의 이상에서도 발견된다. 이러한 환자는 작업기억 능력의 감퇴를 보이고 추리 능력과 같은 전략적 기억 수행의 결함을 보인다. 또한 도파민과 같은 신경전달물질의 부족이 작업기억 능력 감퇴에 결정적인 영향을 미치며, 노화와 관련된 기억 수행의 감퇴 역시 도파민성 뉴런이 많은 전두엽과 관련이 깊다. 반면 우반구의 전두엽은 서술기억이나 일화기억의 의도적인 인출에 관여하는 것으로 나타났다.

일화기억의 부호화 : 기억 만들기

튤빙은 부호화와 인출 간의 기능적 편재화를 설명하기 위해 HERA(Hemispheric Encoding-Retrieval Asymmetry) 모형을 제안하였다. 이 모형에 따르면, 일화기억의 부호화(모든 기억의 부호화는 일화기억의 부호화이다)에는 좌반구 전전두엽이 관여하는 반면, 일화기억의 인출시에는 우반구 전전두엽이 많이 관여한다.

과거에 경험한 사건을 기억하는 정보처리의 과정에는 세 개의 단계가 있다: 부호화(기억 만들기), 저장(기억 보관하기) 그리고 인출(기억 되살리기)이다. 그러나 뇌영상화 연구방법이 출현하기 전까지 주로 의존해온 뇌손상 연구 자료만으로는 부호화과정과 인출과정을 구분하는 것이 불가능하였다. 왜냐하면 뇌손상 환자에게서 나타나는 기억 수행에서의 문제가 부호화과정에서의 문제인지 인출과정에서 문제인지를 판가름하기 어렵기 때문이다.

부호화와 관련된 뇌신경 회로를 찾는 방법은 두 가지가 있다. 첫 번째 방법은 부호화의 정도를 조작하여(예, 단어 기억하기 대 단어 읽기) 동일한 자극을 반복 제시함으로써 부호화의 양이 줄어드는 정도의 차이를 비교하는 방법이다. 이 방법으로 새로운 내용을 학습하는 과정에서 정보를 부호화하는 데 관여하는 뇌 영역을 탐색할 수 있다. 두번째로는 사건관련 fMRI 디자인을 사용하여 성공적으로 기억한 항목을 처리하는 동안에 활성화되는 뇌 영역을 찾는 방법으로 성공적인 부호화와 관련된 뇌 영역을 탐색하는 것이다.

이러한 방법을 통해서 알려진 일화기억의 부호화와 관련된 뇌 영역은 주로 전전두엽, 소뇌 그리고 내측 측두엽 등이다([그림 6] 참조). 언어적 자극에 대해 주로 반응하는 전전두엽의 영역은 브로드만 영역 44, 45, 9/46번 영역이다. 좌반구의 44번은 의미 처리를 45

번은 시연을 각각 반영한다. 9/46번 영역은 부호화시의 고차적 작업기억 처리를 반영하며, 특히 9번은 부호화시 조직화를 하면 활동이 증가하는 것으로 나타났다. 한편 언어적 정보에 반응하는 소뇌의 활성화는 주로 우반구에 편재되어 나타난다. 이러한 연구 결과는 언어에 대한 일화기억의 부호화는 의미기억의 인출과정을 포함하므로 좌반구 전전두엽-우반구 소뇌의 연결이 관련될 가능성을 시사한다.

기억과 관련된 좌반구 전두엽의 역할을 네 가지로 요약하면, (1) 의미적 반응을 산출하거나 (2) 작업기억에 의미 정보를 유지하거나 (3) 과제와 적절한 정보를 선택하거나 (4) 정보를 조직화하는 기능을 담당한다.

내측 측두엽은 언어적 자극에 대해서는 좌반구 편재회를 보이고 비언어적 자극에 대해서는 양쪽 반구 모두가 관여한다. 단어를 부호화하는 경우보다는 그림을 부호화하는 경우에 내측 측두엽의 활동이 강하게 발생하며 그 결과 그림이 단어보다 잘 기억된다고 할 수 있다. 비언어적인 자극의 경우에도 비공간적 정보보다는 공간적 정보를 처리하는 동안 내측 측두엽이 더욱 활성화된다. 이러한 결과는 동물 연구에서 밝혀진 해마와 공간적 기억 간의 관계에 의해서도 지지되고 있다.

'병렬분산처리(PDP)' 혹은 '연결주의'를 표방하는 학자들은 신경망적 접근을 사용하여 인간의 인지 모형을 시뮬레이션(모사)하고 제안하는 사람들이다. 이들의 컴퓨터 시뮬레이션은 단어 발음하기와 대상 범주화하기, 영어 동사의 과거시제 만들기 등의 의미기억 학습에서 매우 성공적이었다. 그러나 일화기억 학습에서는 실패를 거듭하였는데 소위 '파국적 간섭(catastrophic interference)'이라고

하는 현상이 바로 그것이다.

이는 새로운 학습의 간섭이 지나치게 심해서 이전 학습에 대한 기억이 완전히 사라져버리는 현상을 말한다. 실제로도 간섭은 발생 정도에서 상당히 큰 차이가 있다. 이를 해결하기 위한 한 가지 방법이 학습 속도의 모수치를 느리게 설정하는 것이었다. 즉 여러 경험에 대한 일화기억의 공통적 요소를 추출하고 우연적인 속성을 버리는 과정에서 일반적 사실이 서서히 형성되는 의미기억의 속성을 이용한 것이다. 의미기억은 정교화와 같은 복잡한 과정을 거치므로 신피질에서 느린 속도로 형성되어 풍성한 연결을 이루는 반면, 일화기억은 해마에서 매우 빠른 속도로 형성되므로 정교화할 필요가 없어 연결이 비교적 엉성하다. 실제 뇌손상을 당한 경우들을 살펴보면, 의미기억이 상실되는 경우는 드물지만 일화기억의 상실은 빈번하게 나타나는 것도 의미기억과 일화기억의 이러한 차이점에 기인한다고 볼 수 있다.

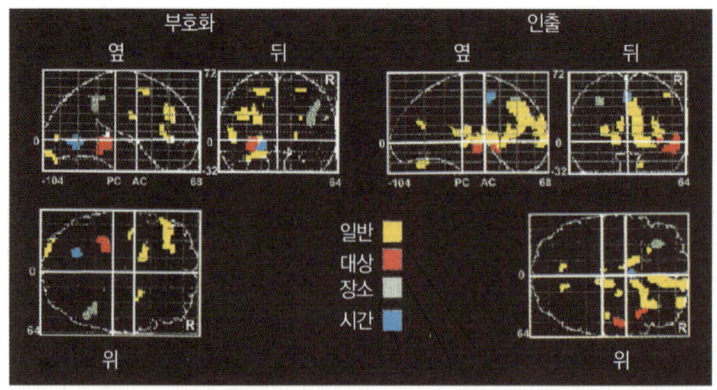

[그림 6]
부호화와 인출시의 뇌 활성화 영역. 부호화시 인지 인출시 인지에 따라 그리고 정보의 유형(일반, 대상, 장소, 시간)에 따라 활성화되는 뇌 영역이 상이하다. Nyberg 등, PNAS, 1996

그렇다면 왜 일화기억은 두 군데로 나누어 저장되는 것일까? 최근의 사건을 기억하기 위해서는(예, 어젯밤에 자동차 열쇠를 어디에 두었는가?) 빠른 인출을 필요로 하는 신속하고 능동적인 기억체계가 필요하다. 뿐만 아니라 반복되는 사건에서 공통요소를 뽑아내어 의미 있는 정보(예, 평소에 습관적으로 열쇠를 놓아두는 곳은 어디인가?)를 서서히 구성하는 기억체계도 반드시 필요하기 때문에 일화기억은 대뇌의 두 영역에 나누어 저장되는 것으로 생각된다.

일화기억의 인출 : 기억 되살리기

일화기억의 인출은 과거의 경험에 대한 탐색, 접근 그리고 점검 등의 일련의 과정을 말한다. 일화기억은 크게 기억의 대상에 해당하는 내용기억(content memory)과 장소, 시간 및 출처에 해당하는 맥락기억(context memory)으로 구분할 수 있다. 일화기억의 인출과 관련된 뇌 영역으로는 전전두엽, 내측 측두엽, 내측 두정후두엽, 외측 두정엽, 전대상회, 후두엽 그리고 소뇌 등이 있다.

일화기억의 인출 동안 우반구의 전두엽이 주로 활성화되는데 이는 HERA 모형의 주장과 일치한다. HERA 모형에 따르면, 의미기억의 인출과 일화기억의 부호화는 좌반구의 전전두엽이 관여하며 일화기억의 인출은 우반구 전전두엽이 관여한다. 그러나 몇몇 연구에서는 일화기억의 인출 동안 좌반구 전전두엽의 활성화가 관찰되기도 하였다. 이러한 예외적 결과에 대한 가능한 해석으로는 비교적 복잡한 처리를 요구하는 과제의 경우 좌반구가 활성화된다는 가능성과 일화기억의 인출시에도 의미적 인출이 관련될 가능성 등이 제기되고 있다. 이를 지지하는 증거로 일화기억의 인출시 양쪽 반구의 활성화가 관찰되는 경우는 재인과제가 아니라 주로 회상과제였으며, 노인의 경우 빈번하게 관찰된다는 연구 결과가 있다. 이러한 사실은 기억 부담이 크거나 기억과제가 어렵다고 지각되는 경우 좌반구 전전두엽이 인출을 용이하게 하려는 보완적인 측면에서 인지적 노력을 한다는 것을 시사한다.

일화기억의 인출과 전전두엽의 관계를 살펴본 많은 연구 결과를 요약하면, 정보가 기억에서 인출될수록 전전두엽의 활성화가 증가하기도 하고(인출 성공을 모니터하므로), 감소하기도 하고(인출 노력이 적게 요구되므로), 일정하게 유지되기도 한다(인출을 위해 주의집중하므로 과제에 상관없다).

이처럼 상반된 연구 결과가 발견되는 것으로 미루어보아 개인적 경험의 인출과 관련된 과정을 적어도 세 가지 상이한 측면으로 구분할 수 있다. 즉 과거 경험에 초점을 맞추고 유지하는 일(인출 상태, 우반구 10번 영역), 기억 탐색을 위해 노력을 기울이는 일(인출 노력, 좌반구 10, 47번 영역), 그리고 인출된 정보를 점검하는 일(인출 성공, 좌우 반구 10, 9, 46번 영역)로 구분할 수 있다.

내측 측두엽의 활성화는 인출 상태나 인출 노력과는 상관이 없으며 오직 인출 성공과 상관이 높은 것으로 나타났다. 이것은 내측 측두엽의 활성화가 성공적인 기억 접근을 반영한다는 것을 시사한다. 이와 유사하게 내측 측두엽에 있는 해마의 활동은 의식적 회상과 관련이 있으며, 학습과 검사 간의 마지막 일치 여부에 민감한 것으로 알려져 있다. 또한 해마는 가짜 표적을 잘못 재인할 때에도 활성화되며 기억할 의도 없이 과거 경험이 자발적으로 떠오르는 경우에도 활성화된다.

전전두엽과 측두엽 이외에 일화기억의 인출에 관한 뇌영상화 연구에서 주로 발견되는 영역은 내측 두정후두엽 영역으로 팽대후부피질(retrosplenial) 영역, 설전부, 설부로 구성된다. 설전부는 심상과 관계된 영역으로 알려져왔으나 최근에는 인출 성공과 관련된 영역이라는 주장이 제기되고 있다.

그 외에도 외측 두정엽은 인출시의 공간정보 처리와 재인과정에서의 지각적 요인의 처리와 관련되어 있기 때문에, 그리고 전대상회(32, 24번 영역)는 언어적 자극의 경우 반응의 선택과 행위의 시작에 관여하기 때문에 일화기억 인출시에 함께 활성화된다. 후두엽은 비언어적 자극의 인출이나 기억 관련 심상의 인출시에 활성화되며 소뇌는 자기 주도적 인출 조작과 관련이 있다.

맥락기억과 관련해서 대표적으로 알려진 구분은 대상에 대한 기억과 장소에 관한 기억이다. 대상의 정체를 파악하는 동안에는 방추회 영역이 활성화되는 만면, 장소를 기억하는 동안에는 하두정엽이 활성화된다. 또한 항목에 대한 재인기억과 시간적 순서에 관한 기억을 비교한 결과, 재인기억은 내측 측두엽이 관여하고 시간적 순서기억은 배측 전전두엽과 두정엽이 관여하는 것으로 나타났다. 이러한 복측/배측 통로 구분은 장소와 시간에 관한 맥락기억이 배측 통로를 활용한다는 점을 시사한다.

자전적 기억 : 개인의 인생사

일화기억의 한 유형으로 개인의 사적인 삶과 관련된 경험의 축적 즉 개인의 인생사적 기억을 자전적 기억(autobiographical memory)이라 한다. 자전적 기억의 인출은 공적인 사건의 인출에 비해 주로 좌반구 해마가 관여하는 것으로 알려져 있다. 그러나 65세 이상의 노인의 경우에는 양쪽 반구의 해마가 모두 관여한다. 매우 오래된 기억을 인출하는 동안 해마가 관여하는가에 대해서는 논쟁이 있었

생각상자

기억하지 못하는 것을 기억하다

일화기억과 관련된 기억상실증은 크게 '역행성 기억상실'과 '순행성 기억상실'로 나뉜다. 역행성 기억상실은 뇌손상 이전에 획득한 정보의 손실을 말하며, 순행성 기억상실은 새로운 일화기억을 형성하지 못하는 것을 말한다. 해마 영역의 손상이나 파괴는 아직 신피질로 전이되지 못한 기억에 손상을 입혀 역행성 기억상실을 유발하거나 새로운 일화기억이 형성되지 못하게 함으로써 순행성 기억상실을 일으킨다. 이는 거꾸로 일화기억이 처음에는 해마 영역에 저장된 후 시간이 경과하면 대뇌의 신피질로 옮아간다는 것을 의미한다.

그러나 기억상실증 환자의 경우에도 점화나 활성화처럼 무의식적으로 신피질에 정보를 저장할 수 있다. 한 예로 새로운 정보를 습득하지 못하는 순행성 기억상실 증세를 보이는 코르사코프 증후군의 여자 환자는 만화책 한 권을 몇 년 동안 재미있게 읽었으며 자신의 주치의를 수년 동안 만나왔음에도 얼굴과 이름을 기억하지 못해 늘 처음 대하는 사람처럼 자신을 소개하고 인사하면서 악수를 하곤 했다.

의사는 이 환자가 정말 자신을 기억하지 못하는 것인지 확인하고 싶어졌다. 어느 날 의사는 손에 바늘을 몰래 숨긴 채 환자와 악수를 하였다. 며칠 후 환자에게 다시 악수를 건네었을 때 환자는 이를 거절했다.

왜 거절했는지 묻자 환자는 "자신에게 악수하지 않을 권리가 있다"고 답했으며, 집요하게 거절 이유를 추궁하자 "아마도 손에 바늘이 있을지도 모른다"고 응답했다. 이어서 왜 손에 바늘이 있을 것이라 생각했냐고 묻자 "그냥 갑자기 그런 생각이 들었다"면서 "종종 손에 바늘이 숨겨져 있기도 하기 때문이다"라고 대답했다.

이러한 사례는 기억상실증 환자가 악수와 바늘에 찔리는 것 간의 의미적 연합을 일반화하긴 하였지만 이러한 연합을 의식적인 경험으로 인지할 수는 없었다는 것을 보여준다. 다시 말하면 구체적 경험에 대한 일화기억 없이 의미기억만 인출할 수 있다는 것이다.

다. '응고화 이론(consolidation theory)'에 따르면 해마는 기억 형성 초기의 응고화 과정에만 관여하므로 오래된 기억은 신피질이 담당한다고 본다. 반면 '중다흔적 이론(mutiple trace theory)'에서는 자전적 기억이 해마에 영구적 흔적을 남긴다고 한다. 최근 연구 결과에 따르면 자전적 기억을 인출하는 동안 10년 이상의 오래된 기억일수록 우반구 해마와 배측 편도체의 활성화가 줄어드는 반면, 좌반구 해마의 활성화에는 오래된 기억과 최신 기억 간의 차이가 없었다. 이러한 결과는 우반구 해마는 비교적 최근의 자전적 기억을 담당하고 좌반구 해마는 일생을 통한 자전적 기억을 담당하는 곳일 가능성을 강력하게 시사한다. 오래된 기억을 인출하는 경우 우반구 배측 편도체의 활성화가 감소되는 것은 오래된 기억에서의 정서적 측면이 감소되는 것이라 해석될 수 있다. 따라서 우반구 해마의 활성화 패턴은 응고화 이론과 일치하지만 좌반구 해마의 활성화 패턴은 중다흔적 이론을 지지한다.

절차 기억 : 소뇌가 실수를 교정한다

기술 학습과 관련된 기억은 서술적 기억과는 독립적인 기억으로 크게 세 가지 유형으로 구분되는데 감각운동 기술, 지각적 기술 그리고 인지적 기술이다. 우선 감각운동 기술과 관련된 뇌의 영역을 살펴보면, 반복적인 연속운동을 학습할 때는 기저핵이 관여하고 시각적 단서와 운동 반응의 협응을 요하는 기술은 소뇌가 관여한다. 그러나 최근에는 이러한 소뇌의 관여가 단순히 운동과 관련된 것이 아니라 실수를 교정하는 역할을 담당한다는 주장이 제기되고 있다. 지각운동 과제에서의 실수 정도와 소뇌의 활성화 정도와의 상관 관계, 즉 기술이 발전할수록 소뇌의 활성화가 줄어든다는 결과는 소뇌의 활성화가 실수 교정의 역할을 한다는 가능성을 지지한다.

지각적 기술을 연구하는 데 주로 사용된 과제는 거울상으로 뒤집어진 글자 읽기 과제이다. 기억상실증 환자의 경우 읽은 단어에 대한 의미기억이나 읽었다는 경험에 대한 일화기억을 포함한 서술적 기억은 손상된 상태이지만, 거울상 글자 읽기 기술은 정상적인 속도로 학습한다. 반면에 헌팅턴 병 환자는 서술적 기억은 그런대로 좋은 편이나 거울상 읽기 과제 수행에서는 심한 결함을 보인다. 정상인의 경우 읽기 기술이 향상됨에 따라 좌반구 하 후두-측두엽 영역의 활성화는 증가하는 반면 우반구 두정엽의 활성화는 감소하는 것으로 나타났다. 이러한 변화는 비숙련 기술 상태에서 주로 의존하던 자극의 시공간적 지각 처리에서 숙련된 기술 상태에서의 자동적이고 직접적인 읽기 기술로의 전이를 의미한다.

기억상실증 환자는 인지적 기술 과제나 확률 문제에서 정상적인 학습을 보이는 반면, 파킨슨 병이나 헌팅턴 병 환자는 인지적 기술을 거의 학습하지 못한다. 따라서 인지적 기술은 내측 측두엽보다는 기저핵이 담당하는 것으로 여겨진다. 기저핵은 모든 유형의 기술학습에 주로 관여하는 뇌 영역이다. 그외에도 선조체-시상-대뇌피질 고리로 이어지는 기술 학습과 관련된 신경망 회로도 제안되고 있다.

암묵기억 : 기억상실증 환자의 무의식적 기억

암묵기억은 이전 경험에 대한 의식적이고 의도적 인출 노력 없이 인지적 수행에 영향을 미치는 기억을 말한다. 기억상실증 환자의 경우 외현기억에는 심한 손상을 보이지만 암묵기억에는 전혀 문제가 없는 경우가 많다. 주로 절차기억이 필요한 지각-운동 기술이 여기에 해당한다. 역행성 기억상실증 환자는 자전적 기억이 손상된 경우가 대부분이므로 자신이 운전이나 골프를 할 수 있는지에 대해 의식적으로 기억하지 못한다. 다만 실제 운전과 골프를 하였을 때는 이전 경험 수준의 수행을 보인다. 순행성 기억상실의 경우에는 새로운 기억을 형성할 수 없으므로 과제를 제시받을 때마다 매번 과제 수행과 관련된 규칙에 대한 설명을 들어야 할 정도로 명시기억의 문제가 심각하다. 동일한 과제를 반복적으로 제시하더라도 환자에게는 늘 새로운 과제이자 처음 들어보는 규칙에 대한 설명이다. 그러나 시간이 지날수록 의식하지 못하지만 과제 수행 정도는 지속적으로 향상된다([그림 7] 참조).

기억상실증 환자의 손상되지 않는 암묵기억에 대한 또다른 예는 점화 효과에서 찾아볼 수 있다. 점화란 동일한 자극이나 연합이 되는 자극에 사전 노출되어 자극의 제시 여부에 대한 의식적 자각 없이 나타나는 반응의 촉진 현상을 말한다. 예를 들어, 일본어와 같은 친숙하지 않은 자극을 역치 수준 이하로 50밀리초 동안 빠르게 제시한 다음 반복하는 경우에 의식적으로 재인은 못하지만 실제 자극 확인 시간에 소요되는 반응 시간은 감소하고 시각영역의 활성화도 줄어드는 것을 알 수 있다.

기억상실증 환자가 암묵기억과제에서 정상인과 동일한 정도의 점화 효과를 보인다는 사실은 많은 연구에서 일관되게 발견된다. 이러한 암묵기억과 명시기억의 해리는 L.H.와 H.M.의 사례를 비교해보면 보다 명확해진다. L.H.라는 환자는 내측 측두엽만 제외하고 하측두엽에서 후두엽에 걸친 광범위한 대뇌피질의 손상을 입은 환자이고, 잘 알려진 H.M.은 간질 발작을 억제하기 위해 측두엽 해마 영역의 약 2cm 정도를 절제받은 환자이다. L.H.는 재인기억과 같은

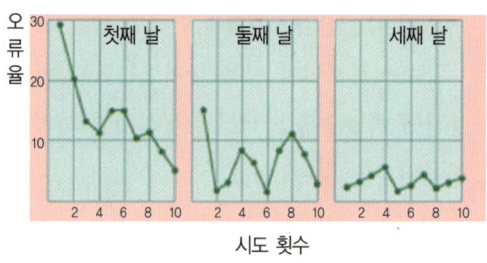

[그림 7]
HM의 '거울 보고 별 모양 따라 그리기 과제' 수행 결과. 측두엽이 절제된 H.M.의 경우 자신이 경험한 과제라고 의식하지는 못하지만 수행은 시간이 갈수록 향상된다.

명시기억의 수행에는 결함이 없었으나 지각적 점화 과제에서는 수행이 저조하였다. 이와는 대조적으로 H.M.의 경우 재인기억에서는 심한 수행 결함이 나타났으나 지각적 점화 과제에서는 온전한 수행을 보여주었다. 이러한 결과는 명시적인 재인기억은 내측 측두엽이 담당하고 시지각적 점화와 같은 암묵기억은 후두엽이 관여함을 시사한다.

그러나 최근 연구들은 과제의 난이도가 높은 경우나 새로운 연합을 하게 되는 경우 기억상실증 환자도 점화 효과가 손상될 수 있다고 주장한다. 한 예로 지각운동 과제에서 기억상실증 환자는 정상적인 수행을 보였으나, 맥락 단서를 활용하는 데에는 실패하였다.

정상인들은 맥락 단서를 이용하여 성공적인 수행을 보였지만, 이러한 단서에 대한 명시적 재인기억은 없었으므로 맥락 단서의 활용은 암묵적이라 할 수 있다. 따라서 맥락을 비롯한 이전 정보와 새로운 정보와의 연합 혹은 이전 항목 간의 새로운 연합 만들기에 해마가 핵심적인 역할을 하는 것으로 여겨진다.

정서는 기억에 어떤 영향을 미치는가?

정서와 기억에 관한 연구는 주로 자극이나 정보의 '정서가(價)'를 긍정과 부정으로 조작하여 제시함으로써 이루어진다. 일반적으로 부정적인 자극이 중립적인 자극보다 잘 기억된다. 혐오 자극과 부정적 경험은 이후에 피하여야 하므로 불쾌한 자극의 특성이나 원인을 파악하여 잘 기억해두는 것이 생존과 적응에 유리하기 때문이다.

이러한 부정적 정서의 기억과정에 매개하는 뇌 영역이 편도체이다. 모든 부정적 자극이 편도체를 활성화시키는 것이 아니므로 편도체의 활성화를 유발하는 부정적인 자극은 각성 수준이 높아야 한다. 이는 정서적 각성 수준이 역치 이상으로 높을 때 편도체가 활성화되어 기억의 응고화 조절에 관여하게 되고 궁극적으로 기억이 잘 되도록 한다는 것을 의미한다. 실제 자극에 의해 유도되는 각성 수준과 기억과 관련된 해마의 활성과는 선형적 비례 관계에 있는 것으로 나타났다. 그러나 정서적 각성 수준이 실험실에서 유도할 수 있는 한계보다 훨씬 더 높으면, 즉 실제로 외상적 사건이나 심한 스트레스를 경험할 경우, 대뇌의 코르티솔의 분비가 증가하고 해마의 기능을 방해하게 되어 사건에 대한 응집성 있는 기억을 형성하지 못한다. 그 결과 외상적 사건의 불쾌하고 부분적인 감각기억만이 별도로 기억되고 재생되어 고통을 주는 경향이 있다.

한편 최근에는 편도체가 긍정적 정서에도 관여하며, 좌우 반구의 편재화가 나타난다는 연구 결과가 발표되기도 하였다. 그 동안 신비롭게만 여겨져왔던 정서와 인지의 관계도 편도체와 주변의 각종 기억 담당 뇌신경망과의 상호작용으로 곧 규명될 전망이다.

편도체의 신경은 해마와 미상핵은 물론 선조체와 전전두엽 그리고 시상에 이르기까지 다양한 영역에 투사된다. 그중에서도 편도체가 기억과정의 조절에 관여하는 주된 통로는 해마와 미상핵이다. 해마는 장소기억과 같은 인지적 기억에 관여하고 미상핵은 자극-반응(S-R)의 습관기억에 관여하는 것으로 알려져 있다.

한 연구에서 쥐를 미로찾기 학습을 시킨 다음 스트레스를 가하면 쥐는 해마에 의존하는 장소기억 대신에 단서에 의존하여 반응하는 습관적 기억을 사용한다는 것을 발견하였다. 이는 스트레스가 편도체의 조절 기능을 통해 상이한 기억체계의 활용에 영향을 줄 수 있다는 것을 뜻한다. 이러한 연구는 외상후 스트레스 증후군(PTSD)에서 보이는 부적응적 기억 현상과 강박증 장애에서 나타나는 반복적이고 습관적 부적응 행동 등의 이해와 치료에 많은 도움을 줄 것으로 기대된다.

편도체의 정서와 기억 조정 기능과 관련되어 흥미로운 최근 연구 중의 하나는 정서적 기억에서의 성 차이다. PET를 이용한 연구에서 정서적 각성을 유발하는 사진을 남녀에게 보여준 다음 3주 후에 기억 실험을 하였다. 그 결과 편도체의 기능의 성별 편재화가 발견되었다. 남자의 경우에는 우측 편도체가, 여성의 경우에는 좌측 편도체가 각각 기억된 정서적 사진 자극의 처리와 관련이 있는 것으로 나타났다. 이러한 결과는 여성이 정서 유발 사진을 언어중추와 연결하여 기억하였을 가능성을 시사한다.

기억 내용의 정서적 측면 이외에 정서적 맥락 효과에 관한 연구를 살펴보면, 긍정적인 정서 맥락에서는 중립적이거나 부정적인 정서 맥락에서보다 사전 지식 구조를 활성화하여 응용이나 연결 등의 능동적이고 적극적인 인지 처리가 일어나므로 기억 수행이 향상된다. 이러한 현상은 비교적 수동적인 재인기억보다는 능동적인 회상기억의 경우에서 더욱 두드러지게 나타난다. 따라서 정서 맥락의 유형에 따라 서로 다른 신경체계가 관여할 가능성이 높다.

최근 연구 결과에 따르면, 부호화시의 정서적 맥락에 따라 각기 상이한 뇌 활성화 체계가 조절되어 자극의 성공적인 기억 여부에 영향을 미치는 것으로 밝혀졌다. 부호화시의 정서적 맥락이 기억에 미치는 영향을 보기 위해 부호화시의 활성화 패턴과 후속 기억 검사에서 성공적인 회상과의 상관을 검토하는 후속 기억 효과를 살펴보았다. 후속 기억 효과(Subsequent Memory Effect, SME)란 자극에 대한 회상의 성공 여부가 부호화시의 특정 뇌 영역의 활성화 패턴을 통해 예측 가능하다는 효과를 말한다.

연구 결과 긍정적인 정서를 유발하는 맥락 조건에서는 부호화시에 우반구의 전해마방회와 방추회가 활성화되면 후속 기억 검사에서 성공적으로 회상되었다. 반면 부정적 정서에서의 기억은 편도체의 활성화 정도로 예측 가능하였다. 해마방회와 방추회는 성공적인 재인을 예측하는 뇌 영역으로 간주되어왔다. 해마방회는 기억 표상을 위해 지각적, 운동적, 인지적 정보를 모두 통합하는 역할을 하는 것으로 알려져 있다. 게다가 긍정적 맥락 정보의 처리에도 관여하므로 긍정적 맥락에서의 부호화시에 활성화되어 회상에도 영향을 준다. 한편 방추회는 긍정적인 얼굴 표정이나 유쾌한 그림 자극의 제시에 활성화되는 영역으로 알려져 있으므로 보상 관련 정서와 주의 네트워크와도 관계가 있을 가능성이 높다.

정서적 맥락이 기억에 어떠한 영향을 주는가에 대한 연구는 실제 학교와 교실 등의 학습 상황에서의 정서적 분위기가 학습자의 인지적 기능에 매우 중요한 영향을 미친다는 것을 시사한다.

인간의 기억은 얼마나 정확한가?

AB라는 환자는 자신의 부모가 병원으로 면회를 자주 온다고 믿으며, 의사인 자신의 오빠가 자신이 거주하고 있는 빌딩의 24층에 살고 있다고 믿고 있다. 실제로 그녀의 부모는 돌아가셨으며, 그녀의 오빠는 의사도 아니고, 그녀는 건물의 맨 꼭대기인 12층에 살고 있다. 이러한 자발적 작화(作話, spontaneous confabulation)는 전두엽의 이상과 관련이 있다. 그러나 전두엽이 손상된 환자 모두가 반드시 이러한 증세를 보이는 것은 아니다. 그렇다면 어떠한 경우

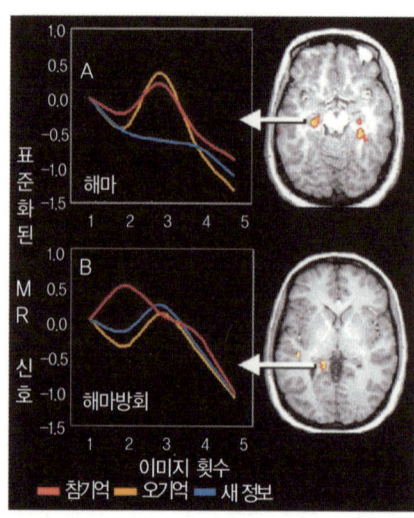

[그림 8]
참기억과 오기억의 뇌 활성화 패턴.
(A) 참기억과 오기억의 경우 좌우 해마 모두가 활성화된다. (B) 좌측 해마방회는 참기억일 때만 활성화되며 오기억과 새 정보의 경우에는 활성화되지 않는 것으로 나타났다.
Cabeza 등, PNAS, 2001

생각상자

오기억과 참기억은 다르게 기억하는 걸까?

오(誤)기억 현상은 뇌손상 환자의 경우뿐만 아니라 일반인에게 있어서도 빈번하게 발생하는 현상이다. 15개의 단어 외우기 실험에서 'cake', 'cookie', 'sugar', 'chocolate', 'candy' 등의 단어를 제시한 다음 일정 시간이 경과한 후에 'sweet'라는 단어가 제시되었는지를 물어보면, 대부분의 실험 참가자들은 매우 강한 확신을 가지고 이 단어를 보았던 것으로 잘못 재인한다.

이러한 결과는 우리의 뇌가 끊임없이 기억을 재구성하고 있으며 실제 경험한 정보와 자신이 추리한 정보를 명확히 구분하지 못하고 있음을 의미한다.

이처럼 잘못 재인하는 과정을 MRI로 촬영한 결과, 놀랍게도 제시되지 않았던 단어와 제시되었던 단어들의 재인과정에서 활성화되는 뇌의 영역이 동일한 것으로 나타났다. 내측 측두엽과 전두엽이 활성화되었는데, 오기억과 관련된 전두엽의 활성화는 내측 측두엽에서 생성해낸 결과물을 검토하는 전략적 모니터링 과정을 반영하는 것으로 볼 수 있다. 이는 전두엽이 손상된 환자의 경우 오재인이 증가한다는 연구 결과와 일치하는 것이다. 내측 측두엽 역시 정확한 기억만을 제공하는 것이 아니라 유사성에 기초한 일반화의 과정에도 관여하는 것으로 생각된다.

오기억에 대한 또다른 뇌영상화 연구에 따르면, 단어 자극에 대한 정확한 기억이나 잘못된 기억 모두 좌측 내측두엽(해마방회 영역)의 활성화를 보인다([그림 8] 참조). 정확한 기억은 좌측 측두-두정엽의 활성화가 증가하지만, 잘못된 재인은 전전두엽과 전두저 영역 그리고 소뇌가 활성화된다. 이는 참기억의 경우 실제 감각 정보가 처음으로 입력되는 영역이 활성화됨으로써 감각 정보는 비교적 정확하게 기억한다는 것을 의미한다.

이러한 연구가 축적되면 멀지 않은 장래에 기억 인출시 관여되는 뇌 영역을 살펴봄으로써 거짓말 탐지기를 대신할지도 모를 일이다. 그러나 몇 시간 이상이 지난 장기기억의 경우에는 참기억과 오기억의 구분이 더욱 어려워지므로 현재로선 그 실현 가능성이 희박하다고 하겠다.

에 이러한 현상이 발생하는 것일까?

여기에는 세 가지 설명이 제안되고 있다. 첫번째는 인출된 기억 내용에 대한 점검 실패이다. 이는 환경적, 사회적 단서에 의해 잘못 유도되는 기억 반응 혹은 모니터링되지 않은 부적절한 기억 인출이 그 주된 이유이다. 두번째 설명은 맥락기억의 결함으로 인한 사건의 시간적 순서나 맥락에 대한 혼동, 그리고 정보의 출처에 대한 기억 상실이다. 세번째 설명으로는 현실에 대한 모니터링 능력과 기억 실수를 억제하는 능력의 결함으로 인한 상상과 현실의 구분 실패이다.

이를 종합하는 한 가지 그럴듯한 설명은 좌반구와 우반구의 커뮤니케이션이 잘 일어나지 않아서라는 것이다. 좌반구는 원래 의미 있는 이야기를 구성하려는 경향이 있는 반면 우반구는 경험에서의 이상을 탐지하고 해석하는 역할을 한다. 따라서 좌반구에서 이야기를 구성하고 꾸미는 과정에서 이상이 탐지되면 우반구가 수정하는 과정을 거치게 된다는 것이다. 우반구가 손상된 환자의 경우 이상을 탐지할 수 없으므로 작화가 빈번하게 발생할 뿐만 아니라 자신의 왼쪽 팔의 마비조차도 의식하지 못한다. 이를 검증하기 위해 이야기를 꾸며대고 있는 환자의 왼쪽 귀에 차가운 얼음물을 살짝 뿌렸더니 작화를 멈추고 왼쪽 팔의 마비도 알아차렸다. 그러나 시간이 지나자 다시 이야기를 꾸며댔으며 왼쪽 팔의 마비 증세도 부인하였다. 이러한 결과는 오른쪽 뇌에 가해진 자극으로 인해 꾸며대던 이야기의 이상을 탐지하였다는 것을 말한다.

이러한 기억의 왜곡이나 재구성 현상을 착각적 기억 혹은 오기억 증후군이라 부른다. 대부분의 사람은 실제 발생하지도 않은 사건을 기억하는 여러 가지 기억 왜곡 현상을 한 번쯤 경험해보았을 것이다. 기억되는 정보의 출처를 혼동하기도 하고 사건과 맥락을 잘못 연결하거나 상상만 했던 내용을 실제 발생한 사건인 것처럼 기억하기도 한다. 또 타인의 아이디어나 음악 혹은 문장 등을 무의식적으로 마치 자신의 것인 양 기억해내는 비의도적 표절을 하기도 한다. 기억의 구성적 특성은 법정에서의 증언이나 심리치료에서 기억의 정확성 파악에 매우 중요한 함의를 지니고 있다. 출처 기억상실의 대표적인 사례는 성폭행범으로 기소된 심리학자 톰슨(Thompson)의 경우일 것이다. 성폭행 피해자인 한 여성이 톰슨 박사를 범인으로 지목하였는데, 다행스럽게도 톰슨 박사는 그 시간에 생방송 TV 프로그램(역설적이게도 기억의 왜곡에 관한 프로그램이었다)에 출연하고 있어서 알리바이가 성립되어 무죄가 입증되었다. 그 여성은 성폭행을 당하기 직전에 TV 프로그램을 보고 있었고, TV에 나온 톰슨 박사의 생생한 이미지와 범인의 이미지를 혼동하여 잘못 기억한 것이었다.

 뇌는 지속적으로 연결을 만들며 비록 잘못된 연결이라도 일반화를 추구한다. 뇌가 하는 주된 일 중의 하나는 관련된 사건들을 위계와 범주로 묶는 일인데, 이는 뇌의 처리기제의 경제성을 반영하는 것이다. 이러한 기억 인출의 재구성은 기억 흔적이 약화될 정도의 장기간의 지연이나 약한 부호화 처리과정의 결과로 주로 발생하며, 기억의 공백을 메우려는 의도적인 시도와는 차이가 있다.

어떤 사람은 기억하고 어떤 사람은 잊어버린다

 왜 어떤 사람들은 매우 뛰어난 기억 능력을 가질까? 전반적인 지적 능력이 우수하기 때문일까? 선천적으로 기억력은 타고나는 것일까? 이들은 보통 사람들과 다른 뇌 구조를 지니고 있을까? 이러한 궁금증에 답을 하기 위한 연구는 그다지 많지 않다. 기억상실증 환자를 통한 기억 연구는 상당히 많이 이루어졌지만 그 반대편에 있는 우수한 기억력을 가진 사람들에 관한 연구는 잘 이루어지지 않았다.

뛰어난 기억력을 가진 사람들과 보통 사람을 비교한 연구에서, 일반적인 인지 능력과 시각적 기억검사에서는 별다른 차이가 나지 않았으며, 작업기억과 언어적 장기기억에서만 차이가 나타났다. 또한 뇌의 구조적 차이도 발견되지 않았다. 숫자, 얼굴 사진, 눈송이 사진 등의 자극을 제시하고 기억을 비교한 결과, 우수한 기억을 가진 사람들은 내측 두정엽과 우반구 후측 해마가 활성화되는 것으로 나타났다. 그러나 이러한 영역 자체가 뛰어난 기억 수행을 담당하는 것이 아니라, 우수한 기억 능력을 보유한 사람들은 공간기억 및 탐색과 관련된 전략과 기억술을 활용하기 때문에 이러한 뇌 영역이 활성화되는 것이다. 이들은 장소법(methool of loci)과 같은 친숙한 공간 이미지를 사용하여 정보를 부호화하므로 우측 해마가 강하게 활성화되는 것으로 나타났다.

기억의 개인차와 뇌 구조를 비교한 또다른 연구에서 영국 런던의 택시 운전사들과 보통 사람을 비교한 결과, 경험 많은 택시 운전사들의 우반구 후측 해마는 보통 사람보다 훨씬 큰 것으로 밝혀졌다. 이러한 차이는 아마도 택시 운전사들의 경우 런던 시내의 크고 복잡한 공간 표상을 저장하여야 하므로 해마의 크기에 변화를 가져온 반면, 기억 우수자들은 수시로 필요에 따라 공간 정보를 활용하므로 해마의 구조에서의 차이까지는 발생하지 않았기 때문이라 생각된다.

기억의 문제를 기억과 관련된 뇌 구조에서만 국한해서 이야기해서는 안 된다. 기억을 잘 못하는 것처럼 보이는 많은 현상이 실제로는 기억 구조의 문제가 아니라 다른 기능과 관련된 문제일 수 있기 때문이다. 작업기억의 용량이 동일하더라도 기억 수행에서 차이가 나는 것은 단순 저장 용량으로서의 작업기억이 아니라 계획하고 모니터링하는 작업기억의 차이에 기인할 가능성이 높다. 서투른 일을 하게 될 때, 작업기억의 용량을 대부분 차지하므로 제대로 익힌 기술이나 사고를 표현하지 못하게 된다.

스트레스나 걱정거리가 많으면 흔히 머리가 복잡해지는데 이는 특정 과제 수행중의 작업기억의 용량을 줄어들게 한다. 또한 주의가 산만하거나 주의집중에 문제가 있으면 정보처리 자체가 일어나지 않아 기억될 수 없으므로 주의력 역시 작업기억과 관련 있다고 볼 수 있다.

나이가 들면 일화기억이 약화된다

모든 인간은 나이가 들면서 자연스러운 노화 현상을 겪게 된다. 노화과정 동안 뇌에도 많은 변화가 오게 된다. 뇌의 회백질이 위축되고, 시냅스가 퇴화되며, 혈류가 감소하고 신경화학물질이 변화한다. 이러한 뇌의 변화는 여러 가지 인지적 기능의 저하를 가져오는데, 그중에서도 가장 커다란 변화가 바로 기억력의 감퇴이다.

모스코비치(Moscovitch)의 인지신경학적 기억 모형에 따르면 기억은 다음의 4개의 성분으로 구분된다. (1) 지각적 점화를 매개하는 후피질 (2) 연합적 일화기억을 매개하는 내측 측두엽과 해마 영역 (3) 전략적 일화기억과 규칙에 기초한 절차기억을 매개하는 전두엽 체계, 그리고 (4) 감각운동과 관련된 절차기억을 매개하는 기저핵 등이 그것이다. 이중에서 노화과정에서 두드러지게 수행이 저하되는 기억은 연합적 일화기억과 전략적 일화기억이다. 반면 암묵기억과 의미기억에서는 눈에 띄는 기억력 감퇴가 나타나지 않는 편이어서 젊은이와 노인의 기억 수행에서의 차이가 크게 나타나지 않는다.

좀더 구체적으로 노인의 기억과 젊은이의 일화기억을 비교해보면, 연령 효과가 크게 나타나는 경우는 재인검사보다는 회상검사에서, 내용기억 검사보다는 맥락기억 검사에서이다. 또한 작업기억에서도 단순히 숫자를 기억하는 과제에서는 연령 효과의 크기가 -0.31 정도이지만 중앙집행장치의 조작을 필요로 하는 복잡한 작업기억과제(예를 들어 여러 문장을 소리 내어 읽으면서 각 문장의 마지막 단어를 지속적으로 기억해야 하는 읽기 범위 과제)에서는 -0.81인 것으로 나타났다. 이러한 결과는 전략적 인출을 필요로 하는 과제일수록 노인의 기억 수행이 저하됨을 보여준다.

노인의 기억 수행이 저하되는 주된 이유로는 주의 자원의 부족, 처리 속도의 감소, 그리고 억제적 통제 기능의 저하 등을 꼽을 수 있다. 노화와 함께 주의가 줄어들기 때문에 새로운 정보를 부호화하거나 이전 정보를 인출할 때 어려움을 겪게 된다. 게다가 처리 속도가 느려지면서, 초기 정보처리 시간이 길어지게 되어 후속 정보를 처리하지 못하게 되거나 초기에 처리한 결과가 사라지게 되므로 후속 기억 수행이 어려움을 겪게 된다.

한편 정보처리 목적과 관계없는 부적절한 정보를 억제하고 그에 따른 여러 반응을 차단하여야 작업기억의 통제 기능이 제대로 수행되는 것인데, 노화가 일어나면서 이러한 억제 기능에 저하가 오므로 정보의 부호화와 인출을 적절히 통제하지 못하게 되어 기억 수행이 떨어지게 된다.

노화와 기억에 관한 뇌영상화 연구를 살펴보면, 노인의 경우 부호화시에는 좌반구 전전두엽과 내측 측두엽 영역의 활성화가 약하게 나타난다. 또한 일화기억의 인출시에는 우반구 전전두엽의 활성화는 감소되는 반면, 좌반구 전전두엽의 활성화는 증가되며, 내측 측두엽은 연령에 따른 차이가 없었다. 즉 노화에 따른 기억 감퇴와 관련된 주된 뇌 영역은 해마가 아니라 전전두엽이다. 작업기억과제를 수행하는 동안에 노인의 경우 젊은이의 전전두엽이 활성화되는 반구와 반대되는 반구에서 활성화되는 패턴을 보였다. 또한 억제와 관련된 영역뿐만 아니라 배외측 전전두엽 영역의 활성화도 감소되었다.

연령과 관련된 가장 일관되고 두드러진 뇌 활성화 특성은 일화기억의 인출과 작업기억에서 노인의 경우 대뇌반구의 비대칭적 활성화 패턴이 사라진다는 점이다. 뇌 활성화 패턴을 경로 분석한 [그림 9]에서 볼 수 있듯이, 젊은이의 경우 부호화시에는 좌반구 전전두엽이 활성화되고 인출시에는 우반구 전전두엽이 활성화되는 패턴을 볼 수 있다. 반면 노인의 경우에는 부호화시에 전전두엽의 뚜렷한 상호작용적 신경회로가 보이지 않을 뿐만 아니라 인출시에는 좌우 반구가 모두 활성화되는 패턴을 보였다. 이러한 까닭은 아마도 노인의 경우 비효율적인 뇌신경 회로망을 보상하기 위해 두 반구 모두가 관여하기 때문인 것으로 생각된다.

"어제 저녁식사로 무엇을 먹었습니까?"라는 질문에 대답해보자. 이 질문은 일화기억을 떠올려야 하는 것으로, 이 질문에 대한 정확한 답을 찾기 위해 대부분의 사람은 어제의 저녁식사와 관련되어 저장된 심상(이미지)을 탐색한다. 이러한 경향은 노인보다 젊은이의 경우에서 두드러지게 많이 나타난다. 노인과 치매 환자에게서 흔히 관찰되는 현상 중 하나는 장면에 대한 응집성 있는 심상을 저장하지 못한다는 것이다. 이는 한 장면을 특정 시간과 장소와 연결

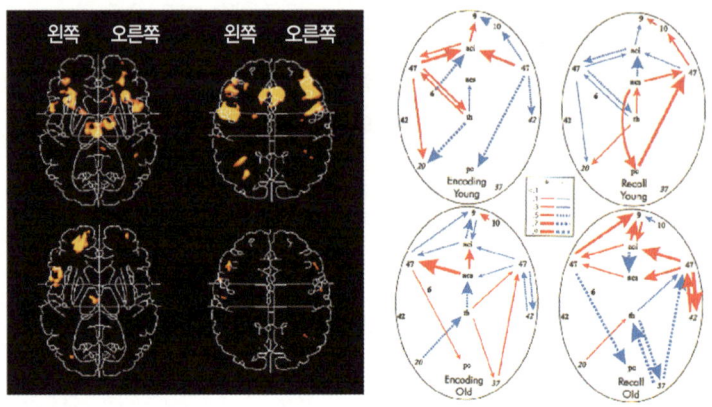

[그림 9]
노인(아래쪽)과 젊은이(위쪽)의 뇌 활성화 영역과 신경망의 비교
Cabeza 등, 1997

하는 것을 도와주는 감각적 세부사항을 부호화하지 못하기 때문이다. 그러나 "가장 좋아하는 음식은 무엇입니까?"와 같은 일상적 의미기억을 필요로 하는 질문을 받았을 때는 저장된 심상을 탐색하는 빈도가 낮았으며 노인과 젊은이 간의 심상 활용 정도에 차이가 없는 것으로 나타났다. 이러한 결과는 노인의 기억이 의미기억에서보다 일화기억에서 현저하게 저하되는 이유를 설명할 수 있다.

뇌신경망의 기능적 연결성

카베차(Cabeza)와 나이버그(Nyberg)(2000)는 기억에 관한 275개의 PET와 fMRI 연구를 개관한 결과, 다음과 같은 일관된 결과가 있음을 보고하고 있다.

(1) 주의와 작업기억은 전전두엽과 두정엽이 담당하고 있으며, 언어와 의미기억의 인출은 좌뇌의 전전두엽과 측두엽이 담당하고

있다. (2) 일화기억의 부호화 과정에는 좌뇌의 전전두엽과 내측 측두엽이 관여하는 반면, 일화기억의 인출 과정에는 전전두엽, 내측 측두엽 그리고 후중간핵(posterior midline)이 담당하고 있다. (3) 그리고 지각적 점화과정에는 선조체외(extrastriate) 영역이, 개념적 점화과정에는 전전두엽이 각각 관여하고 있으며, 절차적 기억은 운동영역과 비운동영역 모두 활성화되는 것으로 나타났다.

기억과 관련된 인지신경학적 연구는 인지심리학적 구성 개념과 이론에 의존하여 기억 유형과 상관이 높은 특정 뇌의 영역을 확인하는 뇌의 국재화 연구가 주종을 이루어왔다. 하지만 최근에는 뇌신경망의 기능적 연결성을 측정하려는 다양한 접근이 시도되고 있다.

예를 들어, 기억과 관련된 뇌영상화 연구 중에서 가장 신뢰할 만한 결과 중의 하나는 일화기억의 인출 동안 관찰되는 우측 전전두엽(RPFC)의 활성화이다. 그러나 만약 일화기억과는 상이한 인출 과제에서도 동일한 영역의 활성화가 관찰된다면, 이는 다른 뇌 영역에서의 활동이나 관련 영역과의 상호작용에서의 차이가 인출과정에 결정적인 역할을 한다는 것을 보여주는 셈이다.

맥킨토시(McIntosh)는 신경계 작동의 기능적 네트워크를 살펴보기 위해 구조방정식 모형(Structural Equation Modelling)과 부분 최소 자승화(Partial Least Square)라는 분석 방법을 적용하였다. 그 결과 단기 지연 기억 과제에서는 우반구에서 해마와 하측 전전두엽 그리고 전대상회 간의 강력한 상호작용이 발견되었으나, 장기 지연에서는 동일한 세 영역에서의 상호작용이 좌반구에서 발견되었다. 이러한 결과는 시간이 경과함에 따라 지각적 부호화에서 정교화된 부호화로의 전략 변화가 일어난다는 것을 시사한다. 뇌의 특정 영역이 여러 가지 인지 기능을 담당하기도 하지만, 각 역할은 해부학적으로 관련된 다른 영역과의 상호작용 방식에 의해 결정된다. 따라서 학습과 기억과정을 여러 하위 과정들의 역동적 조합으로 가정하고, 뇌신경망의 상호작용에 의한 창발적 속성을 지니는 과정으로 간주하는 관점이 별개의 기억체계를 가정하는 관점보다 더 설득력을 지닌다고 하겠다.

■ 더 읽을거리

이정모 외, 『인지심리학』, 학지사, 2003

Schacter, D. L., *Searching for memory: The brain, the mind, and the past*, BasicBooks, 1996

뇌는 어떻게 희로애락을 느끼는가?

김 문 수   전 남 대 학 교   심 리 학 과

서울대학교 심리학과를 졸업하고 미국 캘리포니아 대학교에서 생물심리학으로 박사학위를 받았으며 예일 대학교에서 박사후과정을 마쳤다. 현재 전남대학교 심리학과 부교수로 재직중이다. 공포 학습에 있어서 편도체가 하는 역할에 관한 논문들을 발표하였으며 「학습심리학」과 「생물심리학」 등의 번역에 참여하였다.
mkim@chonnam.chonnam.ac.kr

우리가 세상을 살아가면서 알고 싶은 것들이 많지만 그중에서도 모든 사람들이 한 번쯤은 궁금해할 의문은 자신의 마음에 관한 것일 것이다. "열 길 물 속은 알아도 한 길 사람 속은 모른다"는 속담도 있듯이 내 마음이 왜 이럴까, 왜 나는 내 마음을 다스리지 못할까 등의 생각을 해보지 않은 사람은 아마 없을 것이다. 그런데 자세히 들여다보면 이런 의문들은 주로 정서에 관한 것임을 알 수 있다. 왜 나는 그 사람이 미치도록 좋은지, 왜 나는 분노를 삭이지 못하는지, 왜 나는 갑자기 까닭도 없이 슬퍼지는지 등의 생각들이 결국은 내 마음이 왜 이럴까라는 의문으로 연결되는 것이다. 이러한 정서의 문제는 당연히 심리학의 주요 연구 주제인데, 여기서는 정서의 토대를 이루는 뇌생리학적 작용들에 대한 연구, 즉 소위 정서의 생물심리학(psychobiology of emotion)이라는 분야를 살펴볼 것이다.

연구에 동물을 이용하는 이유

우선, 정서의 뇌생리학적 토대에 관한 초기의 연구를 몇 가지 소개하는 것이 도움이 될 것이다. 그런데 먼저 짚고 넘어가야 할 점은 이 초기의 연구들이 주로 동물을 사용한 것들이라는 사실이다. 정서를 연구한다는 학자들이 왜 동물을 사용했을까? 인간이 느끼는 복잡미묘한 감정들을 동물이 느낄 수 있을 것 같지 않은데 동물을 연구하는 게 무슨 소용이 있을까? 그 이유로는 크게 두 가지를 들 수 있다.

첫째, 다윈의 진화론을 받아들이는 한에서는, 인간과 동물 사이에 연속성이 있다. 즉 인간과 동물의 어떤 능력이나 특징의 차이는 질적인 것이 아니라 양적인 것이며 이는 정서라는 측면에서도 그러하다. 요즘 많은 사람들이 애완동물을 기르는데, 자기가 기르는 동물이 아무런 감정이 없는, 단지 좀 복잡한 로봇일 뿐이라고 생각하는 주인이 있을까? 지렁이나 개구리 같은 하등동물이 '감정'을 느낀다고 보기는 힘들지만 개나 고양이 또는 침팬지 같은 동물들이 감정을 느끼지 않는다고 보기도 힘들다. 이런 동물들은 단순하고 명확한 감정들을 드러내는 행동을 하기 때문에 복잡미묘한 감정을 느끼는 인간보다 연구를 시작하는 단계에서는 훨씬 관찰하고 분석하기 쉬운 연구 대상이다.

둘째, 뇌를 연구하는 학자들이 공통적으로 맞닥뜨리는 문제는 인간의 뇌를 자기 마음대로 조작하는 일이 윤리적으로 허용될 수 없다는 사실이다. 여기서 한 가지 대안은 소위 '자연의 실험'이라는 것에 의존하는 방법이다. 즉 우연한 사고나 질병, 전쟁 등으로 인해 뇌손상을 입은 사람들이 마음이나 행동에 어떤 변화를 보이는가를 연구하는 것이다. 사실상 이런 연구들로부터 뇌에 관한 많은 사실이 밝혀졌지만, 이 방법의 문제는 자연의 실험이 정확하지 않다는 점이다. 뇌손상이 여러 사람에 걸쳐서 똑같은 부위에서 똑같은 정도로 일어나는 일은 거의 없기 때문에 뇌의 어느 부위가 어떤 역할을 하는지에 대한 명확한 결론을 내리기가 힘들 때가 많다. 따라서 두번째 대안은 동물을 대상으로 정확한 실험을 실시하는 것이다.

이런 이유들 때문에 초기의 연구들이 주로 동물을 사용했는데, 최근에는 '자연의 실험'과 동물의 사용에다가 추가로 세번째 대안이 각광을 받고 있다. 살아 있는 뇌의 활동을 보여주는 뇌영상 기법들이 급속히 발전하여 사람이 즐거움이나 공포 등을 느낄 때 뇌가 어떤 식으로 활동하는지를 볼 수 있게 된 것이다. 따라서 우리는 먼저 동물을 사용한 초기 연구를 본 후, 정서를 느끼는 살아 있는 인간의 뇌에 대한 연구 결과들을 중점적으로 살펴볼 것이다.

가짜로 화를 내는 고양이

19세기 말부터 20세기 초에 행해진 연구에서, 개의 뇌피질(뇌의 겉껍질 부분)을 제거했더니 사소한 자극에도 마치 아주 위협적인 대상을 만난 듯이 '분노' 반응을 나타내었다. 똑같은 수술을 받은 고양이들에게서도 비슷한 현상이 나타났다. 그런데 고양이에게서 피질뿐만이 아니라 그 아래에 있는 간뇌(시상과 시상하부)까지 제거하면 '정서적' 반응을 보이지 않는 것이 아닌가! 이런 연구로부터 간뇌가 정서에 중요하다는 사실이 알려지게 되었고, 피질은 간뇌에 의한 정서적 반응을 억제하는 역할을 하는 것으로 생각하게 되었다.

그후 1940년대에 와서 간뇌의 일부인 시상하부가 정서의 표현에 중요하다는 사실이 밝혀졌다. 시상하부는 비록 뇌 전체 무게의 약 0.3%밖에 차지하지 않지만 음식 섭취, 성행동, 수면, 체온 조절, 호르몬 분비 조절 등 많은 종류의 행동에 관여하는 중요한 곳이다. 이 시상하부는 또한 정서 행동에도 관여한다. 예를 들어 고양이의 시상하부의 특정 영역을 전기적으로 약하게 자극하면 이 고양이는 다른 고양이와 싸울 때처럼 이빨을 드러내고 털을 세우면서 '쉿' 하는 소리를 내고, 먹잇감을 사냥할 때와 같은 행동들을 보이기도 한다. 즉, 화가 나거나 위협에 직면했을 때 일어나는 것과 같은 공격적인 행동을 보이는 것이다. 또한 이런 정서적 행동에 수반되는 자율신경계의 반응들도 함께 일어난다. 예컨대 혈압이 올라가고 심장박동이 빨라지며 호흡도 가빠진다. 그런데 특이한 점은 이런 고양이가 나타내는 분노 반응이 어떤 특정 대상을 향한 것이 아니라는 사실이다. [그림 1]의 고양이는 시상하부에 전기자극을 받자 바로 옆에 흰 쥐가 있는데도 그 쥐를 향해서가 아니라 아무런 대상이 없는 허공에다가(또는 사진을 찍고 있는 카메라를 향해서) 공격적 반응을 보이고 있다. 또다른 흥미로운 사실은 고양이로 하여금 분노 행동을 일으키게 했던 이 전기자극이 중단되면 그 고양이는 언제 그랬느냐는 듯이 이전 상태로 돌아간다는 것이다. 그리하여 전기자극을 주는 스위치를 켜면 고양이는 분노 행동을 보이고 스위치를 끄면 그 행동을 그만두는, 마치 로봇의 행동과 같은 일이 일어난다. 우리가 정상적으로 느끼는 분노라는 감정은 일단 일어나면 쉬이 가라앉지 않는다는 사실에 비추어볼 때 시상하부를 자극받은 고양이가 보이는 이런 분노 행동은 인간의 정상적인 분노와 분명히 다르다고 할 수 있다.

이러한 고양이의 분노 행동이 특정 대상에 대하여 나타나는 것도 아니고 일단 시작하면 일정 기간 지속되는 것도 아니라는 사실은 시상하부의 자극이 진정으로 분노라는 감정을 일으키는 것은 아님을 암시한다. 따라서 시상하부의 자극으로 생겨나는 이런 분노 반응을 '허위 분노'라고 부르게 되었다.

이렇게 감정의 경험 없이 운동 반응만 일으키는 허위 분노가 존

[그림 1]
시상하부를 전기적으로 자극받은 고양이가 보이는 허위 분노. 고양이의 뇌 속에 심어진 전극과 연결된 전선을 통해 미세한 전기자극이 주어진다.
Delgado, 1981

재한다는 사실은 무엇을 의미할까? 시상하부를 자극받은 고양이는 겉으로 드러나는 분노 행동의 모든 요소를 다 나타낸다. 따라서 아마도 분노라는 감정을 운동 반응으로 표현하는 신경회로(즉 공격 행동을 관장하는 운동회로)가 시상하부 내에 또는 시상하부로부터 명령을 받는 구조들에 존재한다고 말할 수 있다.

그러면 허위 분노가 아닌, 진정한 감정으로서의 분노는 뇌의 어디에 존재하는 것일까? 이 문제는 감정의 주관적 경험이 뇌의 어디에서 일어나는가, 즉 우리가 감정이란 것을 어떻게 '의식'하게 되는가라는 문제로 연결되기 때문에 쉽게 해결될 수 있는 것이 아니다. 하지만 몇 가지 단서가 될 만한 발견들이 있는데, 그 한 가지가 편도체라는 구조에 대한 연구 결과이다. 이 구조는 시상하부로 직접 명령을 내리는 곳인데, 편도체의 어느 부위를 전기자극하면 역시 위와 같은 분노 반응이 나타난다. 시상하부를 자극한 경우와 달리 이 분노 반응은 전기자극이 끝난 후에도 상당 기간 지속된다. 이러한 차이는 분노 반응에 동반되는 감정이 편도체나 그 이전(뇌의 정보처리 단계상)의 뇌 구조들과 관련될 가능성을 제기한다. 편도체에 관한 연구들은 나중에 살펴볼 것이다.

뇌의 어느 부위가 정서적 의식을 일으키는가, 즉 감정이 뇌의 어디에서 느껴지는가에 대해서 1930년대에 파페즈(Papez)는 피질이 중요한 역할을 한다고 생각하였다. 그는 소위 '변연계'의 여러 구조들이 서로 연결되어 정서의 신경해부학적 토대가 되는 파페즈 회로를 구성한다고 제안하면서, 피질은 정서를 만들어내지는 않지만 우리가 주관적인 정서 '경험'을 하는 데 필요하다고 믿었다. 물론 파페즈 회로가 곧 정서의 토대라고 현재 곧이곧대로 받아들여지고 있지는 않지만, 그가 제안했던 피질, 특히 대상회의 중요성은 앞으로 살펴볼 바와 같이 최근의 뇌영상 기법을 사용한 연구들에서 확인되고 있다.

레버 작동에 중독된 쥐들

분노와는 반대되는 정서인 쾌락의 뇌 해부학적 기반에 대한 연구는 우연한 발견으로부터 시작되었다. 1950년대에 캐나다에 있는 맥길 대학교 심리학과의 심리학자들이 각성 상태의 조절에 관여하는 뇌 부위를 전기자극하면 학습에 어떤 영향이 있을지를 연구하고 있었다. 뇌에다 전기자극을 주려면 아주 작은 미소전극을 미리 목표 부위에 심어놓아야 하는데, 이들의 수술 기술이 그다지 좋지 못했던지 미소전극은 목표 부위와는 다른 엉뚱한 곳에 심어져버렸다. 물론 그 사실을 모르는 상태에서 이 연구자들은 수술에서 회복된 쥐를 가지고 전기자극이 제대로 주어지는지를 시험해보기 위해 쥐를 탁자 위에 두고서 스위치를 켰다 껐다를 반복했다. 그랬더니 쥐가 이상한 행동을 보이기 시작했다. 쥐는 연구자가 스위치를 켠 순간에 자신이 있었던 탁자 위의 위치로 돌아가서 그 주위를 탐색하곤 하는 것이었다. 마치 그곳에 무언가 좋은 것이 있는 것처럼.

이를 본 연구자들은 실험장치를 수정하여 쥐 스스로가 직접 스위치를 누를 수 있도록 만들었다. 즉 쥐가 레버를 누르면 자기 자신의 뇌 속에 미약한 전기자극이 잠시 동안 가해지게 한 것이었다. 그러자 놀라운 일이 일어났다. 레버를 누르면 자신의 뇌에 전기자극이 주어지는 것을 경험한 쥐들은 열심히 레버를 누르기 시작했던 것이다. 어떤 쥐는 한 시간에 2천 번이나 레버를 눌러대다가 몇 시간 후에 지쳐 쓰러지기도 했다. 한 실험에서는 뇌 전기자극을 받을 수 있는 레버 옆에 다른 레버를 설치하여 이것을 누르면 먹이가 나오게 해두었다. 그리고는 굶주린 쥐를 실험상자에 넣었더니 이 쥐는 배가 고픈데도 '먹이 레버' 보다는 '전기자극 레버'를 누르는 게 아닌가? 마치 굶어죽더라도 전기자극부터 받고 보자는 것처럼. 후속 실험들에서는 쥐가 발바닥에 주어지는 강한 전기쇼크를 감내하면서까지 레버를 눌러 자신의 뇌 속에 전기자극을 받으려고도 했고, 심지어 어미 쥐들이 새끼를 돌보는 일조차 팽개치고 레버 누르기에 매달리기도 했다.

이 연구 결과들이 무엇을 의미할까? 만약 뇌 속에 주어지는 약한 전기자극이 우리가 감전되었을 때처럼 고통스럽거나 기분 나쁜 것이라면 쥐들은 당연히 레버를 누르지 않을 것이다. 레버를 열심히 눌렀다는 사실은 뇌 전기자극이 최소한 그런 기분 나쁜 상태를 일으키지는 않는다는 것을 의미한다. 그렇다면 그 쥐들은 무엇을 느꼈던 것일까? 그야 알 도리가 없지만, 쥐들의 행동을 보고 추론할 수 있는 것은 그런 전기자극이 자기 새끼들이나 배고픔을 잊을 만큼 더 좋은, 그리고 전기쇼크를 감내하면서까지 받으려 할 만큼 극도로 좋은 어떤 내적인 상태(왜냐하면 레버를 눌러도 쥐의 외부에서는 아무런 일도 일어나지 않으니까)를 일으켰다는 것이다. 인간에게 음식이나 자식들보다 좋고 전기쇼크라는 대가를 치르고도 얻기를 바랄 만큼 좋은 게 무엇이 있을까? 마약이나 성적인 쾌락 같은 것일까?

학자들은 쥐에게서 위와 같은 행동을 일으키는 뇌의 부위들이 아마도 즐거움의 감정과 관련된 곳일 것으로 생각하여 거기에 '쾌락중추' 또는 '보상중추'라는 이름을 붙였다. 나중의 연구들에서는 이 쾌락중추의 주요 구조가 뇌의 중심부 앞쪽 깊숙한 곳에 있는 측핵이라는 작은 부위이며, 대부분의 마약들은 이 구조를 자극함으로써 그 효과를 발휘한다는 사실이 밝혀졌다. 그리고 쥐들이 레버를 누를 때마다 이곳에 전기자극 대신에 마약이 조금씩 투여되도록 하면 마찬가지로 지쳐 쓰러질 때까지 레버를 누른다는 사실이 밝혀졌다. 측핵이라는 구조가 쾌감이라는 감정이 발생하는 곳인지는 알 수 없으나 우리가 쾌감을 느끼는 데 어떤 식으로든 중요한 역할을 한다는 것은 분명해 보인다.

후속 연구들에서는 쥐들이 전기자극 받기를 꺼리는 뇌 부위들도 발견되었는데, 학자들은 여기에는 '처벌중추'라는 이름을 붙였다. 쥐가 인간과 똑같은 쾌락과 고통을 느끼는지는 알 수 없지만, 쥐들이 보이는 위의 행동들이 인간의 쾌와 불쾌에 해당한다고 보는 것이 심한 억지일까?

인간의 감정은 몇 가지인가?

정서의 신경생물학적 기반에 관한 연구는 여러 가지 연구 방법의 개발에 따라, 특히 뇌영상 기법의 눈부신 발전에 힘입어 최근에 와서 폭발적으로 늘어났다. 하지만 많은 연구 결과를 하나의 큰 틀로 일관성 있게 정리할 만한 통합적인 이론은 아직 제안되지 않고 있다. 현재까지 축적된 연구 결과만 하더라도 이 지면에서 요약하기에는 너무나 많다. 게다가 서로 꼭 일치하지 않는 결과들도 상당수 있기 때문에 여기서는 흥미롭고 대표적인 연구들 몇 가지만 소개하여 이 분야의 연구가 어떤 식으로 진행되며 어떤 뇌 부위들이 중요하게 떠오르고 있는지를 보여주고자 한다. 그리고 우리의 관심이 인간의 정서에 대한 것이므로 동물 연구는 특별한 경우 외에는 언급하지 않을 것이다.

우리는 감정을 몇 가지나 느낄 수 있을까? 정서에 관한 심리학적 연구에서 많이 논의되어온 것은 인간이 느끼는 기본 정서가 무엇이며 몇 가지인가라는 문제이다. 여러 가지 이론이 있지만 현재 대략 행복감, 슬픔, 공포, 분노 그리고 혐오의 다섯 가지가 기본 정서라고 생각하는 사람들이 많다. 그리고 이런 기본 정서들이 적절히 조합되어 미움, 질투, 애증 등의 복잡하고 미묘한 감정들을 인간이 느끼게 된다고들 추측한다. 그런데 그런 복잡미묘한 감정들은 그것을 유발하는 상황이 복잡하고 통제하기 힘들기 때문에 실험실에서 연구하기가 어렵다. 따라서 정서와 뇌에 관심이 있는 일반인들에게는 실망스러운 일이겠지만, 현재로는 내 마음이 왜 그렇게 복잡하게 꼬이는 것일까라는 물음에 시원한 답을 줄 수 있는 연구는 존재하지 않는다. 정서와 뇌 사이의 관계에 대한 연구는 아직도 기본 정서들의 신경생물학적 기반을 밝히려는 초기 단계에 머물고 있다. 그렇지만 이런 초기 단계에서도 흥미로운 결과들이 얻어지고 있다.

사랑에 빠진 뇌

우리는 여러 가지 이유로 행복감을 느낄 수 있다. 맛있는 음식을 먹을 때, 가까운 친구들과 웃고 떠들며 놀 때, 좋아하는 음악을 들을 때, 온갖 난관을 극복하고 목표를 성취했을 때, 누군가와 사랑에 빠질 때, 그리고 성행동에 몰입할 때 등 여러 가지 경우가 우리를 행복하게 할 수 있다. 그리고 그만큼 행복감이란 정서에 대한 연구도 다양한 방식으로 이루어지고 있다. 우리는 그런 연구들 중에서 낭만적 사랑에 빠져 있을 때, 성적 흥분을 느낄 때 그리고 유머나 농담을 접하고 웃을 때 사람 뇌의 어느 부위가 활동하는지를 연구한 결과들을 살펴볼 것이다.

아마도 뇌와 정서에 관하여 사람들이 가장 알고 싶어하는 것 중의 하나는 사람이 사랑에 빠질 때 뇌에서는 무슨 일이 일어나는가일 것이다. 영국 유니버시티 칼리지 런던의 인지신경학과의 연구자들은 깊은 사랑에 빠져 있는 사람들이 애인의 사진을 볼 때 뇌의 활동이 어떠한가를 기능적 자기공명영상(fMRI)으로 찍었다. 이 연구에서는 17명의 참가자들에게 각자 애인의 사진과 그 애인과 비슷한 나이의, 그리고 사귄 기간도 비슷한 세 명의 동성 친구들의 사진을 한 장씩 보여주면서 편안한 상태에서 그 사람에 대하여 생각을 하도록 하였다. 참가자들이 사진을 보며 생각하는 동안 fMRI 스캔을 행하였고, 그후에 애인과 친구들의 사진을 볼 때 사랑의 감정이 얼마나 강하게 느껴지는지를 9점 척도상에서 평정하게 하였다. 이 평정 결과, 애인에 대한 사랑의 감정은 평균 7.46점이 기록된 반면, 친구들에 대하여는 3.2점이 기록되었다.

이 연구에서 단순히 애인의 사진만을 보게 하지 않고 애인과 친구들의 사진을 모두 사용한 이유는 단순히 친밀감이나 얼굴 자극 등에 의한 뇌의 활성화가 아니라 사랑이라는 특별한 감정이 일어날 때의 뇌의 활동을 보기 위해서였다. 즉 낯선 사람들의 사진은 친밀감도, 적대감도 일으키지 않을 것이고, 잘 아는 친구들의 사진은 우정 또는 친밀감을 일으킬 것이며, 애인의 사진은 우정 또는 친밀감에 더하여 사랑의 감정까지 일으킬 것이다. 따라서 애인의 사진을 볼 때의 뇌 활성화 정도에서 친구들의 사진을 볼 때의 뇌 활성화 정도를 빼면 사랑의 감정에만 특별히 관여하는 뇌 부위들이 발견될 것이라는 것이 이 연구의 논리이다.

fMRI 스캔 결과 [그림 2]에서 보는 바와 같이 사랑의 감정을 느낄 때에는 내측 도(島), 전측 대상피질 그리고 미상핵과 피각 등의 활동이 증가하였다. 이와 대조적으로 [그림 3]에서 보는 바와 같이 우반구의 후측 대상피질과 편도체 그리고 전전두피질 일부의 활동은 오히려 감소하였다.

이러한 여러 가지 부위들 각각이 사랑의 감정을 느끼는 데 있어서 어떤 역할을 하는지를 알 수 있다면 좋겠지만 현재로는 그렇게 딱 부러지게 말하기는 힘들다. 다만 어느 정도 자신 있게 이야기할 수 있는 것은 사랑의 감정을 느낄 때 이런 부위들로 이루어진 일종의 '회로'가 활성화된다는 것이다. 즉, 뇌에서 사랑이라는 감정을 담당하는 어느 한 부위가 존재하는 것은 아니다. 그보다는 한 기능의 수행에는 여러 뇌 부위들이 관여하는 것이 일반적인 원리이며, 사랑의 감정을 느끼는 것도 이런 원리의 예외는 아니다.

그렇지만 알려진 뇌 구조들 각각의 기능에 비추어 이 부위들이 사랑의 감정에서 어떤 역할을 하고 있을지에 관한 추측을 하는 것은 가능하다. 예를 들어 미상핵과 피각은 운동 조절에 관여하는 구조들인데, 사랑을 느낄 때 이 구조들이 활성화된다는 사실은 무엇을 의미할까? 이 연구의 참가자들은 fMRI 스캔을 하는 동안 가능한 한 움직이지 않고 누워 있었기 때문에 사랑의 감정을 경험하면서 실제로 어떤 운동을 한 것은 아닐 것이다. 그렇다면 왜 운동에 관여하는 구조가 활동했을까? 한 가지 가능성은 참가자들이 애인과 관련된 '운동 심상'을 떠올렸기 때문일 수 있다. 즉 애인의 사진을 보면서 애인과 키스를 한다거나 춤을 추는 등의 기억을 떠올리거나 상상을 했을 수 있고, 그것이 실제 운동은 아닐지라도 운동 관련 구조를 활성화시켰을 수 있다는 것이다. 우리가 실제로 운동으로 표현되지는 않더라도 어떤 운동을 하겠다는 운동 계획을 머릿속으로 생각하면 운동에 관여하는 피질 부위가 활성화된다는 증거도 이미 있는 터이다. 이것이 비록 재미있는 가능성이긴 하지만 다른 연구

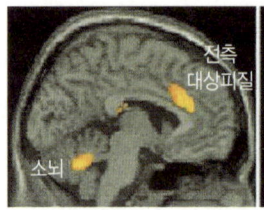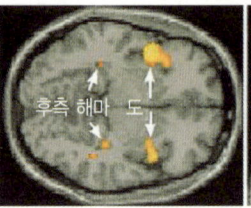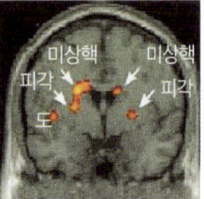

[그림 2]
친구들의 사진을 볼 때에 비교하여 애인의 사진을 볼 때에 활동이 증가하는 뇌 부위. 왼쪽 사진은 앞뒤 축으로 자른 정중면, 가운데 사진은 위에서 본 수평면, 그리고 오른쪽 사진은 앞에서 본 정면의 모습이다.
Bartels & Zeki, 2000

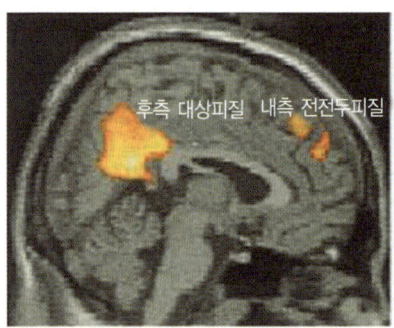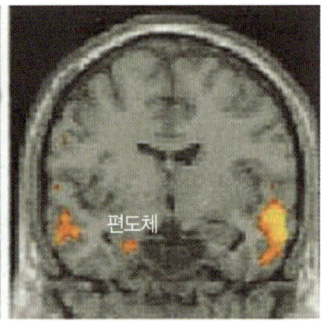

[그림 3]
친구들의 사진을 볼 때에 비교하여 애인의 사진을 볼 때에 활동이 감소하는 뇌 부위.
Bartels & Zeki, 2000

결과들은 그럴 가능성이 별로 없음을 시사한다. 실제로 운동 심상의 문제를 직접 다룬 연구들에서 이런 구조들이 운동 심상을 떠올릴 때 활성화되지는 않는다는 것이 밝혀졌기 때문이다. 따라서 어쩌면 지금까지 운동 조절에만 관여하는 것으로 생각되어온 이런 구조들이 정서적 정보처리에도 어떤 역할을 하는 것일지도 모른다. 사실 뇌의 어느 한 부위가 딱 하나의 기능만을 하는 경우는 별로 없다. 대개의 구조들은 여러 가지 역할을 동시에 수행하고 있으며, 위의 연구 결과도 그런 경우에 해당하는 것일 수 있다.

위의 연구에서 흥미로운 결과 두 가지만 더 살펴보자. 우선, 편도체의 활동이 감소했다는 결과는 편도체가 정서, 특히 공포 등의 부정적 정서의 습득과 표현에 중요하다는 사실에 비추어볼 때 당연한 것이다. 사랑의 감정을 경험할 때는 부정적 정서가 없을 것이기 때문이다. 그렇지만 이 연구에서 친구들의 사진을 볼 때와 애인의 사진을 볼 때를 비교했다는 점을 생각하면, 해석이 그렇게 단순하지만은 않을 수도 있다. 위의 결과는 편도체의 활동이 친구들의 사진을 볼 때보다 애인의 사진을 볼 때 더 낮아졌기 때문에 얻어진 것인데, 그렇다면 이는 친구들의 사진을 볼 때 부정적인 정서가 더 많이 느껴졌다는 말일까? 참가자들이 본 것은 친밀한 친구들의 사진이었기 때문에 친밀한 친구들이 부정적인 정서를 일으켰나고 해석하기에는 무리가 있을 것이다. 그보다는 애인의 사진에서는 친구들의 사진에서 느낄 수 없었던 일종의 안정감 또는 행복감이 편도체의 활동을 평소의 수준 이하로 떨어뜨렸기 때문이라는 해석이 더 그럴듯해 보인다.

또다른 흥미로운 결과는 사랑을 느낄 때 대상피질(뇌량 주위를 띠 모양으로 둘러싸고 있다는 의미에서 대상피질이라 불린다)의 전측부의 활동이 증가하고 후측부의 활동이 감소했다는 것이다. 위에서 파페즈가 정서를 주관적으로 경험하는 데에는 피질의 활동이 필요하다고 제안했던 것이 기억나는가? 어쩌면 그가 옳았을지도 모른다. 이 연구에서 활동의 변화를 보인 여러 뇌 부위들 가운데 우리가 사랑의 감정을 주관적으로 느끼는 데 직접 관여하는 것은 이 대상피질일 수도 있지 않을까?

포르노 비디오를 볼 때

행복감 또는 쾌감에 대한 연구에서 빠질 수 없는 것이 성과 관련된 감정일 것이다. 성이 인간 생활에서 차지하는 중요성이 큰 만큼 그에 대한 연구가 활발하며, 말초적 성반응의 생리학적인 면은 상당히 자세히 밝혀져 있다. 그렇지만 뇌가 성기능을 조절하는 주요 기관임에도 불구하고 인간의 성적 반응과 뇌의 활동 사이의 관계에 대해서는 알려진 바가 적다. 최근에 뇌영상 기법의 발달에 힘입어 남성의 성적 반응과 뇌 활동에 대한 연구들이 보고되고 있는데, 그 중의 하나를 살펴보자.

미국 스탠퍼드 대학교의 정신의학 및 행동과학학과의 연구자들은 18세에서 30세 사이의 남성들에게 세 종류의 비디오를 보여주면서 fMRI 스캔을 하였다. 비디오는 사람을 흥분시키지 않는 편안한 장면들, 스포츠 하이라이트, 성적 흥분을 유발하는 포르노의 일부였다. 이런 비디오를 보는 도중에 참가자들이 나타내는 음경 팽창의 정도가 성적 흥분의 측정치로 사용되었다(주로 성적 반응 연구에 남성이 참가하는 이유가 여기에 있다. 성적 반응을 측정하기가 여성에 비하여 쉽기 때문이다). 스포츠 하이라이트는 흥분을 유발하지만 성적인 종류의 흥분은 아닐 것이므로 포르노에 의해 유발되는 뇌 활동에서 스포츠 하이라이트에 의해 유발되는 뇌 활동을 빼면 성적 흥분에만 주로 관련된 뇌의 영역들이 밝혀질 것이다. 이런 방식으로 연구한 결과, 음경이 많이 팽창될수록 활성화가 높아진 뇌 부위들은 [그림 4]에서 보는 바와 같이 우반구에서는 도와 도의 하부, 중측두회와 중후두회, 감각운동영역들, 시상하부, 좌반구에서는 미상핵과 피각 그리고 양반구의 대상피질임이 밝혀졌다.

이 연구에서 특히 현저하게 활성화된 부위는 우반구의 도와 그 아래쪽 부분인데, 이 부위는 남성의 성적 흥분을 다룬 다른 연구들에서도 활성화된 것으로 나타났다. 도는 우리가 위에서 살펴본 사랑의 감정과 연관하여 활성화된 부위이기도 하다. 도 주위가 활성화되는 것이 무엇을 의미할까? 도는 운동, 언어, 미각 및 평형감각 등 여러 가지 기능과 관련되어 있으며, 이차 체감각피질(신체에 가해지는 촉각, 통각 등을 감각하는 영역)과 가까운 곳에 위치해 있다. 도가 체감각 정보에도 관여한다는 증거를 토대로, 연구자들은 도 부위의 활성화가 참가자들이 자신의 음경의 발기를 인식하는 것을 반영하는 것일 수 있다고 해석하고 있다.

또다른 가능성은 우반구의 도가 서로 다른 감각 양식들 사이에 정보를 전이(轉移)시키는 데 중요한 역할을 한다는 사실에서 나온다. 예컨대 눈으로 본 물건을 나중에 손으로 만져보고서 알아맞히는 과제를 제대로 하려면 지금 만져보고 있는 물건에서부터 주어지는 촉각적 정보가 이전에 눈을 통해 들어온 시각적 정보와 비교될 수 있어야 한다. 즉 어느 한 종류의 정보가 다른 종류의 정보와 같은 양식으로 변화되어야 한다는 것이다. 이를 '교차 감각 대응(cross-modal matching)'이라고 하는데, 이러한 과제에 우반구의 도 부위가 관여한다. 따라서 위의 연구자들은 도의 활성화가 포르노 비디오의 시각적 자극이 촉각적 자극으로 전이되는 것을 반영하는 것일지도 모른다고 시사하였다. 쉽게 말하면 포르노의 성행위 장면들을 본 참가자들이 자신이 그런 성행위에 몰입한 것처럼 상상을 하고 있다면 시각적 정보가 촉각적 정보로 전이되고 있을 것이고 이러한 과정이 도에서 일어나는 것일 수 있다는 이야기이다.

앞서 사랑의 감정을 경험할 때 활성화되었던 전측 대상피질이 이 연구에서도 역시 활성화되었다. 위에서 우리는 대상피질이 사랑의

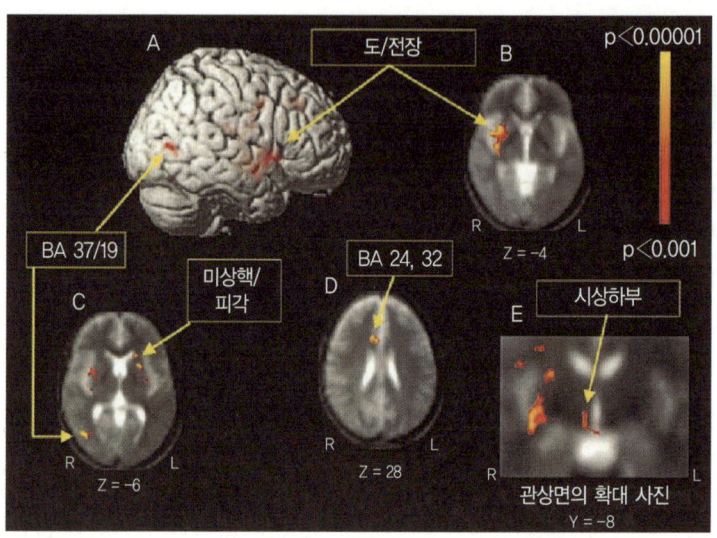

[그림 4]
음경 팽창과 관련되어 활성화되는 뇌 부위들. 노란색에 가까울수록 음경 팽창과의 관련성이 높다.
Arnow 등, 2002

감정을 주관적으로 경험하는 데 관여할 가능성을 이야기했었는데, 사실 그것은 너무나 단순한 생각일 수 있다. 성적 흥분을 느낄 때도 이 부위가 활동한다는 사실은 곧 이 부위가 사랑이라는 감정의 경험에만 관여하는 것은 아님을 보여준다. 그보다는, 전측 대상피질이 주의과정에 관여한다는 다른 연구 결과들을 고려하면 위의 두 연구에서 애인의 사진이나 포르노 비디오가 다른 자극들보다 훨씬 더 주의를 끄는 것들이었기 때문에 대상피질의 활성화가 나타난 것일 가능성도 있는 것이다.

시상하부는 많은 동물 연구에서 성적 반응에 중요한 역할을 한다는 사실이 밝혀져 있으므로 이 연구에서 시상하부가 활성화되었다는 것은 당연히 예상할 수 있는 결과이다.

즐거운 감정과 웃음은 다른 것

우리가 즐거울 때 하는 전형적인 행동은 웃는 것이다. 따라서 웃을 때 어떤 뇌 부위들이 활성화되는지를 보면 행복감에 관여하는 뇌 부위를 찾을 수 있을 것이다. 실제 연구에서는 웃음을 유도하기 위해 여러 가지 방법을 사용하는데, 예를 들어 일본 오사카 대학의 연구자들은 영국의 코미디 배우 '미스터 빈'이 나오는 우스운 장면을 보여주면서 참가자들의 뇌의 활동을 뇌영상 기법으로 찍었다. 그리고 정말로 우스워서 웃는 웃음이 아닌, 웃을 때의 얼굴 표정만 똑같이 흉내내도록 한 경우의 뇌의 활동도 찍어서 두 경우를 비교하였다. 그랬더니 즐거움의 감정은 없이 웃을 때의 운동 반응만을 하게 한 후자의 경우, 좌반구의 일차 운동피질과 양반구의 보조 운동피질에서 얼굴 근육을 지배하는 영역들이 활성화되었다. 만면에 즐거워서 웃은 경우에는 시각 연합영역, 좌반구의 전측 측두피질 그리고 안와전두피질과 내측 전전두피질이 활성화되었다.

우울증이나 공포, 분노 등의 부정적 정서에 대한 연구는 과거부

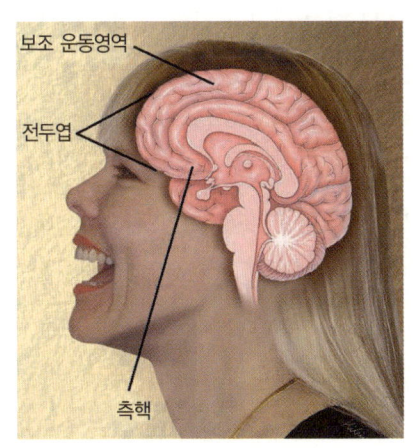

[그림 5]
즐거워서 웃을 때에 활동하는 뇌 부위들

터 많이 이루어져왔지만 위와 같은 웃음이나 유머의 이해과정에 관한 연구는 최근에 와서야 시작되었다. 소수이지만 그러한 연구들에서 밝혀진 바는 대략 다음과 같이 요약할 수 있다. 정상적인 웃음이 나오려면 세 가지 요소가 충족되어야 한다. 첫째, 그 상황이나 유머를 이해해야 하므로 인지적 사고가 필요하다. 둘째, 실제로 웃으려면 얼굴 근육이 움직여야 한다. 그리고 마지막으로, 웃음이 자연스럽게 나오게 하는 즐거운 감정이 느껴져야 한다. 이에 따라 웃음과 관련된 뇌 부위들도 인지, 운동 그리고 정서의 세 요소들을 각각 담당하는 부위로 나눌 수 있다. 즉 전두엽의 일부 영역들은 인지적 처리에 중요하고, 보조 운동영역은 웃는 운동에 중요하며, 측핵은 즐거운 감정과 연관된다. 이 세 부위의 대략적인 위치가 〔그림 5〕에 나타나 있다.

　전두엽이 하는 여러 기능들 중 중요한 것 한 가지는 주어진 정보를 일정 시간 동안 마음속에 '붙들고' 있는 것이다. 우리가 정상적인 대화를 하기 위해서는 상대가 무슨 이야기를 했는지, 그리고 내가 어떤 반응을 했는지 등 현재 이어지고 있는 대화의 내용을 계속 의식하고 있어야 한다. 상대방이 무슨 질문을 했는지, 내가 방금 무슨 말을 했는지를 기억하지 못한다면 동문서답만을 하다가 대화가 중단되고 말 것이다. 이렇게 현재 상황에 관련된 정보를 잠시 동안 머릿속에 저장하는 기능을 '작업기억'이라고 하는데, 전두엽이 여기에 중요한 역할을 한다는 사실이 알려져 있다. 유머나 농담은 대개 이야기가 정상적으로 진행되다가 끝날 때쯤에 일반적으로 기대되는 바와는 다른 엉뚱한 말 또는 장면으로 마무리를 지음으로써 웃음을 유발한다. 따라서 유머나 농담을 제대로 이해하기 위해서는 이야기가 마무리되기 전까지 나왔던 내용을 모두 기억하고 있어야 한다. 웃음과 관련된 뇌 부위들로서 전두엽이 활성화된다는 사실은 작업기억이 작동하고 있음을 반영하는 것일 수 있다.

보조 운동영역은 실제 근육을 어떤 식으로 움직이라는 명령을 내리는 일차 운동피질보다 한 단계 선행하는 부위이다. 따라서 보조 운동영역에서는 어떤 운동을 할 것인지에 대한 일종의 운동 계획이 세워진다고 할 수 있고 그 계획이 일차 운동영역으로 전달되면 실제 운동이 일어나게 되는 것이다. 웃음과 관련하여 보조 운동영역이 활성화되는 것은 즐거움의 표현과 관련된 얼굴 근육 움직임에 대한 계획을 반영하는 것일 수 있다.

측핵은 위에서 살펴본 동물 연구에서 쾌락중추의 중심부로 이미 언급되었던 구조로서, 즐거운 감정의 유발에 이 구조가 관여한다는 것은 쉽사리 예상할 수 있는 일이다. 이 세 구조를 포함하는 아주 단순한 '웃음 회로'를 상상해보자면, 유머나 농담의 내용이 전두엽에서 인지적으로 처리된 후에 측핵을 자극하게 되면 즐거운 감정이 발생하게 되고 그에 따라 보조 운동영역에서 얼굴 근육의 움직임이 계획되어 마침내 웃음이 유발되게 된다고 생각할 수 있다.

그런데, 위에서 고양이의 시상하부의 특정 영역을 자극하여 허위 분노를 유발시킨 연구를 언급하였었다. 공격성의 표현을 관장하는 뇌 회로와 공격성으로 표현되는 분노라는 감정에 관여하는 뇌 회로가 어느 정도 독립적으로 존재하는 것처럼, 웃음의 경우에도 웃는 반응을 관장하는 뇌 회로가 반드시 즐거운 감정을 경험하는 데 관여하는 뇌 회로는 아닐 수 있다. 이는 병적인 웃음을 웃는 장애의 존재로부터 알 수 있다. 이 병을 가진 사람들은 아무 이유 없이, 또는 다른 사람에게는 전혀 우스운 것이 아닌 자극에 웃음을 시작하여 잘 멈추지 못하는 증상을 보인다. 극단적인 경우, 20년 동안 웃음을 멈추지 못한 환자의 사례도 보고되고 있다. 어떤 경우에는 통제 불가능한 울음이, 또는 웃음과 울음이 번갈아 나올 수도 있다. 이는 정서의 주관적 경험과 정서 표현을 담당하는 뇌 부위가 일치하지 않음을 보여준다.

웃을 때와 아주 다르게 슬퍼하는 뇌

행복감을 긍정적 정서라고 할 때, 이제는 그와 대립되는 다른 정서들, 즉 슬픔, 혐오, 공포, 분노 등의 부정적 정서에 관여하는 뇌 부위들을 살펴보자.

우리의 정서가 정말로 뇌의 어느 부위가 활동하는가에 좌우된다면, 슬픔을 느낄 때 활동하는 부위들은 위에서 본 행복감을 느낄 때 활동하는 부위들과 달라야 할 것이다. 행복감과 슬픔을 느낄 때의 뇌 활동을 비교한 한 연구를 살펴보자. 건강한 여성들로 하여금 자신의 삶에서 행복했던 일과 슬펐던 일, 그리고 감정을 일으키지 않는 중성적인 일들을 생각하게 하였다. 그리고 참가자들이 과거 기

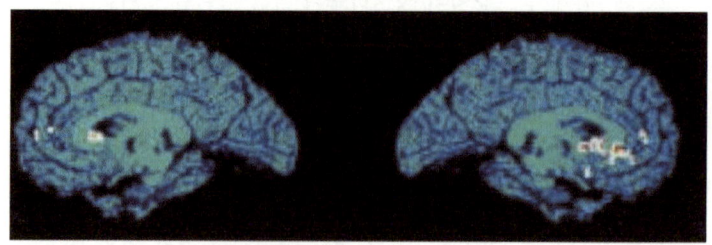

[그림 6]
건강한 여성들이 슬픈 기억을 회상하여 슬픈 감정을 느낄 때 활동이 증가한 부위들의 일부. 왼쪽 사진은 우반구를 보여주며 왼쪽이 이마 방향이고, 오른쪽 사진은 좌반구를 보여주며 오른쪽이 이마 방향이다.
George 등, 1995

생각상자

진짜 웃음과 가짜 웃음

우리는 우리의 감정을 항상 있는 그대로 드러내지는 않는다. 웃고 싶지 않을 때 웃거나 화가 나지만 태연한 척해야 할 때도 있다. 정서를 나타내는 얼굴 표정을 우리 마음대로 통제하고 있는 것이다. 그러나 사실은 얼굴 표정이 완전히 우리 의지대로 되는 것은 아니다.

미소를 지을 때의 근육 움직임을 연구한 결과에 따르면, 얼굴 표정에 중요한 요소인 입의 모양을 통제하는 근육인 대관골근은 수의적으로 통제가 되지만, 눈 주위의 안륜근은 수의적으로 통제할 수가 없다. 그래서 진정으로 즐거워서 웃을 땐 대관골근과 안륜근이 함께 움직여서 눈과 입이 모두 웃고 있게 되지만 '가짜' 웃음을 웃을 땐 입만 움직일 뿐 눈은 '웃고' 있지 않게 되는 것이다.

이는 정서와 관련된 얼굴 움직임을 통제하는 뇌 영역이 수의적 얼굴 움직임을 통제하는 뇌 영역과 다를 수 있음을 시사한다. 이를 지지하는 또다른 현상이 있다. 뇌일혈로 인해 좌반구의 운동피질이 손상될 경우, 좌반구가 통제하는 신체의 오른쪽 절반이 마비된다. 얼굴의 오른쪽 절반도 함께 마비되는 경우가 있는데, 이때는 입술이 정상적으로 움직이는 왼쪽 방향으로 당겨지면서 얼굴 좌우가 비대칭적인 모습을 보이게 된다. 이런 사람에게 이빨이 보이도록 입을 벌려보라고 하면 입술 왼쪽 부분만이 벌려져서 얼굴의 비대칭성이 더 심해진다. 그런데 농담을 듣고 저절로 웃음이 나올 때는 전혀 다른 일이 일어난다. 즉 얼굴 양쪽이 다 정상적으로 움직이면서 자연스럽게 웃는 얼굴 표정을 짓는 것이다. 얼굴 근육을 마음대로 움직일 수는 없어도 정서적 표현은 정상적일 수 있다는 이야기다.

그러면 정서와 관련된 얼굴 움직임을 통제하는 부위는 어디일까? 좌반구의 전측 대상회가 손상되면 얼굴 움직임에 있어서 앞서와 정반대의 일이 일어난다. 정서적인 얼굴 표정을 지을 땐 오른쪽 부분이 잘 움직이지 않아서 얼굴 좌우가 비대칭적으로 되는 반면에 얼굴 근육을 수의적으로 움직이려고 하면 정상적인 움직임이 나오는 것이다. 내측 측두엽에 있는 변연피질들이나 기저핵이 손상되어도 비슷한 현상이 나타나는데, 이를 정서적 안면마비라고 한다.

억들을 떠올려 그 당시의 감정을 느끼는 동안 뇌의 활동을 PET 스캔으로 찍었다. 그 결과 참가자들이 슬픈 감정을 느낄 때에는 변연계와 그 주변의 넓은 부위, 즉 우반구의 내측 전전두피질, 좌반구의 배외측 전전두피질과 도, 양반구의 전측 대상회, 미상핵과 피각 그리고 시상 등의 활동이 증가하였다([그림 6] 참조).

우울증 환자들 중에는 내측 전전두피질의 활동이 저하되어 있는 사람들이 많다는 사실은 이 연구 결과와 상충되는 것으로 보인다. 하지만 이 연구자들은 항상 슬픔 또는 우울함을 심하게 느끼게 되면 그에 대한 반동으로 내측 전전두피질의 활동이 정상 이하로 감소될 수 있다고 제안한다.

슬픔과는 대조적으로 참가자들이 행복감을 느낄 때에는 양반구의 측두-두정피질과 우반구의 전두피질의 활동이 오히려 감소하였다. 이러한 결과는 사람들이 모르핀이나 코카인 등의 마약을 하여 쾌감을 느낄 때 전전두피질과 측두-두정피질의 활동이 급감한다는 사실과 일관되는 것이다. 여러 연구들을 종합해보면, 행복감을 느낄 때와 슬픔을 느낄 때 뇌의 활동은 확연히 다르다는 사실을 알 수 있다.

행복감과 슬픔은 서로 대립되는 정서라서 각각에 관여하는 뇌 부위들이 다르다는 것이 당연한 일로 생각될 수 있다. 그런데 부정적인 정서의 범주에 들 수 있는 다른 정서들, 즉 혐오, 분노 그리고 공포는 어떨까? 이들 정서를 담당하는 뇌 부위들은 서로 얼마나 다를까? 공포라는 정서는 다른 어떤 정서보다도 그 신경생리학적 기반에 대한 연구가 많이 되어 있기 때문에 나중에 따로 중점적으로 다루기로 하고, 여기서는 나머지 정서들에 대한 연구 몇 가지만 소개하기로 하자.

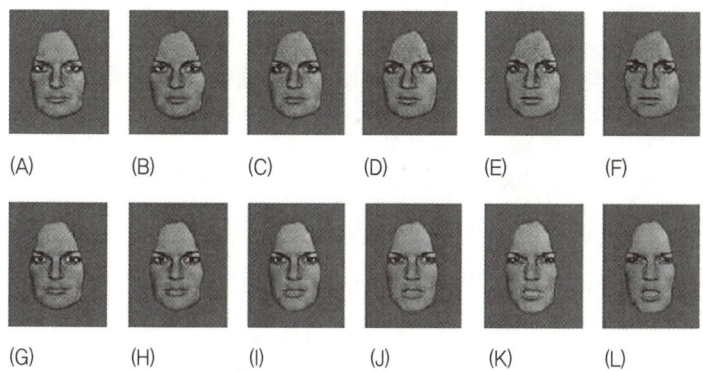

[그림 7]
A부터 F까지는 슬픈 표정을, G부터 L까지는 화난 표정을 나타낸다. 두 경우 모두 동일한 얼굴 표정(A와 G)을 가지고 시작하여 제일 강한 정서 표현을 나타내는 얼굴(F와 L)까지의 사이에 컴퓨터 모핑 기법을 사용하여 20, 40, 60 그리고 80%의 정서 표현을 나타내도록 얼굴 표정을 조작하였다. 사람들은 대부분 40%의 강도 수준까지 조작한 얼굴 표정들(A, B, C 그리고 G, H, I)은 중성적인 것으로, 60% 이상의 강도 수준으로 조작한 얼굴 표정들은 각각 슬픈 것과 화난 것으로 지각한다. 얼굴 표징이 아닌 자극의 효과를 제거하기 위해 머리카락을 지워버린 모습을 사용하였다.
Blair 등, 1999

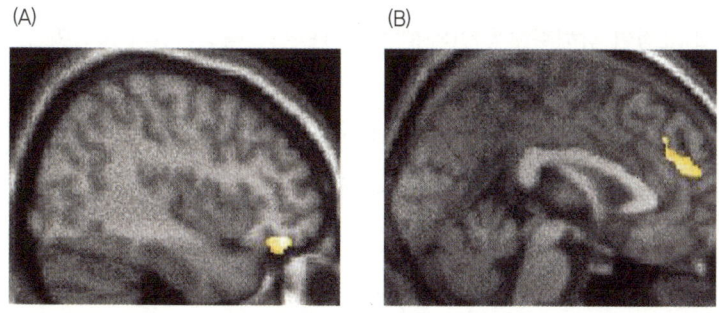

[그림 8]
화가 난 얼굴 표정을 볼 때 활성화되는 뇌 부위. (A)는 우반구의 안와전두피질 부위의 활성화를 (B)는 전측 대상피질 부위의 활성화를 보여주고 있다. 뇌 절단면으로 오른쪽이 이마 방향.
Blair 등, 1999

슬픔과 분노를 담당하는 뇌 부위들에 대한 한 연구에서는 인간의 얼굴 표정을 자극으로 사용하였다. 얼굴 표정은 사람들에게서 정서를 일으키는 아주 확실한 방법 중의 하나이기 때문에 이런 종류의 연구에서 많이 사용된다. 연구자들은 〔그림 7〕에서 보는 바와 같이 슬픔과 분노를 여러 가지 수준으로 조작한 얼굴 자극들을 참가자들에게 보여주면서 그 얼굴이 남자인지 여자인지를 판단하게 하였다. 참가자들이 성별 판단 과제를 하는 것은 겉보기 문제로 실지로 목표는 얼굴 표정을 보여주고 자동적이고 자연스럽게 감정을 유발시키려는 것이다. 참가자들이 얼굴 자극들에 대한 성별 판단을 내리는 동안 뇌의 활동을 PET 스캔으로 찍었다.

그 결과, 좌반구의 편도체와 우반구의 중측두회 및 하측두회는 화난 표정이 아니라 슬픈 표정에만 선택적으로 반응하였다. 반면에 우반구의 안와전두피질은 슬픈 표정이 아니라 화난 표정에만 선택적으로 반응하였다. 마지막으로, 양반구의 전측 대상피질과 우반구의 측두극은 두 가지 표정 모두에 반응하였다. 〔그림 8〕은 화난 얼굴 표정이 강해질수록 안와전두피질과 전측 대상피질의 활동이 증가하는 것을 보여주고 있다.

이 연구에서 슬픈 감정을 지각할 때 활성화되는 뇌 부위가 위에서 소개된, 건강한 여성들이 자신의 삶에서 슬펐던 일들을 상기할 때 활성화되었던 뇌 부위들과 꼭 일치하지는 않는다는 사실을 주목하라. 이렇게 같은 감정을 다루는 여러 연구들에서 나온 결과가 서로 다른 경우가 흔히 있는데, 이는 주로 서로 다른 과제를 사용하거나 실험 절차상의 차이들에 기인하는 것으로서 이 분야 연구의 어려움을 보여주는 한 예이다. 어찌되었건 이 연구는 두 가지 부정적인 정서, 즉 슬픔과 분노에 관여하는 뇌 부위들이 서로 중복되기도 하면서 다른 패턴을 갖는다는 사실을 보여준다.

감정은 외부 자극에만 좌우되는 게 아니다

공포와 혐오에 관여하는 뇌 부위들이 서로 다르다는 연구 결과도 있다. 공포나 혐오를 나타내는 얼굴 표정이나 사람의 목소리를 자극으로 사용한 연구들에서 공포에 대해서는 편도체가 활성화되는 반면에 혐오에 대해서는 전측 도(anterior insula)가 활성화된다는 사실이 밝혀졌다. 혐오, 즉 영어에서 'disgust'라는 단어는 말 그대로 '나쁜(dis-) 맛(gust)'을 의미하는데, 재미있는 것은 전측 도가 실제로 나쁜 맛을 일으키는 자극에 반응하는 부위라는 사실이다. 혐오스러운 자극이 나쁜 맛에 반응하는 부위를 활성화시킨다는 것은 우리가 기분 나쁜 일을 당하면 입맛을 쩍쩍 다시는 행동을 하는 것을 설명해줄 수 있을지도 모른다.

지금까지 본 연구들은 서로 다른 자극들을 제시함으로써 서로 다른 감정을 유발하는 방법을 사용하였는데, 우리는 동일한 자극에 대해서도 자신의 내적 상태에 따라 서로 다른 감정을 느낄 수 있다. 이를 보여주는 한 연구가 캐나다의 맥길 대학교와 미국의 노스웨스턴 대학교의 연구자들에 의해 행해졌다.

이들은 초콜릿을 사랑하는 사람이라고 자처하는 참가자들에게 초콜릿을 먹게 하면서 뇌의 활동을 PET 스캔으로 찍었다. 그런데 참가자들은 단순히 초콜릿을 먹기만 하는 게 아니라 계속적으로 먹으면서 그 맛이 얼마나 좋은지, 그리고 초콜릿을 얼마나 더 먹고 싶은지를 스스로 평가해야 했다. 초콜릿을 처음 먹기 시작할 때에는 아주 맛있고 계속 더 먹고 싶지만, 점점 더 먹을수록 그 맛이 주는 쾌감은 떨어지게 되고 지나치게 많이 먹게 되면 이제는 초콜릿이 혐오스러워지는 상태가 된다. 연구자들은 이렇게 초콜릿이라는 동일한 자극에 대한 참가자들의 정서적 반응이 변해감에 따라 뇌의 활동 상태가 어떻게 변화하는지를 검토하였다.

그 결과, 참가자들이 초콜릿이 아주 맛있다고 평가하는 상태에서는 뇌량하 영역, 후내측 안와전두피질, 도, 선조체 등이 활성화된 반면, 초콜릿에 물린 상태에서는 해마방회, 후외측 안와전두피질, 전전두 영역 등이 활성화되었다. 이는 동일한 자극에 대한 사람들의 감정이 변화됨에 따라 활성화되는 뇌 부위들도 달라진다는 사실을 보여주는 것이다. 이 연구는 또한 우리의 감정이 오로지 외부 자극에만 100% 좌우되는 것이 아니라는 것을 입증하고 있다. 여기서 특기할 만한 것은 안와전두피질의 내측 부위와 외측 부위가 서로 반대되는 패턴을 보여준다는 사실이다. 아마도 이 영역 내에 보상과 처벌을 담당하는 신경체계가 인접해 있는 것으로 보인다고 연구자들은 제안하였다.

공포 반응에 관여하는 편도체

아마도 정서와 뇌의 관계에 대한 연구에서 가장 많이 다루어진 정서는 공포일 것이다. 공포는 다른 정서들에 비해 생존에 결정적으로 중요한 역할을 한다고 할 수 있다. 공포가 느껴지는 상황은 대개 생명에 위협이 있을 때이기 때문이다. 공포를 느끼지 못하는 개체는 자신을 잡아먹을 수도 있는 적 앞에서 도망을 치거나 방어하기 위해 싸울 가능성이 낮아지고 이는 곧 그 개체의 생존 가능성 감소로 이어진다. 그렇게 생존에 중요한 만큼 사람은 공포라는 정서를 강력하게 느끼며 겉으로도 확연히 드러낸다. 특히 동물에게서는 다른 어느 정서보다도 공포를 가장 쉽게 확인할 수 있다. 예컨대 고양이를 만난 쥐는 도망가기 전까지는 바싹 얼어붙어서 아무런 소리도 내지 않고 숨쉬는 반응만을 할 뿐(이를 동결 반응이라고 한다)이며 신체 내부적으로 교감신경계가 활동하여 심박률과 혈압 그리고 호흡률이 높아지고 스트레스 관련 호르몬들을 분비한다. 공포의 이러한 특징들 때문에 동물을 대상으로 공포의 뇌생리적 기반에 대한 연구들이 일찍부터 많이 행해져왔다.

이러한 연구들에서 공포라는 정서에 결정적인 역할을 하는 구조가 편도체임이 밝혀졌다. 우선 동물 연구 결과들을 살펴보면, 편도체를 손상당한 쥐들은 고양이도 무서워하지 않게 된다. 이런 쥐들은 고양이를 보고도 공포 반응을 보이지 않으며, 심지어는 자고 있는 고양이의 등에 올라가 귀를 물어뜯는 쥐도 있었다. 고양이의 편도체를 손상시켜도 비슷한 일이 일어난다. 정상적인 고양이는 원숭이들이 있는 우리 근처에도 가려 하지 않지만 편도체가 손상된 고양이는 원숭이 우리 속에 집어넣어지더라도 원숭이들 앞을 아무런 겁도 없이 유유히 지나다닌다. 원숭이의 경우도 마찬가지라서 편도체가 손상된 원숭이들은 정상적인 원숭이들이 기겁을 하고 피하는 뱀을 손으로 집으려 하고, 타오르는 불을 보아도 무서운 줄을 모른다. 이런 연구 결과들은 편도체가 없으면 동물들이 공포를 느끼지 못한다는 것을 보여준다.

동물 연구에서 나온 이런 결과들은 인간의 연구에서도 확증되었다. 질병이나 사고 등으로 편도체가 손상된 사람들은 놀람, 즐거움, 슬픔 등의 다양한 얼굴 표정을 별 문제없이 인식할 수 있지만 유독 공포에 질린 표정은 잘 인식하지 못한다. 그리고 여러 가지 얼굴 표정을 그림으로 그려보라고 했을 때에도 다른 정서들을 나타내는 표정은 잘 그리지만 공포에 질린 표정은 그리지를 못한다([그림 9]를

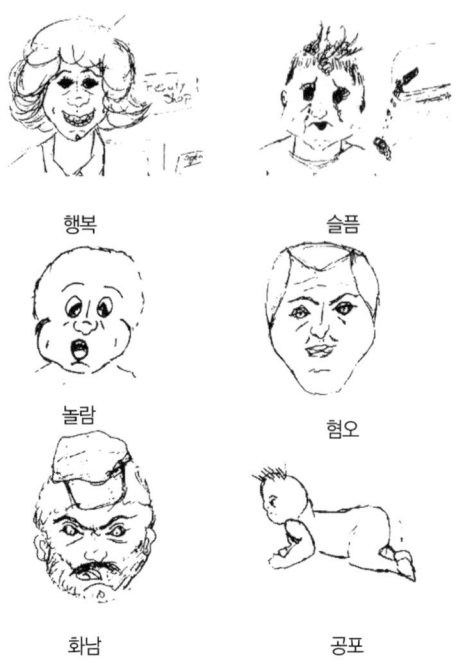

[그림 9]
편도체가 손상된 여성이 그린 여러 가지 감정을 나타내는 얼굴 표정의 그림. 다른 모든 표정들은 상당히 사실적이지만, 공포의 경우 얼굴 표정이 아니라 아이가 무언가로부터 도망가는 모습을 그려놓았다. 이 여성은 무서워하는 얼굴 표정이 어떤 것인지 마음속에 떠올릴 수가 없다고 하였다. 아이의 머리털이 공포를 나타내듯이 쭈뼛 서 있는 모양을 보라.
Adolphs 등, 1995

보라).

    편도체가 공포의 경험에 결정적인 역할을 한다면, 편도체를 자극할 경우 공포를 경험해야 하고 공포와 관련된 반응들이 나타나야 할 것이다. 실제 실험 결과들은 이런 예측과 들어맞는다. 동물의 편도체를 전기적으로 자극하면 공포와 관련된 모든 반응, 즉 위에서 본 자율신경계의 반응들과 동결 반응 등이 나타났기 때문이다.
    인간의 경우 함부로 아무 사람이나 붙들고 편도체를 자극할 수는 없는 노릇이다. 하지만 뇌종양을 제거하기 위해서나 기타 이유로 뇌수술을 하게 될 때, 그 제거될 부분이 언어나 기억 등 중요한 기능을 담당하는 부위인지 아닌지를 알기 위하여 여러 부위를 전기적으로 자극해볼 수 있다. 이렇게 수술 도중에 이루어지는 전기자극을 통하여 인간의 뇌 여러 부위를 직접 활성화시키면 어떤 일이 일어나는지를 알 수 있다. 예를 들면 엄지손가락의 피부감각을 담당하는 체감각피질을 전기적으로 자극하면 뇌가 자극받는다고 느껴지는 것이 아니라 엄지손가락에서 어떤 촉감이 느껴진다. 이런 방법을 사용한 연구들에서 편도체를 자극한 결과, 인간 피험자들은 공포감이나 불안감이 느껴진다고 이야기하였다.

편도체가 공포라는 정서에 결정적인 역할을 하는 만큼 편도체의 기능에 이상이 생기면 여러 가지 정신장애가 발생할 수 있다. 예를 들면 대인공포증이 있는 사람들의 경우, 보통 사람들이 정서적으로 중성적이라고 판단하는 얼굴 자극들에 대하여 편도체의 활동이 증가한다. 이는 대인공포증 환자들이 다른 사람의 얼굴 표정에 대하여 특별히 화난 얼굴이 아니더라도 두려움을 느낀다는 것을 암시한다. 편도체 기능의 이상은 외상후 스트레스 장애 환자들에게서도 발견된다. 이 장애는 예컨대 월남전에서 자신의 눈앞에서 동료가 끔찍하게 죽는 장면을 목격한 사람처럼 커다란 심리적 충격(이를 외상이라 한다)을 받은 사람들이 그런 사건과 관련된 자극들에 대하여 거의 영구적인 공포 반응을 나타내는 것을 가리킨다. 경축일에 터지는 폭죽 소리가 보통사람들에게는 즐거운 일을 의미하는 것이지만 이들에게는 전쟁터에서의 끔찍한 기억을 상기시키는 공포스러운 것일 수 있다. 이런 환자들은 결국 사회에 적응하지 못하고 고립된 생활을 하거나 폭력적 행동을 나타내는 경우가 많다. 이런 환자들에게 그들이 겪었던 외상적 사건들을 상기시키는 자극을 제시하면 이들의 편도체가 과잉 활동을 한다는 사실이 밝혀졌다.

또한 편도체의 기능 이상은 불안장애와 우울증에서도 발견된다. 한 연구에서는 불안장애나 우울증에 걸린 아동들에게 중성적인 얼굴 표정이나 공포에 질린 얼굴 표정을 제시하면서 뇌의 활동을 fMRI로 찍었다. 그 결과 공포에 질린 얼굴 표정에 대한 편도체의 반응은 정상 아동들에 비하여 불안장애 아동들에게서 더 과장되어 나타난 반면, 우울증에 걸린 아동들에게서는 더 낮은 것으로 나타났다. 더욱이 불안장애 아동의 경우 그 증상이 심할수록 편도체의 과잉 활동 정도도 높았다.

감정에 솔직한 사람, 감정을 숨기는 사람

사람은 사회적 동물이라서 타인들과 부대끼며 살아야 하기 때문에 자신이 느끼는 감정을 항상 있는 그대로 드러내지는 않는다. 그래서 상황에 따라 사랑이나 질투의 감정을 억누르기도 하고 즐겁지도 않은데 즐거운 척하기도 하며 분노를 속으로 삭이기도 한다. 일상생활에서 모든 사람들이 자신의 감정이 이끄는 대로 행동한다면 어떤 일이 생길지는 불을 보듯 뻔하다. 서로 다른 생각을 갖고 서로 다르게 느끼는 많은 사람들이 모여 사는 사회가 붕괴하지 않고 굴러갈 수 있는 이유는 이렇게 사람들이 자신의 정서를 조절하는 덕분이라고 할 수 있다. 그렇다면 그만큼 중요한 정서의 조절에 뇌가 어떤 일을 하는지 살펴보자.

우리의 삶에서 정서의 조절이 특별히 요구되는 때의 하나는 성(性)과 관련된 경우일 것이다. 캐나다 몬트리올 대학교의 연구자들은 남성 참가자들에게 포르노 영화의 일부 또는 정서를 별로 유발

생각상자

감정이 없다면 완전한 이성적 인간?

인간은 이성적 존재인 동시에 감정적 동물이기도 하다. 눈부신 현대 과학문명은 인간의 이성 덕분에 가능했으며, 우리의 마음에 깊은 감동을 일으키는 예술작품들은 인간이 감정을 갖고 있기 때문에 생겨날 수 있었다. 그런데 이성과 감정은 대개 대립되는 개념으로 받아들여지고 있어서, 감정은 이성적 사고와 합리적 판단을 방해하는 귀찮은 훼방꾼처럼 취급된다. 그래서 감정을 억누르고 냉철한 이성만을 가지고 판단할 때 최선의 선택이 가능하다고들 생각한다. 아마도 감정이 없는 사람은 로봇처럼 모든 것을 이성적으로만 판단하고 행동할 것이다. 그런데 과연 그럴까?

여기에 다른 모든 지적인 면에서는 정상이면서 감정만 손상된 엘리엇이라는 사람이 있다. 이 사람은 개인적 및 사회적으로 많은 것을 성취하였고 모범적인 가장으로서 타인의 본보기가 되던 사람이었다. 그런데 어느 날 심한 두통이 시작되더니 점점 집중하기가 힘들어졌다. 상태가 악화됨에 따라 책임감도 없어져 그의 직무를 다른 사람이 대신하거나 고쳐주어야 할 지경에 이르게 되었다. 병원에서 검사한 결과, 그의 뇌막에 종양이 생겼음이 밝혀졌는데, 이 종양은 양성이라서 그 자체로는 치명적이지 않았지만 전두엽 아랫부분 한가운데에서 작은 오렌지만 한 크기로 자라면서 전두엽을 위로 압박하고 있었다. 이것을 그냥 두면 결국엔 전두엽 세포들이 죽을 것이기 때문에 엘리엇은 뇌수술을 받았고, 종양과 함께 이미 죽어버린 전두엽 조직(주로 안와 및 내측 전전두피질)이 제거되었다.

수술은 한 가지 면만 제외하고는 모든 면에서 성공이었다. 수술 후 그에게 행해진 모든 지능검사나 성격검사에서 그는 정상이었고 전두엽 손상 환자들이 결함을 보이는 검사에서도 아무런 문제를 보이지 않았다. 하지만 그는 이제 완전히 딴 사람이 되어 있었다. 이전과 달리 그는 아침에 재촉을 받아야만 일어나서 일하러 나갔고 직장에서도 시간에 딱 맞추어 일하지를 못했다. 하던 일을 중지하고 딴 일을 해야 하는데도 고집스레 하던 일을 계속하거나, 반대로 어떤 일을 하다가도 주의를 끄는 다른 일이 생기면 하던 일을 나 몰라라 팽개치고 딴 일을 시작하곤 했다. 고객들의 자료를 날짜,

주제, 파일 크기 등 어느 것을 기준으로 분류할까를 고민하며 하루를 보내는 적도 있었다. 그는 눈앞에 있는 작은 일에 집착하여 큰 것을 못 보는 것 같았다. 다른 사람들의 충고와 회사의 징계가 거듭되어도 그의 행동은 나아지지 않았다. 결국 그는 퇴사를 했고, 사기꾼 같은 사람과 동업을 했다가 전 재산을 날려버리고 말았다. 그리고는 부인과 이혼한 후 모든 사람이 반대하는 여성과 결혼을 했다가 또 이혼하고 결국 부랑자 같은 신세가 되어 현재 복지연금에 의존해 살고 있다.

엘리엇이 수술 후 바보가 되어서 그렇게 된 걸까? 그건 아니다. 그에게 여러 가지 선택이 가능한 상황에서 어떤 선택을 하면 어떤 결과가 생길지를 물어보면 그는 합리적인 예측을 할 수 있었다. 예컨대 은행에서 수표를 현금으로 바꾸려는데 은행원이 수표 액수보다 훨씬 많은 현금을 자기에게 주었다고 하자. 이 상황에서 그 돈을 돌려주거나 갖고 가버릴 때 발생할 결과가 어떤 것인지 그는 잘 알고 있었다. 그런데 "그럼에도 불구하고 난 아직도 어떻게 해야 할지 모르겠군요"라고 그는 말했다. 무엇이 잘못된 걸까?

수술 후 일어난 한 가지 뚜렷한 변화는 그가 감정을 거의 보이지 않게 되었다는 사실이다. 그는 어떤 일에도 화를 내지 않았고 음악을 들어도 즐거워하지 않았으며 심지어 자기 자신의 뇌손상에 대해서도 슬퍼하지 않았다. 이러한 감정의 결핍이 그의 이상한 행동을 설명해줄 수 있다. 즉 그는 어떤 행동을 하면 어떤 결과가 생길 것이라는 것을 '알고는' 있지만, 그런 결과가 유쾌한 것이라서 그렇게 행동해야 한다거나 불쾌한 것이라서 그렇게 하지 않아야 한다고 느끼지 못하게 된 것이었다. 위의 예에서 돈을 은행원에게 돌려주면 칭찬과 감사의 말을 듣겠지만 그것이 '즐거운' 것으로 느껴지지 않는다면, 또는 반대로 돈을 그냥 갖고 갔다가 발각되는 게 '부끄럽게' 느껴지지 않는다면, 어떤 행동을 해야 할지 분명하지 않을 것이다. 무엇을 해도 좋지도 나쁘지도 않으니까 말이다. 이런 상태에서는 그저 주의가 끌리는 대로 행동이 일어날 수밖에 없을 것이다. 엘리엇에겐 그 결과가 수술 후의 직장에서의 이상한 행동으로 나타난 것이었다.

엘리엇은 감정이 없으면 이성적인 행동만 하는 게 아니라 오히려 이성적 행동이 불가능함을 보여준다. 그의 사례는 우리가 여러 가능한 행동들 중 한 가지를 선택하는 이유가 그것이 올바른 것이라서보다 특정 선택이 가져올 결과에 동반되는 감정 때문임을 시사한다. 다시 말하면 이성적 행동을 하는 데 있어서 감정은 방해가 되는 게 아니라 필수요소인 것이다.

하지 않는 중성적 장면들을 보여주면서 뇌의 활동을 fMRI로 스캔하였다. 참가자들은 두 가지로 행동하도록 요구받았다. 먼저 성적 흥분 조건에서는 제시되는 장면들에 정상적으로 반응하라는 지시를 받았다. 그리고 억제 노력 조건에서는 어떠한 정서적 반응도 의식적으로 억제하도록 노력하라는 지시를 받았다. 그렇다고 해서 눈앞의 장면을 외면해서는 안 되었다. 그 결과, 중성적 장면들에 비하여 포르노 영화 장면에 대해서는 [그림 10]에서 보는 바와 같이 우반구의 편도체와 측두극 그리고 양반구의 시상하부의 활동이 증가하였다. 또한 의식적으로 성적 흥분을 억제한 경우에는 이 세 부위에서의 활성이 사라지고 [그림 11]에서 보는 바와 같이 우반구의 상전두회와 전측 대상회의 활동이 증가하였다.

성적 흥분 조건에서 활동이 증가한 세 부위의 역할에 대하여 알려져 있는 기존의 지식을 바탕으로 연구자들은 다음과 같은 추측을 하였다. 포르노 영화 장면이 제시되면 그 정서적 내용에 대한 평가가 우측 편도체에서 이루어지고, 그 결과를 시상하부가 전달받아서 성적 흥분이 일어난다. 편도체는 또한 이러한 생리적 흥분이 충분히 의식에 떠오를 수 있도록 우측 측두극으로도 메시지를 보낸다. 이렇게 세 구조가 성적 흥분을 일으키는 자극을 처리하는 기능적 신경회로의 요소들이 된다는 것이다.

성적 흥분을 의식적으로 억제하는 조건에서 활성화된 상전두회는 자발적 행동의 산출에 관여한다고 생각되는 배외측 전전두피질의 일부이다. 억제 노력 조건에서 활성화된 또다른 구조인 전측 대상회는 자율신경계 및 내분비계의 기능을 조절하는 편도체, 시상하부 등의 구조와 연결되어 있어서 정서 반응을 조절한다. 이 연구는 인간이 자신의 뇌의 활동을 수의적(隨意的)으로 변화시킬 수 있음

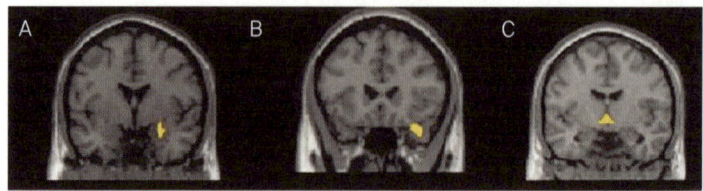

[그림 10]
포르노 영화 장면들에 의해 유발된 성적 흥분과 함께 활동이 증가되는 우측 편도체(A), 우측 측두극(B), 시상하부(C)의 모습. 모두 뇌를 정면에서 본 단면도이다.
Beauregard 등, 2001

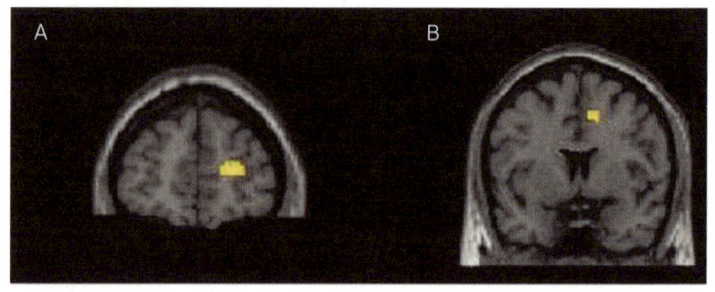

[그림 11]
성적 흥분을 의식적으로 억제하려 할 때 활동이 증가하는 우반구의 상전두회(A)와 전측 대상회(B)의 모습
Beauregard 등, 2001

을 시사한다고 하겠다.

　정서의 조절이 실패할 경우 큰 문제가 생길 수 있다. 그러한 전형적인 예가 충동적 공격성이다. 교통이 정체된 고속도로에서 자기 앞에 얄밉게 끼어드는 차의 운전자를 총으로 쏘아 죽인다거나 학생이 교사를 칼로 찔러 죽이는 등의 미국에서 일어난 사건들은 분노의 감정이 억제되지 못하고 폭력적 행동으로 표출된 예이다. 왜 사람들이 그렇게 폭력적으로 돌변하는가에 대한 연구 결과들은 문화적 및 사회적 요인뿐만 아니라 뇌생리적 요인(특히 전전두 영역)도

중요한 역할을 한다는 것을 보여준다. 예를 들어 살인범들 뇌의 전전두피질과 편도체가 비정상적으로 기능한다는 증거가 뇌영상법을 이용한 연구에서 얻어졌다. 또한 폭력적이고 반사회적인 경향이 강한 사람들은 정상인들에 비하여 전전두 영역이 더 작다는 연구 결과도 있다. 그러면 거꾸로, 전전두 영역의 기능을 증강시키면 폭력적 행동이 줄어들까? 고양이의 전전두피질을 전기자극하면 쥐를 공격하지 않는 현상이 나타난다. 따라서 어떤 학자들은 전전두 영역이 충동을 억제하는 브레이크 같은 역할을 한다고 주장한다.

'왜' 인간은 웃고 우는 것일까?

지금까지 우리는 많은 연구 결과를 아주 단순화시켜서 살펴보았다. 사실은 뇌는 여기서 이야기한 것보다 훨씬 더 복잡히게 직동하고 있을 것이다. 정서를 느끼고 표현하는 데에는 많은 뇌 부위들이 관여하며, 정서만을 담당하는 어느 한 뇌 부위, 즉 '정서중추'라고 부를 만한 것이 없음은 분명하다.

그런데 이러한 신경과학적 연구들이 우리가, 또는 우리의 뇌가 어떻게 희로애락을 느끼는지에 대한 약간의 답이라도 주었는가? 현재까지 뇌와 정서의 관계에 대한 연구들이 주로 보여준 것은 사람이 어떤 특정한 감정을 느낄 때 뇌의 어느 특정한 부위들의 활동이 변화한다거나 뇌의 어느 부위가 손상되거나 자극을 받으면 정서 행동에 어떤 변화가 생긴다는 것이다. 이는 대체적으로 특정 감정과 특정 뇌 부위들의 활동 사이에 상관관계가 있다는 이야기에 불과할 뿐, 특정 뇌 부위의 활동이 '왜' 우리로 하여금 특정 감정을 느끼게 하는지를 설명해주지는 않는다. 편도체의 뉴런들이 활동한다고 해서 왜 공포가 느껴져야 하고 측핵의 뉴런들이 활동한다고 해서 왜 쾌감이 느껴져야 하는가? 좀더 넓게 보면, 뇌가 신경생물학적인 면에서 어떤 식으로 작용하는지를 모두 밝혀낸다고 하더라도 뇌의 그런 작용의 결과 '왜' 우리가 어떤 (감정을 포함한) 의식적 경험을 하게 되는지를 설명하지는 못할지도 모른다. 하지만 이러한 연구들이 보여주는 것은 최소한 우리의 감정, 더 나아가 마음은 뇌가 어떻게 작용하는가와 따로 떼어서 생각할 수 없다는 사실이다. 이렇게 뇌와 마음이 불가분의 관계에 있다면, 뇌의 작용을 더욱 깊이 연구하면 언젠가는 우리의 마음도 설명할 수 있게 될지도 모른다.

■ 더 읽을거리

R. Plutchik, 「정서심리학」, 박권생 옮김, 학지사, 2004

J. Reeve, 「동기와 정서의 이해」, 정봉교, 현성용, 윤병수 옮김, 박학사, 2003

R. S. Lazarus & B. N. Lazarus, 「감정과 이성」, 정영목 옮김, 문예출판사, 1997

3장
일상생활 속의 뇌

그 여자의 뇌, 그 남자의 뇌	손영숙
소비하는 인간의 뇌	성영신
명상수련에 따른 뇌 활동의 변화	장현갑
뇌가 느끼는 그림의 아름다움	지상현

그 여자의 뇌, 그 남자의 뇌

손영숙 경기도가족여성연구원 선임연구위원

이화여대 교육심리학과와 동 대학원의 교육심리학과를 졸업하고 미국 보스턴 대학교 대학원 심리학과에서 박사학위를 받았다. 연세대학교 인지과학연구소에서 일했다. 주요 관심 분야는 대뇌반구의 상호작용, 주의의 신경심리학 등이며 주로 인지신경심리 분야의 논문을 발표하였다. 『현대 청년 심리학』, 『인지발달』의 공저자 가운데 한 사람이며 『아동기 행동장애』 『동기의 생물심리학』 『신경심리학 입문』 등을 우리말로 옮겼다.

ysook@yonsei.ac.kr

그 남자 어디서 헤매느라 여태 못 와? 지금 거기가 어디야?

그 여자 여기? 어…… 오른쪽에 KFC가 있고, 그 옆에 ○○커피 전문점이 있어.

그 남자 아니, 그런 거 말고, 연지로에 들어섰어?

그 여자 연지로? 여기가 연지론가? 몰라…… 그건 모르겠는데 앞에 사거리가 있거든? 그거 지나서 왼쪽에 엄청나게 큰 ××전자 광고판이 붙은 한 20층짜리 건물이 보여.

그 남자 ××전자 광고판이 한두 개냐? 그럼 지금 가고 있는 방향이 북쪽은 맞아?

그 여자 모르겠어. 이게 북쪽인가?

그 남자 아이구, 답답해. 아까 전화했을 때 삼거리에서 북쪽으로 가라고 했잖아. 북쪽으로 900미디쯤 간 다음 사서리에서 다시 좌회전을 하라니까.

그 여자 그렇게 말하면 내가 어떻게 알아? 신호등이나 사거리를 몇 개 더 지나야 하는지를 말해봐. 아니면 그 사거리에 눈에 띄는 건물이나 광고판이나 뭐 그런 거 없어? 그런 걸 말해줘야 빨리 찾지.

그 여자와 그 남자, 무엇이 다른가?

여자와 남자가 생김새 이외에도 서로 다른 점이 많다는 데 대해 이의를 제기하는 사람은 없을 것이다. 남녀 학생을 가르쳐본 교사들, 딸아들을 키워본 부모들, 연애를 하는 커플들, 결혼한 부부들, 이들은 모두 자신이 겪어본 여자들과 남자들에 대해 제각기 할 말들이 많다. 교사들이 겪어본 남학생 녀석들은 아는 답도 자세히 쓰지 않아서 점수를 깎이는 일이 빈번하고, 딸아이를 셋 키운 끝에 아들을 키우게 된 엄마의 눈에 아들은 누나들에 비해 걸음마도 늦되고 말도 늦되고 자란 뒤 살갑고 붙임성 있게 구는 맛도 거의 없어 아이 키우는 재미가 통 없다. 그런가 하면, 교사들이 겪어본 여학생 녀석들은 왜 그리 사소한 일에도 서로 감정을 상하고 다투는지 피곤하기 짝이 없고, 아들 녀석 셋 키운 끝에 딸아이를 키우게 된 엄마의 눈에 딸은 수줍음을 많이 타고 겁도 많아서 오빠들에 비해 손이 더 가고 신경도 더 쓰이니 나도 어릴 때 이랬을까 싶기만 하다.

우리가 일상생활 속에서 호기심과 흥미로 느끼는 남녀의 차이는 오랫동안 심리학자들의 연구 대상이 되어왔다. 일반적으로 여자아이는 언어 습득이 빠르고 어휘력이나 언어 표현력이 풍부한 데 비해 남자아이는 언어 발달이 좀 느린 대신 모형 장난감을 조립하는 데 탁월한 능력을 보인다. 이러한 차이가 보통 성인이 된 이후에도 지속되기 때문에 여자는 언어 능력이 남자에 비해 뛰어나고, 남자는 공간 능력이 여자에 비해 뛰어나다는 말을 한다. 이 말은 단순히 일상적인 관찰에서 비롯된 상식이 아니라 남녀의 차이를 체계적으로 검증한 심리학 연구에 의해서도 부분적으로 뒷받침되었다.

도린 기무라(Doreen Kimura)는 캐나다에 있는 웨스턴 온타리오 대학에서 30년 동안 남녀의 차이를 연구해온 심리학자이다. 그녀는 자신의 연구 결과와 다른 사람들의 연구 성과를 종합하여 1999년에 『성과 인지 기능 Sex and Cognition』이라는 책을 출간하였다. 이 책에서 기무라는 운동 능력, 언어 능력, 지각 능력, 공간 능력, 수학 계산 및 추론 능력 등에서 나타나는 남녀 차이를 상세히 개관하였다. 개별적인 연구 결과를 살펴보면 성 차이를 지지하는 것도 있고 그렇지 않은 것도 있지만 여러 결과들을 종합할 때 남자가 더 잘 하는 것과 여자가 더 잘 하는 것은 다음 〔표 1〕에 제시한 것처럼 차이가 있었다.

기무라에 따르면 공간과제 중에서 일관성 있게 남자가 더 잘 하는 것은 마음속으로 어떤 도형이나 물체를 2차원 혹은 3차원상에서 회전시켜야 하는 도형회전 검사([그림 1])와 선분의 방향을 판단하는 과제이다. 그러나 공간과제 중에서 여자가 더 잘 하는 것도 있다. 예컨대 어떤 물체가 놓여 있는 공간상의 위치를 기억하는 것은 여자가 오히려 더 잘한다. 마찬가지로 여자가 언어 능력이 뛰어나다고 해서 모든 언어 기능에서 남녀 차이가 나타나는 것은 아니다. 언어의 유창성과 언어 산출, 언어 기억에서만 여자의 우세가 나타나고 다른 언어 영역에서는 남녀간의 차이가 없다. 수학의 경우를 보면, 보통 남자가 여자보다 수학에서 뛰어나다고 말하지만 심리학자들의 연구 결과에 따르면 단순 계산에서는 오히려 여자들이 더 뛰어나고 수학적 추론에서만 남자들이 더 뛰어나다. 그밖에 운동 능력에서도 어떤 측면을 관찰하느냐에 따라 차이가 달리 나타난다. 예컨대 남자는 표적 맞추기에 능하고 여자는 섬세한 운동 기술에서 더 뛰어나다. 이처럼 여러 기능에서 성 차이가 나타나기는 하지만 일반적으로 말하듯 여자는 언어, 남자는 공간 능력이 더 뛰어나다고 이야기하는 것은 지나친 단순화라고 할 수 있다.

많은 심리학자들이 인지 기능 이외에도 성격 및 기질 특성의 남녀 차이를 언급하였다. 대체로 여자들이 소심하고 겁이 많으며 쉽게 불안해하고, 남자들은 변화나 모험, 새로움을 추구하는 경향에서 여자들에 앞선다. 그런가 하면 여자들은 관계 지향적이고 어떤 일을 할 때 목표 자체보다 그 주변의 포괄적인 맥락을 중시하는 데 비해 남자들은 성취 지향적이고 목표 중심적이라고도 말한다. 남녀의 이러한 차이는 1990년대 이후 국내외에서 선풍적인 인기를 누리

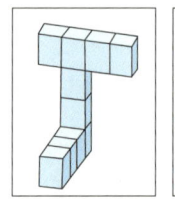 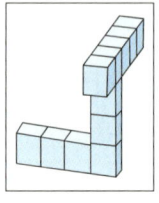 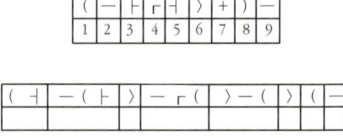

[그림 1]
남자가 더 잘하는 도형회전 검사(왼쪽)와 여자가 더 잘하는 지각속도 검사(오른쪽). 도형회전 검사는 각기 다른 각도로 회전된 두 개의 3차원 입체 도형을 제시하고 그 둘이 같은 도형인지를 판단하도록 요구한다. 지각속도 검사는 일련의 부호와 그에 상응하는 숫자를 알려주고 아래 제시된 부호에 맞는 숫자를 되도록 빨리 써넣도록 한다.

고 있는 존 그레이의 '화성 남자, 금성 여자' 시리즈나 앨런 피즈, 바버라 피즈 부부의 저서(『거짓말을 하는 남자 눈물을 흘리는 여자』 『말을 듣지 않는 남자 지도를 읽지 못하는 여자』) 등에도 매우 사실적으로 묘사되어 있다.

일상적인 관찰 결과나 좀더 체계적이고 객관적인 심리학자들의 연구 결과가 모두 어느 정도의 남녀 차이를 인정하고 있다면, 그 다

[표 1] 인지 기능의 성 차이

남자가 더 잘 하는 것	여자가 더 잘 하는 것
공간 기능(방향 판단, 3차원 회전 등)	물체의 위치 기억
수학적인 추리	단순 계산
운동 기능: 표적 맞추기	운동 기능: 섬세한 운동 기술
	언어 기억
	언어 유창성
	지각 속도

음에 오는 궁금증은 그러한 차이가 어디서 비롯되었는가 하는 것이다. 심리학의 여러 분야 가운데 하나인 신경/생리심리학에서는 인간을 포함한 모든 동물의 행동이나 인지과정이 뇌의 작용을 통해 이루어진다고 설명한다. 최근 10~20년 사이에 눈부시게 발전한 연구 방법론 덕택에 우리는 심리학자들의 눈과 손을 빌어 가시화된 인간의 행동과 마음의 기제를 확인할 수 있게 되었다. 이제 심리학자들은 인간의 행동과 마음의 작용을 뇌의 작용과 따로 떼어서 볼 수 없다는 점을 인정하고 있다. 그렇다면, 지금까지 이야기했던 여자와 남자의 행동, 생각, 성격, 기질의 차이도 뇌의 차이에서 비롯되는 것일까? 여자와 남자의 행동이 다르고 사고방식이 다른 것처럼 여자와 남자의 뇌도 다를까?

그 여자와 그 남자, 뇌도 다른가?

남녀의 행동이나 성격, 인지 특성 등에서 발견되는 차이가 뇌 구조나 기능의 차이와 관련이 있는 것일까? 다시 말해, 여자의 뇌와 남자의 뇌가 따로 있는 것일까? 더 나아가, 여자의 뇌는 여자의 행동과 기질을 만들고 남자의 뇌는 남자의 행동과 기질을 만든다고 말할 수 있을까? 만일 그렇다면, 공상과학 영화 속 이야기처럼 사람의 뇌를 자유롭게 바꿀 수 있는 세상이 왔을 때 남자 뇌로 바꾸면 남자가 되고 여자 뇌로 바꾸면 여자가 되기도 할까? 뇌와 행동의 관계에 대해 생각하다보면 끝없는 상상이 펼쳐지면서 인간이라는 존재에 대해 새삼 놀랍기도 하지만, 일견 허탈하고 실망스럽기도 하다.

그러나 지나친 비약을 경계하면서 생각을 가다듬어보자. 행동이 다르면 뇌도 다를 수밖에 없다. 쉬운 예로, 길을 가는 두 사람을 불러 최대한 크게 한 걸음을 떼어보도록 한 다음 보폭을 쟀다고 해보자. 보폭이 큰 사람과 보폭이 작은 사람 중 누구의 다리가 더 길 것으로 예상되는가? 두 사람의 최대 보폭에 차이가 있다면 다리 길이에도 차이가 있을 것이다. 행동과 뇌의 관계도 마찬가지이다. 구체적인 예를 하나 더 들어보자. 예쁜 소리로 지저귀는 새들 중에는 카나리아처럼 수컷만 지저귀는 종류가 있는가 하면 암수가 다 지저귀는 종류도 있다고 한다. 그렇다면 이 두 종류의 새 가운데 어느 쪽이 지저귀는 소리를 내게 해주는 신경세포 덩어리의 크기에서 성 차이를 나타내겠는가? 여러분의 짐작대로, 수컷만 지저귀는 카나리아의 경우는 수컷이 암컷보다 5~6배나 더 큰 신경세포 덩어리를 가지고 있지만, 암수가 다 지저귀는 새들은 이 신경세포 덩어리의 크기에 차이가 없다.

자, 이제 행동이 다르면 뇌도 다르다는 생각이 좀더 자연스럽게 느껴지는가? 여러분 중에서 생각이 다소 앞서가는 사람들은 이쯤에서 좀더 도전적인 질문을 하고 싶을지도 모르겠다. 예를 들자면, "행동이 다른 게 여자와 남자뿐인가? 여자들 중에도 차이가 있고, 남자들 중에도 차이가 있지 않은가?" 또는 "그렇다면 행동을 바꾸고 싶을 때 뇌를 바꾸면 된다는 말인가?" 이 글을 끝까지 읽으면 이러한 의문에 대한 궁금증을 조금은 덜 수 있을 것이다. 우선 여자와 남자의 뇌가 정말 다른지를 가장 손쉬운 질문에서부터 시작하여 풀어나가도록 하자.

사람들이 가장 쉽게 비교하는 뇌의 성 차이는 크기의 차이이다. 여자의 뇌가 남자의 뇌보다 작고 무게도 덜 나가기 때문에 한때는 여자의 능력이 남자에 못 미친다는 남성 우월주의 시각을 뒷받침하는 증거로 뇌의 크기가 이용되기도 하였다. 이 단순한 물음에 좀더 정확한 답을 구하려는 연구자들의 시도는 여러 차례 반복되었는데, 그 결과를 종합한 가장 최근의 결론은 신체 크기의 차이를 고려하더라도 남자의 뇌가 여자의 뇌보다 약 100g 정도 더 무겁고 신경세포의 수도 더 많다는 것이다(한 연구에서 밝힌 바로는 남자의 뇌세포가 여자보다 무려 40억 개나 더 많다고 한다).

그러나 여러 연구를 통해 뇌의 크기와 IQ 간의 상관관계는 거의 없는 것으로 확인되었다. 또한 뇌의 생김새나 크기가 그 사람의 능력 특성과 관계 있다는 주장을 펼친 프랑스의 골상학자 프란시스 골(Francis Gall) 자신도 당시의 평균적인 남자들에 비해 200g이나 더 작은 뇌의 소유자였다는 모순된 사실이나, 우리가 천재라고 부른 남자들 중에도 뇌의 크기가 다른 사람들보다 작은 사람들이 많았다는 희망적인 사실 등에 비추어볼 때 뇌 전체를 하나의 덩어리로 간주하여 비교하는 것은 아무 의미가 없어 보인다. 인간의 뇌가 동일한 기능을 담당하는 뇌세포의 덩어리로 이루어진 것이 아니라 뇌를 구성하는 세부 영역에 따라 신경세포의 종류도 다르고 연결 방식이나 기능도 다르다는 약간의 과학적 상식을 가미해보면 그러한 비교는 더더욱 불필요하게 느껴진다.

그럼에도 불구하고 굳이 '비교'의 잣대를 들이대어본다면 뇌의 세부 영역에 따라 남자가 더 큰 부분도 있고 여자가 더 큰 부분도 있다. 예를 들어, 뇌 전체의 크기는 남자가 더 크지만 전체 크기 대비 회질(신경세포의 몸체가 모인 대뇌피질 부분)의 양은 여자가 더 많고, 백질(대뇌에서 신경세포 간의 연결 회로들이 모인 부분)의 양은 남자가 더 많다. 또 대뇌피질 전체의 뉴런 수는 남자가 더 많지만 언어 기능에 중요한 측두엽과 계획/판단/사고 기능에 중요한 전전두엽의 뉴런 수는 여자가 더 많다. 그뿐인가. 뉴런의 수는 남자가 더 많지만 뉴런 하나하나의 크기는 여자가 더 크고 뉴런 간의 연결 구조인 시냅스와 수상돌기 가지(한 뉴런이 신호를 전달하기 위해 다른 뉴런과 연결되어 있는 부분을 시냅스라고 하며, 다른 뉴런으로부터 신호를 받아들이기 위한 안테나 같은 부분을 수상돌기라고 한다)도 여자가 더 풍부하다.

이처럼 복잡하고 다양하게 나타나는 뇌의 성 차이를 어떻게 해석해야 할까? 결국, 차이를 말하는 것이 그리 간단한 일이 아니라는 것을 깨닫게 된다. 심리학자들은 여자의 뇌와 남자의 뇌가 과연 구조나 기능에서 차이를 보이는가를 여러 측면에서 알아보았다. 우선 여자의 뇌와 남자의 뇌가 만들어지는 과정부터 살펴보기로 하자.

그 여자의 뇌는 기본형, 그 남자의 뇌는 옵션형

사람들은 흔히 『성경』의 창세기에 나오는 이야기를 빌려, 하나님이 먼저 아담(남자)을 만드신 후 그의 갈비뼈를 하나 빼서 이브(여자)를 만드셨다고 말한다. 그러니까 남자가 원형에 해당하고 여자는 파생형이라는 의미로 해석할 수도 있다. 그러나 생물학적으로 여자와 남자가 만들어지는 과정을 살펴보면 오히려 그 반대에 가깝다. 여자가 기본형이고 여기에 Y염색체로 인한 옵션(즉, 테스토스테론이라고 부르는 남성 호르몬)이 추가될 때 남자가 만들어지는 것이다. 이제부터 그 과정을 간략히 살펴보자.

우리는 여자와 남자를 결정하는 것이 염색체라는 사실을 이미 알고 있다. 아버지로부터 물려받은 성염색체가 X일 때는 여자가 되고, Y일 때는 남자가 된다. 그러나 수정된 직후의 포유류는 남녀의 구분 없이 동일한 신체 구조를 가지고 있으며 생식기도 미분화된 상태로 동일하다. 또한 남녀 모두 나중에 여자의 생식기가 되는 뮐러관과, 남자의 생식기가 되는 볼프관을 가지고 있다. 즉, 남녀 모두 동일한 원형에서 출발한다고 할 수 있다. 이 원형 상태에서 뮐러관은 더이상의 조건이 없어도 발달하지만 볼프관은 테스토스테론이라고 하는 남성 호르몬이 있어야만 발달한다. 따라서 태아의 몸에 테스토스테론이 추가되지 않는 한 모든 아기는 여자로 태어나게 되어 있으며 이것이 여자를 기본형이라고 말하는 이유이다.

태아의 몸에서 테스토스테론이 만들어지기 위해 필요한 것이 바로 Y염색체 옵션이다. 이 옵션은 아기의 아버지만이 제공할 수 있지만 아버지 마음대로 선택할 수 있는 것은 아니므로 엄밀히 말하면 선택 사양이라고 말할 수 없기는 하다. Y염색체 안에 들어 있는 유전자는 생후 6주쯤부터 미분화된 상태의 생식기를 고환으로 발달하게 만든다. 고환이 발달하면 그 안에서 테스토스테론이라는 남성 호르몬과 항뮐러 호르몬이 만들어진다. 테스토스테론은 고환의 발달을 촉진하며, 볼프관이 남성의 생식기(정낭, 정관 등)로 발달하게 만든다. 한편, 항뮐러 호르몬은 뮐러관이 여성의 생식기(자궁, 나팔관 등)로 발달하지 못하도록 억제한다. Y염색체를 갖고 있지 않은 여성은 미분화된 생식기가 난소로 발달하고, 테스토스테론이 있어야만 발달하는 볼프관이 퇴화하면서 뮐러관이 여성의 내부 생식기로 발달한다.

이 과정을 요약하면, 자연이 만든 기본형은 여성인데 여기에 특정 시기(흔히 성 분화의 민감기라고 하는 결정적 시기) 동안 테스토스테론이라는 성 호르몬 옵션이 추가될 경우 남성이 만들어진다고 할 수 있다. 옵션 추가가 없으면 기본형인 여성이 탄생한다. 테스토스테론이라는 옵션이 결정적인 영향력을 발휘하는 시기가 몇 차례 있는데 사람의 경우 미분화 상태였던 생식기가 각각 여자 혹은 남자의 형태로 분화하는 임신 8~24주 무렵이 첫번째 시기이고, 출생 직후부터 5개월 동안이 두번째 시기, 성 호르몬 분비가 다시 왕성해지는 사춘기가 세번째 시기이다.

우리 신체 중에는 성 호르몬의 신호를 받을 경우 미리 정해진 방식대로 반응을 일으키기로 약속을 해둔 세포들이 있기 때문에 성 호르몬이 분비되면 신체에 변화가 일어난다. 여자와 남자의 가장 큰 차이 가운데 하나인 생식기가 바로 그러한 신체 영역의 대표적인 예에 해당한다. 성 호르몬에 반응하는 세포들이 생식기뿐 아니라 뇌 안에도 존재한다는 사실을 여러분이 알게 된다면 남녀의 신체 모양을 다르게 만든 성 호르몬이 남녀의 뇌 모양도 다르게 만들 것이라는 짐작을 어렵지 않게 할 수 있을 것이다(뇌도 우리 신체의 일부라는 사실을 상기하자!). 또한 성 호르몬이 다르게 작용하였다고 해서 남녀의 신체 모양이 완전히 달라지지는 않듯이(남녀 모두 눈, 코, 귀가 달린 얼굴과 팔 두 개, 다리 두 개, 위장, 소장, 대장 등 거의 같은 신체 구조를 가지고 있다!) 남녀의 뇌 역시 전체적인 형태가 완전히 달라지지는 않으리라는 짐작도 할 수 있을 것이다.

그런데 여자의 뇌와 남자의 뇌가 만들어지는 과정에서 발견되는 매우 흥미로운 모순이 한 가지 있다. 앞에서 남자의 뇌를 만들려면 테스토스테론이라는 남성 호르몬 옵션이 필요하다고 말하였지만 사실은 남성 호르몬이 아니라 여성 호르몬이 남자의 뇌를 만든다. 여러분을 혼란에 빠지게 하려는 생각은 없지만 예컨대, 남성 호르몬 분비를 조절하고 남성의 성행동을 통제하는 데 중요한 역할을 하는 뇌 영역인 시상하부의 일부 면적이 여자보다 남자의 뇌에서 더 커지도록 만드는 것이 사실은 여성 호르몬이라는 것이다.

그렇다면 테스토스테론 옵션은 왜 필요한가? 그 해답은 호르몬

물질을 순환시키는 혈관의 벽을 통과하여 뇌 안으로 쉽게 들어갈 수 있는 물질이 테스토스테론이라는 데 있다. 뇌를 남성화하려면 여성 호르몬이 특정 뇌 영역으로 들어가야 하는데 역설적으로 들리 겠지만 정작 여성 호르몬은 혈관 벽을 통과하기가 어렵다. 이 문제를 해결하기 위해 테스토스테론 옵션이 필요한 것이다. 혈관 벽을 통과하여 뇌 영역 안으로 들어간 테스토스테론은 아로마타제 (aromatase)라는 효소의 작용에 의해 여성 호르몬인 에스트라디올로 전환된다. 에스트라디올은 해당 뇌 영역의 뉴런의 크기와 밀도를 증가시키고 뉴런의 성숙, 이동을 촉진하며 뇌를 남성화시킨다. 아로마타제의 작용을 억제하는 물질을 투여받거나 이 효소의 결핍을 보이는 동물들은 남성의 뇌 특성을 나타내지 않으며 성행동에 있어서도 문제를 보인다는 증거들이 있다. 그러나 모든 테스토스테론이 여성 호르몬으로 바뀌는 것은 아니다. 테스토스테론에 직접 반응하는 세포들도 있으며 이들 역시 남녀의 차이를 만드는 데 기여한다. 그러나 '뇌'를 남성화하는 것은 테스토스테론 자체가 아니라 테스토스테론의 형태를 빌어 중추신경계 안으로 들어온 뒤 효소의 도움으로 합성되는 여성 호르몬인 것이다.

그 여자의 뇌와 그 남자의 뇌, 어떻게 다른가?

여자와 남자의 뇌가 어떻게 다른지, 얼마나 다른지, 혹은 같은지에 대해 아직도 많은 연구자들의 실험과 관찰이 계속되고 있지만 성 호르몬이 여자와 남자의 뇌를 다르게 만드는 주된 요인이라는 점은 분명한 것 같다. 여자와 남자의 뇌가 다르다는 것을 보여주는 구체적인 증거들을 찾기란 그리 어렵지 않다. 문제는 그런 차이가 무엇을 의미하는지, 발견된 구조상의 차이가 어떤 행동이나 기능의 차이를 가져오는지를 밝히는 것이다. 뇌 연구가 많이 발전했다고는 하지만 아직도 밝혀내지 못한 부분이 남아 있기 때문에 특정 뇌 구조의 성 차이를 특정 행동/기능의 성 차이와 직접 연결하기에는 어려움이 많다.

여자와 남자의 뇌를 비교해본 결과 '같지 않다'는 것이 발견된 영역은 시상하부, 편도체, 섬유분계줄(시상하부와 편도체를 연결하는 신경회로), 해마, 일부 피질 영역 등이다. 이들 영역에서의 차이는 신경세포의 덩어리 혹은 개별 신경세포 수준에서 그 크기나 무게, 세부 형태 같은 구조, 즉 생김새의 차이로 나타날 수도 있지만 어떤 기능을 실제로 수행할 때 그 영역이 활용되는 정도의 차이로 나타날 수도 있다. 남녀의 차이는 일반적으로 알려진 인지 기능 이외에 기질 특성에서도 나타나며 신경 이상과 관련이 있다고 여겨지는 여러 장애의 발생 비율에서도 확연히 나타난다. 일반적으로 우울증, 치매, 거식증은 여자에게서 훨씬 더 많이 발생하고 학습장애, 난독증, 자폐증, 투렛 증후군(tourette syndrome, 의도하지 않은 행동을 무의식적으로 반복하는 신경장애), 정신분열증은 남자에게서 훨씬 더 많이 발생한다. 최근에는 이러한 차이를 뇌의 구조적, 기능적 차이와 연결하여 해석해보려는 시도도 이루어지고 있다. 먼저 여자와 남자의 뇌가 그 생김새에서 어떻게 다른지 살펴보자.

뇌 생김새가 다르다

여러분이 새 자동차를 구입하면서 옵션을 선택한다고 가정해보자. 이때 어떤 옵션을 선택하느냐에 따라 자동차에 장착되는 부품들이 다소 달라진다. 하지만 그렇더라도 이미 정해진 차량 설계도에 따른 기본 형태는 유지하기 마련이다(예를 들어, 바퀴가 두 개뿐이라거나 핸들이 없는 자동차는 아직 없다). 달라지는 부분이 대개는 CD-플레이어를 추가로 장착한다거나, ABS 브레이크 시스템, 또는 자동항법장치를 추가하는 식이다. 다시 말해 기본 구조는 동일하고 세부 구조의 형태가 약간씩 달라질 뿐인데, 구체적으로 어떤 부분들이 달라질지도 사실은 대략 정해져 있다. 테스토스테론이라는 옵션이 들어간 뇌의 구조도 이와 유사하다. 뇌의 일부 생김새가 기본형과 다소 다를 뿐 기본 구조 자체가 완전히 달라지는 것은 아니라는 의미이다.

앞서 말했듯이 여러 뇌 영역 중에서 성 호르몬의 신호에 반응하는 세포들이 있는 곳에서 주로 성 차이가 발견되는 것으로 알려져 있다. 뇌 생김새의 차이는 크게 두 가지 측면에서 살펴볼 수 있는데 하나는 덩어리 구조(예를 들면 특정 영역의 표면적이나 무게, 단위 면적당 신경세포 밀도 등)의 차이이고 다른 하나는 개별 세포 구조(예를 들면 수상돌기 가지의 길이, 시냅스의 개수 등)의 차이이다.

덩어리 구조가 다르다

먼저 덩어리 구조의 성 차이가 발견된 뇌 영역을 꼽아보자면 가장 대표적인 부분이 시상하부이다. 시상하부는 뇌의 안쪽 아래 부분에 자리잡고 있는 아주 조그만 신경세포의 덩어리인데 이 신경세포 덩어리들이 우리의 기본적인 욕구와 관련된 여러 행동들―먹고, 잠자고, 싸우거나 도망가고, 짝짓기 하는 행동들―을 조절하고 관리한다. 시상하부가 짝짓기 행동을 관장하는 곳이므로 당연히 성 차이를 나타내리라고 예상할 수 있다.

시상하부의 차이는 1960년대 말부터 1970년대 초에 걸쳐 쥐를 대상으로 한 연구에서 밝혀졌는데, 시상하부 가운데 일부 신경핵

(여러 신경세포의 몸체 부분이 모여 있는 덩어리)의 크기를 비교했을 때 암컷 쥐보다 수컷 쥐가 무려 2.5~5배나 더 컸다. 이러한 차이가 나타난 신경핵을 그 세포 덩어리가 자리한 위치를 반영하여 내측 시각로 앞 영역(Medial Preoptic Area, MPA)이라고 부르는데 뚜렷한 성 차이를 보여준다고 해서 일명 성차이 신경핵(Sexual Dimorphic Nuclei, SDN)이라고도 한다. 이 영역은 특히 수컷 쥐의 성행동을 조절하고 성적 동기 유발에 관여하는 것으로 밝혀졌다. 죽은 사람의 뇌를 부검하여 시상하부 영역을 조사한 결과에 따르면 사람 역시 이 영역 가운데 일부가 남녀에 따른 크기의 차이를 보인다고 한다.

그러나 성행동을 통제하는 시상하부의 남녀 차이는 별로 흥미로울 것이 없다. 많은 사람들이 궁금해하고 신기하게 여기는 것은 성행동 이외의 인지 기능이나 성격 특성에서의 성 차이가 어떻게 생겨났으며 이것이 뇌의 성 차이와 관련이 있느냐일 것이다.

시상하부 이외에 덩어리 구조에서 성 차이를 나타내는 것으로 알려진 부분을 살펴보면 다음과 같다. 우선 피질에서 회질의 양, 브로카 영역, 상측두회, 측두평면, 전측 대상회, 배외측 전전두피질, 뇌량의 후측 부분 등은 여자가 남자보다 더 크다는 보고가 있었다. 반면에 피질에서 백질의 양, 편도체, 뇌량의 앞부분, 섬유분계줄의 일부 등은 남자가 여자보다 더 크고 피질 전반의 신경세포 밀도나 신경세포 개수도 남자가 더 많은 것으로 보고되었다.

덩어리 구조의 차이를 기능의 차이와 연결해볼 때 비교적 두드러지는 특성은 언어 기능과 관련이 있는 브로카 영역과 측두평면, 상측두회 등이 전체 뇌에서 차지하는 면적 비율이 남자보다 여자의 뇌에서 더 크다는 사실이다([그림 2] 참조). 반면에 공간 능력과 관련이 있는 우반구 두정평면은 남자의 뇌에서 더 크다. 특정 기능을 담당하는 영역이 더 크다는 것은 그 기능을 담당하는 뉴런이 더 많고 따라서 그 기능이 더 잘 발달되어 있을 가능성을 시사한다. 그렇다면, 이같은 해부학적 차이가 언어 기능과 공간 기능에서 나타나는 남녀의 차이를 부분적으로 설명해준다고 말할 수 있을 것이다.

인지 기능 이외에 기질 특성의 남녀 차이와 관련되는 덩어리 구조의 성 차이를 잘 보여주는 최근 연구도 있다. 2002년에 한 학술잡지에 발표된 논문에 따르면 전측 대상회는 사람들이 외부 환경에 대해 반응하는 양식을 조절해주는 역할을 담당하는데 대부분의 사람들이 좌우 어느 한 쪽이 더 큰 비대칭성을 나타낸다. 이 연구에서는 외부 환경에 대한 반응 양식의 차이가 곧 성격/기질 특성의 차이라고 보고 좌우 반구 각각의 전측 대상회 표면적과 성격 프로파일 간의 관계를 알아보았다. 그 결과 우반구 전측 대상회의 면적과 '위험 회피 성향' 간의 상관계수가 0.49로 유의미하게 나타났다. 이들이 사용한 성격검사에서 '위험 회피 성향'이란 앞날에 대한 지나친 걱정, 불확실성에 대한 두려움, 새롭고 낯선 자극에 대한 소극적 태도 등을 의미하였다. 따라서 이들의 연구에 따르면 우반구의 전측 대상회 표면적이 넓은 사람들이 지나친 근심, 걱정이 많고 낯설거나 위험 가능성이 있는 상황을 회피하며 두려워할 가능성이 높다고 말할 수 있다. 〔그림 3〕을 보면 우측 대상회 면적이 사람에 따라 매우 다르다는 것을 알 수 있다.

흥미로운 것은 이들의 연구에서 여자들의 우반구 전측 대상회 표면적이 남자들에 비해 더 넓게 나타났으며, 성격검사의 '위험 회피 성향' 점수 역시 여자들이 더 높게 나타났다는 사실이다. 전측 대상회 자체의 비대칭성을 비교했을 때 남자들은 좌반구 쪽이 넓은 사람(40%)과 우반구 쪽이 넓은 사람(42%)이 거의 비슷한 비율을 보

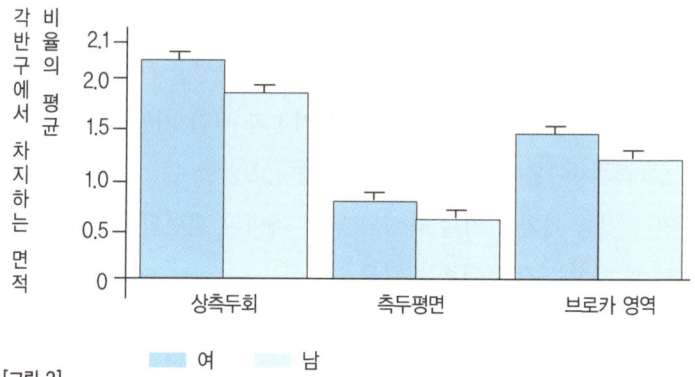

[그림 2]
언어 기능과 관련된 뇌 영역 크기의 성 차이.
각 대뇌 반구의 전체 면적 가운데서 언어 기능과 관련된 상측두회, 측두평면, 브로카 영역이 차지하는 면적의 비율을 비교하였다. 세 영역 모두 남자보다 여자의 뇌에서 상대적으로 더 큰 면적 비율을 차지하고 있는 것으로 나타났다.
Cameron. J. L., 2001

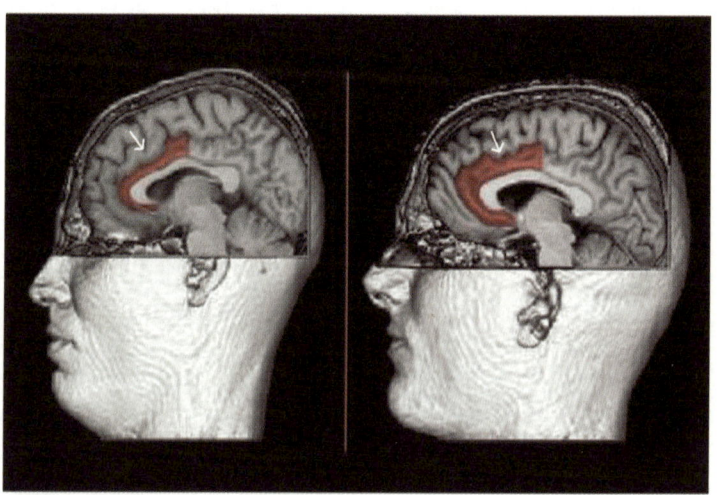

[그림 3]
우반구 전측 대상회 크기의 개인차. 뇌의 한가운데에 약간 흰색으로 보이는 아치형 바로 위에 붉은 색으로 표시된 부분이 전측 대상회이다.
Pujol et al., 2002

였는데, 여자들은 우반구 쪽이 넓은 사람이 62%로 좌반구 쪽이 넓은 사람들(22%)의 세 배가량을 차지하였다. 반대로 좌반구 후측 대상회의 면적이 넓은 여자들은 새로움과 모험을 추구하고 충동적인 성향이 강한 것으로 나타났는데(상관계수 0.48), 남자들의 경우는 후측 대상회에서 이같은 상관관계가 발견되지 않았다.

그러나 특정 영역과 기능 간의 관계를 밝히고자 한 여러 연구 결과들이 항상 일치하는 것은 아니며 특정 기능을 특정 뇌 영역과 연결할 때 반드시 일대일의 관계가 성립하는 것도 아니라는 점을 염두에 두어야 한다. 예컨대 여자들의 뇌에서 언어 기능을 담당하는 영역이 남자보다 더 크다는 조사 결과가 있었지만 언어 기능을 수행할 때 남자들은 주로 좌반구만을 활용하는 데 비해 여자들은 좌우 반구를 모두 활용한다는 연구 보고가 있으므로 기능의 차이를 단지 특정 뇌 영역의 크기만으로 설명하는 것은 무리가 있다. 주 담당 영역의 크기 이외에도 보조 담당 영역의 개입 정도와 개입 방식 등을 함께 고려해야 정확한 이해가 가능하기 때문이다.

그뿐만이 아니다. 대뇌피질은 6개의 층으로 이루어져 있어서 각 층별 신경세포의 종류와 역할에 차이가 있으므로 단지 특정 피질 면적이 넓다는 등의 전체적인 생김새로 남녀 차이를 기술하는 것은 자칫 오해를 불러올 수도 있다(한때 전체 뇌의 평균 크기와 무게가 남자에 못 미친다는 이유로 여자들을 폄하하였듯이). 캐나다 맥마스터 대학의 샌드라 위텔슨(Sandra Witelson)은 1995년에 발표한 논문에서 언어 기능과 관련이 있는 측두평면의 신경세포 개수를 비교했을 때 여자가 남자보다 11% 더 많았지만 그 차이는 주로 6개 피질층 가운데 제4층과 제2층에서만 나타났고 나머지 피질층은 차이를 보이지 않았다고 밝혔다. 피질의 제4층에서는 정보의 입력이 주로 이루어지고 제5층과 제6층에서는 출력이 주로 이루어진다는 점을 감안할 때 이 결과는 측두평면의 성 차이가 단순한 크기나 양의 차이가 아니라 입출력 요소에서의 비율 차이라는 것을 시사한다. 다시 말해 출력 담당 피질층에서는 남녀 차이가 없었으나 입력 담당 피질층에서는 여자가 남자보다 더 많은 단위 면적당 뉴런 수를 나타낸 것이다.

생각 상자

모성애를 느끼는 뇌는 따로 있을까?

여자와 남자의 성역할 구분이 상대적으로 모호해진 오늘날에도 자녀 양육의 일차적인 부담은 아버지보다 어머니 몫으로 남아 있다. 2003년 1월에 국립국어연구원에서 발표한 현대 국어 사용 빈도 조사 결과를 보더라도 '부성애'라는 단어의 사용 빈도보다 '모성애'의 사용 빈도가 더 높다. 자녀를 돌보고 보호하려는 성향은 과연 여자들에게 주어진 본성일까?

2003년 한 학술잡지에 발표된 연구에서는 세 살 이하의 자녀를 둔 여자, 남자와 자녀가 없는 여자, 남자들을 대상으로 아기의 울음소리와 웃음소리를 들려주고 이에 반응하여 활성화하는 뇌 영역을 살펴보았다. 자녀 유무에 관계없이 남녀 차이를 나타낸 영역은 우반구의 전측 대상회에서 내측 전전두피질에 이르는 부분이었는데, 여자들의 경우 남자들에 비해 이 영역의 활성화가 상대적으로 저하되는 것으로 나타났다. 연구자들은 전측 대상회의 상대적 비활성화는 유기체가 어떤 목표 지향적 행동을 하기 위해 부적절한 감각 자극의 처리를 억제하면서 인지적/정서적 정보처리 용량을 최적화할 때 관찰된다는 최근의 연구 결과에서 유추하여 자신들이 발견한 결과를 해석하고자 하였다. 즉 자신들의 연구는 아기의 울음소리에 대한 여자들의 반응이 남자들에 비

개별 세포의 미세 구조가 다르다

뇌의 구조나 생김새의 차이는 이처럼 큰 덩어리 구조뿐 아니라 개별 뉴런의 크기나 형태, 혹은 뉴런들 간의 연결 같은 미세 구조의 차이로 나타나기도 한다. 한 예로 말을 듣고 이해하는 기능과 관련이 있는 측두엽의 베르니케 영역을 살펴보면 영역의 크기뿐 아니라 이 영역에서 발견되는 뉴런의 수상돌기도 여자가 남자보다 더 잘 발달되어 있다. 또한, 대뇌피질의 두께는 남녀가 유사한데 전체 피질 뉴런의 개수는 남자가 더 많다. 이것을 어떻게 해석해야 할까?

해 상대적으로 더 민감하다는 것을 의미한다는 것이다. 그러나 이러한 차이가 성역할의 사회화에 의해 나타난 것인지 또는 다른 어떤 요인에 의한 것인지는 이 연구만으로 답할 수 없다고 하였다.

그 대신 이 연구자들은 양육 경험을 통해 남자들의 뇌도 여자들의 뇌처럼 아기의 울음소리에 반응하게 된다는 연구 결과를 함께 내놓았다. 세 살 이하의 아기가 있는 사람들은 남녀에 상관없이 아기의 울음소리를 들을 때 웃음소리를 들을 때보다 편도체 영역의 특정 부분에서 더 큰 활성화를 나타냈다. 반면에 아기가 없는 사람들은 아기의 웃음소리를 들을 때 더 큰 활성화를 나타냈다.

아기의 울음소리에 대한 뇌의 반응이 남녀가 아니라 자녀 유무에 따라 달라진다는 사실은 결국 양육 경험을 통해 뇌의 반응에 변화가 일어날 수 있다는 것을 시사한다. 이들 연구에서 활성화가 관찰된 곳이 편도체 중에서 조건학습에 관여하는 영역이라는 점에 비추어본다면 더욱더 그러하다.

결론적으로, 아기의 울음소리에 대한 뇌 반응의 성차가 전혀 없는 것은 아니지만 모성애를 느끼게 하는 뇌가 따로 있다기보다 부모로서의 책임감과 역할을 직접 경험하면서 남녀 모두 아기의 신호에 반응하는 뇌를 만들어간다고 할 수 있다. 경험과 학습이 뇌 구조와 반응 양식을 변화시킨다는 점을 생각해보면 이는 당연한 일이기도 하다.

피질의 두께는 같은데 뉴런의 개수가 더 많다는 것은 뉴런이 더 촘촘하게 배열되어 있다는 것을 시사하고 더 나아가 뉴런 하나하나의 크기가 더 작다는 것을 시사한다. 남자들의 대뇌에는 크기가 더 작은 뉴런이 더 많이 있기 때문에 그 뉴런에서 뻗어 나가는 축색(뉴런의 몸체에서 마치 꼬리처럼 뻗어나간 부분으로 다른 뉴런에게 신호를 전달해준다)이 더 많고 따라서 백질의 양도 더 많아졌을 것이다. 이에 비해 여자들은 뉴런 하나하나의 크기가 더 클 뿐 아니라 다른 뉴런들로부터 신호를 받아들이기 위한 수상돌기의 길이가 더 길고 가지도 더 많아서 하나의 뉴런이 차지하는 공간이 남자에 비해 훨씬 더 넓다. 이 때문에 뉴런의 개수는 여자가 남자보다 적지만 전체 뇌 크기 대비 회질의 양은 남자보다 오히려 더 많아졌을 것이라는 설명이다.

남자의 대뇌피질에 더 많은 뉴런이 있다고 해서 남자의 뇌가 발달하는 동안 여자에 비해 더 많은 수의 뉴런이 만들어졌다고 보기는 어렵다. 뇌발달의 가장 중요한 특징이 '과잉 생성 후 선택적 소멸' 이므로 여자와 남자 모두 처음에는 비슷한 양의 뉴런이 만들어졌을 것으로 추정한다. 다만 뇌발달 과정에서 선택적 소멸이 일어날 때 (아마도 테스토스테론의 영향으로) 남자의 신경세포가 더 많이 남고 여자의 신경세포가 더 많이 사멸하였을 가능성이 있다. 이러한 추정을 뒷받침하는 간접적인 증거로 갓 태어난 쥐의 시상하부 영역에서는 뉴런의 증식과 이동 과정에서 성 차이가 관찰되지 않았다는 연구 결과를 들 수 있다. 그러나 다 자란 쥐의 시상하부에 있는 성차이 신경핵의 크기를 비교하면 수컷이 암컷의 두 배이다. 사람의 경우에도 남자의 시상하부 크기가 여자보다 더 커지는 것은 네 살 이후라고 한다.

뇌발달 초기에는 같은 수의 뉴런이 만들어졌지만 테스토스테론 옵션이 포함되지 않은 여자의 뇌에서 더 많은 뉴런의 선택적 소멸이 일어난 결과, 여자의 대뇌에서는 적은 수의 뉴런이 상대적으로 더 풍부한 상호 연결을 발달시킨 것으로 보인다. 뇌발달 과정에서 죽는 뉴런이 많다는 말은 뉴런의 여유분이 많다는 의미로 해석할 수도 있다. 뇌에 여분의 뉴런이 많으면 뇌발달 과정에서 혹시 문제가 발생하더라도 이를 보완하거나 대체하기가 상대적으로 용이하다. 따라서 발달장애로 인한 피해를 입는 정도가 남자에 비해 여자가 적을 가능성이 있다. 실제로 학습장애, 난독증, 자폐증 등 각종 발달장애의 남녀 발생비율을 보면 3~4대 1 정도로 남자가 훨씬 더 많다. 상대적으로 여분의 뉴런이 적은 남자들의 뇌는 발달과정에서 문제가 생겼을 때 그만큼 수습이 어렵다는 것이다.

그런데 발달과정에서 나타나는 여자들의 유리한 입장은 노화과정에서는 불리한 입장으로 바뀐다. 여자들의 대뇌피질을 구성하는 뉴런들은 하나하나가 매우 풍부한 수상돌기 가지와 많은 양의 시냅스를 가지고 있기 때문에 알츠하이머성 치매처럼 신경계 퇴화에 따른 뉴런의 손상이 일어날 때 남자들에 비해 그 타격이 심할 가능성이 있다. 게다가 전체 뉴런의 개수는 여자들이 더 적으므로 같은 수의 뉴런이 손상되었을 때 여자들이 더 큰 기능 손상을 입을 수 있다. 바로 이러한 이유로 나이가 들면서 여자가 남자보다 치매에 더 취약해진다고 한다. 그 대신 건강한 여자들의 경우는 각각의 뉴런들이 가지고 있는 광범위하고 풍부한 상호 연결 덕택에 정보나 기능의 통합이 남자들에 비해 더 용이할 것이라는 추측도 제기되었다. 또 남자들은 여자들에 비해 단순한 연결을 맺는 작은 뉴런들이 더 많이 있기 때문에 뇌의 구조가 여자들에 비해 기능별로 더 세분화하였을 가능성이 있다.

지금까지 이야기한 차이는 뇌의 영역별 크기나 영역 내 미세 구조 등 뇌 생김새와 관련된 것이었다. 그러나 경우에 따라서는 같은 구조를 남녀가 서로 다르게 활용하기도 한다. 같은 일을 하면서 다른 방법을 사용하면 일한 결과에서 누가 더 잘했다거나 못했다거나 하는 차이가 나타날 수도 있지만 항상 그런 것은 아니다. 때로는 같은 일을 다른 방법으로 했으나 결과가 동일하게 나타나기도 한다. 이는 마치 두 사람에게 똑같은 성능을 갖춘 컴퓨터를 주면서 문서 작성을 시켰더니 한 사람은 혼글을, 다른 사람은 MS워드를 사용해서 똑같은 시간 안에 똑같이 정확한 문서를 만들어온 것과 흡사하다. 구조의 차이를 하드웨어의 차이라고 한다면 구조를 활용하는 방식의 차이는 소프트웨어의 차이에 견줄 수 있을 터이다. 이제부터 살펴보려는 것이 바로 뇌 활용 방식에서의 성 차이이다.

그 여자와 그 남자는 같은 일을 하면서 다른 뇌를 쓰기도 한다

여자와 남자의 뇌는 그 생김새만 다른 것이 아니라 같은 일을 할 때 뇌의 서로 다른 부분을 사용하거나 같은 부분을 사용하더라도 그 패턴에서 차이를 보이기도 한다. 이러한 차이가 행동상의 차이—예를 들면 언어 과제는 여자가 더 잘하고 공간과제는 남자가 더 잘하는 것—를 부분적으로 설명해준다고 볼 수도 있지만 항상 그런 것은 아니다. 과제 수행 점수에서는 남녀 차이가 없었으나 그 과제를 수행하는 동안 활성화한 뇌 영역을 살펴보면 남녀 차이를 보이는 경우도 있기 때문이다.

구체적인 증거로는 언어 과제를 수행할 때 여자는 좌우 반구를 모두 활용하지만 남자는 좌반구를 집중적으로 사용한다는 연구 결과를 들 수 있다. 단어와 비슷해 보이지만 사실은 단어가 아닌 자극(예를 들면 '고함')을 두 개 제시하고 이 둘이 서로 운이 같은지를 판단하는 과제를 수행하는 동안 뇌영상을 촬영한 연구가 있었다. 연구 결과 여자는 좌우 전두엽이 대칭적인 활성화를 나타내지만 남자는 좌반구에서 더 큰 활성화를 나타낸다는 것을 확인하였다. 이와 유사하게 두 단어의 의미가 서로 같은 범주에 해당하는가를 판단하도록 한 실험에서도 여자는 좌우 반구가 같은 정도로 활성화하였는데 남자는 좌반구가 주로 활성화하였다.

남자들은 언어 기능을 좌반구에 전적으로 의존하는 반면 여자들은 좌반구와 함께 우반구에도 의존한다는 것을 좀더 확실하게 뒷받침하는 증거는 뇌손상으로 인한 실어증 발생 자료이다. 좌반구 손상 후 실어증이 발생하는 비율을 살펴보면 일반적으로 남자가 여자보다 더 많다(한 연구에서 보고한 자료에 따르면 남자는 48%, 여자는 13%). 연구자들의 설명에 따르면 언어 기능 이외에도 여자들의 뇌는 전반적으로 좌우 협동 및 통합이 활발한데 남자들의 뇌는 기능 분화의 원칙에 충실한 것으로 추정된다. 이를 간접적으로 뒷받침하는 증거로 좌우 반구를 연결하는 신경회로인 뇌량(특히 후측 부분)의 크기가 남자보다 여자 뇌에서 더 크고, 좌우 측두엽을 연결하는 전측 교련의 크기도 남자에 비해 여자가 12% 더 크며, 좌우 시상을 연결하는 회로도 남자는 전체의 68%에서만 발견되는데 여자는 78%에게서 발견되었으며, 이 회로가 있는 사람들을 대상으로 그 크기를 비교했을 때 여자가 남자보다 53%나 더 크다는 사실들을 들 수 있다.

언어 과제뿐 아니라 공간과제를 수행할 때에도 뇌의 활성화 패턴에서 남녀 차이가 발견되었다. 남자가 여자보다 일관성 있게 잘하는 것으로 알려진 도형회전 과제를 수행하는 동안 뇌파를 측정한 연구에서 자극 제시 후 0.4~0.6초 시점에서 나타나는 뇌파의 진폭이 남자는 항상 좌반구보다 우반구에서 더 컸는데 여자는 일관성 있는 패턴이 발견되지 않았다. 또 도형회전 과제를 대학생들에게 실시하였더니 남자가 여자보다 반응 시간이 더 빨랐을 뿐 아니라 두정엽과 후측두 영역에서 여자보다 더 큰 활성화가 나타났다는 보고도 있다. 최근에 발표된 한 연구에서는 가상현실 속에서 길을 찾아가는 동안 남자는 좌반구 해마 영역이 뚜렷한 활성화를 보인 데 비해 여자는 우반구 전두-두정 영역이 활성화한다는 것을 보여주기도 하였다.

여자와 남자의 뇌가 왜 이처럼 같은 일을 서로 다른 방식으로 하게 되었는지를 아직은 설명할 수 없지만 뇌가 발달하는 과정에서 서로 다른 구조를 갖추게 되면서 각자가 더 잘 활용할 수 있는 구조를 통해 과제를 수행하는 방법 혹은 전략을 발전시켰을 가능성을 생각해볼 수 있다. 예를 들어서 자동차를 구매하면서 CD-플레이어 옵션을 선택하지 않았다고 해도 기본형에 장착되어 있는 카세트테이프 플레이어로 얼마든지 음악을 들을 수 있는 것과 마찬가지이다. 또 ABS 브레이크 시스템을 장착하지 않았을 경우 오히려 운전 기술이 더 능숙해지거나 운전 요령이 더 발달할 수도 있다. 길을 찾아갈 때 공간 능력이 더 뛰어난 남자들은 방향, 거리 등의 공간 단서에 의존하고 언어 능력이 더 뛰어난 여자들은 눈에 띄는 건물 같은 지형지물을 이용한 언어 기억에 의존하는 것이 바로 그러한 경우에 해당할 것이다.

그 여자와 그 남자의 뇌 리모델링

사람의 뇌는 발달과정에서 외부 자극과 상호작용한다. 남녀의 차이를 포함하는 뇌발달의 개인차는 유전 요인에서 비롯되기도 하지만 개인마다 조금씩 다를 수밖에 없는 환경 자극 자체와 개인과 환경 간의 상호작용 방식에 의해서도 결정된다. 외부 자극과 상호작용한 결과 뇌의 구조가 부분적으로 변화하기도 하는데 이러한 성질을 뇌의 '가소성'이라고 한다. 뇌의 가소성은 뇌가 발달하는 동안은 물론이고 성인이 된 이후에도 그 정도는 감소하지만 계속해서 유지된다. 뇌의 가소성 덕택에 우리는 환경 변화에 맞추어 뇌를 끊임없이 리모델링할 수 있다.

그런데 이러한 뇌의 가소성도 성 호르몬의 영향을 받는다는 증거가 있다. 쥐를 풍요로운 환경에서 자라게 하고 4개월 뒤 암컷 쥐와 수컷 쥐의 뇌 구조를 비교한 결과, 암컷 쥐는 수상돌기 가지가 더 많아진 반면 수컷 쥐는 수상돌기 가지에는 변화가 없으면서 수상돌기 가시(다른 뉴런으로부터 신호를 받아들이는 안테나 부분에 마치 장미 가시와 같은 형태로 돌출된 것을 말하는데, 다른 뉴런과의 접점인 시냅스가 이 부분에 많이 만들어진다)의 밀도만 더 조밀해졌다. 또 풍요로운 환경에서 자란 쥐와 척박한 환경에서 자란 쥐의 해마 뉴런들을 비교했을 때 암컷 쥐는 해마 뉴런의 수상돌기가 더 자라면서 발달하는 모습을 보였으나 수컷 쥐의 해마 뉴런에는 별다른 변화가 없었다. 태어나자마자 거세한 수컷 쥐는 해마 뉴런에서 암컷 쥐와 같은 변화가 나타나는 것으로 미루어 테스토스테론이 뇌의 가소성 정도에도 영향을 미치는 것으로 여겨진다. 또 여성 호르몬을 투여하면 해마 일부 영역에서 수상돌기의 곁가지가 생겨나고 시냅스 개수가 증가하는 등 가소성이 증가하는 것이 확인되었다. 이같은 쥐 연구 결과로 미루어볼 때 학습과 기억을 담당하는 해마 영역의 가소성은 여자들의 뇌에서 더 잘 나타난다고 말할 수 있다.

그러나 스트레스에 대한 반응성은 이와 반대로 여자보다 남자의

생각상자

그 여자의 뇌, 그 남자의 뇌 그리고 섹스

남자들은 흔히 눈앞의 미인에게 시선을 빼앗기고 여자들은 사랑의 속삭임에 마음을 빼앗긴다. 그래서 우드워드 와이어트라는 시인은 일찍이 "남자는 눈으로 사랑을 하고 여자는 귀로 사랑을 한다"는 명언을 남겼나보다. 이 시인의 관찰력을 뒷받침이라도 하듯이 일반적으로 여자보다는 남자들이 성적인 장면을 묘사하는 시각 자극에 더 큰 관심을 보이고 더 많이 접근한다. 얼마 전까지만 해도 사람들은 성적인 흥분이나 욕구에서의 이러한 성 차이를 당연하게 생각하였다. 그러나 이제는 그 차이가 상당 부분 사회문화적인 압력에서 비롯되었다는 데 동의하고 있다. 그렇다면 성적인 자극이나 흥분에 대한 뇌의 반응은 어떠할까? 남녀 간의 차이를 보일 것인가, 혹은 보이지 않을 것인가?

동물 연구 결과에 따르면 편도체와 시상하부가 특히 수컷의 성적인 반응이나 성행동 통제에 중요하다고 한다. 미국 에모리 대학의 스티븐 하만과 동료들은 2004년 4월 『네이처 뉴로사이언스』라는 저명 학술지에 발표한 논문에서 사람도 편도체와 시상하부에서 성적인 자극에 대한 반응이 나타난다는 사실을 확인시켜 주었다. 뿐만 아니라 성적인 자극에 대한 이들 뇌 영역의 반응에 남녀 차이가 있다는 결과도 보고하였다. 이들은 이성애 성향의 건강한 남녀 28명에게 남녀가 함께 있으나 성적인 행동과 관련이 없는 사진(중성 조건)과 남녀가 성적인 행동을 나타내는 사진(성적 흥분 조건)을 보여주었을 때 활성화하는 뇌 영역을 비교하였다. 실험 결과, 성적 흥분 조건에서 사진을 볼 때 주관적으로 느끼는 흥분도에서 남녀 차이가 없었는데도 이때 나타난 편도체와 시상하부의 활성화 정도는 여자보다 남자가 더 큰 것으로 밝혀졌다.

뇌에서 더 민감하게 나타나는 것 같다. 역시 쥐를 대상으로 한 최근의 연구에서는 만성적인 스트레스가 기억 능력에 미치는 영향을 알아보았다. 만성 스트레스는 쥐를 하루 6시간씩 21일 동안 좁은 공

성적 자극에 대한 주관적인 흥분감이 똑같은데도 편도체와 시상하부의 활성화 정도에서 성 차이가 나타났다는 것은 이들 영역이 단순히 성적 흥분을 일으키는 기능을 하는 것이 아니라는 것을 시사한다. 하만과 동료들은 편도체가 성적인 시각 자극에 반응하여 성적인 동기를 활성화하는 기능을 한다고 보았다. 어떤 이유에서인지는 모르지만 남자들의 경우 성적인 시각 자극에 노출되었을 때 여자들에 비해 편도체-시상하부 경로가 더 강력히 활성화하면서 성적 흥미 혹은 동기를 유발하게 된다는 것이다. 여자들의 경우 시각 자극 자체에 의한 주관적인 성적 흥분을 남자와 동일하게 느끼더라도 이 경로의 활성화는 남자들만큼 강력하지 않은 것으로 보인다.

이러한 결과가 무엇을 의미하는지, 예컨대 유전적인 차이를 반영하는 것인지 혹은 사회문화적 요인에서 비롯된 차이를 반영하는 것인지는 아직 알 수 없다. 그러나 성적 흥분을 일으키는 자극을 보았을 때 그 흥분을 직접적인 성행동으로 연결하고자 하는 추동이 여자보다 남자에게서 더 강하다는 것은 분명하다. 이러한 차이가 나타난 이유로 생각해볼 수 있는 한 가지는 성행동의 결과인 임신과 출산, 수유를 여자들이 담당하도록 되어 있다는 생물학적인 특성이다. 사회생물학에서는 대부분의 포유동물이 암컷은 양육 활동에, 수컷은 짝짓기 활동에 더 큰 투자를 하게 되어 있다고 말한다. 그 결과 수컷은 짝짓기와 짝 찾기에 더 적극적이고 경쟁적인 반면 암컷은 짝짓기 상대를 선택하는 과정에서 더 신중하고 까다로운 특성을 지니게 되었다는 것이다. 사람도 포유동물의 생물학적 특성을 상당 부분 가지고 있기 때문에 같은 강도의 성적 흥분을 경험했을 때 여자의 뇌와 남자의 뇌가 각기 달리 반응했을 수 있다. 남자는 무작정 짝짓기의 기회를 엿보지만 여자는 상대와 상황을 가늠해가며 이해득실을 따져보아야 하기 때문이다.

간에 가두고 활동을 제한하는 방법으로 주어졌다. 다양한 기억검사를 실시해본 결과 똑같은 스트레스 상황에서 수컷 쥐는 모든 기억과제의 수행이 저하되었다. 그러나 암컷 쥐의 공간 능력은 오히려 약간 향상되었고, 나머지 검사에서도 수행이 저하되는 현상은 나타나지 않았다. 신경계의 변화를 조사한 결과, 스트레스를 받은 수컷 쥐의 전두엽과 편도체에서 도파민성 뉴런(도파민이라는 신경전달물질을 분비하는 뉴런을 말한다. 뉴런이 정보를 전달할 때 시냅스로 신경전달물질이라는 화학물질을 방출하는데, 신경전달물질에는 도파민 이외에도 아세틸콜린, 세로토닌, 에피네프린 등 여러 종류가 있다)의 활동 저하가 관찰되었으나 암컷 쥐에서는 그러한 현상이 나타나지 않았다. 반면 암컷 쥐는 스트레스의 영향으로 해마의 일부 영역에서 세로토닌과 에피네프린 수준이 증가하였는데 수컷 쥐는 그런 변화가 없었다. 이러한 차이는 사람을 대상으로 한 연구에서도 마찬가지로 나타났다.

  사람의 뇌는 이처럼 발달과정에서 환경과 상호작용할 뿐 아니라 발달이 완료된 이후에도 환경과의 상호작용을 계속하며 스스로 리모델링을 해나간다. 성 호르몬은 여자와 남자의 뇌 구조가 형성될 때 영향을 미치듯 리모델링 과정에서도 여자와 남자에게 각기 다른 영향을 미치는 것으로 보인다.

그 여자의 뇌라고 모두 같을까? 그 남자의 뇌라고 모두 같을까?

  지금까지 여자와 남자는 행동 특성이나 인지 기능에서 차이가 나타나고 그러한 차이가 뇌의 구조 또는 작용 방식의 차이와 관련이 있다는 것을 이야기하였다. 한마디로 단순화하자면 여자의 뇌와 남자의 뇌가 서로 같지 않다는 것이다. 그렇다면 같은 여자들 혹은 남자들끼리는 뇌가 똑같을 것인가? 이 질문을 약간 바꿔서, 같은 여자들 혹은 남자들끼리는 신체 모양과 크기가 똑같을 것인가를 여러분에게 물어본다면 뭐라고 답할까? 두 번 생각할 필요도 없이 그 답은 '아니다' 일 것이다. 뇌도 마찬가지이다(여기서 다시 한 번 뇌도 신체의 일부분이라는 사실을 상기하자!!).

같은 여자, 같은 남자들 사이에서도 키, 몸무게, 팔 길이, 발 크기 등이 제각기 다르듯이 같은 여자, 같은 남자들 사이에서도 뇌의 각 영역별 크기나 신경세포들 간의 연결 강도, 신경세포의 개수 등이 제각기 다르다(필자가 대학원에서 공부할 때 신경해부학 실습을 지도하던 교수님께서는 자기가 속한 실습조의 뇌만 보지 말고 다른 조의 뇌도 보라는 충고를 여러 차례 하셨다).

여러분의 이해를 돕기 위해 뇌를 잠시 접어두고 발의 크기를 예로 들어보자. 여자와 남자 집단의 발 크기 평균을 비교한다면 분명 남자의 발이 더 클 것이다. 그러나 각 집단의 개개인을 살펴보면 그중에는 남자보다 발이 더 큰 여자들이 있고, 여자보다 발이 더 작은 남자들도 있다. 신체 크기뿐인가. 그 발로 달리기를 하면 일반적으로는 남자가 여자보다 빠르지만 여자보다 느린 남자도 있고, 남자보다 빠른 여자도 있지 않은가.

지금까지 알려진 해부학적 구조와 기능의 성 차이 중에서 가장 일관성 있게 나타난 차이는 시상하부의 일부 신경핵(보통 성차이 신경핵이라고 부르는 부분)의 크기가 여자보다 남자에서 두 배 이상 더 크다는 것이었다. 그렇다면 모든 남자의 시상하부가 여자보다 더 클까? 만일 어떤 남자의 시상하부 구조가 평균적인 남자들보다 여자들과 더 유사하다면 그 구조와 관련된 기능 특성도 여자들과 더 유사하게 나타날까?

그 여자의 뇌를 닮은 그 남자의 뇌

남자로 태어났다고 해서 무조건 남자의 뇌와 남자의 신체 특성, 그리고 남자의 행동 및 인지 특성을 나타내는 것이 아니라는 증거는 유전적으로는 남자지만 뇌의 구조나 행동 특성이 오히려 여자와 유사한 사람들에게서 발견할 수 있다. 호르몬 이상 증후를 보이는 남자들과 동성애 남자들 그리고 성정체성에 문제가 있어 남자에서 여자로 성전환 수술을 한 남자들이 그러한 경우에 해당한다.

우선 뇌를 남성화하는 데 필요한 호르몬과 관련된 이상 증후를 가진 사람들의 경우를 살펴보자. 앞에서 남자의 뇌를 만드는 것은 테스토스테론이라는 남성 호르몬 옵션이라고 말하였다. 그런데 Y 염색체를 가지고 있어서 테스토스테론을 만들어내더라도 세포들이 이 호르몬에 반응하지 않는다면 아무런 효과를 내지 못할 것이다. 안드로겐 불감 증상이라는 호르몬 이상 장애를 보이는 남자들의 세포에는 테스토스테론에 반응하는 수용기가 없는데, 이들은 실제로 여자와 유사한 인지 특성을 보이는 것으로 알려져 있다. 또한 생식 호르몬이 충분히 생산되지 못해 테스토스테론의 효과가 제대로 발휘되지 않는 남자들도 공간 능력이 평균적인 남자들보다 떨어지는 것으로 밝혀졌다.

미국 소크(Salk) 연구소의 시몬 르베이(Simon LeVay)는 1991년에 동성애 남자들의 뇌 구조 일부가 이성애 남자보다 여자들과 더 유사하다는 연구 결과를 발표하여 많은 사람들의 주목을 받았다. 르베이는 동성애 남자, 이성애 남자, 이성애 여자가 포함된 41명의 뇌를 부검하여 시상하부 전측 영역의 일부인 제3사이질핵(INAH3)의 크기를 측정하였다. 이 영역은 남자들의 성행동을 통제하는 곳으로서 일반적으로 남자가 여자보다 두세 배 더 큰 것으로 알려져 있다. 그런데 동성애 남자와 이성애 남자를 비교한 결과 동성애 남자의 INAH3 크기가 이성애 남자보다 작고 오히려 여자들과 유사한 것으로 나타났다. 이 연구에 대한 비판도 없지 않았지만 인지 기능을 비교한 심리학 연구에서도 그와 유사한 패턴의 결과가 보고되었다. 예를 들면 전형적인 성 차이를 나타내는 공간능력 검사와 언어 능력 검사를 실시했을 때 동성애 남자의 공간능력 검사 점수가 이성애 남자보다 낮았으며, 언어 유창성 점수에 비해 공간능력 점수가 더 낮게 나오는 등 이성애 여자 집단과 유사한 수행 패턴을 나타냈다는 보고가 있다.

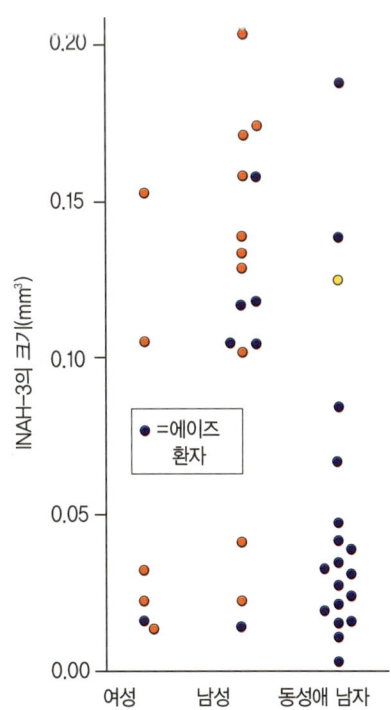

[그림 4]
제3사이질핵의 크기 비교
LeVay, 1992

동성애 남자들은 또한 일반적으로 남자들이 더 잘하는 표적 맞추기에서 이성애 남자보다 못하고 여자들과 오히려 더 유사한 특성을 보였다. 섬세한 손 운동을 요구하기 때문에 일반적으로 여자들이 더 잘하는 나무 조각 맞추기에서도 이성애 남자들보다 더 좋은 수행을 보여 역시 여자들과 더 유사하였다. 공간과제 중에서 매우 뚜렷한 성 차이를 나타내는 것으로 알려진 도형회전 과제와 선분방향 판단 과제를 실시한 2003년의 한 연구에서도 동성애 남자는 이성애 남자보다 더 낮고 여자들과는 차이가 없는 점수를 얻었다. 이러한 행동상의 차이가 뇌의 차이를 반영한다는 것을 간접적으로 시사하는 연구 결과도 있었다. 도형회전 과제를 수행하는 동안 뇌파를 측정한 한 연구에서는 특정 뇌파의 활성화 정도가 동성애 남자와 이성애 여자보다 이성애 남자에게서 더 크게 나타났다. 즉, 도형회전 과제를 수행하는 동안 동성애 남자의 뇌에 나타난 뇌파의 유형이 이성애 남자가 아니라 이성애 여자와 더 유사하였다는 것이다.

끝으로 남자에서 여자로 성전환한 사람들의 BST(편도체와 시상하부를 연결하는 신경회로상의 신경세포 덩어리) 크기가 이성애 남자와 동성애 남자에 비해 절반 정도밖에 안 되는 반면 이성애 여자와는 차이가 없다는 1995년의 연구 결과가 있다. BST는 쥐 연구를 통해 성행동에 매우 중요한 영역으로 알려졌으며 사람의 경우에도 BST의 일부분이 여자에 비해 남자가 2.5배나 더 크다는 보고가 있었다. 11년에 걸쳐 6명의 성전환자 뇌를 검사한 이 연구를 통해 새롭게 밝혀진 것은 이성애 남자와 동성애 남자 간에는 이 영역의 크기에 차이가 없으며 여자들처럼 작은 BST를 가지고 있는 성전환 여자(즉, 남자에서 여자로 전환)들 중에는 남자 파트너 선호자와 여자 파트너 선호자, 양성애자가 모두 섞여 있었다는 사실이다. 이는

BST라는 신경세포 덩어리의 크기와 성적 지향(즉, 동성애/이성애 선호 여부) 간에는 관련이 없으며, 성정체성은 성적 지향과 별개로 형성될 수 있는 것임을 시사한다. 성전환자들에 대한 유전학 연구나 생식기, 호르몬 수준, 생식선 등에 대한 연구에서는 성정체성 혼란을 설명할 만한 이상을 발견하지 못하였다. 연구자들의 설명에 따르면 성전환자들은 생식기를 포함한 신체의 성 분화와 뇌의 성 분화가 어떤 이유에서인가 서로 일치하지 않고 어긋났을 가능성이 있다. 다시 말해 성정체성과 관련이 있어 보이는 뇌 영역이 여자와 더 유사한 남자의 경우, 신체의 성 분화가 남자로 이루어졌다 하더라도 자신을 여자로 생각한다는 것이다.

간접적인 증거이기는 해도 남자에서 여자로 성전환 수술을 하고 안티 안드로겐 호르몬 치료를 받고 있는 사람들에게 호르몬 치료 전후에 여러 가지 인지기능 검사를 실시한 연구 보고도 있다. 성전환 수술을 통해 여자가 된 사람들은 안티 안드로겐 호르몬 치료를 받은 후 도형회전 검사에서 점수가 낮아지고 언어 유창성 점수는 증가하는 경향을 나타냈다. 같은 종류의 검사를 반복해서 받을 경우 일반적으로 점수가 올라간다는 점을 고려할 때, 호르몬 치료 후에 받은 두번째 검사에서 공간 능력 점수가 오히려 감소하였다는 이 결과는 성전환 수술과 호르몬 치료를 통해 인지 기능 패턴도 여성화할 수 있다는 것을 시사한다.

그 남자의 뇌를 닮은 그 여자의 뇌

유전적으로는 여자이지만 전형적인 여자의 뇌 형태에서 벗어난 경우도 물론 있다. 역시 호르몬 이상으로 인해 나타나는 현상인데 선천적으로 부신에서 테스토스테론과 유사한 안드로겐을 과잉 생산하는 경우가 있다. 유전적으로 여자라도 출생을 전후한 시기에 테스토스테론에 과잉 노출되면 남자와 유사한 생식기 형태가 나타나므로 이들은 출생 직후 수술과 호르몬 치료를 받고 여자로 자라게 된다. 이들을 대상으로 이루어진 최근 연구에서 이들의 공간 능력이 다른 여자들에 비해 특히 뛰어난 것으로 보고되었다. 이들은 또한 다른 여자 형제에 비해 축구, 기계 조립, 사냥 같은 남자아이들의 놀이에 더 많은 관심을 보이고 바느질이나 인형, 패션 등에는 관심이 없었다고 한다. 초기의 과잉 테스토스테론이 뇌 구조화에 영향을 미쳤을 가능성을 짐작하게 하는 현상이다.

동성애 남자에 대한 연구에 비해 동성애 여자에 대한 연구는 수도 적고 분명한 차이를 보여주는 결과도 드물다. 한 연구에서 이성애 남녀와 동성애 남녀 집단을 대상으로 표적 맞추기 과제 수행을 비교한 결과가 있다. 표적 맞추기는 일반적으로 남자들이 더 잘하는 과제인데 앞에서 동성애 남자가 이성애 남자보다 떨어지는 수행을 보인다고 하였다. 여자의 경우에는 동성애 여자가 이성애 여자보다 이 과제를 더 잘 수행하였다고 한다. 그런가 하면, 여자에서 남자로 성전환을 한 사람들에게 3개월간 남성 호르몬 치료를 했더니 치료 이전에 비해 공간 능력 점수가 증가하였다는 결과도 있다.

뇌에서 발견되는 성 차이의 상당 부분이 성 호르몬의 영향과 관련이 있다는 사실을 상기할 때, 여자들의 생리 주기에 따른 호르몬 변화가 뇌, 혹은 인지 기능에 어떤 영향을 미치는 것은 아닐까 하는 의문이 생길 수 있다. 쥐 연구에서는 호르몬 변화에 따른 뉴런의 변화가 실제로 관찰되었다. 한 예로, 여성 호르몬 수준이 높아지면 해마 뉴런의 수상돌기 가시와 시냅스의 수가 증가한다.

사람의 경우는 이처럼 직접적인 증거는 아직 없었지만 간접 증거는 있다. 여성 호르몬 수준이 가장 높은 배란기 무렵과 가장 낮은 월경 직후에 공간능력 검사와 언어 유창성 검사, 섬세한 손운동 검사 등을 실시하였다. 그 결과 예상대로 여성 호르몬 수준이 높을 때는 언어 유창성과 섬세한 운동 기술에서 더 높은 점수를 나타냈고, 여성 호르몬 수준이 낮을 때에는 공간능력 검사에서 더 높은 점수를 나타냈다. 쥐를 대상으로 한 연구에서도 암컷의 여성 호르몬 수준이 높을 때 공간과제인 물속 미로 검사 수행 능력이 가장 저조한 것으로 나타났다.

성 호르몬이 뇌기능, 즉 인지 기능에 영향을 미치는 것을 간접적으로 보여주는 또다른 방법은 성 호르몬의 작용이 본격적으로 시작되는 초경 연령을 하나의 변인으로 삼아 성 호르몬과 인지 특성의 관계를 살펴보는 것이다. 여자들의 초경 연령은 빠르면 8세부터 늦으면 심지어 18세까지 다양한 개인차를 보이므로 연구가 비교적 용이하다. 한 연구팀에서 8세 여자 아동을 모집하여 10년 동안 이들을 추적하였다. 개개인의 초경 연령을 기록하고 이들이 16세가 되었을 때 언어 유창성 검사와 공간능력검사를 실시하였다. 만일 성 호르몬이 뇌기능의 변화를 초래한다면 초경 연령에 따라 기능 패턴이 달리 나타날 것이다. 조사 결과, 연구자의 예상대로 초경이 12살 이전으로 비교적 빠른 여자 아동은 초경이 늦은 여자 아동에 비해 언어 기능이 더 좋았고, 초경이 늦은 여자 아동은 반대로 공간 능력이 더 뛰어났다.

왜 다르게 디자인되었을까?

지금까지 여자와 남자의 뇌를 다르게 만드는 중요한 요인으로 성 호르몬을 지목하여 이야기하였다. 그런데 왜 성 호르몬의 작용을 통해 여자와 남자의 뇌가 달라지도록 만들었을까? 왜 성 호르몬은 남자의 뇌를 공간 정보 처리에 더 능하게 만들고 여자의 뇌를 언어 정보 처리에 더 능하게 만들었을까?

기무라는 우리의 뇌가 수백, 수천 만 년에 걸쳐 이루어진 진화의 역사를 반영하고 있다고 설명한다. 진화론에 의하면 모든 유기체에서 생존 가능성을 높이는 특성은 대를 이어 전달되고 나머지는 도태한다. 생존이 힘들던 원시사회에서 여자와 남자는 서로 협동해야만 살아남을 확률을 높일 수 있었을 것이므로 각자 역할 분담을 하였을 가능성이 크다. 남자는 도구나 무기를 만들고, 사냥을 하기 위해 때로 집에서 멀리 떨어진 데까지 나가기도 하였을 것이다. 여자들은 주로 집 근처에서 먹을 것을 구하고, 음식을 만들며, 자녀를 돌보았을 것이다. 이러한 역할 분담은 여자와 남자에게 서로 다른 기능 특성을 요구하였을 가능성이 있다. 먼 거리를 이동하며 살아 움직이는 동물들을 사냥하고 무기와 도구를 만들어야 하는 남자들은 방향 감각과 정확한 표적 맞추기 능력, 3차원 공간 능력이 필요했을 것으로 보인다. 여자들은 음식을 만들고 주변에서 먹을 것을 채집하기 위해 섬세한 운동 기술을 필요로 했을 것이고, 아기 얼굴의 작은 표정 변화나 침입자의 흔적일 수도 있는 집안 물건의 작은 변동 등에 민감해야 하므로 지각 변별 기능도 필요했을 것이다. 또 남자들이 사냥을 나간 동안 부족 내에 남아 함께 생활해야 했으므로 사회적 상호작용 기술이 발달하지 않을 수 없었을 것이다.

그러니까 오늘날 여자와 남자들이 보이는 행동이나 기능의 차이는 수많은 세대를 거치며 전해 내려온 과거 생활양식의 유산이라고 볼 수 있다. 생존을 위해 여자와 남자에게 요구되는 기능 특성이 성 호르몬을 통해 효율적으로 뇌에 구현되도록 진화해온 셈이다. 오늘날의 인간은 원시 수렵사회는 물론 농경사회에서도 벗어났지만 최근의 달라진 생활양식이 뇌 구조나 성 차이에 반영되기에는 산업사회의 역사가 너무 짧다. 산업사회, 정보화사회의 달라진 생활양식이 앞으로 몇만 년 동안 계속된다면 성 호르몬이 뇌 구조화에 미치는 영향도 달라지고, 뇌기능이나 구조의 남녀 차이도 지금과는 양상이 달라질지 모른다.

이처럼 생존을 위한 자연선택의 압력이 남녀에게 각각 다른 기능과 특성을 발달시켰을 것이라는 설명을 간접적으로 뒷받침하는 증거가 있다. 하나는 역시 쥐 연구 결과이다. 일반적으로 쥐도 수컷의 공간 능력이 암컷보다 뛰어나다. 연구자들의 설명에 따르면 쥐의 공간 능력은 여러 마리의 암컷과 짝짓기를 하기 위해 넓은 지역을 돌아다녀야 하는 필요에 의해 발달했을 가능성이 있다. 공간 능력이 우수할수록 더 멀리까지 가서 더 많은 암컷과 짝짓기를 하고 더 많은 자손을 생산할 수 있기 때문이다. 그런데 들쥐 종류 가운데는 한 마리의 수컷이 여러 마리의 암컷과 짝짓기하며 광범위한 지역을 돌아다니는 종만 있는 것이 아니라, 한 마리의 수컷이 한 마리의 암컷하고만 짝짓기를 하며 제한된 지역에서 살아가는 종도 있다고 한다. 그렇다면 한 마리의 암컷 쥐하고만 짝짓기를 하므로 돌아다닐 필요가 없는 쥐들의 공간 능력은 어떠할까? 연구자들이 이 들쥐들을 데려다가 암컷과 수컷의 공간 능력을 실험해보았다. 과연 어떤 결과가 나왔을까?

쥐의 공간 능력은 원형 미로나 물속 미로 검사 등을 통해 측정할 수 있다. 연구 결과, 여러 암컷과 짝짓기하기 위해 넓은 지역을 돌아다니는 들쥐는 수컷이 암컷보다 공간 능력이 더 좋았다. 뿐만 아니라 장소 기억과 관련이 있는 해마 영역도 수컷이 암컷보다 더 넓었다. 그러나 한 마리의 암컷하고만 짝짓기를 하므로 멀리 돌아다 닐 필요가 없는 들쥐들은 공간 능력에서 성 차이가 발견되지 않았 다. 이 들쥐의 해마 영역은 광범위한 지역을 돌아다니는 들쥐들보 다 작았다.

사람의 경우에도 이와 유사한 현상이 발견되었다. 에스키모 종족 가운데 하나인 아이누 족은 여자와 남자의 공간 능력에 차이가 없 다. 이들은 뚜렷한 지형지물이 없는 단조로운 지역에서 유목민 생 활을 하며 사냥으로 먹을 것을 구하는데, 여자들도 남자들과 똑같 은 지리적 환경에서 똑같이 유목민 생활을 해야 하므로 남자들과 같은 공간 능력을 필요로 했던 것이다.

이러한 예를 보면서 여러분은 생물학적 요인과 사회문화적 요인 이 서로 분리되어 있는 것이 아니라 영향을 주고받으며 복합적으로 작용한다는 사실을 알아차렸을 것이다.

인간의 행동이나 마음의 작용을 생물학적 요인으로 설명하는 데 약간의 반감을 가지고 있는 사람들은 성 호르몬이 뇌의 구조를 바 꾸고 행동도 다르게 만든다는 설명에 대해서도 부정적인 태도를 보 인다. 그러나 성 차이를 만드는 성 호르몬도 환경의 영향을 받는다 는 사실을 기억해야 한다. 태아 때 모체의 스트레스, 영양 상태, 심 신의 건강 상태 등에 따라 성 호르몬의 양이나 종류가 영향을 받을 수 있다(실제로 임신중에 스트레스를 유난히 많이 받았던 엄마에게서 태어난 남자 아기들 가운데 나중에 동성애자가 되는 사람이 많다는 조 사 결과가 있었다). 그러므로 생물학적 요인이 절대 불변의 고정된 효과를 만든다는 선입견은 잘못된 것이다. 그뿐인가. 성 호르몬을 조절하는 유전자도 결국은 몇십만 년에 걸친 환경의 변화와 요구를 내면화한 것에 다름아니다.

얼굴 모습이 다르듯 모든 이의 뇌는 다르다

지금까지 여자와 남자를 다르게 만드는 뇌의 차이에 대해 이야기하였다. 왜 그러한 차이가 나타나게 되었을까 하는 문제도 생각해보았다. 마지막으로 짚고 넘어가야 할 것은 지금까지 이야기한 여자와 남자의 차이가 절대적인 것이 아니라 상대적인 것이며, 여자와 남자를 집단 평균으로 비교했을 때에만 관찰되는 (그것도 대개는 아주 미미한 수준의) 차이라는 점이다. 사람들이 여자와 남자를 즐겨 비교하는 까닭은 여자와 남자가 성 호르몬이라는 확실한 공통 요인에 의해 쉽게 구분되기 때문일 것이다. 그러나 앞에서 여러 차례 강조하였듯이 성 호르몬을 포함한 유전 요인이 실제로 구현되는 과정에서 다양한 개인차가 발생하기 때문에 여자와 남자를 개개인으로 비교해보면 성에 따른 차이가 항상 관찰되는 것은 아니다.

그렇다면 성 차이는 무엇 때문에 알려고 하는가? 생물학적인 요인조차도 똑같은 결과를 산출하지 않는 만큼 사람들은 모두 다 조금씩 다르다. 남녀 차이의 기제를 밝히려는 노력은 단순히 성 차이에 대한 이해만을 돕는 것이 아니라 개인차를 더 잘 이해하게 도와준다. 연구자들은 남녀 차이에서 시작하여 결국은 개개인의 서로 다른 뇌가 행동이나 인지 특성에서 어떤 결과를 초래하는지, 서로 다른 뇌가 어떻게 해서 만들어지는지 등에 대한 해답의 실마리를 찾을 수 있을 것으로 기대하고 있다. 동성애나 성전환의 경우도 좀더 극단적인 개인차의 한 유형일 뿐 여기에서 크게 벗어나지 않는다고 할 수 있다.

뇌의 보편적인 특성에 더하여 개인차에 대한 이해까지 이루어진다면 뇌발달 과정에서 발생하는 다양한 이상 증후나 노화과정에서 발생하는 여러 가지 뇌질환에 더 효과적으로 대처할 수 있을 것이다. 또 뇌의 다양한 모습과 그로 인해 표출되는 다양한 행동 특성을 좀더 적극적으로 즐기고 누릴 수 있을 것이다. 수십억 지구인들의 얼굴 모습이 모두 다른 것을 이상하게 여기는 사람이 없듯이 그 얼굴 뒤편에 놓여 있는 뇌의 모습이 제각기 다른 것도 이상할 것이 없다. 그 여자의 뇌와 그 남자의 뇌도 마찬가지다.

■ 더 읽을거리

Kimura, D., *Sex and Cognition*, Cambridge, Mass: MIT Press, 1999

LeVay, S., *The Sexual Brain*, Cambridge, Mass: MIT Press, 1993

McGillicuddy-De Lisi, A., & De Lisi, R., *Biology, Society, and Behavior: The Development of Sex differences in Cognition*, Westport, Conn: Ablex Publishing, 2002

소비하는 인간의 뇌

성 영 신 고 려 대 학 교 심 리 학 과

고려대학교 심리학과와 대학원을 졸업하고 독일 함부르크 대학교에서 박사학위를 취득하였으며, 현재 고려대학교 심리학과 교수로 재직하고 있다. 1999년부터 2003년까지 한국 소비자·광고 심리학회의 초대 회장을 역임했으며, 공정거래위원회의 표시광고심사 자문위원, 한국방송광고공사 공익광고협의회 위원 및 조선일보와 국민일보의 광고대상 심사위원으로 활동중이다. 최근에는 fMRI를 이용하여 소비자 심리와 광고 효과 측정에 관한 왕성한 연구 활동을 하고 있다. 주요 논문으로는 「모델의 매력도와 시선 처리에 따른 광고 효과 연구」 「국내 및 해외 브랜드의 브랜드 성격이 구매 행동에 미치는 영향」 「상표자산의 심리학적 접근」 「신기술 제품 디자인에 대한 소비자 반응 연구」 「브랜드 커뮤니티 활동, 왜 하는가」 「구매자 – 판매자 관계에서 소비자 몰입」 등이 있다.

ysung@korea.ac.kr

소비자가 제품이나 브랜드를 보면 어떻게 생각하고 어떻게 느낄까? 또는 광고를 볼 때, 어떤 생각을 할까? 이런 궁금증을 해결하기 위해서, 마케팅이나 소비자 심리 분야의 실무자와 학자들은 많은 노력을 기울였다. 최근 이들의 노력은 소비자 뇌의 생리적 반응 영역까지 확장되고 있다. '소비하는 인간의 뇌'에서는 이처럼 소비자·광고심리학 분야에 도입되기 시작한 뉴로 마케팅(neuro marketing)과 관련된 연구를 소개하고자 한다.

소비 없이 살아갈 수 없는 현대인

인간은 소비하며 살아가는 존재다. 인간의 신체적, 심리적 욕구는 끝이 없지만 가지고 있는 자원과 개인의 능력에는 한계가 있기에 우리는 사회의 다른 구성원과의 적극적이고 능동적인 교환 행위를 통해 모자란 욕구를 충족시켜야 한다. 그래서 원시인은 물고기와 나뭇짐을 교환했고, 현대인은 신용카드로 배낭여행 패키지를 예약하는 것이다.

특히 현대인은 소비 없이 살아갈 수 없다. 우리의 24시간을 돌아보자. 이른 아침 단잠을 깨우는 자명종에서부터 늦은 밤 피곤한 몸을 누이는 침대에 이르기까지 우리가 살아가는 환경은 일생 동안 구입한 갖가지 소비재로 가득 채워져 있다. 그 모든 것들이 존재하고 있어야 우리의 삶은 완전해진다. 현대인에게 있어 소비란 살아 있음의 증명이며 우리의 일생은 소비재를 구입, 사용하고 서비스를 체험하는 긴 여정이다.

소비의 의미가 급변한 만큼 소비자와 생산자의 관계 또한 변화할 수밖에 없다. 과거 소비자는 다분히 수동적 존재였다. 새 배를 만들고 싶은 어부는, 설령 물고기를 수백 마리 낚아왔다 하더라도, 나무

꾼이 나뭇짐을 충분히 해올 때까지 기다릴 수밖에 없었다. 소비자의 욕구는 생산자를 위해 늘 인내해야만 했다.

생산자 쪽으로 치우쳐 있던 저울추가 조금씩 소비자 쪽으로 기울기 시작한 것은 비교적 최근의 일이다. 고도산업화에 힘입어 여윳돈이 생기고 삶의 질이 향상됨에 따라 소비자들의 입맛은 깐깐하게 변했다. 반면 기업 간의 경쟁은 치열해져서 자연히 소비자들은 여러 기업에서 출시된 수많은 제품과 서비스를 자기 입맛대로 고를 권리를 갖게 되었다.

과거와는 비교할 수 없을 정도로 중요해진 소비와 소비자. 이들을 이해하기 위한 과학이 곧 소비자·광고심리학이다. 소비자심리학에서는 소비자가 소비재에 관한 정보를 신체 오감을 통해 받아들이는 것에서부터 어느 하나의 브랜드를 골라 돈을 지불하는 데 이르는 일련의 소비과정에 영향을 끼치는 다양한 요소들을 연구한다. 한편 광고심리학에서는 오늘날 소비자에게 제품 및 서비스에 대한 정보를 전달하는 데 있어 가장 효과적이고도 중요한 매체인 광고와 그 광고에 대한 소비자의 반응을 중점적으로 연구하는 학문이다. 즉, 광고에 표현된 시청각 자극을 신체 오감으로 받아들이는 순간부터 광고에 숨겨진 의미를 이해, 메시지에 설득되거나 광고 자체에 대해 호감을 갖는 데 이르기까지 심리적 과정을 과학적으로 파헤치는 데 그 목적이 있다.

소비자·광고심리학, 어떻게 연구하는가

심리학은 인간을 연구하는 과학이다. 소비자·광고심리학자는 과학적 관점과 목적, 연구방법론에 따라 소비 행동, 혹은 광고에 대한 소비자의 심리적 반응과정을 연구하고자 한다. 이때의 연구 방법론은 자연과학의 그것과는 다소 다르다. 핸드폰을 구매하는 준거가 디자인인지 통화 품질인지 브랜드 네임인지를 알아보는 일은 현미경으로 세포의 핵분열 양상을 살펴보는 일과는 본질적으로 다른 것이다. 즉, 자연과학에서처럼 연구 대상 및 주제를 직접 관찰하는 방법이 소비자·광고심리학에서는 통할 수가 없다. 소비자의 심리적 반응이란 겉으로 드러나는 현상이 아니기 때문이다.

객관적 관찰이 매우 어려운 소비자의 심리를 어떻게 들여다볼 것인가. 해답은 자기보고법(self-report)이다. 자기보고법이란 연구 대상 스스로(self) 자신의 의식적 경험을 되돌아본 후, 이를 관찰 및 계량 가능한 글이나 말로써 연구자에게 보고(report)하는 방법이다. 연구자는 미리 지시문을 주거나 연구 대상자를 교육시킴으로써 연구 주제에 대한 생각과 느낌을 최내한 객관적으로 대답하게끔 유도한다.

자기보고법 중에서도 가장 흔히 쓰이는 방법이 설문조사와 면접이다. 연구하는 데 소모되는 비용과 시간과 인력을 아끼면서도 연구 대상자들의 응답을 비교적 타당하게 뽑아낼 수 있기 때문이다. 설문조사는 글의 형태로, 면접은 말의 형태로 응답을 받아낸다는 점만이 다를 뿐, 소비자의 적극적 회고과정을 요구한다는 점에서는 일맥상통한다. 현미경으로 바라볼 수는 없는 소비자의 심리를 살펴 과학적인 해석을 하는 일이 이로써 가능해진다.

그런데 자기보고법은 상당 부분 연구 대상자에게 의존하고 있다는 점에서 몇 가지 본질적인 문제점을 갖고 있다. 가장 두드러지는 것이 소비자 스스로 자신의 응답을 왜곡할 가능성이 있다는 점이다. 의도하건 의도하지 않건 실제로 이런 일이 빈번하게 일어나곤 한다. 예컨대 에로 비디오를 볼 때의 심리적 반응은 소비자의 의식적 왜곡 때문에 연구하기 힘든 주제 중 하나다. 개인의 성적 취향이 란 은밀하고도 사적인 법, 초면인 연구자에게 떳떳이 드러내기에는 민망할 수밖에 없다. 응답은 도덕적으로 올바르게끔 중화되고, 낯 뜨겁지 않은 이야기로 변질된다. 설문지를 수거하는 짧은 순간의 스침이라도 연구자와 연구 대상자 사이에는 사회적 관계가 형성되 므로 사회적으로 바람직한 사람으로 보이고자 하는 응답자의 노력 은 당연한 것이고 막기 힘들다.

언어로 변환이 가능한, 구조적인 반응만을 측정할 수 있다는 점 도 문제가 된다. 자기보고법은 설문지의 경우 글로, 면접의 경우 말 로 응답을 받게 된다. 그런데 소비를 할 때, 혹은 광고를 볼 때의 경 험 중 일부는 언어로 변환하기 힘든 것이 있다. 감정이나 정서가 대 표적인 예다. 어떤 제품이나 서비스에 대한 개인의 생각이나 기억 은 비교적 안정적이고 구조적이며 언어적인 것이어서 설문조사나 면접으로도 충분히 연구가 가능한 데 비해, 소비하거나 광고를 보 면서 경험하는 다양한 느낌과 감정은 본래 언어로 표현하기 힘들 고, 언제 나타날지 모르며, 쉽게 사라지는 특성이 있다. 2002년 월 드컵 승부차기에서 홍명보가 마지막 골을 성공시켰을 때 느꼈던 감 정을 이제 와서 다시 느끼기란 불가능한 것처럼, 자기보고법으로는 소비할 때 정확히 어떤 감정을 느꼈는지 알아내기 힘들다.

신경 소비자·광고심리학의 새로운 접근

소비자·광고심리학에서의 모든 질문은 한 문장으로 요약된다. 주머니에서 돈을 꺼내기 전, 소비자는 어떤 생각을 하고 무엇을 느 끼는가? 이에 답하기 위해 이제까지는 주로 응답자의 자발적 회고 와 언어화 과정을 요하는 자기 보고를 이용해왔다. 말하자면 말을 하는 소비자의 입과, 글을 쓰는 손에게 소비자 심리를 물어온 셈이다. 그러나 최근에는 소비자의 생각과 느낌을 바로 채록하는 기법이 소비자·광고심리학 분야에 소개되고 있다. 비결은 입과 손이 아닌, 뇌에게 바로 물어보는 것이다.

뇌는 인간의 행동은 물론, 생각, 느낌과 같은 고등 정신활동을 빚어낸다. 지금 이 글을 읽는 순간에도 대뇌피질의 다양한 영역이 유기적으로 기능하고 있다. 소비를 할 때에도 마찬가지다. 중국집에서 식사를 주문하는 경우를 생각해보자. 메뉴판에 쓰어 있는 글자는 안구를 거쳐 시각피질로 들어오고, 대뇌피질의 언어영역인 브로카 영역과 베르니케 영역을 지나 '자장면'이라는 음식명으로 이해된다. 자장면이 무엇인지에 대한 사전적 기억을 담고 있는 의미기억과, 자장면에 얽힌 갖가지 개인적인 추억과 경험을 담고 있는 일화기억도 회상된다(의미기억과 일화기억에 대해 더 자세히 알고 싶다면 「뇌는 어떻게 기억하는가」를 참고할 것).

체감각영역과의 연계를 통해 자장면 특유의 달콤짭잘한 식감도 떠올려질 것이고, 입 안에는 침이 절로 고일 것이다. 이러한 신체 반응에 대한 해석 및 의미부여 과정이 언어영역에서 다시 이루어지고, 이윽고 운동영역의 적극적인 활동을 통해 입의 근육이 움직여, 곧 '자장면 곱빼기'라는 주문이 흘러나올 것이다. 소비 또한 인간의 다른 사회적 행동과 마찬가지로 뇌의 기능에 의해 이루어지는 것이다.

비단 소비뿐만 아니라 모든 인간 행동 및 정신활동은 뇌에서 만들어지지만 그 과정이 직접적으로 측정되기 시작한 것은 비교적 최근의 일이다. 뇌의 활동을 측정하는 방법이 그전에는 없었기 때문이다. 인간에게 남겨진 최후의 미지의 영역, 뇌를 정복하기 위한 의학 및 신경과학 분야의 꾸준한 노력에 힘입어 최근에는 fMRI를 비롯해 PET 등 뇌의 활동 양상을 사진으로 찍어 관찰할 수 있는 기법이 등장했다. 대뇌피질은 물론, 중뇌, 소뇌를 비롯한 중추신경계의 기능이 속속 밝혀지기 시작했고, 이제 기초적인 수준의 뇌지도가 가능해질 정도로 우리는 뇌의 신비에 근접하게 되었다.

신경과학에 의해 축적된 지식은 이제 소비자·광고심리학에 접목되기 시작한다. 어떤 의미에서 그간의 연구 주제는 방법론에 얽매인 경향이 있었다. 자기 보고로 측정할 수 있는 심리적 반응들이 주로 측정되어왔다는 얘기다. 그러나 이제는 소비자가 말을 하지 않아도 글을 쓰지 않아도 어떤 생각을 하고 무엇을 느끼는지 알아낼 수 있는 전혀 새로운 방법이 등장했다. 말이나 글의 표현을 거치지 않는 생반응들을 이제 뇌에서 바로 엿볼 수 있게 된 것이다. 덕분에 그간 소비자·광고심리학에서 연구되어왔던 다양한 주제들이 중추신경계 수준에서 재해석되고 있고, 더 폭넓은 지식이 축적되고 있다. 어떤 것들이 있을까.

뇌에 아로새겨진 브랜드, 명품

산업혁명이 제 궤도에 도달, 삶의 질이 향상되기 시작한 순간부터 자본가들은 기분이 나빠지기 시작했다. 자본가와 노동자를 구분할 방법이 도무지 없기 때문이다. 특히 과거 귀족과 평민을 가르던 가시적인 지표인 복식으로는 더이상 차이를 둘 수 없다는 점이 못내 기분이 나빴다. 상상도 못할 거금을 주고 셔츠를 샀건만 공장에서 찍어내어 싼값에 팔아대는 셔츠와 모양새가 똑같은 것이다. 쏟아 부은 비용과 노력과 시간만큼의 만족을 얻고자 하는 것은 인간의 본성. 부자들의 입맛을 맞추기 위해 한 디자이너가 묘안을 짜낸다. 셔츠 중앙, 누구나 쉽게 알아볼 수 있을 자리에 자신의 이름을

생각상자

명품, 욕망의 대상

날 좋은 토요일 오후. 압구정동을 걷던 나의 각막에 무언가가 들어온다. 동공과 수정체를 지난 빛 정보는 시신경을 거치면서 전기적 신호로 변환되어 대뇌피질 시각영역에까지 치고 올라간다. 맞은편 2미터 앞에서 걸어오고 있는 우아한 여자. 어쩐지 경쟁심을 품게 만드는 그 여자가 들고 있는 가방의 로고가 눈에 들어온 것이다.

ＢＵＲＢＥＲＲＹ, 영문 낱자는 개개의 정보를 통합하여 인식함으로써 인지적인 피곤함을 덜어내려는 인간의 본성에 따라 한 덩어리로 읽힌다. '버버리', 대뇌피질 두정엽에 위치한 하전전두회에 신선한 혈액이 공급되고 그 단어와 관련된 기억들이 떠오르기 시작한다.

영국제…… 체크 무늬…… 베이지색…… 갤러리아 명품관.

머릿속 그물망 형태로 저장되어 있던 기억 덩어리들이 수면에 파문 퍼지듯 반짝이기 시작하고 한데 얽혀 있는 모든 기억들의 도움으로 뇌는 모종의 결론에 도달한다.

'명품.'

시각 정보로 저장되어 언제든 머릿속에 만들어낼 수 있는 이미지들도 떠오른다. 전두엽 중전두회가 제 기능을 해준 덕분이다. 갤러리아 백화점을 오가며 봤던 고급스러운 디스플레이, 벽에 걸려 있던 광고에 도도하게 서 있었던 섹시한 모델. 저 여자가 나를 스쳐 지나가는 짧은 순간에 벌써 이만큼의 정보처리가 이루어진 것이다.

나도 모르게―정말로 그러고 싶지 않음에도 불구하고!―한 번 더 뒤를 돌아보게 된 것은, 전대상회 때문이다. 기대와 관련되어 있는 전대상회가 활동함에 따라 저 여자가 들고 있는 버버리 가방, 저 명품을 들면 내가 한층 더 우아하고 세련되어 보일 거라는 기대를 갖게 되었던 것이다.

나의 전대상회는 지금 흠뻑 혈액을 머금고, 필연적으로 버버리 가방에 대한 간절한 욕구가 내 온몸을 감싼다. 이에 대뇌 전운동영역과 운동영역이 긴밀하게 협력, 목의 근육이 뒤틀리고 나는 뒤를 돌아본다. 저 여자가 들고 있는 가방을 본다. 나도 모르게. 나의 자존심에도 아랑곳없이.

써넣은 것이다. 그럼으로써 그 셔츠는 디자이너의 혼신의 노력이 들어간 세계에서 몇 장 안 되는 셔츠가 되었고, 셔츠의 소유자도 자연스럽게 자신의 신분을 뽐낼 수 있게 되었다. 바야흐로 명품의 시대가 열린 것이다.

명품(名品). 영어로는 'luxury goods', 혹은 'designer's goods'라 한다. 후자를 직역하면, 디자이너가 만든 제품, 곧 명품이다. 제품 자체의 품질이 좋다기보다는 세계적인 디자이너가 만들어 그 인장(印章)이 제품에 박혀 있어야 비로소 명품이랄 수 있다. 합리적인 소비자상을 추구하는 사람들에게는 다소 못마땅한 부분이 아닐 수 없다. 모름지기 영리한 소비자들은 자기가 가진 자원과 기회비용을 잘 생각해 본 후, 최대의 효과와 만족을 낼 수 있는 소비재를 선택하기 마련이다. 디자이너의 이름 하나 박아놓고 수십 배의 값을 매기는 명품을 거리낌 없이 사는 게 과연 정상인가?

그러나 오늘날의 소비자들이 어떤 사람들인지 찬찬히 살펴보자. 일단 예전과 같은 방법으로는 만족하기가 힘들다. 과거 제품 간 뚜렷한 품질 차이가 있었을 때에는 조금만 노력을 기울여도 보석 같은 제품을 캐낼 수 있었다. 그러나 고도로 산업화되고 기업 간 경쟁이 치열해진 오늘날, 대부분의 제품에는 뚜렷한 품질 차이가 없다. 이거다 싶을 만큼 두드러지는 브랜드를 작정하고 찾으려 해도 찾을 수가 없는 것이다. 재봉도, 옷감도, 디자인도 죄다 거기서 거기다.

반면 삶의 질이 향상되면서 과거와는 비교할 수 없을 정도로 지갑은 두툼해졌다. 한번쯤 기분을 내더라도 주머니는 금세 채워질 것이다. 그러니 명품에 손이 가지 않을 수가 없다. 시중에 널려 있는 셔츠와 비교해 품질 면에서는 별 차이가 없다는 것쯤은, 명품을 사는 당사자들도 어느 정도 알고 있다. 그러나 애당초 명품은 재봉선을 훑어보고 사는 제품이 아니다. 디자이너의 이름을 가슴팍에 붙임으로써 얻게 되는 남다름과 고급스러움이 명품 소비의 동기며, 명품은 이를 충분히 만족시켜줄 수 있는 유일한 소비재이다.

어느덧 우리 곁에 등장해 이제는 현대 소비문화를 이야기할 때 빼놓을 수 없을 정도로 중요해진 명품 소비. 그러나 이에 관한 소비자·광고심리학적 연구는 그다지 많지 않았다. 비교적 최근에 등장한 소비 현상이기도 하지만 보다 본질적으로는 명품의 소비 심리가 보통 제품의 소비 심리와 크게 다를 게 없다고 보고, 명품 소비만의 독특한 심리적 과정에 그다지 관심을 갖지 않았기 때문이다. 명품도 분명히 소비재의 한 종류이므로, 일상에서 손쉽게 구할 수 있는 제품과 유사한 소비과정을 거친다. 그러나 최근 신경 소비자·광고심리학에서는 이에 대해 색다른 해석을 내놓고 있다.

모든 제품이 소비자에게 브랜드를 알려서 구매를 자극하고 있다. 많은 브랜드 중에서 같은 패션 브랜드지만 명품이냐 대중품이냐에 따라 소비자는 다르게 인식하고 있다. 똑같은 화장품이라 하더라도 그것이 명품일 경우에는 브랜드 로고만 보더라도 전대상회가 활성화되는 반면 시중에서 흔히 접할 수 있는 대중품의 경우에는 그렇지 않다. 소비자들은 디자이너의 인장이 자신의 사회적 또는 경제적 위상을 드높여줄 수 있음을 언론, 광고 등의 간접 경험은 물론, 직접 경험을 통해 오랜 시간 학습해왔다. 그 결과 명품에 대해 자신의 사회적 또는 경제적 위상을 만족시켜줄 것이라는 기대를 갖게 되는데, 이것은 명품의 브랜드 로고만 보고도 활성화되는 전대상회로 알 수 있다. 전대상회는 중요한 보상 가치를 지니고 있는 자극을 보고 선택적인 주의를 할 때 활성화되는 영역으로 알려져 있다. 즉, 자극이 자신에게 중요한 가치를 만족시켜줄 것이라는 기대를 하면

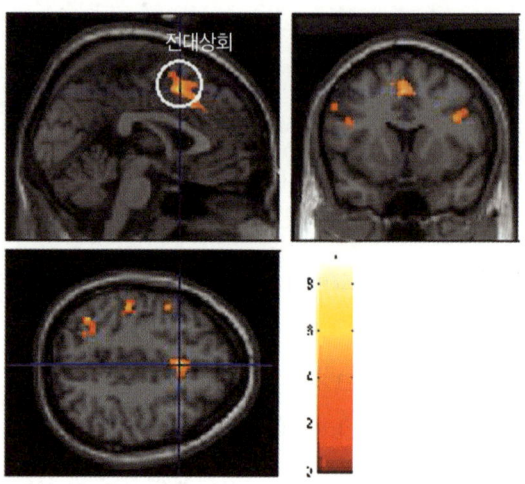

[그림 1]
'GUCCI'라는 로고만 봐도 전대상회가 활성화된다.

활성화되는 것이다. 예를 들어 코카인 중독자에게 코카인은 자신들을 기분 좋게 만들어주는 자극이기 때문에 코카인을 보는 것만으로 전대상회가 활성화된다. 다시 말해 명품은 소비자에게 사회적 또는 경제적 위상을 만족시켜줄 것이라는 기대를 생기게 한다([그림 1] 참조).

명품과 대중품에 대한 소비자 반응의 차이가 전대상회에서만 나타나는 것은 아니다. 대중품의 로고는 후대상회를 활성화시킨다. 후대상회는 자극과 관련되어 있는 개인적인 추억이나 경험을 회상할 때 기능하는 일화기억 영역이다. 일상적으로 보고, 사서 입어본 경험이 많은 대중품에 대해서는 일화기억이 쉽게 형성될 수 있다. 직접 경험뿐만 아니라 TV, 잡지, 신문, 라디오에서 끊임없이 흘러나오는 광고를 통해서도 우리는 대중품에 대한 다양한 기억을 형성할 수 있다. 일상 잡화를 살 때 매번 신문이나 잡지, 인터넷에서 관련 정보를 꼼꼼히 탐색하지 않아도 되는 이유가 여기에 있다. 우리는 그저 카트를 끌고 할인마트를 누비면 된다. 그저 판매대 앞을 지나가기만 해도 물끄러미 브랜드 로고를 바라보기만 해도, 우리 머릿속에는 이미 갖가지 기억과 추억들이 피고 지기 때문이다.

명품의 경우에는 조금 다르다. 패션 명품의 로고는 설전부를 활성화시킨다. 그림이나 사진의 형태로 저장되어 있는 정보를 회상, 머릿속에서 상상의 그림을 그려낼 때 활성화되는 영역이 기능하는 것이다. 일단 패션 명품에 관한 한, 일화기억 영역이 기능하지 않는다는 점을 생각해볼 만하다. 아무나 가지고 있거나 어떤 곳에서나 살 수 있다면 이미 명품이 아닌 법. 명품을 직접 사서 써본 사람은 그리 많지 않다. 명품을 간접적으로나마 경험해보기도 쉽지 않다. 백화점 쇼윈도로 보이는 제품의 디자인이나, 패션 잡지에서 흘끗 보고 넘어간 명품 광고가 전부다. 결국 명품에 대해 남는 기억이란 대중품의 그것처럼 뚜렷한 추억이 아니라, 막연히 머릿속에 떠오르는 고급스럽고 세련된 이미지의 형태로 저장될 수밖에 없다.

명품의 소비 심리는 여느 소비재의 소비 심리와 크게 다를 것이 없다고 가정하고 있는 일반적인 소비자·광고심리학 연구들은 대개 동일한 설문지를 이용, 두 제품에 대한 소비자의 반응을 측정하고 서로 비교하고 있다. 즉, 명품과 대중품을 소비할 때의 심리를 같은 지시문, 같은 척도, 같은 질문을 통해 비교하고 있는 것이다. 전통적인 소비자·광고심리학 연구 패러다임에 비추어볼 때, 이러한 방법은 매우 타당하다. 그러나 전대상회의 활성화로 인해 밝혀진 명품만의 색다른 효과는 이러한 연구방법에 대해 의구심을 갖게 만든다. 지금까지는 '어쨌거나 입는 것' 이라는 가정하에 패션 제품의 명품과 대중품을 한 가지 잣대로 비교해왔지만 앞서 언급했듯이 명품은 대중품과 전혀 다른 생리적 메커니즘을 거치기 때문이다. 마치 책을 읽을 때와 축구공을 찰 때처럼 현격한 생리적 차이가 있는데도 불구하고 명품과 대중품을 한데 비교하는 것이 의미 있는 작업일까? 만일 아니라면, 명품 연구의 실마리는 설문지가 아닌 뇌기능 영상에서 찾아야 하지 않을까?

미키마우스, 쥐인가 사람인가?

명품 소비 현상에 못지않게 최근 부각되고 있는 소비 현상은 대중문화 소비 트렌드이다. 사회 다수가 참여하고 즐기며 공감대를 형성하는 '대중문화'와 '소비'가 만난 것인데, 그 시너지 효과는 실로 엄청나다. 대중문화의 특성상, 대중문화 상품은 빨리, 넓게 확산되고 소비자의 강한 동조를 이끌어낸다. 기업이 관심을 가질 수밖에 없는 부분이다. 속된 말로 대박을 터트릴 수 있기 때문이다. 1990년대 말 미국에서 영화 〈쥬라기 공원〉 한 편이 중형차 150만 대의 몫을 했다고 한다. 영화 〈실미도〉와 〈태극기 휘날리며〉가 천만 명 이상의 관객을 동원한 2004년에 와서는 대중문화 산업이 가진 잠재력을 언급하는 것이 오히려 새삼스럽게 느껴질 지경이다.

매체를 초월한 융복합화 또한 눈여겨볼 만한 부분이다. 대부분의 대중문화 상품은 캐릭터를 중심으로 이야기가 전개되는 서사구조를 가지고 있다. 그러다보니 캐릭터, 혹은 이야기를 다른 매체에 이식, 새롭게 상품화하는 일이 얼마든지 가능해진다. 이른바 원 소스 멀티 유즈(one source multi use)가 이루어지는 것이다. '해리 포터'의 경우, 책에서 시작, 영화와 PC 및 콘솔(console) 게임을 거쳐 완구로 만들어지고 있다. 저자가 책으로만 벌어들인 인세가 1조 3천억 원이다. 매체를 변주할 때마다 곱절의 수익을 기대할 수 있다는 단순 계산이 나온다.

　대중문화 산업의 규모가 이렇게 거대해진 데에는 소비자의 심리 변화가 큰 몫을 차지하고 있다. 일정 수준 이상의 삶의 질을 확보한 대부분의 소비자들은 이제 소비를 통해 먹고 입고 자는 생리적 욕구를 넘어선, 보다 고차원적인 욕구를 만족시키고자 한다. '값싸고' '오래가고' '튼튼한' 것에 목마른 시대는 지났다. 삶의 질을 살찌우고 여가를 만족시킬 수 있는 색다른 것이 필요하다. 자연히 문화와 예술에 눈을 돌리게 된다. 게다가 영화, 만화, 드라마, 애니메이션에서 제공하는 희로애락의 이야기는 감성 소비를 지향하는 현대인의 입맛에 착착 감긴다. 또한 소비자들은 영화배우가, 탤런트가, 만화나 애니메이션 주인공이 겪는 갖가지 사건에 인지적으로, 정서적으로 몰입하며 다양한 체험을 경험할 수도 있다. 대중문화에 대한 목마름은 앞으로도 꾸준히, 더 강하게 지속될 것이다.

　대중문화 소비 트렌드에 힘입어 최근 소비자·광고심리학의 연구 주제로 새롭게 떠오른 것이 캐릭터이다. 캐릭터란 대중문화에 등장하는 주역 혹은 조역을 의미한다. 앞서 언급했듯이 대부분의 대중문화에서는 캐릭터를 중심으로 서사가 전개되고, 소비자는 서사를 따라가는 과정에서 자연스럽게 캐릭터에게 몰입한다. 결국 캐릭터는 대중문화 체험에 있어 소비자 감정 이입의 대상물이 되며 소비자에게 강한 인상을 남기게 된다. 그렇기 때문에 우리 주위의 학용품과 잡화는 기본이고, 의류, 일상용품은 물론 광고에 이르기까지 캐릭터가 넘쳐나고 있는 것이며, 대부분의 대중문화가 캐릭터 상품으로 만들어지고 있는 것이다. 대중문화 소비의 중심에는 이처럼 캐릭터가 있다.

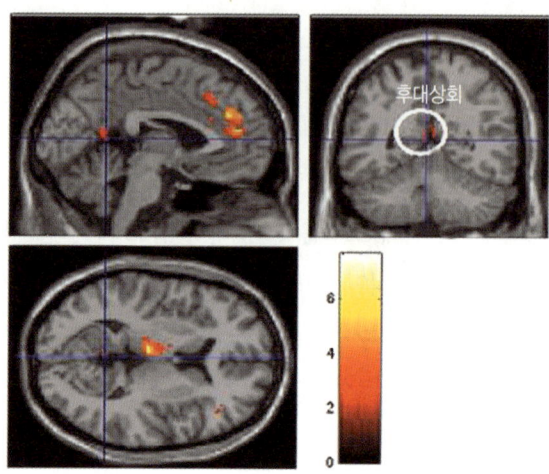

[그림 2]
미키마우스처럼 소비자와 오랜 기간 깊은 정서적 관계를 맺어온 캐릭터를 보았을 때 활성화되는 영역

    그 증거는 뇌에서도 나타난다. 미키마우스나 푸, 둘리처럼 만화나 애니메이션을 통해 소개된 바 있는 '대중문화 캐릭터'와, 딸기, 헬로키티, 탄빵처럼 대중문화화되지 않고 상품으로서만 출시된 '상품 캐릭터'의 사진을 보여주며 뇌기능 영상을 촬영한 결과, 매우 흥미로운 결과가 나타났다. 상품 캐릭터의 경우, 생명이 없는 인공적인 사물을 지각할 때와 관련 있는 영역인 좌반구 설부가 활성화되었다. 그러나 대중문화 캐릭터의 경우에는 [그림 2]에 보이듯이 양반구의 후측 대상회와 시상이 활성화되었다. 친구나 친지의 사진을 보고, 그에 대한 추억을 떠올리게 한 신경과학 실험에서 활성화된 곳과 같은 영역이었다. 내가 아는 사람인지를 지각하여 친근한 사람에 대한 정보를 회상하고, 그로부터 자연스럽게 향수가 유발됐을 때와 비슷한 반응을 한 것이다.

생각상자

내 안에 살아 숨쉬는 미키마우스

내가 압구정동에서 이름 모를 여자의 가방에 시선을 빼앗기고 있을 무렵, 내 동생은 코엑스몰의 팬시샵(Fancy shop) 쇼윈도에 코를 박고 있었다. 귀엽고 깜찍한 캐릭터들이 눈을 떼지 못하게 만든다. 사람처럼 눈, 코, 입이 모두 달려 있고 사람의 옷을 입고 있으며 사람과 같은 표정을 짓고 있는 다양한 캐릭터들. 그러나 동생의 뇌는 조금 다른 생각을 하고 있다. 딸기, 헬로키티, 탄빵. 귀엽고 예쁘긴 하지만, 필통에 노트에 다이어리에 그려진 그림일 뿐이다. 아무리 쳐다봐도 좌반구 설부에서 처리가 되었다. 사람이 인공적으로 만든 물건으로만 취급되고 있는 것이 아닐까?

흥미를 잃은 동생은 다른 쪽을 바라본다. 어린 시절 동화책에서, 만화영화에서 수없이 봐왔던 미키마우스와 그의 친구들이 웃고 있다. 이번엔 얘기가 조금 다르다. 후대상회와 시상에 빠르게 혈액이 공급되고 이들에 관한 다양한 일화기억들이 떠오르기 시작한다. 미키가 도널드와 싸웠던 에피소드, 미키가 미니에게 뽀뽀했던 에피소드...... 동생은 향수에 젖어든다. 아주 어린 유년 시절을 더듬어갈 때처럼 일화기억과 관련 있는 뇌 영역이 활성화되고 있기 때문이다. 월트 디즈니의 라이센스를 얻어 중국 OEM으로 제작된 봉제 인형 미키마우스가 동생과 유년기를 함께했던 친구로 거듭나는 순간이다.

만화와 애니메이션 속에서 대중문화 캐릭터는 사람처럼 행동하고 말하고 생각하며 느낀다. 오랜 기간 대중문화를 접한 소비자들은 그 이야기를 간접 체험함으로써, 자연스럽게 대중문화 캐릭터에 몰입하게 되고 깊은 정서적 유대를 맺게 된다. 반면 상품 캐릭터는, 비록 인간과 유사하게 그려졌다 할지라도, 대중문화 캐릭터처럼 생명력 있게 느껴지지는 않는다. 애당초 상품의 판매 촉진이나 기업의 이미지 제고 등을 위해 창작되어 상품 및 서비스의 일러스트레이션이나 도안으로서만 활용되었기 때문이다. 이처럼 대중문화에는 그저 그림에 불과한 캐릭터를 의인화시키는 힘이 있다. 그리고 그 힘은 신경학적 접근을 통해 비로소 확인될 수 있었다. 만일 '미키마우스가 쥐인가? 사람인가?' 와 같은 질문을 말이나 글의 형태로 물어보았다면 어땠을까? 소비자 스스로도 의식화하기 힘든 '의인화' 라는 개념을 전통적인 자기보고법으로 측정했다면 어떤 결과가 나왔을까? '미키마우스=mouse=쥐' 라는 '정답' 을 제쳐두고 '사람' 이라고 응답했을 소비자가 몇이나 될는지 궁금하다.

미인 모델을 바라보는 뇌

오늘날 상품 및 서비스에 소비자의 눈을 고정시키고 지갑을 열게 하려는 기업의 노력은 실로 대단하다. 해마다 수십억 원에 달하는 마케팅 비용을 아낌없이 투자할 정도로 소비자를 향한 기업의 구애는 끊이지 않는다.

그러한 노력의 정점에는 광고가 있다. 여러 가지 판촉 활동 중에서도 소비자의 일상에 가장 깊숙이 침투할 수 있고, 효과가 쉽게 누적될 수 있다는 점에서 광고는 가장 효과적이며 매력적인 매체이다. 때로는 제품의 특장점을 알리고 소비자를 설득하기도 하고, 때로는 긍정적인 감정을 유발하여 제품에 전이시키는 등, 목적에 따라 다양하게 사용될 수 있다는 점도 광고의 강점이다.

하지만 정보의 홍수 시대, 하루종일 엄청난 광고물에 시달리며 그중의 10분의 1도 눈여겨보지 않는 소비자들로부터 원하는 광고효과를 거두기란 쉽지 않다. 소비자들의 눈길을 확 끌고, 호감을 자아내며, 맹점을 찔러 설득시키는 다양한 광고 표현들이 활용되고 있고, 새롭게 고안되고 있다.

유서 깊으면서도 그만큼 효과적인 광고 전략 중 하나가 모델을 이용하는 것이다. 사람은 사람이 하는 이야기에 더 호감을 느끼고 설득되기 때문이다. 특히 아름답고 매력적인 광고 모델에 대한 소비자들의 절대적 지지는 주목할 만한 부분이다. 실상 아름다운 것에 정서적으로 끌리는 것은 인간의 본성이다. 심지어 태어난 지 몇 개월 안 된 유아들도 매력적이고 아름다운 얼굴을 가진 사람을 더 선호한다고 한다. 사람들의 아름다움에 대한 선호는 선천적이고 생물학적인 토대를 가지고 있는 것이다.

뇌에서도 이러한 점이 확인된다. 매력적인 얼굴을 바라보도록 한 다음 PET나 fMRI를 측정한 결과, 앞서 포르쉐 등 명품에서 활성화된 바 있는 보상관련 영역에 해당하는 전두엽 안와전두피질이나 기저핵의 복측 선조체가 활성화되었다. 특히 이성의 경우, 매력적인 얼굴은 한층 더 빛을 발한다. 남성을 대상으로 매력적인 남녀의 사진을 보여준 연구 결과, 남녀 모두 매력적이라고 인정했음에도 불구하고, 이성의 얼굴만을 더 오래 보기 원했다. 보상관련 영역 또한 이성을 볼 경우에 강하게 활성화되었음은 물론이다.

매력적인 얼굴과 다른 요소 간의 상관관계에 대해서도 이미 신경학적 연구가 발표된 바 있다. 매력적인 얼굴의 소유자가 무표정하게 있는 사진과 행복한 미소를 짓고 있는 사진을 보여준 결과 내측 안와전두피질은 후자의 경우, 즉 매력적인 얼굴의 소유자가 웃고 있을 때 더 강하게 활성화되는 것으로 나타났다. 시선에 대한 연구 결과도 흥미롭다. 매력적인 사람이 시선을 회피할 때보다는 눈을 맞출 때 보상영역인 복측 선조체의 활성이 강해진다. 재미있는 사실은 매력적이지 않은 사람은 오히려 시선을 마주치지 않을 때 보상영역을 활성화시킨다는 점이다.

결국 아름다운 사람은 그 자체만으로도 보상 가치를 지니며, 그와 눈을 맞추거나 그의 행복한 미소를 보는 사회적 상호작용이 더해질 때 그 가치는 더더욱 높아짐을 알 수 있다. 마주 다가오는 미남미녀의 얼굴을 헤벌레 쳐다보느라 간혹 발을 헛딛기도 하는 것을 보면, 뇌에서 이런 반응이 일어나는 것도 그리 신기한 일만은 아니다.

그러나 광고의 경우에는 어떨까? 카페에서 하릴없이 펼쳐든 잡지책에서 매력적인 모델을 볼 때에도 비슷한 반응이 일어날까? 최근 실시된 신경 소비자·광고심리학 연구에 따르면, 매력적인 광고 모델에 대한 생리적 반응 양상은 일반적인 경우와는 조금 다르게 나타나고 있다. 남성을 대상으로 fMRI를 촬영한 결과 오히려 매력적인 여성 광고 모델이 소비자가 아닌 다른 곳을 쳐다볼 때 [그림 3]처럼 보상관련 영역 중 하나인 흑질이 활성화된 것이다. 뿐만 아

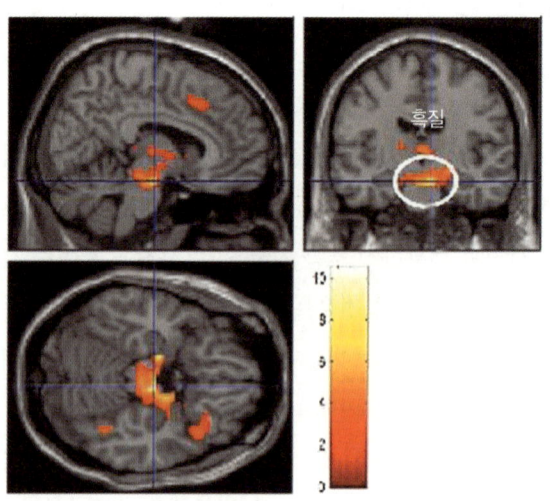

[그림 3]
매력적인 모델이 시청자를 외면할 때, 더 매혹적이다.

니라 광고에 대한 기억이나 모델에 대한 호감도도 높게 나타난다. 즉 광고의 경우에는 오히려 시선이 어긋날 때 모델의 효과가 높아짐을 시사하고 있다.

매력적인 '사람'과 '모델'의 시선에 대한 연구는 이처럼 상반된 결과를 내놓고 있다. 광고 모델에 대한 뇌 반응이 일반적인 경우와는 사뭇 달라지는 까닭은 어디에 있을까. 아마도 매력적인 사람과 소통하는 상황이 다르기 때문일 것이다. 미팅을 생각해보자. 퀸카와 시선을 줄곧 마주칠 경우, 그녀에게 더욱 매혹될 것이다. 그러나 퀸카가 내내 딴청을 피우고 있다면 그녀가 나와의 미팅에 관심이 없다는 뜻으로 이해하게 될 것이다. 일상생활에서 눈맞춤이란 의사소통의 시작이자 장기적인 관계 형성의 신호탄으로 볼 수 있다. 그래서 매력적인 이성과 눈이 마주칠 때 우리는 그 사람과 나누게 될 장기적인 관계를 상상하며, 기대감에 잔뜩 부풀게 되는 것이다.

광고의 경우는 어떤가. 광고 속의 모델은 사회적 상호작용의 대상이 아니다. 전지현이 아무리 예쁘다 한들, 15초 내내 뚫어져라 나를 바라보고 있다 한들, 그녀와 데이트를 하기란 불가능하다. 광고 모델은 그저 미적 감상의 대상일 뿐이다. 그리고 명품 광고를 보면 알겠지만, 대부분의 경우 정면을 바라보는 모델보다는 시선을 먼 곳에 두거나 고개를 살짝 돌리고 있는 모델이 훨씬 더 우아하고 신비로운 느낌을 자아낼 수 있다. 모델은 그저 그 자리에 서서 최대한 예쁜 표정을 지으면 된다. 그런데 정면보다는 오히려 측면을 바라보는 것이 더 아름다울 수 있다. 해외 명품 광고의 세련되고 고급스러운 모델처럼 말이다. 그래서 우리는 시선이 비껴간 광고 모델에게 더 매혹되는 것이다.

광고 효과를 제고하고자 하는 기업의 경쟁이 날로 치열해지는 가운데, 광고 효과 과정에 관한 기존의 이론들로는 설명할 수 없는 새로운 광고들이 속출하고 있다. 광고를 볼 때의 소비자의 심리적 반응을 이제는 뇌에서 찾아보면 어떨까. 이미 신경과학 분야에서는 적잖은 지식이 축적되어 있는 터. 광고 맥락에도 이러한 지식을 그대로 적용할 수 있는지 확인하는 것만으로도 광고 효과 과정에 대한 이해는 더 깊어질 수 있을 것이다.

눈으로 못 본 것을 뇌는 보고 있다

1975년 한 극장에서 극장 주인이 'Drink Coca-Cola(코카콜라를 마셔라)', 'Eat Popcorn(팝콘을 먹어라)'이라는 메시지를 영화 중간중간에 섞어서 보여주었다. 환불 소동이 빚어질 만한 사건이지만, 그 누구도 인식하지 못할 찰나의 순간에 보여졌기 때문에 이런 소동은 벌어지지 않았다. 결과는 놀라웠다. 평소보다 코카콜라와 팝콘의 판매가 각각 17%, 58% 증가한 것이다. 인간이 자극의 존재 여부를 탐지하는 데 필요한 최소한의 자극 크기인 절대역(absolute threshold) 이하로 자극을 제시함으로써, 소비자 스스로도 지각하지 못하는 행동 변화를 이끌어낸 것이다.

이를 효시로 여러 가지 자극에 대한 실험이 시도되었다. 시애틀 라디오 방송국에서 'TV는 지루하다'는 잠재의식 메시지를 방송하기도 하였고, 토론토의 몇몇 백화점에서 도난을 막기 위해 가청 범위 밖의 작은 소리로 도난 방지 메시지를 전달하기도 하였다. 미국 중서부 지역의 한 경찰당국이 살인자를 설명하는 TV 뉴스 프로그램 사이에 잠재의식 메시지를 삽입하여 범인을 잡고자 하였다. 2002년 미국 대통령 선거에서 민주당 고어 후보를 공격하는 부시 후보 측의 정치 광고에서 30분의 1초 동안 경멸적인 단어 'RATS'

가 화면을 가득 채웠다가 사라졌다. 이렇게 오늘날까지도 역하자극에 대한 관심은 꾸준히 이어져오고 있다.

알아차릴 수 있는 수준 이하에서 소비자의 행동을 유발하려는 시도는 비록 기업에게는 해봄직한 일이었을지 몰라도, 소비자에게는 그리 달가운 일은 아니었다. 비도덕적인 메시지들이 소비자도 모르는 사이에 전달될 수 있다는 우려 때문이다. 기업의 은밀한 관심에 대한 반작용으로서, 오늘날 대부분의 국가에서는 법적으로 역하자극의 상업적 활용, 특히 역하광고를 금지하고 있다.

그럼에도 불구하고 역하자극에 대한 인간의 반응을 가치중립적이면서도 과학적인 관점에서 이해하고자 하는 소비자 및 광고심리학계에서는 역하광고의 효과에 대해 꾸준히 연구를 이어가고 있다. 실제 역하광고의 집행을 돕기 위해서라기보다는 순수한 학문적 호기심 때문이다. 일단 역하광고의 효시라 할 수 있는 1975년 극장 실험에 대한 재연에서부터 역하광고의 효과 논쟁은 시작되었다. 'Drink Coca-Cola'를 절대역 이하의 짧은 시간에 제시한 똑같은 실험을 반복 실시한 결과 'Drink Pepsi Cola'나 'Drink Cocoa', 심지어 'Drive Safely'로도 읽힐 수 있음이 밝혀졌다. 뚜렷한 목적을 가지고 있고, 오직 그 목적과 관련된 행동만을 이끌어내야 하는 광고로서는 실격이라는 판정이 내려진 것이다.

이와는 달리 역하광고의 효과를 부분적으로 인정하는 연구 또한 존재한다. 역하광고가 소비자의 행동을 곧바로 변화시키는 것은 아니지만, 최소한 그 행동을 하고 싶다고 느끼게는 만들 수 있다는 것이다. 영화 사이사이에 'Coke'라는 단어를 제시하면 코카콜라를 마시고 싶어지지는 않더라도 최소한 갈증을 느끼게 만들 수는 있고, 500분의 1초 정도 'beef'라는 단어를 주면 강한 배고픔을 느끼게 할 수 있다는 것이다.

한편으로는 역하광고가 효과적일 수 있다는 연구도 있다. 1000분의 1초 동안 5회 제시한 다각형이 그렇지 않은 다각형보다 선호되더라는 '단순 노출 효과' 연구에 따르면 "자극의 존재에 대한 인식 없이도 대상에 대한 선호는 형성될 수 있다(preference needs no inference)".

이렇듯 역하광고의 효과에 대해 학계에서는 여러 가지 해석을 내놓고 있고, 아직까지도 구체적인 합의를 내리지 못하고 있는 형편이다. 대체 왜 그럴까? 역하광고에 관한 광고 및 마케팅 학계의 연구 결과가 제각각으로 나타나고 있는 이유는 무엇일까?

역하광고 효과 논란에 종지부를 찍지 못하고 있는 가장 큰 원인을 아마도 방법론에서 찾을 수 있지 않을까 싶다. 역하광고의 연구들은, 대부분의 광고 효과 연구에서 그러하듯이 자기보고법을 주로 사용해왔다. 앞서 말했듯이 자기보고법은 소비자가 스스로 의식화할 수 있는 반응을 측정하는 데 적합한 도구이다. 그런데 역하광고란 기본적으로 소비자가 자극의 존재를 의식화할 수 없어야 하는 광고다. 여기서 딜레마가 생긴다. 의식화할 수 없는 자극에 대한 반응을, 소비자의 의식화를 필요로 하는 자기보고법으로 어떻게 측정할 것인가?

자기보고법으로는 역하광고에 대한 소비자 반응을 타당하게 측정할 수 없다. 역하광고에 대한 자기 보고를 측정했다 한들, 그 속에는 소비자의 동기나 감정의 변화가 내재되어 있다고 보기는 힘들다. 자기보고 과정에서 인지적인 해석이 이루어지기 때문에 왜곡이 일어날 수 있는 것이다. 자기보고법으로 측정할 수 있는 변인이 기억이나 태도와 같은, 비교적 정보처리 과정의 마지막 단계에 있는 총체적이고 집합적인 반응이라는 점도 문제가 된다. 역하자극에 의해 발생하는 미묘한 반응의 차이를 걸러내기에는 자기 보고가 너무 투박한 것이다. 대부분의 역하광고 연구에서 의미가 있는 차이가 나타나지 않는 것도 이 때문이다.

결국 글이나 말을 통한 소비자의 인지나 기억을 필요로 하지 않는, 매우 예민한 측정 도구를 써야만 역하광고의 효과를 제대로 측정할 수 있다. 그중 하나가 생리적 측정법이다. 소비자 스스로도 깨닫지 못한 미묘한 반응의 차이를 중추신경계 수준에서 실시간으로 측정이 가능한 것이다. 인지 및 생리 심리학에서 사용하는 EMG(electromyogram, 근전도, 근육의 활동전위를 기록한 곡선)나 '사건관련전위(ERPs)', 기능적 자기공명영상 등이 그것이다. 실제로 인지 및 생리 심리학에서는 이들 방법론을 적용, 역하자극에 대한 생체 반응을 활발하게 연구하고 있다.

예컨대 EMG를 통해서 부정적이되 그 존재를 의식화할 수 없는 자극에 대해 얼굴 근육이 달리 반응한다는 점이 일찌감치 밝혀진 바 있다. 자기 보고로는 판정할 수 없었던 작은 차이가 얼굴 근육 수준에서는 뚜렷하게 관찰되고 있는 것이다. 최근 사건관련 fMRI 연구에서는 정서적으로 중립적인 자극에 비해 정서적 자극을 절대역 이하로 제시할 때 좌반구 중간방추회가 활성화된다는 사실이 알려졌다. 이는 의식하지 못하는 감정도 우리의 머릿속에서는 인식되고 있는 것을 말해주고 있다.

물론 이런 연구들에서 사용된 실험 자극은 광고 맥락에서 사용되는 자극과는 차이가 있으므로 이 모든 결과를 역하광고의 효과를 검증하는 데 적용할 수는 없을 것이다. 그러나 분명한 것은, 석연치 않은 결과를 뽑아내던 자기보고법과는 달리, 이들 생리적 측정법에서는 비교적 일관된 결론을 내놓고 있다는 점이다. 글이나 말로 풀어낼 수 없는 역하광고의 신비, 이제는 뇌를 통해 알아낼 수 있을 듯하다.

소비자의 진화, 소비자·광고심리학의 진화

지금까지 소비자·광고심리학의 연구 주제인 명품, 캐릭터, 광고 모델, 역하광고가 중추신경계 수준에서 어떻게 연구되고 있는지 이야기했다. 신경과학은 그 자체로도 충분히 새로운 학문이다. 신경 소비자·광고심리학의 역사는 더더욱 일천하고 지금까지 축적해놓은 지식의 양이 많지 않은 형편이다. 각각의 연구 주제에 대해 언급한 사례가 그리 많지 않은 것도 그 때문이다.

그럼에도 불구하고, 신경 소비자·광고심리학의 미래는 밝다. 앞서 언급한 이슈들은 최신의 소비 트렌드이고, 그 속에 내재된 소비자의 심리를 자세히 들여다보면, 오늘날의 소비자들은 과거와는 전혀 다른 존재임을 알 수 있다. 현대의 소비자들은 십만 원짜리 원피스 다섯 벌을 사는 것보다는 백만 원짜리 명품 속옷 한 벌을 산다. 아침에는 위니 더 푸 캐릭터 칫솔로 양치질을 하고 잘 때에는 푸 인형을 꼭 껴안고 잔다. 단지 전지현이 광고했다는 이유 하나만으로 올림푸스의 매출액이 급상승하고, 디지털 카메라 시장의 판도가 바뀐다. 합리적이고 경제적인 소비자, 깐깐하게 눈을 치켜 뜨고 생각할 수 있는 모든 요소들을 고려한 끝에 주머니에서 돈을 꺼내던 소비자는 더이상 없다. 현대의 소비자들은 그때그때 변화하는 감각과 감성에 따라 상품을 사고 서비스를 즐긴다. 머리가 아닌, 가슴과 온몸으로 소비하고 광고를 본다. 예전에는 고려할 필요조차 없었던 방향으로 소비자의 행동이 변화하고 있는 것이다. 과거에 쓰인 소비자 행동 개론서의 절반을 폐기처분해야 할 지경이다.

진화, 혁신 혹은 환골탈태라 해야 할까. 전혀 새로운 소비 종족이 태어난 셈이다. 과거와 같은 소비자·광고심리학 연구 패러다임으로는 이들의 발끝조차 붙잡지 못한다. 잘 짜여지고 구조화된 의식과 언어체계를 요구하는 자기보고법으로는 시시각각 변화하는 그들의 욕망과 감성을 포착할 수 없기 때문이다. 소비자의 말과 글을 곧이곧대로 믿기에는, 그들은 너무나 변화무쌍하다. 방법은 하나, 소비자가 상품과 서비스를 체험하는 바로 그 순간에 반응을 채록하고, 의식화를 거치지 않은 생반응을 직접 측정해야 한다.

그렇다면 탈출구를 뇌에서 찾아보면 어떨까. 진화된 소비자에 맞추어 상대하기 위해서는 진화된 패러다임이 필요하지 않을까. 아직은 미숙하고 조심스러운 것도 사실이지만, 신경 소비자·광고심리학의 느리되 정확하게 내딛는 발걸음을 즐거운 마음으로 따라가보면 어떨까.

■ 더 읽을거리

성영신, 정건지, 장영, 「모델의 매력도와 시선처리에 따른 광고효과 연구 : fMRI를 이용한 뇌기능 영상자료의 분석」, 「광고연구」, 15(1). 2004

Gordon Wendy, 'The darkroom of the mind : What does neuropsychology now tell us about brands?', Journal of Consumer Behavior, 1. 280~292. 2004

_____, 'Neuromaketing : beyond branding', The Lancet Neurology, 2004, 2. Vol.3

명상수련에 따른 뇌 활동의 변화

장현갑 영남대학교 심리학과 명예교수
서울대학교 심리학과와 동 대학교 대학원 심리학과에서 문학박사 학위를 받았다. 서울대 심리학과 교수, 아리조나 대학 심리학과 객원교수 그리고 한국심리학회 회장을 역임하였고, 영남대학교 심리학과 교수로 재직했다. 「생물심리학」, 「스트레스와 정신건강」, 「스트레스와 건강의 이해」 등을 지었고 「심리학 입문」, 「명상과 자기치유」, 「과학명상법」 등을 우리말로 옮겼다.
hkchang@yu.ac.kr

동양에서 시작된 종교들 가운데 특히 불교에서는 사람이 살아가는 것을 고통(人生苦海)이라 전제하고 이런 고통스런 삶을 여의고 즐거움이 충만한 세계로 가고자 한다(離苦得樂). 왕자로 태어나 왕권을 보장받은 태자 싯다르타가 인생고(人生苦)를 느끼고 이 고통을 벗어날 수 있는 길을 찾아 설산으로 향했으며 여러 해 수행 끝에 깨달음을 얻었다는 사실은 바로 이고득락(離苦得樂)의 전형적인 예를 보여준다 하겠다.

명상이란 무엇인가

그러면 어떻게 고통의 삶에서 벗어나 이상의 세계로 갈 수 있을까? 불교에서는 이를 사성체(四聖諦)라는 개념으로 설명한다. 즉, 현실의 삶이 고통스럽다는 것을 먼저 알고(苦聖諦), 이런 고통의 원인이 번뇌 즉 애욕과 업에서 나온 것임을 살펴(集聖諦), 고통 없는 이상세계 즉 열반의 세계를 깨달음의 목표로 삼아(滅聖諦), 열반에 이르기 위한 수단으로 마음을 수행해나간다(道聖諦)는 것이다. 다시 말해 고통스런 현존적 마음 상태를 잘 살펴 고통의 원인을 이해하고(因果), 고통 없는 열반세계로 가기 위해 인과의 사슬을 끊기 위한 마음공부를 강조했다. 여기서 말하는 마음공부(修道)란 현존적 고통으로부터 해방되어 아무런 왜곡 없는 순수한 본래의 마음상태(眞如)로 초월해가는 수행법을 말함이다. 이런 마음수행법을 일반적으로 명상(瞑想, Meditation)이라 한다.

후기 산업사회가 발달하는 1970년대 이후 현대인이 직면하는 스트레스를 효율적으로 대처하기 위한 방법으로서 명상이 주목받기 시작했다. 특히 1975년 하버드 의대 내과교수로 있는 허버트 벤슨(Herbert Benson) 박사가 '이완반응(Relaxation Response)'이라는 간단한 명상법을 서양의학에 소개한 이래 명상이 스트레스에 의한 온갖 유해한 피해를 예방하고 치유할 수 있을 것이라고 기대하였다. 이완반응 명상은 생리학적으로 부교감신경계의 활동을 높이고 교감신경계의 기능을 억제해서 스트레스에 의한 유해반응을 정반대 방향의 평화와 이완반응으로 바꾸게 하는 것이다.

현대 심리학과 의학에서 명상의 심리·생리학적 의미를 과학적으로 연구하기 시작한 계기는 벤슨의 『이완반응』이 출간된 이후이다. 미국의 경우 명상에 관한 과학적 연구가 활발하게 이루어진 배경에는 미국 연방정부 산하의 국립보건원(National Institute of Health, NIH)에 속하는 대체의학 사무소(Office of Alternative Medicine, OAM)에서 명상의 연구를 위해 공식 연구비를 지원했기 때문이다. 대체의학 사무소에서 연구비를 제공하는 경우에는 연구 주제가 엄격한 기준과 방법에 맞아야만 지원한다.

지금까지 명상이 건강 유지와 질병 예방에 유효하다고 하는 연구물만도 수천 편에 이른다. 이런 논문은 모두 국립보건원 연구비나 기타 권위 있는 연구재단의 연구비를 수령하여 연구한 논문들로서 표준적인 연구 요건을 갖춘 신뢰할 만한 연구들이다. 미국의 저명한 의과대학 부속병원의 임상교수들 역시 명상을 환자의 질병 치료와 예방에 활용할 수 있도록 한 단행본을 여럿 출판하기도 했다. 앞서 본 하버드 의대 허버트 벤슨의 여러 저서(1975, 1986, 2003), 캘리포니아 대학교 샌프란시스코 의대의 딘 오니시(Dean Ornish, 1990, 1996), 매사추세츠 대학 의료원의 카바트-진(Kabat-Zinn, 1990), 미국 치매예방재단의 칼사(Khalsa, 1995, 2001) 등이 명상을 의료에 적용할 수 있도록 단행본을 편찬한 대표적인 학자이다.

여기서 소개하는 대부분의 자료와 내용은 위의 저자들에 의한 저서나 최근 연구 결과들에 근거하고 있다.

명상을 할 때 나오는 것은 세타파

수년 전까지만 하더라도 어떤 한 천재가 어려운 문제를 푸는 것을 보면서 저 천재의 뇌 속에서 지금 어떤 일이 일어나고 있는가에 대해 막연하게 상상할 수밖에 없었다. 왜냐하면 당시의 신경과학자들은 인간의 뇌는 고도로 복잡한 시냅스 구조물과 수상돌기 그리고 축색돌기 등으로 얽혀 있어서 이 구조물들을 통해 어떤 메시지가 이쪽저쪽으로 다니다가 궁극적으로 어떤 의미 있는 생각이나 통찰이 일어날 것으로 추측했기 때문이다.

그러나 지금은 그 당시 상상도 할 수 없었던 새로운 기술이 개발되어 만약 창의적인 생각이 머리에 떠오르기 시작하면 이때 나타나는 뇌 속의 사건들이 낱낱이 기록될 수 있는 방법들이 개발되었다. 창의적 생각뿐만 아니라 명상과 같은 뇌의 휴식이나 이완 상태 동안 뇌 속에 일어나는 사건들도 낱낱이 알아볼 수 있는 뇌영상 기록 기법이 발달된 것이다.

이제부터는 명상 동안 일어나는 뇌의 활동을 뇌파 기록을 통해 알아본 연구들과 기능적 자기공명영상 장치를 통해 알아본 최근의 연구들을 중점적으로 살펴보자.

뇌는 전기적 활동에 의해 작동된다. 매순간마다 뇌 속에 있는 신경원들은 전기적 임펄스를 낸다. 이러한 개별적 임펄스는 규칙적인 형태로 조직되는데 이를 뇌파라 부른다. 뇌파도 다른 물리적 파형과 같이 속도, 주기, 세기가 다르다. 일반적으로 다음과 같은 네 종류의 뇌파 유형이 있다.

첫번째, 베타파(β파)는 빠른 주파수를 가지며, 대체로 눈을 뜨고 생각하고 활동하는 동안 나타나는 뇌파이다. 정상적 인지 기능이나 불안과 관련 있는 정서 상태의 뇌파이다.

두번째, 알파파(α파)는 느린 주파수를 가지며 이완 상태에서 나타나는 뇌파이다. 일반적으로 알파파가 나타나지 않으면 불안과 스트레스를 경험하고 있다고 추측한다. 알파파 출현은 쾌적한 기분 상태와도 관련이 있다.

세번째, 세타파(θ파)는 베타파보다 두 배에서 네 배 정도 느리며 각성과 수면 사이에 있는 명상 상태를 반영한다. 흔히 세타파를 경험할 때 사람들은 선의식(subconscious) 상태에서 정보에 접근하며, 이때에는 흔히 과거 속에 있는 영상을 보며 백일몽을 꾼다. 또한 이때는 깊은 개인적 통찰을 경험하기도 하고 창의적인 생각이나 창의적인 문제 해결력이 솟아오른다. 세타파는 유쾌하고 이완된 기분과 극단적인 각성과도 결합된 뇌파이다.

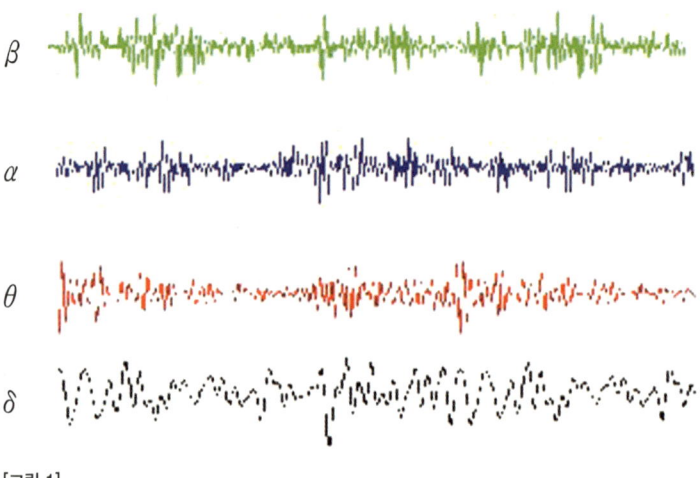

[그림 1]
뇌파의 유형

네번째, 델타파(δ파)는 매우 느린 뇌파이고 불규칙적이며, 수면에 들었을 때 나타나는 뇌파이다.

위에서 본 것처럼 가장 각성이 잘 이루어진 인지 상태를 지칭하는 뇌파가 세타파이며 이것은 명상 동안 나타나는 특정한 뇌파이다. 하지만 세타파는 전적으로 명상하는 동안에만 나타나는 것은 아니다. 하루 동안에도 여러 순간 나타날 수 있다. 명상을 오랫동안 수행한 사람들은 비록 명상을 하지 않는 동안에도 세타파를 경험할 수 있다. 대체로 명상을 오랫동안 수련하면 할수록 마음대로 세타파를 파생시킬 수 있다. 많은 명상가들은 자기 자신을 향해 의식의 초점을 옮기기만 해도 세타파를 보일 수 있다고 한다.

세타파가 기억력을 촉진시킨다

일반인들도 통찰이 일어난다거나 창의적 생각이 일어나는 순간 세타파를 경험할 수 있다. 실험에 의하면 사람들이 어떤 어려운 문

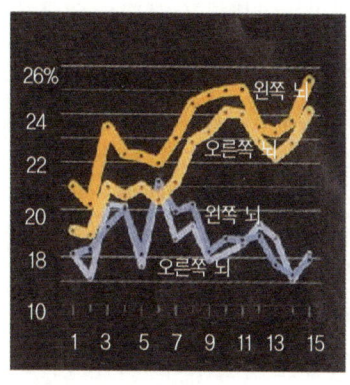 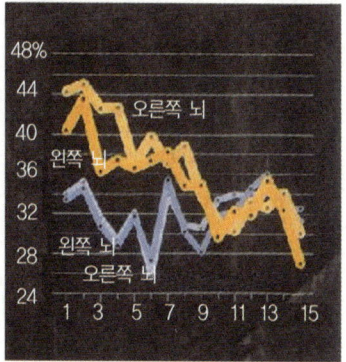

[그림 2]
이완 상태로 갈 때(왼쪽)와 각성 상태로 갈 때(오른쪽)의 명상 그룹(노란 선)과 통제 그룹(보라색 선)의 세타파 비율의 변화

제로 시달리고 있다가 갑자기 해결책이 발견되는 난관 돌파가 이루어질 때 세타파가 나타난다고 한다. 이런 현상은 골치 아프게 오랫동안 끌어오던 문제가 해결되어 긴장이 이완됨으로 일어나는 현상이다. 이러한 세타파 발생 현상은 난관 돌파, 통찰력의 순간 또는 깨우침과 같은 직관이 나타날 때 일어나는 현상이라고도 할 수 있으며 이 세타파의 출현은 뇌 속의 산화질소 발생과도 밀접한 관련이 있는 것으로 알려져 있다. 산화질소와 관련된 자세한 내용은 뒤에 자세히 살펴볼 것이다.

한편 우리가 어떤 문제로 좌절하고 있거나 허덕이고 있을 때 베타파가 발생한다. 이러한 베타파가 나타날 때는 정서적으로 우울하거나 불안감을 느낄 때이다. 한 뇌파 연구에 의하면 연구자가 피험자에게 창의성을 요구하는 복잡한 문제를 제시했더니 피험자가 온갖 노력 끝에 문제를 해결하기 위한 적절한 접근법을 찾았는데 그 순간 뇌파는 세타파로 바뀌었다고 한다.

어떤 연구자는 피험자의 학습 능력을 증진시키기 위해 피험자의 뇌 속에 세타파 발생을 자극하는 방법을 개발했고, 또다른 연구자는 세타파를 야기할 수 있는 교수법을 개발했다고 한다. 이러한 세타파 발생을 촉진시켰더니 하루에 새로운 외국어 단어를 500개나 가르칠 수 있었고 이렇게 학습한 단어를 6개월 후까지 평균 88%나 기억할 수 있었다고 한다.

이렇게 학습 능력이 증가하는 이유는 세타파가 장기 증강(long-term potentiation, LTP)이라는 기억응고 과정을 강화시키기 때문이다. LTP란 어떤 특정한 정보를, 다음에 그 정보가 나타나면 생물학적으로 기억하기 쉽도록 만드는 것을 말한다. 매번 정보에 노출될 때마다 기억이 산술적으로 덧붙여지는 것이 아니라 지수적으로 덧

붙여진다. 말하자면 만약 같은 정보를 다섯 번 보았다면 그 정보를 다섯 배 잘 기억하는 것이 아니라 스무 배 더 잘 기억할 수 있다는 것이다. 이것은 기억 통로가 트였기 때문인데 세타파의 발생은 이런 기억 통로의 활성화와 관련 있는 것 같다.

명상이 세타파를 발생시켜 인지 기능을 향상시켜주는 것 외에도 신체적 실행 능력도 탁월하게 높여준다. 스포츠 경기에서 대기록을 수립한 사람들은 운동 경기 도중 명상 상태에 이른다고 한다. 이런 명상 상태를 '변경된 의식대(The zone of altered consciousness)' 또는 단순히 '존(zone)'이라 부른다. 운동 도중 세타파가 발생하게 되면 고통, 피로감, 실패에 따른 공포감 등은 사라지고 최정상의 쾌감이 수반된다.

지금까지 살펴본 것처럼 명상 상태에서는 강력한 정신석·신체적 힘을 얻게 된다. 이 힘은 스트레스를 무력화시키며 정신적·신체적 기능을 잘 수행할 수 있도록 해준다. 그러므로 명상은 심신의 기능을 크게 향상시켜 삶의 적응과 건강에 유익하게 작용할 수 있을 것으로 확신할 수 있다. 이런 근거에 관해서는 뒤따르는 명상과 건강 편에서 보다 자세하게 언급할 것이다.

명상 상태에서 나타나는 뇌의 변화

최근 기능적 자기공명영상(fMRI) 장치가 개발되어 명상이나 이완 또는 일반적인 휴식 상태에서 일어나는 뇌 활동의 신비를 밝힐 수 있게 되었다. 즉, fMRI 장치는 특정한 순간순간 혈액이 뇌의 여러 부위로 흘러가는 모습을 정확하게 보여줘서 어느 부위의 뇌가 활동하는가를 알아볼 수 있도록 해준다.

최근 하버드 의대 벤슨 박사는 이완반응이란 고전적 개념을 더 넓혀 본격적 명상 단계에 이르면 "안정과 동요라는 서로 모순적 상태가 동시에 뇌 속에서 일어난다(paradox of calm commotion)"는 사실을 fMRI 연구를 통해 설명하고 있다.

이른바 안정동요라는 이 패러독스는 서로 상반되는 두 가지 심리적 사건(안정과 동요)이 동시에 나타나는 것을 의미한다. 명상 수행 동안 이런 심리적 모순 상태 같은 것이 동시에 일어난다는 것이 fMRI를 통해 밝혀진 것이다. 하버드 의대의 레이저(Lazer) 박사와 벤슨 박사 등은 시크 교도들이 명상을 하고 있는 동안 보여주는 뇌 활동을 측정하여 1999년 11월 23일자 『뉴욕타임즈』와 2000년 5월호의 『뉴로 리포트』에 발표했다. 요약하면 다음과 같다.

실험은 세 단계로 나누어 진행되었다. 첫 단계는 실제 실험에 들어가기 전 예비 단계이다. 이때 연구자는 피험자들에게 실제와 유사한 실험 상황하에서 명상을 하도록 요구한다. 그러나 이 실험 상황은 평소 명상을 해오던 조용한 상태에서 정좌하는 경우와는 다르다. 이때는 fMRI 기계가 작동하면서 발생하는 철커덕거리는 소리와 피험자 주변을 서성거리며 움직이는 실험자나 기계 기사들의 발자국 소리와 그밖에 전형적인 실험실에서 들려오는 자연스러운 소음 등이 들리는 상태였다.

둘째 단계는 실험 단계이다. 명상 동안의 뇌 활동을 과학적으로 측정하기 위해 미리 설정해둔 실험 절차에 따라 명상을 하도록 한다. 즉, 첫번째 절차는 6분간의 통제 기간이다. 이때 피험자는 고양이, 개 또는 새와 같은 동물 이름을 많이 기억하도록 가능한 한 생각을 그쪽으로 모으게 한다. 두번째 절차에서 본격적인 명상 수행 단계에 들어간다. 이 단계에서는 조용히 숨을 들이쉴 때마다 '세트 남(Sat Nam)'이란 만트라를 읊조리도록 한다. 이 만트라는 이들이 평소 명상을 할 때 즐겨 사용해온 종교적 의미의 구(句)이다. 숨을 내쉴 때는 다른 의미의 만트라 즉, '와해 구루(Wahe Guru)' 라는 만트라를 읊조리도록 한다. 이런 방식으로 수행을 하면 본래 갖고 있던 본질적인 깊은 믿음과 수행 행동이 결부되어 생리적·정신적으로 유익한 일이 일어난다고 믿는다. 다시 말하면 명상적 이완반응과 종교적 신념체계가 서로 결합되어 부가적으로 유익하게 된다는 것이다. 이 본격적인 명상 단계가 몇 분이 흐르면 몇 가지 변화가 두드러지게 일어난다. 처음에는 호흡이 느려지고 조용해지다가 곧이어 뇌와 신체에 놀라운 변화가 일어난다. 다시 말해 이 명상 동안에는 전반적인 뇌 부위의 활동은 낮은 상태가 되는데 fMRI상에 나타난 결과로는 이러한 저활동을 일으키는 원천이 어디인지 확인할 수 없다. 이러한 조용한 마음 작용(뇌의 저활동)이 뇌 속의 어떤 특정 부위의 자극에 의해 파생된 것일 수도 있고, 뇌 바깥의 어떤 독립된 '마음 차원'에서부터 기인된 것일 수도 있다. 한편 뇌가 전반적으로 평온해짐과 동시에 마음의 초점을 잡도록 하는 즉, 집중을 일으키도록 하는 특정 뇌 부위의 기능은 오히려 활성화된다. 또한 명상을 하는 동안에는 혈압, 심장박동 등의 자율신경 활동을 조절하는 뇌 부위인 변연계와 뇌간 부위의 혈액 흐름은 유의미하게 증가된다.

세번째 단계로 명상이 끝날 무렵 fMRI상에 두드러진 현상이 보였다. 즉, 피험자들이 명상을 그만두고 눈앞에 설치된 스크린 위에 있는 한 점을 3분 동안 응시하도록 요구받으면 명상 동안 조용한 뇌 활동을 보여주던 모습이 갑자기 활동성으로 바뀐다.

지금까지의 상황을 요약하면 명상 동안에는 전반적인 뇌 활동은 줄어들지만, 주의집중과 관련 있는 뇌 부위와 자율신경계 활동을 조정하는 뇌 부위는 활동성이 높아진다. 다시 말해 전반적으로 뇌 활동은 안정 상태를 보이지만 주의집중과 자율신경계 조절중추는 활성 상태를 보여준다. 명상 상태로부터 정상 상태로 되돌아오면 앞서 명상 상태의 안정된 뇌 활동이 역동적인 뇌 활동으로 바뀌게 된다.

언뜻 보기에는 이러한 '안정동요'란 현상이 서로 모순되는 것처럼 보일지 모른다. 그러나 안정과 활동이란 이 두 차원은 개인의 건강과 안녕을 유지하는 데 중요한 요건이 된다. 특히 명상을 통해 이런 안정동요의 경지를 경험해본 사람은 고혈압, 불면증, 우울증, 월경 전 통증 증후, 암 또는 AIDS 증후가 경감된다고 하는 임상보고가 계속되고 있다.

벤슨 박사는 2003년 4월에 출판한 『돌파 원리 *Breakout Principle*』에서 "건강하고 생산적인 역동성(healthful and productive dynamism)은 명상 도중 통찰과 같은 '돌파'가 일어날 때 나타난다"고 했다. 좀더 자세하게 설명하면 이러한 '돌파'가 일어나는 단계란 과거부터 지속되어오던 정신적 또는 정서적 타성이 깨뜨려지는 순간이라는 것이다. 벤슨은 돌파가 발생하면 뇌 활동에는 다음과 같은 일이 일어난다고 한다. 뇌의 전반적 활동성은 낮아지지만 혈압, 심장박동, 호흡의 조정과 관련 있는 뇌 부위의 활동성과, 주의집중, 공간-시간 개념의 각성이나 의사 결정의 조정과 관련 있는 뇌 부위의 활동성은 증가한다.

이처럼 명상하는 동안 평소 머리를 아프게 해오던 어려운 난제가 풀리는 통찰적 상황이 발생한다. 다시 말해 난관이 돌파되는 순간에 이르면 대부분의 뇌 부위의 활동은 줄어들면서 특정 부위의 뇌, 예컨대 주의나 각성 담당 뇌 부위나 부교감 신경계의 작용을 담당하는 뇌 부위의 활동성은 증가하는 '안정동요'의 상황이 벌어진다. 이것은 선(禪)에서 오랫동안 언급된 선의 경지, 마음은 별처럼 또렷하면서도 몸은 고요하기 이를 데 없다는 이른바 '성성적적(惺惺寂寂)'이란 경지를 신경과학적으로 입증해주는 것이 아닌가 한다.

마음챙김 명상이 독감을 내쫓았다

대니얼 골먼(Daniel Goleman)은 「당신의 왼쪽 뇌를 학습하라 Cajole your learn to the left」라는 글을 2003년 2월 4일자 『뉴욕 타임즈』에 발표했다.

이 글에서 그는 최근 망명 티베트 정부의 정치 지도자인 달라이 라마(Dalai Lama)와 몇 사람의 저명한 미국 심리학자와 신경과학자들이 협동으로 연구했던 실험 결과를 알렸다. 달라이 라마와 만난 이 과학자들은 2000년 3월, 사람들이 어떻게 하면 유해 정서를 보다 잘 통제할 수 있는가를 토론하기 위해 인도의 다람살라를 찾았다.

이들 중에는 위스콘신 대학교의 감성신경과학 연구소의 소장인 리처드 데이비드슨(Richard Davidson) 박사가 포함되어 있다. 데이비드슨 박사는 최신형 fMRI와 EEG(Electroencephalogram, 뇌파도) 분석기를 사용하여 감정에 관한 '뇌 속의 결정점(brain set point for mood)'을 확인하였다. fMRI 자료에 의하면 사람들이 불안이나 분노, 우울과 같은 불쾌한 감정을 느낄 때 활성을 보이는 뇌 부위는 뇌의 정서중추의 주요 부위인 편도체와, 스트레스 동안 심한 경계심을 불러내는 뇌 부위인 우측 전전두피질에 집중된다. 이와는 반대로 사람들의 감정이 낙관적이고, 열정에 차 있고 기력이 넘치는 긍정적 감정 상태일 때는 평소 조용하던 좌측 전전두피질이 갑자기 활기를 띠게 된다. 데이비드슨 박사는 좌우 전전두피질 간의 기저

수준 활동성을 판독함에 따라 한 개인의 전형적 기분 정도를 쉽게 알아볼 수 있다고 생각했다. 즉 좌우 전두피질의 활동 비율을 알아보면 매일 매일의 기분 상태를 정확하게 알아볼 수 있다는 것이다. 다시 말해, 이 비율이 오른쪽 반구의 활동성 쪽으로 기울어질수록 불행과 고민이 더 많아지고, 왼쪽 반구 활동성으로 기울어지면 보다 행복해지고 열정에 찬다고 한다.

수백 명의 자료를 모아 데이비드슨 박사는 종(鐘) 모양의 분포도 곡선을 작성했는데 대부분의 사람들은 좋은 기분과 나쁜 기분이 적절하게 섞여 있었다. 극단적으로 심하게 오른쪽으로 기울어져 있는 사람은 비교적 소수였는데 이들은 임상적으로 우울이나 불안장애를 보이는 사람이 많았다. 반대로 왼쪽으로 심하게 기울어져 있는 사람들은 골치 아픈 기분은 거의 없고 설사 그런 일이 있더라도 쉽사리 회복되는 낙천적인 행운아들이다.

데이비드슨은 티베트 고승을 상대로 좌우 반구 활성 비율을 검사했는데 검사한 175명의 스님 모두가 극단적으로 좌반구 쪽으로 기울어져 있었다. 데이비드슨은 인도의 다람살라에서 달라이 라마와 과학자들이 함께 만난 자리에서 이런 놀라운 발견을 보고하였다. 이 보고를 받은 달라이 라마는 그런 이로운 점을 얻게 된 것이 불교 수행을 통해서란 것을 밝힐 수 있겠는가 하고 물었다.

그런데 이 의문을 풀 수 있는 연구가 나왔다. 데이비드슨 박사는 매사추세츠 대학 의료원에서 마음챙김 명상법을 바탕으로 스트레스 완화 클리닉을 만든 카바트-진 박사와 협동으로 이 의문을 해결하려 하였다. 이 클리닉에서는 마음챙김 명상법을 모든 종류의 만성병 환자에게 그들의 증후를 보다 잘 조정할 수 있도록 하기 위해 가르친다. 마음챙김 명상법은 원래 불교 수행 가운데 사념처(四念

處) 수행 또는 위파사나 수행에서 나온 것으로 지금은 미국뿐만 아니라 많은 다른 나라의 병원과 임상에서 환자들에게 널리 가르치고 있는 수행법이다.

카바트-진과 데이비드슨은 이 명상법을 스트레스가 심한 한 바이오텍 기업 직원들에게 일 주일에 세 시간씩 두 달간 실시했다. 이 집단을 같은 회사 직원이지만 수행을 두 달쯤 늦게 시작한 집단과 비교했다. 두 집단 모두 수행 전과 수행 후 두 차례에 걸쳐 몇 가지 검사를 받았다.

이 피험자들은 그전에 불교에 관해 알지 못하였고 어떤 수행도 하지 않은 초심자들이다. 그러나 결과는 처음부터 좋은 조짐을 보였다. 즉, 마음챙김 명상을 수련받기 전에는 이들 피험자의 감정 결징짐 비율이 오른쪽으로 기울어져 있었고, 동시에 심한 스트레스를 받는다고 불평했다. 그러나 수행이 끝나자 이들은 감정 비율은 긍정적인 영역인 왼쪽으로 옮겨갔다. 동시에 이들의 기분은 개선되었으며 하는 일에 보다 열성적이고 불안 없이 참여할 수 있었다고 보

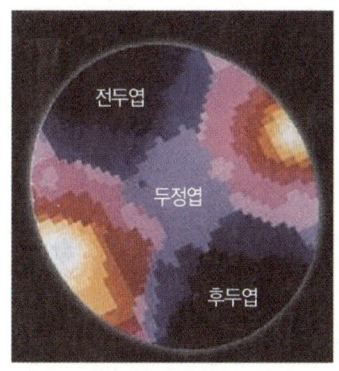 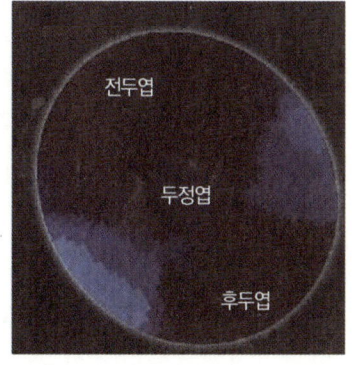

[그림 3]
명상 전(왼쪽)과 명상 후(오른쪽)의 뇌 사진

고하였다.

　요약하자면 감정 결정점이 적절한 수행 끝에 오른쪽에서 왼쪽으로 옮겨갈 수 있었다. 마음챙김 명상 상태에서 사람들은 그들의 감정과 생각을 올바르게 바라봐 감정과 생각이 불쾌한 방향으로 움직이려 할 때마다 이를 떨어내는 학습을 하게 된다. 데이비드슨 박사는 이것은 불쾌한 감정을 일으키는 편도체로부터 올라오는 메시지를 억압하는 좌측 전두피질에 있는 일련의 신경원을 활성화시키기 때문일 것이라는 가설을 세웠다.

　이 실험에서 또하나의 중대한 발견이 이루어졌다. 즉 마음챙김 명상이 면역 기능을 강화시킨다는 점이다. 즉 데이비드슨 박사에 의하면, 이 명상을 한 사람은 독감 바이러스 주사를 맞고 난 후 혈액 속의 독감 항체의 양을 측정했을 때 보통 수준보다 높아 면역체계가 강화되었으며, 독감에 걸리더라도 증상이 경미하다는 것이다. 감정의 결정점이 왼쪽으로 많이 기울어지면 질수록 면역 측정치가 더 많이 상승했다.

　캘리포니아 대학교 샌프란시스코 대학의 행동의학 교수인 마가렛 켐니(Margaret Kemney) 박사는 초등학교 교사를 대상으로 연구를 시작했다. 켐니 박사는 '마음챙김 명상법'의 수련이 면역체계 활동에 영향을 미친다는 데이비드슨의 연구 결과를 검증하고 정서적, 사회적 기술의 능력 향상을 알아보기 위해 120명의 간호원과 초등학교 교사를 상대로 통제된 실험을 실시하고 있다.

명상 동안 일어나는 산화질소의 분출

　사람들이 힘겨운 일로 시달리고 있거나 삶의 문제로 고통받고 있을 때 "그만 잊어버려라", "손을 떼라", "집착을 버려라", "마음을 비우라" 등의 충고를 한다. 언뜻 보기에 이런 충고는 쓸모없는 것처럼 보일지 모르지만 최근의 과학적 증거에 의하면 이렇게 집착을 버리는 것이 문제 해결이나 난관 돌파를 위한 창의성의 발견에 큰 도움이 된다고 한다.

집착을 버린다는 것은 지금까지 상투적으로 해오던 정신적·정서적 패턴을 완전히 벗어던지는 것이다. 이런 타성적 사고로부터 벗어나 새로운 세계로 나간다는 것, 다른 말로 '난관 돌파'를 벤슨 박사는 '브레이크아웃(breakout)'이라 불렀다. 한국의 전통적 선(禪)에서는 오랫동안 풀려고 허덕였던 난제가 풀리는 순간, 즉 화두가 깨쳐지는 순간을 '깨달음', '돈오', '견성' 또는 '한소식' 등으로 표현하는데 이 순간이 '브레이크아웃'과 유사할 것으로 생각된다.

이러한 내면 사고의 세계가 극적으로 방향을 전환한다는 것은 어두운 내면세계에 광명을 비추는 것에 비유할 수 있다. 최근의 연구에 의하면 이런 난관 돌파가 일어나게 하는 기본 기제는 뇌와 신체 부위에서 발생하는 일련의 신경·생화학적 과정에서 찾을 수 있다고 주장한다.

최근의 과학 잡지나 과학서를 보면 산화질소(nitric oxide, NO)에 관해 흥미 있는 이야기가 많이 나온다. 창의성이나 직관 또는 통찰 등이 명상 동안 일어나는 세타파 출현과 관계있다고 하는데, 이런 현상이 산화질소 발생과 밀접하게 관련 있다는 과학적 증거들이 등장하여 흥미를 끈다.

터프 대학의 연구자들은 개똥벌레의 몸에서 발하는 불빛과 산화질소가 관련 있다고 했고(『뉴욕타임스』, 2001년 7월 3일자), 영국의 서섹스 대학의 인공지능 연구자들은 산화질소에 의해 작동하는 컴퓨터를 개발하여 새로운 상황에 따라 보다 빠르고 효율적으로 생각할 수 있는 로봇을 개발하는 방법을 고안하고 있다고 한다.

그러나 산화질소에 의한 가장 중요한 작용은 인간의 뇌와 몸속에서 일어난다. 산화질소란 작은 분자로서 우리 몸속에서 거의 제한받지 않고 활동할 수 있다. 예컨대 산화질소는 기체 확산성 조절자로 작용하는 활성산소기(基, 라디칼)이다. 산화질소는 메시지를 운반하는 물질로서, '휙휙' 바람처럼 불어가는 기체로서 온몸과 중추신경계를 흘러 다닌다.

이러한 산화질소는 사람의 건강에 놀라운 이점을 준다. 예컨대 여러 연구들은 산화질소의 효과를 다음과 같이 보고하고 있다.

―산화질소는 뇌의 시냅스 사이에서 신경전달물질로 작용하여 기억과 학습을 증진시킨다. 산화질소는 신경조절 전달자로 작용하여 뇌를 보다 효율적으로 작용할 수 있도록 신경전달물질의 기능을 돕는다.
―산화질소는 도파민과 엔도르핀과 같은 신경전달물질의 방출을 촉진하여 안정감을 증진시키고, 최상의 신체적 쾌감을 경험하도록 돕는다. 예를 들어 조깅하는 사람들이 경험하는 '러너스 하이'라든지 운동선수, 연주자, 연설가들이 최고 수준의 수행에서 느끼는 '절정감'과 같은 심리적 경험이 산화질소와 관계있다.
―산화질소는 전 신체에 걸쳐 혈류 이동을 조정하며 중풍 발생과 관련 있는 뇌 부위의 혈행을 개선하고 산소 부족을 치료하는 데 도움을 준다.
―산화질소는 에스트로겐 투여 효과를 높인다. 특히 폐경 후의 우울증 치료에 효과적이다.
―산화질소는 혈관을 확장하며 심장에 대한 혈액 흐름을 개선시킨다. 특히 심장우회수술을 받은 환자의 회복에 중요하다.

─산화질소는 남성의 성적 무기력증을 개선하고, 면역 계통을 강화한다.
─산화질소는 이완반응이 일어나는 생화학적 기초를 제공하여 플라시보 효과를 극대화한다.

이처럼 산화질소는 스트레스 관련 질병의 진행과정에 관여한다. 산화질소는 스트레스 때 분비되는 노르에피네프린의 활동과 교감신경계의 반응성을 낮춘다. 그러나 산화질소의 분출이 소량일 때는 몸에 유익한 작용을 하지만 대량 분출할 때는 병적 생리기제로 작용하게 된다. 명상 동안의 이완반응은 스트레스 반응과 반대되는 것이기 때문에 저수준의 산화질소 생성 분출과 관련 있으며 신체의 기능을 보호하고 개선시키는 작용을 하게 된다.

질병 치료와 예방에 이용되는 명상법과 요가

인도 출신의 미국 마취 및 통증 전문의이면서 요가 수련가인 칼사 박사는 명상을 의료에 사용할 수 있다고 강력히 주장하는 사람이다. 그는 최근 『의학으로서의 명상 Meditation as a Medicine』이란 책을 저술하고, 이른바 '의료명상(Medical Meditation)'을 질병 치료와 예방에 활용할 수 있다고 주장하고 있다. 그는 명상이 노화를 방지하고 사람을 젊게 해주기 때문에 다방면에 걸친 의료 장면에 적용될 수 있다는 것이다. 비록 명상법의 종류에 따라 그 효과가 다소 차이가 날 수 있지만 명상은 근본적으로 내분비기관의 퇴화를 저지하고 활성화시키기 때문에 노화를 방지하고 회춘시킬 수 있다는 것이다.

이처럼 명상은 시상하부, 뇌하수체, 송과선과 그밖의 내분비선을 회춘시킨다. 왜냐하면 명상에는 내분비선의 자극이 많이 포함되어 있고 교감신경계 흥분에 의한 스트레스 반응에 대한 강력한 대응반응인 부교감 이완반응을 야기하기 때문이다. 바로 이런 이유로 명상의 과학적 의미를 가장 먼저 연구한 허버트 벤슨 교수는 명상의 심리, 생리적 반응의 특성을 스트레스 반응과 정반대인 이완반응이라고 불렀던 것이다.

모든 종류의 명상 훈련이 스트레스 반응을 통제하는 데 유효하다. 그러나 명상의 형태에 따라 효과에 있어서 차이를 보인다. 일반적으로 요가와 명상이 서로 결합된 명상 형태일수록 내분비기관의 활성을 회춘시켜 젊음을 유지하는 데 효과적이다. 칼사 박사는 의료적 수단으로 사용되는 의료명상의 형태로 다음과 같은 것을 들고 있다.

―기도(prayer)
―심상법(visualization)
―수피명상(Sufi meditation)
―유도심상(Guided Imagery)
―마음챙김 명상(Mindfulness Meditation)
―이완반응(The relaxation response)
―초월명상(Transcendental Meditation)
―선불교 명상(Zen Buddhist meditation)
―미국 원주민 명상(Native American Meditation)
―태극권과 기공 등 운동명상(Movement meditation, including Tai chi & Qi gong)

위에 열거한 여러 가지 형태의 명상법들에 포함되어 있는 공통적이고 중심적인 요인은 '생각을 멈춘 채 이완하는 것이다(relax with a suspension of thought)'. 이런 이완반응을 유지하면 스트레스 반응과 정반대의 생리적 효과를 야기할 수 있다.

의료명상에는 위에 든 명상법 외에 또 하나의 핵심요인인 요가가 포함될 때 그 효과가 더욱 커진다. 요가에는 여러 종류가 있으며, 요가 형태에 따라 수행상 강조하는 점이 다르다. 대표적인 요가 수행법으로 타인에 대한 보시를 강조하는 카르마(Karma) 요가, 신의 사랑에 초점을 두고 만트라와 같은 진언을 유성 또는 무성으로 읊조리는 것을 강조하는 박티(Bhakti) 요가, 신체의 자세 수련을 통해 균형을 이루려는 하타(Hatha) 요가, 호흡, 운동 그리고 정신적 초점 수련을 강조하는 라자(Raja) 요가, 호흡, 운동 그리고 정신적 초점, 손가락 모양, 무드라 수행 등을 통해 하위 차크라로부터 상위 차크라로 에너지를 불러내고 균형화시키는 것을 강조하는 쿤달리니(Kundalini) 요가 등이 있다.

이런 많은 명상법과 요가법 가운데 오늘날 미국을 중심으로 현대의학에서 대체의학 또는 보완의학의 수단으로 많이 사용되는 대표적인 명상법 몇 가지와 이들 명상법이 건강에 미치는 영향을 과학적으로 연구한 중요 증거들을 살펴보자.

대체의학의 주류인 이완반응

1994년 당시 미국 국립보건원 산하 대체의학 사무소에서 발간한 『명상 연구에 관한 총람』에 따르면 지난 25년간 명상에 관한 과학적·의학적 연구는 허버트 벤슨과 그의 동료들의 연구가 대부분이라고 말한다. 그리고 명상에서는 이완반응에 관한 연구가 대체의학 분야에서 주류이며, 이 연구는 주류 의학 쪽으로 이행되어가고 있

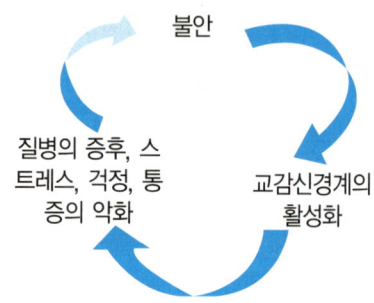

[그림 4] 불안의 악순환 모형

다고 언급했다.

원래 이완반응 명상은 박티 요가에서 유래한 초월명상(TM)에서 종교적인 의미를 가능한 한 제거하고, 과학적·의학적 의미를 강조한 명상법이다. 의료명상의 대가인 칼사는 이완반응 명상을 의료 장면에 소개하여 현대인이 처한 스트레스를 효과적으로 관리할 수 있도록 한 벤슨을 '현대의학의 구세주'라고 부른다. 사실 명상이 의료 장면에 적용된 계기는 벤슨의 이완반응 명상법이 하버드 의대 부속병원에 도입된 1975년이다.

벤슨 등이 주로 연구해온 이완반응이란 조용한 장소에 가만히 앉아, 마음은 깨어 있으면서, 어떤 특정 낱말이나 구절(만트라)에 의식을 집중해서 숨을 내쉴 때마다 암송한다. 이런 이완반응 명상을 하루 두 차례 한 번에 20분씩 실천하면 다음과 같은 심리·생물학적 변화가 일어난다. 산소 섭취의 현저한 감소, 스트레스 호르몬 분비의 현저한 감소, 혈중 백혈구 생성을 포함하는 면역체의 기능 항진, 안정된 뇌파 활동이 일어난다.

그리고 이러한 생물학적 변화에 따라 전반적으로 건강이 개선되

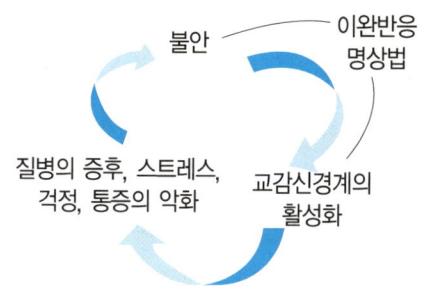

[그림 5]
불안에 대한 이완반응 명상법의 적용

는데, 중요한 것으로 두통이 경감하고, 협심증으로 인한 통증이 줄어들며, 혈압을 낮추어 고혈압 치료에 도움을 주며, 마음의 장벽을 극복하여 창의성을 발휘할 수 있고, 불면증을 이길 수 있으며, 과다호흡증후군의 발작을 예방할 수 있고, 요통을 덜어주며, 항암치료의 효과를 증진시키고, 공황발작을 제어하며, 콜레스테롤 수준을 낮추고, 불안과 우울증을 개선하며, 메스꺼움, 구토, 설사, 변비, 조급증 등의 증상을 개선하며, 전반적으로 스트레스를 감소시켜 내적인 평화와 정서적 균형을 이루는 데 도움을 준다.

스트레스 감소 훈련 목적으로 시작된 마음챙김 명상

마음챙김 명상이란 불교의 마음수행 37도품(道品) 가운데 가장 먼저 강조하는 사념처(四念處) 명상을 말한다. 사념처란 몸(身), 감각(受), 마음(心), 진리(法)와 같은 4가지 대상에 의식을 집중하는 수행법으로 위파사나 수행법 또는 관법(觀法)이라 부르는 명상법이다. 이 명상법은 1980년 미국 매사추세츠 대학교 의과대학에서 카바트-진 박사에 의해 스트레스 감소 훈련 프로그램으로 처음 도입되었다.

최근에 와서는 많은 의료명상법 가운데 이 명상법이 가장 주목받고 있으며 전형적인 의학적 연구나 건강심리학적 연구에 많이 사용된다. 이 명상 수련에서는 명상자들이 어떤 특정한 한 가지 만트라나 이미지에 주의를 집중하지 않는다. 그 대신 마음이 배회하도록 하고 그때 그 순간 나타나는 생각과 의식에 마음을 챙겨나간다.

이 명상법을 도입한 카바트-진에 따르면 "마음챙김이란 하는 일에 끌려가지 않고 순간순간 하는 일에서 존재의 양식을 느끼도록 학습하는 것"이라고 했다. 쉽게 말해서 이 명상법은 최근 우리나라에서 유행하는 위파사나 명상법을 의료 장면에 적용한 명상법이다. 얼마 전 방한한 틱낫한 스님이 소개한 명상법이기도 하다.

카바트-진이 강조한 8주짜리 마음챙김명상법의 프로그램 내용을 보면 바디 스캔, 호흡명상, 정좌명상, 요가, 걷기 명상을 공식 수련 명상으로 삼고, 먹기 명상, 자비명상 등을 비공식 명상으로 삼는다. 이렇게 일상생활 중 무슨 일을 할 때나 지금 하고 있는 그 일에 마음이 깨어 있도록 강조한다. 이런 명상 수행과 더불어 평소 일곱 가지 마음가짐을 강조한다. 첫째 판단하지 말 것, 둘째 인내심을 가질 것, 셋째 처음 시작할 때의 마음가짐을 가질 것, 넷째 믿음을 가질 것, 다섯째 지나치게 애쓰지 말 것, 여섯째 수용하라, 일곱째 내려놓아라가 그것이다.

많은 실험들에 의하면 마음챙김 명상을 하면 심리, 생물학적으로 많은 변화를 야기한다고 한다. 카바트-진 박사에 의해 이루어진 대표적인 연구 실험 하나를 소개하면 다음과 같다.

건선피부병을 가진 환자를 대상으로 전형적인 의학치료인 자외선 치료만 받게 한 집단과 자외선 치료를 받는 동안 자신의 호흡과 신체 감각에 초점을 두는 마음챙김 명상을 동시에 실천하도록 한 명상 집단으로 나눈다. 이 명상 집단의 피험자들은 치료 횟수가 거듭되면서 자외선이 자신의 피부세포를 뚫고 들어와 건선세포를 분해하고 용해시키는 것을 시각적으로 영상화하도록 하였다.

비록 두 집단이 똑같은 양의 자외선 치료를 받았음에도 불구하고 12주간의 치료를 끝낼 무렵 명상 집단의 피부는 비명상 집단의 피부에 비해 훨씬 빨리 깨끗하게 치료되었다. 명상 집단의 피험자 13명 가운데 10명이 40회 시행 끝에 깨끗한 피부를 보인 데 비해, 비명상 집단의 피험자는 10명 가운데 단 2명만이 깨끗한 피부를 보였다.

이와 유사한 치료를 암환자에 적용한 연구도 있다. 마음챙김 명상을 실천한 집단은 비명상 집단에 비하여 멜라토닌이란 호르몬이 현지하게 많이 분비되었나고 한다. 멜라토닌의 생성 정도는 스트레스 지각의 정확한 지표가 되므로 명상 집단의 환자가 비명상 집단의 환자에 비해 스트레스를 덜 느끼는 것으로 추론할 수 있다. 따라서 마음챙김 명상을 실천한 사람은 스트레스를 약화시켜 수명을 연장시키고 삶의 질을 높일 수 있을 것으로 기대할 수 있다.

마음챙김 명상은 공황발작을 감소시키고, 불안 수준을 낮추며, 만성통증을 완화시키며, 두통의 발생 빈도를 줄이고 약물이나 알코올 중독 치료의 반응률을 개선시키며, 비만증을 치유할 수 있다는 등의 연구 결과들도 나와 있다.

박티 요가에 기원을 둔 초월명상

초월명상(Transcendental Meditation, TM)은 미국에 가장 먼저 소개되어 가장 많은 연구가 이루어진 명상의 형태이다. TM은 박티 요가에 기원을 둔 것으로 1959년 인도의 요기이자 과학자인 마하리시

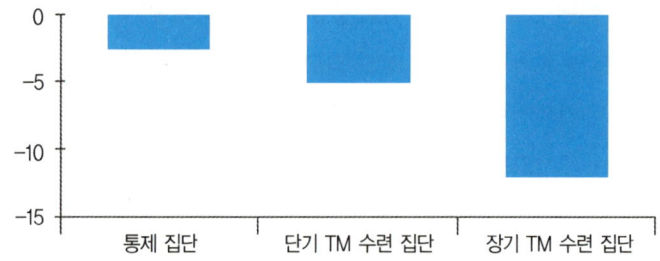

[그림 6]
TM을 통해 줄어든 생물학적 연령
Khalsa, D. S. & Stauth, C.

마헤시(Maharish Mahesh)에 의해 미국에 도입된 것이다.

TM에 관한 과학적 연구는 1970년대 중반부터 본격적으로 이루어져 2000년 당시까지 약 600개의 잘 통제된 연구가 출판되었다고 한다. 미국 국립보건원 대체의학 사무소의 자료집에 따르면 TM은 다음과 같은 효과가 있다고 소개하고 있다.

TM은 불안을 감소시키고, 만성통증을 낮추며, 콜레스테롤 수준을 낮추고, 인지 기능을 높이며, 약물 남용을 줄이고, 혈압을 낮추며, 외상후 스트레스 증후군을 개선하고, 입원 기간을 단축시킨다.

TM 연구들 가운데 특히 흥미를 끄는 한 연구로 TM이 노화를 저지하는 데 효과가 있다는 것이다. 이 연구에 의하면 TM을 수련하면 노인들의 생물학적 나이는 실제 나이보다 훨씬 더 젊어진다는 것이다. 즉, 혈압, 시력, 청력 등의 생물학적 기능을 지표로 볼 때 적어도 5년 이상 TM을 수련한 노인들은 TM에 참여하지 않은 노인들에 비해 생리학적으로 12년이나 더 젊어진다고 한다. 단기간 동안 TM에 참여한 노인도 비참여 노인에 비해 5년이나 더 젊어진다고 했다([그림 6] 참조). 또다른 통제된 연구들 가운데는 하버드 대학의 심

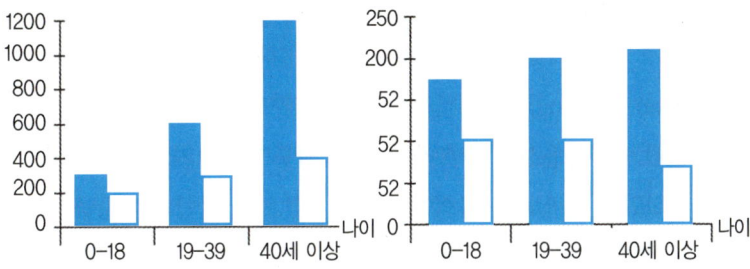

[그림 7]
1000명 기준으로 병원 입원일(왼쪽), 병원 이용 빈도(오른쪽)를 비수련자 집단과 수련 집단을 비교한 그래프.
Khalsa, 2001

리학자들에 의한 것도 있다. 이 연구에서는 TM을 시작한 노인들을 대상으로 자료를 얻었다. 즉 TM을 시작한 지 얼마 지나지 않아 수련자들은 비수련자들에 비해 건강상 여러 가지 유익한 변화가 나타났으며, 수련자들은 더 오래 생존했다고 한다. 이러한 긍정적 변화는 이 연구가 끝난 후 10년이 지난 후 재조사를 했을 때까지도 그 효과가 여전히 지속되었다고 한다.

TM 수련자들에서 건강이 개선된다는 또다른 연구를 보면([그림 7] 참조), 전반적으로 TM 수련자는 비수련자에 비해 병원 이용 빈도가 유의미하게 감소했다. 특히 나이가 많은 노인층에서 그 효과가 두드러졌다. 이 연구는 TM의 항노화 효과를 2000명의 TM수련자와 같은 수의 비수련자를 대상으로 5년에 걸쳐 한 것인데, TM집단은 비TM 집단에 비해 전체적으로 병원에 입원하는 입원율이 56% 감소하였으며, 심장병으로 인해 입원하는 입원은 87% 감소하였고, 암으로 인한 입원율은 57%, 신경계통의 질병(알츠하이머 병

포함)에 의한 입원율은 88%, 코, 인후, 폐질환으로 인한 입원율은 73% 감소하였다고 한다.

최근 뉴욕에 있는 세계 최고의 암 치료센터인 솔로언 케터링(Soloan-Kettering) 기념 암센터에서는 암으로 입원하고 있는 환자들에게 TM과 유사한 만트라 수행의 집중명상을 시켰더니 통증이 완화되었고, 혈압과 심장박동률이 낮아졌으며, 불안과 우울증이 개선되었고, 인지 기능이 좋아졌다고 보고했다. 이 프로그램을 관찰했던 하버드 의대의 우드슨 메렐(Woodson Merell) 박사는 "명상이야말로 건강을 위해 가장 강력한 도구"라고 언급했다.

의료명상의 종합적 적용

여러 가지 형태의 명상법들이 건강 증진에 미치는 효과를 상대적으로 평가한 연구들이 있다. 그중 2001년 개관한 칼사의 견해에 따르면 가장 먼저 의료 장면에 도입된 벤슨의 이완반응 명상법은 심상법이나 바이오피드백과 같은 명상 특성이 적은 심리적 개입 방법들보다 효과가 훨씬 큰 것으로 밝혀졌다. 그러나 이완반응법은 카바트-진에 의한 마음챙김 명상법보다는 효과가 적고, 마음챙김 명상법은 만트라 수행을 중요 수행으로 하는 초월명상(TM)이나 칼사가 창안한 쿤달리니 수련을 강조하는 의료명상보다 효과가 적다고 논평하였다.

칼사가 창안한 의료명상이란 요가와 명상을 서로 결합한 것이다. 많은 연구들에 따르면 "명상이란 치유적 양식이고, 요가는 생물학적 치료"라고 한다. 그러므로 의료명상이란 이 두 성질을 합친 것으로 통합의학적 성격을 갖는다. 통합의학의 기본 신조는 두 개 이상의 치료 접근법을 하나로 통합하면 단일 방법 또는 개별적 방법에

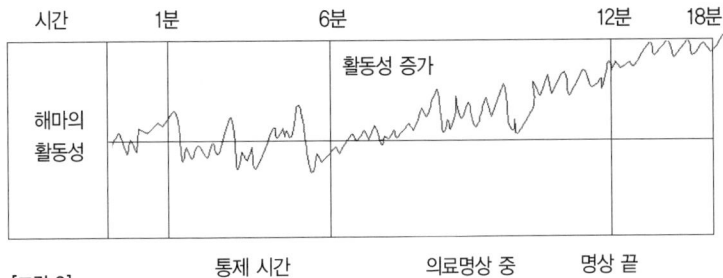

[그림 8]
의료명상중 해마의 활동성
Khalsa D-S. & Stauth C., 2001

의한 것보다 효과가 더 클 것이란 것이다.

이런 신조에 부합하는 과학적 증거가 브링엄 여성병원(Bringham and Women's Hospital)에서 이루어진 연구에서 나왔다. 이 연구에서는 복합적 의료명상이 단일 방법의 기본명상법과 비교하여 뇌에 미치는 영향을 비교하였다. 이 연구는 의료명상 연구에 관한 최고의 학자와 심신의학 치료의 대가에 의해 공동으로 연구되었다. 이 연구에 의하면 기본적인 단일 명상만을 실천하면 뇌의 아주 적은 영역에서만 활동이 일어나지만 복합적 의료명상이 부가되면 변연계의 편도체, 해마 그리고 뇌교와 같은 뇌의 심부에 있는 해부학적 구조들까지도 활동에 참여한다는 사실을 fMRI를 통해 확인할 수 있다고 한다.

〔그림 8〕은 의료명상이 뇌에 유익한 영향을 보인다는 자료이다. 이 그래프는 기억을 담당하는 뇌중추인 해마의 활동성이 통제 시간에 비해 명상을 하는 순간부터 계속 증가하고 있음을 보여준다.

복합적 의료명상이 강력한 치유의 힘을 갖고 있다는 또다른 예를 칼사 박사의 연구에서 관찰할 수 있다. 이 연구에서는 AIDS 환자를 대상으로 복합적 의료명상과 마음챙김 명상의 효과를 비교하여 어떤 명상법이 AIDS 환자의 자기 효능감(self-efficacy)의 질을 더 높일 수 있는가를 알아보았다. 여기서 말하는 '자기 효능감의 질'이

생각상자

명상법을 의료에 도입한 사례

지금까지 우리는 여러 가지 형태의 명상법이 스트레스 완화나 스트레스에 기인하는 갖가지 질병의 치유에 유용하게 적용될 수 있음을 알아보았다. 지금 세계 도처의 유명 메디컬 센터에서는 의료 장면에 명상법을 이미 도입하였거나 도입하기 위한 야심 찬 계획이나 연구들이 진행중에 있다.

하버드 의대 부속 베스 이스라엘 데커니스 병원에서는 각종 호흡명상법과 이완명상법의 효능을 비교하는 연구를 하고 있고, 의료명상이 심장박동률에 미치는 영향을 다각도로 연구하고 있다. 예컨대 스트레스 원에 대한 일련의 반응으로 심장박동률의 변화, 심전도에 의한 심장근육의 긴장도, 뇌파의 변화, 신진대사율의 변화 등을 연구하며, 호르몬 분비의 생리학에 미치는 명상의 효과를 연구한다.

버지니아 의과대학 내분비 교실에서는 항노화에 미치는 명상의 영향을 시상하부 활동과 뇌하수체 기능 등에 미치는 영향을 중점적으로 연구하고 있다. 애리조나 대학의 심리학과와 의과대 내과교실 그리고 치매예방재단이 연합하여 명상이 인지 기능과 기억 기능에 미치는 영향을 연구하고 있다. 캘리포니아 대학교 샌프란시스코 의대 부속 의료원에서는 명상이 당뇨병에 미치는 영향을 연구하고 있다. 미국뿐만 아니라 일본이나 대만에서도 심신의학 방법이 임상에 적용되고 있다고 하며, 우리나라에서도 외국에서 실시되고 있는, 표준화되고 검정된 명상법을 하루속히 도입하여 환자의 질병 치유에 크게 활용되길 기대한다. 그런 기대의 일부로서 2004년 11월부터 가톨릭 의과대학 강남성모병원에 통합의학과가 개설되고 명상을 의료 장면에 도입할 건강증진센터가 문을 열 예정으로 준비중이다.

란 자기 자신이 처한 환경에 대해 적절하게 영향을 미칠 수 있을 것이란 지각을 의미한다. 이런 효율적 지각감은 AIDS 환자뿐만 아니라 모든 종류의 질병으로부터 회복하려는 사람들에게 중요한 것이다. 이 연구를 주도한 칼사 박사는 자기 효능감이 높아지면 AIDS 환자의 면역 기능도 더 높아지고, 사회적 관계에서의 만족감도 더 높아지고, 긍정적인 건강 행동에도 보다 적극적으로 참여하게 된다고 하였다. 이러한 자기 효능감의 질적 변화는 AIDS 환자의 생존력을 높이는 강력한 지표가 된다. 칼사 박사에 의하면 의료명상은 마음챙김 명상에 비해 보다 역동적으로 영향을 미치며, 보다 강력하게 자기 효능감을 높인다고 했다.

효능감에 있어서 이런 명상법 간의 차이를 하버드 의대의 스틸 벨록(Steele Belock) 박사는 다음과 같이 논평하고 있다. "어떤 사람들은 모든 종류의 명상법들이 모두 같을 것이라고 생각할 수 있다. 다시 말해 만약 스트레스를 완화하려고 하거나 자신의 내적 힘을 개발하기 위해 어떤 한 가지 방법의 명상법을 훈련하고 있다면 비록 다른 방법의 명상법으로 훈련한다 하더라도 그 효과가 같을 것으로 믿을 수 있다. 그러나 보다 자세하게 연구해보면 이런 생각은 잘못된 것이다."

의료계에 명상을 적용하기를 기대한다

우리는 삶의 고통을 초월하여 고통 없는 세계로 가기 위한 마음수련법으로서의 명상이 뇌를 비롯한 신체 부위에 다양한 영향을 미치고, 또 이런 뇌나 신체 부위에 미친 영향 때문에 질병의 예방과 치유에 유용하게 활용될 수 있다는 사실을 최근의 과학적 증거를 통해 살펴보았다. 중요한 발견을 요약하면 다음과 같다.

먼저, 명상이 뇌 활동에 미치는 영향을 세 가지 방법으로 개관하였다. 첫째 뇌파를 활용한 연구를 통해 명상은 세타파라는 느린 뇌파의 발생과 밀접한 관련이 있음이 밝혀졌다. 명상 동안 나타나는 세타파는 창의적 생각, 난관 돌파, 통찰 등과 관련 있고, 학습 능력의 증진과도 매우 밀접한 관련이 있다. 따라서 효과적인 학습과 창의성의 개발 등에 명상을 효과적으로 활용할 수 있을 것이다.

둘째, 명상 동안의 뇌 활동을 기능적 자기공명영상기록(fMRI)을 통해 알아보았다. 명상이 깊어지면 대뇌의 전반적 활동성은 감소되지만 주의집중이나 판단 등과 관련 있는 특정 뇌 부위와 혈압, 심장박동, 호흡 등의 자율신경계의 활동을 지배하는 뇌 부위의 활동은 증가된다. 즉 전반적으로 뇌피질은 안정 상태를 취하지만 주의집중 등과 관련 있는 특정 뇌 부위는 활동성이 증가하는 '안정동요'라는 패러독스 현상을 보여준다. 따라서 명상은 뇌를 안정시키면서도 동시에 깨어 있게 하는 성성적적(惺惺寂寂)의 전통적 의미가 과학적으로 근거 있는 것임을 시사한다.

fMRI 연구를 통해 보면 긍정적 정서 상태일 때는 좌측 전전두엽의 활동성이 우세하고, 불쾌한 정서 상태일 때는 우측 전전두엽의 활동성이 우세하게 된다. 명상 수행을 오랫동안 한 불교 스님들을 대상으로 한 연구에서 스님들은 좌반구의 기능은 높고 우반구의 기능은 억제된다는 흥미 있는 결과를 보여주고 있다.

셋째, 명상 동안 난제의 해결과 같은 통찰이나 직관이 일어날 때 산화질소라는 기체성 물질이 분출된다. 소량의 산화질소 가스의 출현은 건강에 유익하지만 다량의 산화질소 가스 출현은 건강에 해롭다고 한다. 명상 동안에는 소량의 산화질소 가스가 출현하지만 스트레스가 심할 때는 다량의 산화질소 가스가 출현하여 건강을 해친다. 명상 동안 산화질소의 출현을 깨달음의 경지를 설명해줄 수 있는 생물학적 근거로 추론해볼 만하다.

끝으로, 명상은 건강 유지와 질병 회복에 긍정적 영향을 미친다. 건강에 영향을 미치는 명상법들 간에 다소 차이가 있지만 명상과 요가가 결합되는 의료명상이 단순 명상보다 효과가 더 크다.

전반적으로 명상은 각종 통증을 완화하고, 혈행을 개선하여 혈압을 낮추고, 심장병을 개선하며, 불면증을 이기고, 공황발작과 불안, 우울을 개선하고, 콜레스테롤 수치를 낮추며, 피부병을 개선하며, 암의 치료 효과를 높이고, 비만증 치료에 유익하며, 노화를 저지하고, 삶의 질을 높이고, 기억력을 증진시키며, 인지 기능을 높이고, 면역계의 기능을 높이는 등 스트레스에 기인하는 온갖 종류의 신체 질병의 예방과 치유에 효과적으로 적용되고 있다.

명상은 지금 세계 유수의 의료기관에서 심신의학 치료법의 하나로 채택되어 활용되고 있으므로 우리나라 의료계에도 이미 검증된 표준 명상법을 임상에 적용해야 할 것이며, 명상의 정신 생리학적 역할과 같은 기초 연구에도 관심을 가져야 할 것이다.

■ 더 읽을거리

변광호, 장현갑, 「스트레스와 건강의 이해」, 학지사, 2004
장현갑, 변광호, 「스트레스와 건강의 관리」, 학지사, 2004
장현갑 등, 「삶의 질을 높이는 기술」, 학지사, 2004

뇌가 느끼는 그림의 아름다움

지상현 한성대학교 미디어디자인컨텐츠학부

홍익대학교 미술대학과 동대학원을 졸업했으며, 연세대학교 대학원 심리학과에서 지각심리학으로 학위를 받았다. 현재 한성대학교 예술대학 미디어디자인컨텐츠학부 교수로 재직 중이다. 「시각예술과 디자인의 심리학」, 「색, 성공과 실패의 비밀」 등을 지었다.

psyjee@hansung.ac.kr

처음 마음먹은 대로 큰 실수 없이 그림 하나를 완성하기란 그리 쉬운 일이 아니다. 여러 가지 이유로 화가들은 실수를 더러 한다. 물감 통을 엎지르기도 하고 붓을 삐끗 하기도 한다. 이런 실수는 제작 과정이 끝난 후에도 있을 수 있다. 예컨대 화랑가에서 심심찮게 들리곤 하는, 화랑에 거꾸로 걸려 있는 추상화 해프닝이 그렇다. 비슷한 실수를 현대화의 거장 칸딘스키도 했다.

칸딘스키가 석양 무렵 외출에서 돌아와 아틀리에로 들어서는 순간 너무도 멋진 그림 한 점이 눈에 들어왔다. 그 그림에 넋을 놓고 있다 잠시 후 그것이 외출 전에 그리다 벽에 거꾸로 기대어놓은 자신의 그림이라는 것을 알게 되었다. 자신의 그림을 거꾸로 보자 그리려던 대상과는 별개의 선과 색으로 된 아름다운 구성을 보게 된 것이다. 이 일을 계기로 칸딘스키는 추상미술의 길로 들어서게 됐다고 한다.

칸딘스키의 경우처럼 화가들에게 있어 실수라는 것이 반가울 때가 있다. 대부분의 실수는 그림을 망쳐놓지만 때로 화가의 예리하고 자유로운 감수성은 실수에서 새로운 조형세계를 찾아내기도 하기 때문이다.

만레이의 경우도 그러한데 사진을 인화하는 과정에서 조수의 실수로 빛이 암실에 새어 들어가게 되었다. 그러나 만레이는 망친 사진에서 예상치 못했던 멋을 발견하고 이것을 솔라리제이션이라는 기법으로 완성시켰다.

그렇다면 어떤 실수는 반가운 것이고 어떤 실수는 짜증스러운 것일까? 그리고 소위 반가운 실수라는 것은 무슨 까닭으로 새로운 조형세계로의 안내자가 되는 것일까? 어쩌면 다소 생소하고 엉뚱해 보이는 이 질문에서 그림의 아름다움에 관한 단초를 얻을 수 있을

지도 모른다.

실수로 만들어진 명작

실수 이야기로 이 글을 시작했지만 사실 실수 이야기를 하려는 것은 아니다. 이 글에서 이야기하려는 것은 실수를 포함하여 우연이든 필연이든 화가들의 손에 들어온 그림의 어떤 기법에 관해 이야기하려는 것이다. '우연'이라는 단어를 사용하는 것이 조심스럽다. 여기서 말하는 우연은 화가들의 치열한 예술 정신과 노력을 폄하하는 것이 결코 아니다. 마치 탄저병의 원인균을 찾기 위해 노력하다 의외의 방법으로 탄저균을 발견한 파스퇴르처럼 자신만의 예술세계를 찾기 위해 암중모색하는 과정에서 발견하게 되는 기법이 적지 않다는 말을 하는 것뿐이다.

이 기법들은 각기 특별한 심미적 효과가 있어 사라지지 않고 '기법'이라고 불리게 되었을 것이다. 더러는 현대로 오면서 더 정교한 기법으로 다듬어지기도 하고 어떤 기법은 원형 그대로 현재까지 이어지기도 한다. [그림 1]은 투시도법이 완성되기 전 입체감을 표현하기 위해 사용했던 기법을 보여준다. 이 그림은 당시 눈높이를 기준으로 높이에 따라 네 가지의 기울기를 기계적으로 사용했음을 보여준다. 이런 조잡한 투시기법은 르네상스 시대 뒤러에 이르러 현재의 투시도법과 거의 유사하게 정교해진다. 어찌 보면 미술사는 기법의 역사다. 뒤러에 의해 완성된 투시도법이 그렇고 광선 표현 기법이 인상파에 미친 영향이 그렇다.

이제 아까 던졌던 질문으로 되돌아가 보자. 왜 어떤 실수는 기법의 반열에 들어가 지금까지 대를 이어 아틀리에에서 전수되고 어떤 실수는 짜증스러운 것이 되는 것일까? 또 이 질문의 답이 어찌하여

[그림 1]
조토의 〈궁전과 가로대의 꿈들dreams of palace and arms〉의 부분, 1297년~1300년. 굵은 선은 네 방향의 투시선이다.

아름다움에 관한 거대한 논의로 이어질 수 있을까?

기법은 그림을 아름답게 만드는 작은 벽돌들이다. 벽돌이 쌓여 집이 되듯 기법이 모여 그림의 전체적 아름다움을 만든다. 그러니 쓸 수 있는 벽돌과 못 쓰는 벽돌, 즉 기법과 실수를 가름하는 원리를 이해하는 것은 바로 하나의 예술품이 발산하는 아름다움의 원천을 찾는 일이 된다.

예컨대 파란색 옆에 짙은 검정색을 배치하면 파란색이 밝고 맑은 느낌을 준다. 샤갈이 많이 사용했던 기법이다. 왜 그럴까? 이 기법의 배후에 있는 원리를 이해하는 것은 샤갈의 아름다움을 이해하는 일이다. 이러한 일들이 과거에는 쉽지 않았다. 그러나 최근 뇌에 대한 연구가 활기를 띠면서 많은 기법을 구체적으로 설명할 수 있게 되었다. 3년 전에는 신경미학회(Neuroesthetics)라 하는 학회가 미국의 버클리 대학에서 창립되기도 하였다. 이 학회에서는 뇌에 관한 발견을 그림의 기법과 연결지으려는 시도를 하고 있다.

이들의 입장에서는 기법이라고 불리는 것들은 그에 대응되는 독특한 뇌의 구조나 기능이 있어 기법으로 살아남은 것이다. 아직은 몇몇 기법에 대응되는 뇌의 구조나 기능을 밝혀냈을 뿐 그것이 어떻게 심미적 효과를 주는지에 대해서는 명확한 설명이 이뤄지지 못하고 있다. 하지만 여기까지만 해도 상당한 진전일 수 있다. 이 글에서는 같은 맥락에서 몇 가지 기법들과 그에 대응되는 뇌의 특징들을 소개할 것이다. 먼저 세잔, 몬드리안, 칸딘스키 등의 그림에서 볼 수 있는 기법을 대뇌의 시각피질에 있는 방향탐지기라는 세포와 연결지어 설명하고, 그 다음 피카소의 초기 그림을 통해 색상 정보와 모양 정보를 처리하는 시각 통로의 특성을 이해해볼 것이다. 마지막으로 그림의 시각적 무게중심이 선호도에 영향을 주는 까닭을 좌뇌와 우뇌의 구분에 기반을 두고 설명할 것이다.

이런 논의는 인간의 뇌에 대한 우리 사회의 상식을 더 깊게 하기도 하지만 미술에 대한 이해를 높이는 데에도 도움이 될 것이다. 거장들의 그림 속에서 첨단과학이 밝혀낸 뉴런들의 작용을 발견하는 또다른 지적인 즐거움을 맛볼 수 있다. 더불어 기법 하나하나에 엄연히 숨쉬고 있는 뇌의 비밀에서 새삼 거장의 천재성을 느낄 수도 있다.

웬디라는 수녀가 유명 회화작품에 얽힌 뒷이야기를 들려주는 TV 프로그램이 있다. 무척 재미있고 인기가 많은 프로그램이라고 알고 있다. 웬디 수녀가 들려주는 그림에 얽힌 여러 이야기를 아는 것이 그림의 감상에 도움이 되는 것은 분명하다. 하지만 반드시 그런 것은 아니다. 그림에 얽힌 이야기를 모르더라도 우리는 명작의 아름다움을 충분히 감상할 수 있다.

오래 전에 그려져 그 그림의 역사적 배경을 알 수 없는 그림에서도 아름다움을 느낄 수 있는 것은 그림 속에 담긴 상징이나 스토리보다는 그려진 인물이나 배경의 색, 형태, 구도 등과 같은 시각적 특징이 중요한 감상의 대상이기 때문이다.

뉴런은 직선을 사랑한다

화가들은 '무엇을 그릴까' 하는 문제와 더불어 '어떻게 그릴까' 하는 문제로 고심을 한다. 구도나 색채, 형태, 비례 등에 대한 고민이 '어떻게 그릴까' 하는 문제에 속하는 것들이다. 비구상화로 넘어가면 이런 고민이 창작의 전부가 된다. 사진술이 발명되고 난 후 화가들의 관심은 극단적으로 '어떻게 그릴까' 하는 문제로 옮겨가 형태와 색만으로 화면을 구성하게 됐고, 구체적인 스토리는 점차 사라지게 됐다. 이들은 모든 대상의 형태 속에는 본질적이고 기본적인 형태와 구도가 숨어 있고 이것이 아름다움의 열쇠라고 믿는다. 이

[그림 2]
폴 세잔, 〈목욕하는 사람들〉과 〈생트빅투아르 산〉. 본질적인 형태와 구도를 탐색한 결과로 거의 사각형에 가까운 형태들이 등장한다.

[그림 3]
형민우 작 〈프리스트〉에서 발췌한 그림.
인물 윤곽이 직선으로 단순화되어 있다.

본질적인 형태와 구도의 탐색이 바로 화업의 중심이었던 것이다.

세잔도 그러했다. [그림 2]는 세잔의 후기에 속하는 그림들이다. 세잔의 그림이 속하는 인상파 후기는 역사적으로는 구상화에서 비구상화(모더니즘 미술)로 넘어가는 시기에 해당한다. 본질적인 형태와 구도의 존재에 대한 믿음이 싹트고 그에 대한 탐구가 활발해지던 시기였다. 익히 알고 있는 세잔의 그림과 달리 인물과 풍경이 매우 간결하게 표현되어 있다. 특히 눈에 띄는 것은 사물의 윤곽이 매우 직선적이라는 점이다. 이런 경향은 후기로 갈수록 더욱 강해져 〈생트빅투아르 산〉에서는 거의 사각형에 가까운 형태들이 등장한다.

세잔의 일생을 통해 나타난 윤곽의 직선화는 주변에서도 쉽게 발견할 수 있다. [그림 3]은 형민우 작 〈프리스트〉라는 만화의 한 컷이다.

이 만화를 보면 인물 윤곽의 상당 부분이 직선으로 단순화되어

[그림 4]
직선으로 단순화하면 인체의 전체적인 구조와 동세를 더 쉽게 표현할 수 있다.

있는 것을 볼 수 있다. 이와 같이 대개 그림 그리기에 능숙해지면 윤곽은 점점 직선화된다. 그 까닭은 두 가지로 생각해볼 수 있다.

첫째는 대상의 구조적 특징을 직선으로 일목요연하게 표현했기 때문일 수 있다. 시각의 목적이 사물의 항구적인 구조를 파악하는 데 있다는 마(D. Marr)의 이야기를 새삼 빌리지 않더라도 사물의 동세(動勢)나 구조적 특징을 일목요연하게 잘 표현한 그림은 보기 좋을 것 같다는 생각은 든다.

다른 한 가지 가능성은 이 글에서 소개하려는 것으로, 윤곽의 직선화가 시각 정보를 처리하는 뇌의 어떤 특징 때문이라는 것이다. 만화에서 보는 직선화와 세잔의 직선화가 동일한 이유에서 비롯한 것이라 단정하기는 어렵다. 그러나 시대와 장르를 넘어선 묘한 일치를 뇌의 특징과 같이 좀더 근본적인 곳에서 찾아보려는 시도는 자연스러운 일일 것이다.

방향 탐지기와 말레비치

세잔 이외에도 많은 모더니즘 계열의 화가들이 본질적인 형태를 찾으려 노력하였는데 공통적으로 그들의 그림에는 수많은 직선들이 화면을 가득 메우고 있었다. 다시 말해 세잔의 그림에서는 아직 구체적인 형태의 윤곽에서 분리되지 못하고 있던 직선들이 모더니즘 계열의 작품에서는 구체적 사물은 온데간데없고 직선들만이 남아 화면을 지배하고 있었다.

〔그림 5〕는 현대화에 막대한 영향을 끼친 말레비치의 그림이다. 그는 구체적인 사물과 관계없는, 구체적이지 않은 감흥(non-objective sensation)과 비구상적 예술(non-objective art)의 중요성을 주장했던 인물이다. 그의 주장대로 그의 그림에는 직선과 장방형 그리고 십자 형태와 원들만 가득하다. 그리고 후기에 들어서면 그림은 더 직선화되어 장방형과 원은 사라지고 직선만 남게 된다.

말레비치 이외에도 대부분의 모더니즘 화가들은 직선에 매료되

[그림 5]
직선이 지배하고 있는 말레비치의 〈supremus No. 58〉.

었다. 예컨대 칸딘스키, 몬드리안, 바네트 뉴만, 엘스워드 켈리, 로버트 리만, 로버트 마더웰, 지니 데이비스, 로버트 만골드, 애드 라이하트, 프란츠 크라인, 피에트 등이 이에 속한다.

이들은 객관적이고 보편적인 형태를 탐구하는 과정에서 모든 형태들은 소수의 기본적인 형태소로 환원될 수 있다고 믿게 되었다. 이들이 말하는 '보편적인 형태소(constant element)'는 바로 수직, 수평선이었다.

이렇게 거창하게 이야기할 것 없이 추상화에 나타나는 직선들은 좀더 간결한 형태로 사물을 단순화하는 과정에 만들어진 것일 뿐이라고 쉽게 이야기할 수도 있다. 허나 제키(Semir Zeki)는 이 단순화 과정이 바로 대뇌가 사물을 표상하기 위해 사용하는 형태의 본질적 요소를 찾는 과정과 동일한 것이리고 보고 있다. 인간 대뇌의 시각피질에는 [그림 6]에서 보는 것처럼 특정한 방향의 선에 선별적으로 반응하는 세포가 있는 것으로 알려져 있다. 제키는 이 '방향 선별적 뉴런'들의 작용을 현대화의 직선들과 연관 짓고 있다. 신경생리학자들은 이 방향 선별적 뉴런들을 형태를 표상하기 위한 신경 벽돌이라고 보고 있다. 마치 커다란 집을 구성하는 벽돌처럼 다양한 방향에 선별적인 뉴런들의 반응이 모여 복잡한 형태를 구성하기 때문이다.

[그림 7]에서 보는 것처럼 대뇌의 뒷부분에 있는 시각피질에는 많은 수의 방향 선별적 뉴런들이 있다. 그리고 이 방향 선별적 뉴런들의 선호 방향은 공간적으로 매우 질서 있게 분포되어 있어 뉴런들 간의 위치가 멀어질수록 선호하는 방향이 달라진다.

그러나 피질 표면에서 수직 방향으로는 모두 동일한 방향에 반응하는 뉴런들이다. 제키는 이 방향 선별적 뉴런들이 다른 어떤 스타

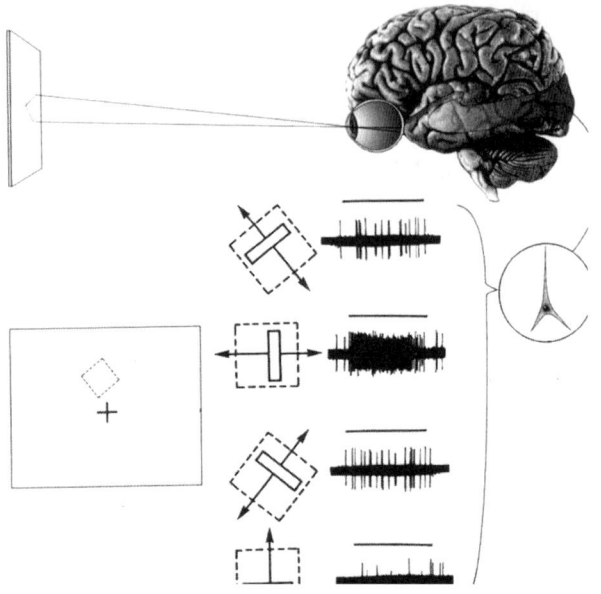

[그림 6]
각 뉴런들은 선호하는 특정된 방향이 있어 이 방향의 선에서 발화율이 최고조에 달한다. 이 경우에는 수직선에 반응하는 뉴런이다.
Semir Zeki

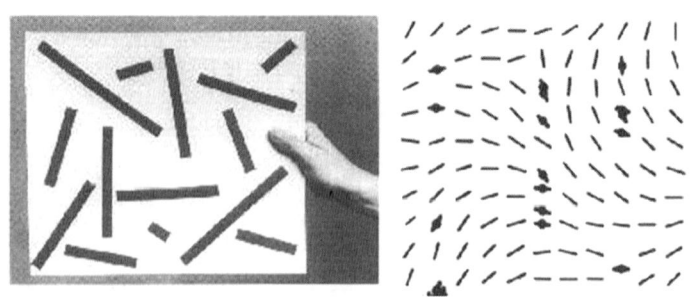

[그림 7]
왼쪽 그림은 고양이의 시각피질을 활성화시키기 위해 사용하는 실험 자극이고, 오른쪽은 고양이 시각피질의 방향 분포를 보여주는 다이어그램이다.
Latto, 1999

일의 그림보다 몬드리안이나 말레비치 등의 그림을 감상할 때 활동이 매우 활발해질 것이라 말한다. 물론 이런 특정 뉴런들의 활성화가 어떻게 심미적 감흥으로 연결될 수 있는지에 대해서는 밝혀지지 않았다. 하지만 매우 묘한 일치이긴 한 듯하다.

〔그림 7〕의 오른쪽은 고양이의 시각피질에 있는 방향 선별적 뉴런들의 분포를 보여주는 다이어그램이다. 인간의 것도 이와 크게 다르지 않을 것이다. 〔그림 7〕의 왼쪽 그림은 고양이의 시각피질에 있는 방향 선별적 뉴런들을 활성화시키기 위해 사용하는 실험 자극이다. 이 실험 자극과 모더니즘 작품들 간의 유사성이 놀랍지 않은가?

몬드리안은 모더니즘 계열의 화가들 가운데에서 특히 수평과 수직선에 매료되었던, 방향 선별적 뉴런의 시각에서 보면 매우 극단적인 양식을 추구한 특이한 인물이다. 그러나 수평, 수직에 대한 몬드리안의 선호를 설명해줄 수 있는 신경학적 발견은 아직 이루어지지 않고 있다. 다만 여러 지각 실험을 통해 수평과 수직선이 다른 방향의 선들에 비해 비교적 쉽게 지각된다는 점이 확인되고 있을 뿐이다.

몬드리안이 원과 대각선을 매우 싫어한 반면 로버트 만골드는 원과 대각선을 매우 즐겨 사용했다. 원도 여러 작은 대각선으로 분할될 수 있다고 보면 만골드의 그림을 설명하기가 용이해진다. 시각피질에는 대각선 방향을 선호하는 많은 뉴런들이 있기 때문이다.

앞서도 잠깐 이야기했지만 몬드리안은 모든 형태는 가장 본질적인 형태소인 직선으로 쪼개질 수 있다고 믿었다. 그리고 이 선들은 서로 가로질러 장방형을 만들게 된다고 했다. 말레비치도 비슷한 결론에 도달하게 되어 그의 그림에도 많은 장방형과 사각형이 등장하게 된다. 이런 사각형과 장방형에 대한 선호는 계속되어 많은 모더니즘 미술가들의 작품 속에서 이어져오고 있다.

피카소와 세 가지 시각 정보 처리통로

〔그림 8〕은 피카소의 초기 작품인 〈엄마와 아기〉다. 이 그림에서 우리는 거장의 과감한 기법 한 가지를 볼 수 있다. 그것은 엄마와 아기의 윤곽선과 색면의 윤곽이 일치하지 않고 있다는 것이다. 특히 아기의 갈색 머리카락과 하늘색 옷에서 이런 불일치가 두드러진다. 그러나 이런 불일치가 전혀 어색하게 보이지 않는다. 어째서 그럴까? 해답은 시각 처리통로의 구조에서 찾을 수 있다.

인간의 시각정보 처리기제는 〔그림 9〕에서 보는 것과 같이 모양, 색, 깊이 및 운동 정보에 선별적으로 반응하는 세 개의 정보 처리채널을 가지고 있는 것으로 알려져 있다.

세 개의 채널은 각기 모양정보 처리채널, 색채정보 처리채널, 깊이와 움직임을 처리하는 채널이다. 모양정보 처리채널은 주로 밝기

[그림 8]
피카소의 〈엄마와 아기〉. 가는 윤곽선과 색면이 일치하지 않고 있다. 아기의 옷을 보면 분명한데 파란색이 윤곽선 밖까지 칠해져 있다. 하지만 전혀 어색해 보이지 않는다.

정보에 따라 모양을 파악한다. 매우 정밀한 모양도 식별할 수 있도록 고해상도를 갖고 있고 처리 속도도 빠르다. 그러나 색상정보에는 반응하지 않는다.

반면 색상정보를 처리하는 통로는 밝기 정보를 처리하지 않는다. 그리고 해상력도 낮은 편이다. 운동 및 깊이 정보 처리통로에서는 움직임과 양안시차 정보(양쪽 눈에 들어온 정보의 차이를 이용해 대상의 입체감을 파악)를 처리한다.

세 시각정보 처리통로를 알았으니 피카소의 그림으로 다시 가보자. 아기 머리카락과 옷을 표현하는 윤곽선은 짙고 가는 선으로 그려져 있다. 윤곽선과 배경색 간에는 밝기 차이가 커서 이 윤곽선을 모양정보 처리채널은 아무 무리 없이 처리할 수 있다. 반면 머리카락의 엷은 갈색과 하늘색은 배경색과 밝기 차이가 크지 않다. 밝기

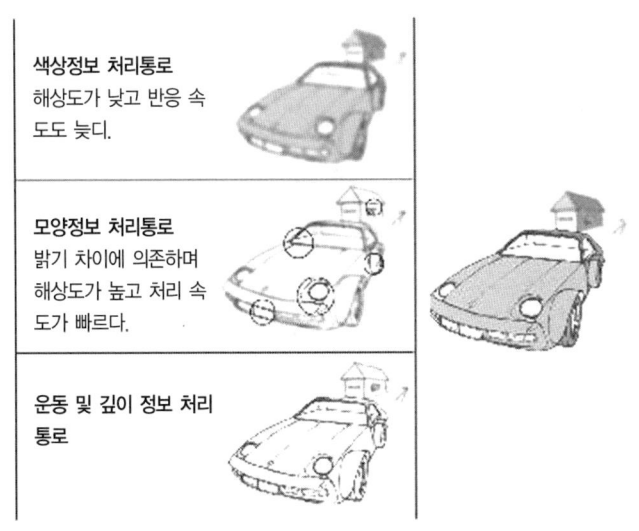

[그림 9]
시각 정보의 세 측면이 따로 처리된 후 나중에 통합되어 지각된다.

[그림 10]
김남호 작 〈하회마을을 위한 일러스트레이션〉

[그림 11]
분홍색 돼지에 보색 관계인 파란색이 들어간
한지희의 일러스트레이션
『벌레들아 도와줘』, 도서출판 보리

차이에 민감한 모양 처리채널은 머리카락의 엷은 갈색과 옷의 엷은 하늘색 색면 그리고 배경색 간의 밝기 차이가 크지 않아 색면의 윤곽을 명확히 지각하지 못한다. 또한 색상정보를 처리하는 통로는 옷과 머리카락 그리고 배경 간의 확연한 색상 차이에도 불구하고 해상도가 낮다는 특성 때문에 하늘색 면과 엷은 갈색 면의 윤곽 부위를 정확히 처리하지 못한다. 색상정보 처리통로의 이런 특성 때문에 색면의 윤곽은 강한 윤곽선에 통합 지각된다. 비슷한 사례를 〔그림 10〕에서도 볼 수 있다.

　이 그림에서도 윤곽선과 색면의 불일치를 발견할 수 있다. 우선 색면과 배경색 간의 밝기 차이가 피카소의 그림에서처럼 일정하지 않다. 중앙 하단에 있는 각시의 머리카락과 노란 저고리 색, 위쪽에 있는 기생의 머리카락 색은 피카소의 그림에서와 비슷한 정도의 배경색과 밝기 차를 갖고 있다. 그리고 마찬가지 이유로 색면의 윤곽이 명확히 지각되지 않고 강한 윤곽선에 묻혀 지각된다. 반면 양반의 하얀 저고리나 짙은 회색의 갓은 배경색과의 밝기 차이가 커 모양정보 처리채널이 색면의 윤곽을 정확히 처리해낼 수 있고 실제로 그렇게 보인다.

색의 변주

지금은 극장 간판그림들을 컴퓨터로 출력하여 사용하지만 10년 전만 해도 간판만 전문으로 그리는 화가들이 직접 페인트를 이용해 그렸었다. 극장 간판그림이라 하면 예술적 가치가 없는 그렇고 그런 그림으로 알고 있지만 그렇지 않다. 특히 시내 유명 개봉관에 걸리는 그림들은 솜씨가 예사롭지 않아 제법 감상의 즐거움을 주기도 했다. 형태도 정확했지만 백미는 주연 배우의 뺨이나 턱밑을 살색과 전혀 다른 녹색이나 청색으로 칠하는 기법이었다. 필자는 늘 어떻게 저런 엉뚱한 색을 칠할 생각을 했으며 어쩌면 살색과 저렇게 잘 어울릴 수 있을까 하고 궁금해했었다. 그러나 안타깝게도 이 자료들을 구할 수가 없다. 당시 영화 포스터들이야 구할 수 있지만 포스터에는 배우들의 실제 사진이 들어가 있지 이 간판그림이 사용되지 않았다.

그러나 다른 그림에서 이같은 기법을 볼 수 있다. 〔그림 11〕에서 보는 엷은 분홍색 돼지의 몸통에는 흐린 하늘색이 부분적으로 칠해져 있다. 바닥에 있는 개울물의 반사를 표현한 것이다. 개울물의 반사를 표현하기 위한 경우가 아니라면 분홍색과 파란색은 거의 같이 쓰이지 않았을 것이다. 보색에 가까워 눈에 거슬리기 때문이다. 이 그림에서는 부득이하게 같이 쓰였지만 눈에 거슬리지는 않는다. 물을 많이 탄 수채 하늘색과 흰 배경 간의 밝기 차이가 적기 때문이다. 색채 정보를 처리하는 통로는 해상력이 매우 낮다고 했다. 이 그림에서 밝기 차이가 적은 하늘색과 배경 간의 경계는 색채정보 처리통로에 의존해서 지각해야 하지만 해상력이 낮아 그렇게 할 수가 없는 상황이다. 만약 하늘색과 흰 배경 간의 밝기 차이가 충분해 해상력이 높은 모양정보 처리채널이 하늘색 면의 윤곽을 명확히 처리해낸다면 하늘색은 매우 눈에 거슬렸을 것이다.

시각적 무게중심과 대뇌 좌우 반구

앞서 본 [그림 6]의 좌우를 바꾸어보자. 아마 앞에서 보았을 때보다 편안히 도판을 보기가 어려울 것이다. 대부분의 사람들(오른손잡이의 경우)은 중요한 시각적 내용이 그림의 오른쪽에 있는 것을 좋아하기 때문이다. 일상에서 쉽게 접하는 수많은 광고물에서 이를 쉽게 확인할 수 있다. [그림 12]는 한 해의 광고물만 모아놓은 『광고 연감』의 어느 한 페이지를 무작위로 선정한 것이다. 이 페이지에 있는 세 개의 광고물은 한결같이 중요한 문구를 오른쪽에 배치해놓고 있다.

우측 선호 경향은 실험을 통해서도 확인할 수 있다. 레비(Levy, 1976)는 [그림 13]에서 보는 것처럼 세계 여러 곳의 좌우가 뒤바뀐 풍경사진들 중 어느 그림이 좋은지를 오른손잡이들에게 물어보았다. 사진들은 좌우가 바뀐 것을 제외하고는 동일하였으며, 방향에 따라 의미가 달라지는 대상도 없었다. 그 결과 [그림 13]의 왼쪽 열에 있는, 오른쪽에 중요한 대상이 있는 사진이 약 10% 정도 더 선호

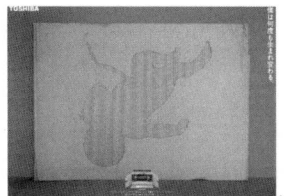

[그림 12]
광고에서는 주로 오른쪽에 주요한 정보를 싣는다.

[그림 13]
레비의 실험에 사용된 그림들. 우측 선호 경향을 확인할 수 있다.
Levy, 1976

되는 것으로 나타났다. 그리고 양 방향 모두 비슷한 정도로 선호된 사진들은 중요한 대상이 어느 한켠으로 편중되지 않은 것들이었다.

레비는 뇌의 구조가 이런 선호에 영향을 준다고 보고 오른손잡이들이 선호했던 10개의 슬라이드를 왼손잡이들에게 보여주었다. 왼손잡이들은 특별히 선호하는 그림이 없었다. 이 결과는 오른손잡이의 대뇌 구조가 좌우에 대한 심미적 편향을 야기하고 왼손잡이에서는 그렇지 않다는 것을 보여주는 것이다.

미적 선호에 대한 대뇌 구조의 영향은 많은 연구를 통해 확인되고 있지만 왜 그런지에 대해서는 아직 명확한 답을 내리지 못하고 있다. 약 서너 가지 방향으로 해석이 가능할 뿐이다. 첫번째 해석은 레비의 것이다. 레비는 오른손잡이의 대뇌가 사진의 왼쪽에 더 주의하려는 생래적 성향을 갖고 있고 이를 상쇄시켜 균형을 맞추려는 기제가 우측 선호로 이어진다고 주장한다. 그녀의 주장에는 심미적 판단은 복잡한 공간 분석을 요구하고 이런 분석은 오른손잡이의 우뇌가 활발해지게 한다는 가정이 깔려 있다. 따라서 우뇌가 활발해질수록 사진 왼쪽에 대한 주의 편향은 더 커지게 되고, 오른쪽에 중요한 내용이 있게 되면 그림은 좌우 균형이 맞는 것으로 지각된다. 〔그림 14〕는 이런 생각을 설명해준다.

반대로 왼손잡이의 경우에는 공간 분석 기능이 비교적 좌우에 균형 있게 편재되어 있어 특별한 좌우 편향을 보이지 않는다고 할 수 있다.

버몬트(Beaumont)는 다른 설명을 내놓고 있다. 버몬트는 그림 속의 중요한 내용은 시선을 그곳으로 유도하며 결과적으로 그림의 대부분이 왼쪽 시야에 놓이게 한다고 한다. 왼쪽 시야에 있는 내용들은 오른손잡이에게 있어 복잡한 공간 분석을 담당하는 우반구에

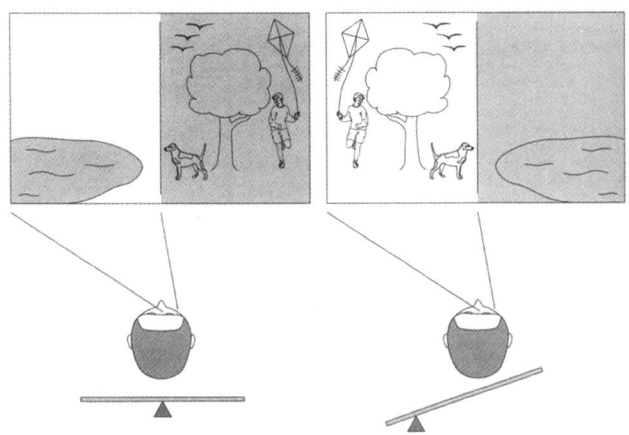

[그림 14]
우측 선호에 대한 레비의 설명. 오른손잡이의 경우 오른쪽에 주요한 내용이 있는 왼쪽 그림이 안정되어 보인다.
Levy, 1976

서 처리되게 된다. 많은 공간지각 능력은 우반구의 후두엽에 의존한다. 그래서 이 부위에 손상을 입게 되면 그림 그리는 능력도 영향을 받게 된다.

예컨대 이 부위에 손상을 입은 사람은 평행한 두 선을 긋지 못한다. 손상이 심각하지 않은 경우에는 사물의 기본적인 공간 관계는 그려내지만 작은 부분들의 공간적 관계를 뒤죽박죽으로 그린다.

[그림 15]는 각기 좌우 반구 손상 환자의 그림을 보여주고 있다. 왼쪽은 좌반구 손상 환자의, 오른쪽은 우반구 손상환자의 그림이다. 좌반구 손상 환자의 그림은 사물의 기본적인 공간 관계가 비교적 잘 묘사되어 있지만 세부적인 내용이 생략되어 있다. 반면 우반구 손상 환자의 그림에는 세부묘사가 더 충실하지만 기본적인 공간 관계가 잘못되어 있다.

이런 사례에서 보듯이 그림의 전체적 공간 구조에 관한 정보는

[그림 15]
왼쪽 좌반구 손상 환자의 그림은 세부적인 내용이 생략되어 있고, 오른쪽의 우반구 손상 환자의 그림에는 기본적인 공간이 잘못 그려져 있다.
Kirk & Kertesz, 1989, McFie & Zangwill, 1960

주로 오른쪽 뇌에서 처리된다. 그래서 오른쪽 뇌가 처리하는 그림의 영역이 클수록 전체 구조를 파악하기는 용이해진다. 만약 그림의 중요한 요소가 오른쪽에 치우쳐 있게 되면 그만큼 더 많은 영역이 왼쪽 시야에 보이게 되고 결과적으로 전체적 구조를 처리하는 오른쪽 뇌의 특성을 잘 살리는 셈이 된다. [그림 16]은 이를 설명하고 있다. 그림의 대부분이 왼쪽 시야에 있게 되고 이런 공간 분석의 좌우 반구 차이가 오른쪽 그림 선호로 이어진다고 한다.

세번째 해석은 배니치(Banich)의 것이다. 그에 따르면 사진에 관한 세부 정보가 좌반구에 투사되고 전체적 정보는 우반구에 투사되는 방향의 사진이 선호된다. [그림 17]은 이를 설명하는 것이다.

선호 사진에서는 오른쪽 시야에 있는 상세 정보가 좌뇌로 투사된다. 좌뇌는 국소 정보 처리에 특화되어 있다. 반면 왼쪽 시야에 있

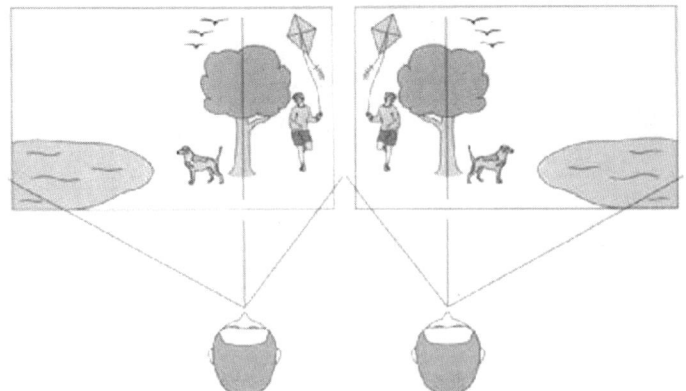

[그림 16]
우측 선호에 대한 버몬트의 설명. 그림의 중요 요소가 오른쪽에 치우쳐 있으면, 왼쪽에 많은 정보가 있게 되고 전체 구조를 처리하는 우반구의 특성을 잘 살리게 된다.
Beaumon, 1985

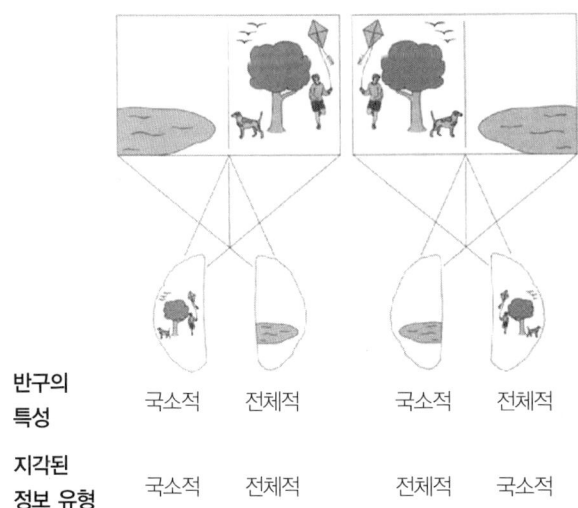

반구의 특성	국소적	전체적	국소적	전체적
지각된 정보 유형	국소적	전체적	전체적	국소적

[그림 17]
우측 선호에 대한 배니치의 설명. 배니치는 좌우반구의 처리 방식과 정보의 조화가 중요하다고 한다. 선호사진에서는 우측 시야에 있는 상세정보가 좌뇌로 투사된다. 좌뇌는 국소정보처리에 특화되어 있다. 반면 좌측 시야에 있는 그림의 전체적 공간정보는 우뇌로 투사된다. 우뇌는 전체적 공간정보처리에 특화되어 있다.
Marie T. Banich, 1993

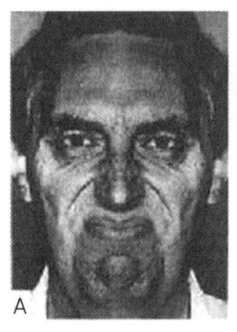 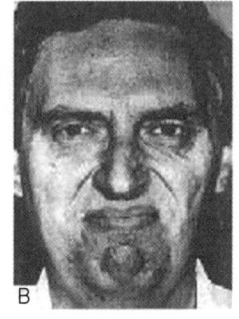 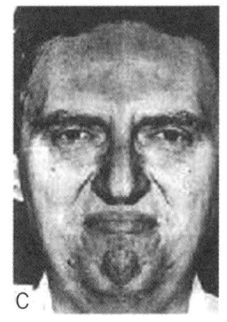

[그림 18]
가운데 그림이 오리지널. 왼쪽 그림은 중앙 얼굴의 좌측을 좌우로 복사해서 만들었고, 오른쪽 그림은 오른쪽을 복사해서 만든 것이다.
Banich, 1993

는 그림의 전체적 공간 정보는 우뇌로 투사된다. 우뇌는 전체적 공간 정보 처리에 특화되어 있다.

마지막으로 소개하는 것은 좌우 반구의 정서 처리 특성에 기반을 두고 있다. 좌우 반구는 각기 긍정적인 정서는 좌반구에서, 부정적인 정서는 우반구에서 처리하는 것으로 알려져 있다. 정서 표현에서도 그렇고 정서를 지각하는 데에도 그렇다. 예컨대 [그림 18]에서 보는 것처럼 분노나 슬픔과 같이 부정적인 정서는 얼굴의 왼쪽에 주로 표현된다.

아직 정서를 담당하는 뇌 부위에 대해 명확하게 알려진 것은 적지만 분명하고 재미있는 사실은 사람의 정서 상태가 그 사람의 그림에도 그대로 나타난다는 점이다. 아마 특정 정서와 연합된 전두 부위 활성화의 비대칭성이 그 사람의 주의에 편향을 주게 되고 결과적으로 그림에도 영향을 주는 것으로 생각된다. 예컨대 우울하지 않은 사람에게 부정적인 질문을 던지면 시선을 자꾸 왼쪽으로 향하

생각상자

예술의 아름다움과 진화에서의 적응 문제

인체의 아름다움이 자식을 낳고 양육하는 데 유리한 배우자 선택의 문제와 관련이 있다는 이야기는 널리 알려져 있다. 예컨대 데즈몬드 모리스의 『피플워칭』에 담겨 있는 내용이 그런 것이다. 〈디스커버리〉와 같은 TV 다큐멘터리 등에서도 자주 다뤄진다. 인체뿐만 아니라 풍경의 아름다움도 같은 맥락에서 바라볼 수 있다. 자식을 낳고 기르기 좋은 장소에서 편안함을 느끼고 이런 편안함이 풍경에서 느끼는 아름다움으로 연결된다는 것이다. 그렇다면 과연 예술의 아름다움도 이런 적응의 문제와 연결된 것일까?

필자 생각에는 그렇다. 물론 인체나 풍경의 아름다움처럼 적응의 직접적인 산물은 아닐 것이다. 출산이나 양육에 불리해 보이는 노파의 그림이 아름답게 느껴지는 까닭을 보면 알 수 있다. 그렇다고 우리의 뇌 어딘가에 긴 인류 역사에서 최근에서야 소용이 되는 예술 감상 기제가 숨어 있었다고 생각하는 것도 무리가 있다.

진화의 역사에서 예술은 없었다. 우리가 느끼는 예술의 즐거움은 진화의 과정에서 갖게 된 뇌 특징의 부수효과라고 이해하는 것이 합리적이다. 적응의 과정에는 두 개의 원칙이 있다. 하나는 필요한 기능 단위로 진화가 이루어지며 관련된 모든 기제가 동시에 진화하지는 않는다는 것이다. 다른 하나는 새로이 진화된 기제는 다른 여러 가지의 부수효과를 가질 수 있지만 그 효과가 생존에 해가 되지 않는다면 그대로 유지된다는 것이다.

이 글에서 이야기하고 있는 것이 그런 증거들의 일부다. 생존에 필요한 정보를 얻기 위해 진화시켜온 시각은 여러 부수효과를 가질 수 있다. 우측 선호나 피카소의 그림에서 보는 색의 변주 등이 그러한 예이다. 어떤 것들이 더 있는지 우리는 모르고 있다. 그렇기 때문에 화가들의 창조력이 빛나는 것이리라. 화가들이 새로운 아름다움을 눈앞에 제시하면 우리는 비로소 그 아름다움에 주목하지만, 화가들이 보여주기 전까지는 무신경하게 지나친다. 웬만큼 강한 자기 확신이 없다면 통념을 이겨내고 '이것은 새로운 아름다움이다' 라고 외치기 힘들 것이다. 그런 강한 자기 확신은 예술적 영감이라는 출처 이외에 달리 나올 곳이 없다. 그래서 우리는 이 과학의 시대에 기꺼이 수고를 아끼지 않고 화랑을 찾는가보다.

[그림 19]
어린이가 즐거웠던 경험(왼쪽)과 슬픈 경험(오른쪽)을 떠올리며 그린 그림

게 되는 것을 볼 수 있다. 반면 긍정적인 질문을 던지면 시선은 오른쪽으로 향하는 경향이 있다(Ahren & Schwartz, 1979).

그림의 창작에서도 동일한 경향을 볼 수 있다. [그림 19]는 한 어린이에게 최근 슬펐던 경험과 즐거웠던 경험을 떠올리며 그려보라 한 것이다. 예상대로 슬픈 그림에서는 중요한 대상이 왼쪽을 향하고 있고 즐거운 그림에서는 오른쪽을 향하고 있다. 그림의 오른쪽에 있는 흥미로운 내용은 그 방향으로 시선을 유도하고 그에 상응하는 반구가 활성화한다. 앞서 이야기했듯이 좌반구, 특히 전두 부분의 활성화는 사람들을 좀더 긍정적인 정서 상태로 편향하게 한다. 그리고 이런 경향은 미적 선호로 그대로 이어질 가능성이 크다. 이런 경향은 어른(Davidson, 1984)이나 어린이(Heller, 1988, 1990) 모두에게서 동일한 그림이 왼쪽 시야에 제시되었을 때 더 부정적으로 보는 것에서도 확인할 수 있다.

현재로서는 이 설명들 가운데 어느 것이 옳은지 판단하기 어렵다. 한 가지 확실한 것은 우측 선호가 순수 회화에서는 잘 나타나지 않는다는 것이다. [그림 20]은 유명한 고야의 〈1808년 5월 3일〉이다. 이 작품에는 처형당하는 민중들의 모습이 그림 왼쪽에 배치되어 있다. 이 그림뿐만 아니라 많은 회화 작품에서 오른쪽 중심 경향을 찾기가 어렵다. 그 까닭은 일반 사진이나 디자인이 보는 이의 마음을 편안하게 하고 즐겁게 함으로써 소기의 목적을 달성하는 데 반해 순수회화의 경우에는 도리어 보는 이의 마음을 불편하게 하여 특정한 예술적 의도를 달성하기도 하기 때문이다.

디자인에서도 이런 우측 선호에 반하는 특수한 경우가 있다. 통상 자동차 광고에 사용되는 사진들은 자동차의 앞부분이 오른쪽을 향하도록 한다. 그래야 소비자들에게 더 안정감 있는 브랜드라는 인상을 줄 수 있기 때문이다. 그러나 RV용 자동차나 스포츠카의 경우에는 이런 안정감보다 좀더 역동적인 느낌이 필요하다. 그래서 차의 앞부분이 왼쪽을 향하도록 한다.

살아남은 기법들의 이유

지금까지 세 가지 기법과 각 기법에 대응하는 뇌의 구조에 관해 살펴보았다. 윤곽선과 색면의 불일치, 색의 변주, 우측 선호와 관련된 기법들은 앞서 소개한 직선화 이야기에 비해 심미적 효과와의 관계를 이해하기 쉬웠다. 예컨대 색채정보 처리통로의 낮은 해상도 때문에 배경색과 밝기가 유사한 색면의 경계 부분은 두드러져 보이지 않는다는 사실이 화가의 색채 사용의 자유를 높여주고 있는 것은 틀림없을 것이다. 또한 그림의 오른쪽에 중요한 정보를 담는 것이 보는 이의 마음을 편안하게 하는 이유도 뇌의 구조적 특징을 알고 나면 이해하기 쉽다.

시각피질의 방향 선별적 뉴런과 관련된 첫번째 기법 설명은 관점

[그림 20]
회화에서는 예술적 의도에 따라 중요한 대상이 좌측에 오는 경우도 많다.
고야, 〈1808년 5월 3일〉, 1814~1815

에 따라 조금 과하게 들릴 수도 있으리라 생각한다. 제키 역시 이 점에 동의한다. 특정 방향에 선별적으로 반응하는 뉴런이 있고 그것을 닮은 직선을 그렸다고 해서 "그것이 어떻게 아름다움을 줄 수 있다는 말인가?" 하고 반문할 수 있다. 옳은 말이다. 그러나 거꾸로 생각해보자. 만약 어떤 사고로 방향 선별적 뉴런들이 손상되었다면 이런 그림을 그리고 감상할 수 있을까? 마치 우리의 뇌에 적외선이나 자외선에 반응하는 세포가 없어 적외선이나 자외선을 이용한 작품이 없듯이 말이다.

이 글의 서두에 했던 질문을 다시 떠올려보자. '어떤 실수는 기법으로 살아남고 어떤 실수는 그렇지 못한가.' 기법으로 살아남은 실수들은 그에 대응하는 뇌의 어떤 구조적, 기능적 특징과 연관이 있는 것 같다. 이렇게 보면 뇌의 특징에 들어맞는 여러 기법들을 발굴하고 분석해보는 일은 예술의 아름다움에 대한 이해를 깊게 하는 데 기여할 것이다. 직선화 이야기도 그런 맥락에서 바라봐야 할 것

생각상자

애잔한 노래를 듣고 눈물 흘리는 아이들

딸의 나이가 서너 살 때 자장가로 "엄마가 섬 그늘에 굴 따러 가면" 하고 노래를 해주면 딸아이의 눈에는 눈물이 주룩 흘러내리곤 했다. 최근에 한 선배한테서 자신도 그런 경험을 한 적이 있다는 이야기를 들었다. 가사의 내용을 제대로 이해하기 힘든 어린아이들이 그 노래의 애잔함을 느끼고 눈물을 흘린다니 놀랍지 않은가?

이런 현상을 가사의 내용이 어떻고 곡이 단조이므로 하는 식으로 설명하는 것은 적절치 않아 보인다. 가사를 제대로 이해하지 못할 나이이니 곡조 말고 달리 아이의 눈물샘을 자극할 만한 것은 없어 보인다. 그러나 그 곡조의 어떤 특징이 왜 아이의 눈물샘을 자극하는지는 알지 못한다. 슬픔과 관련된 정서 처리기제가 이 곡을 지각하는 청각정보 처리 기제의 어떤 특징과 맞아 떨어져 일어나는 일인 것은 분명하다. 이런 것을 이해하려는 노력과 이 글에서 다루는 내용은 동일한 노력이다.

필자도 이 노래를 들으면 애잔함을 느낀다. 그렇다고 필자의 감상이 전적으로 딸아이의 그것과 동일하다고 말할 수는 없다. 무언가 다른 것이 더 있을 것이다. 더 살았고 더 많은 경험을 했으니. 하지만 딸아이의 눈물샘을 자극한 청각과 정서 처리 기제의 공명이 필자에게서도 일어나고 있는 것도 사실일 것이다. 이런 맥락에서 이 글에서 다루는 내용도 이해되었으면 좋겠다. 필자가 느낀 애잔함처럼 그림의 아름다움이 뇌의 어떤 특징에 의해서만 결정되지는 않을 것이다. 많은 다른 요소들이 작용할 것이다. 그러나 그 요소 가운데 뇌의 특징이 한몫을 하고 있는 것도 분명할 것이다.

같다.

  이 글에서 미처 소개하지 못한 기법들이 많다. 이 기법들이 뇌의 특징에 들어맞는다는 이유로 기법이 되었다는 주장을 확인하기 위해서는 앞으로 어떤 과정을 거쳐 심미적 효과와 연결되는지를 밝혀내야 한다. 그러기 위해서는 뇌, 특히 '정서신경학(Affective neurology)'에 관한 더 많은 지식이 쌓여야 한다. 현재로서는 기법과 그에 대응되는 뇌의 구조적 특징 그리고 뇌의 감성 정보 처리에 관한 지식을 징검다리 삼아 상상력으로 나머지를 채워넣어야 한다. 이것만 가지고도 미술과 인간에 대한 우리의 논의는 훨씬 다양하고 풍요로워질 수 있을 것이라 생각한다.

■ 더 읽을거리

앨런 위너, 『예술심리학』, 이모영, 이재준 옮김, 학지사, 2004

지상현, 『시각예술과 디자인의 심리학』, 민음사, 2002

Semir Zeki, *Inner Vision*, Oxford, New York, 1999

Robert L. Solso, *The Psychology of Art and the Evolution of the Conscious Brain*, MIT press, 2003

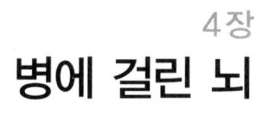

4장
병에 걸린 뇌

한국인의 치매 이야기   최진영
정신질환과 뇌   권준수
뇌와 쾌락, 그리고 중독   민성길

한국인의 치매 이야기

최 진 영 서울대학교 심리학과

1987년 서울대학교 심리학과를 졸업하고 1993년 하버드 대학교 심리학과에서 박사학위를 취득하였다. 보스턴의 매클레인 병원, 세인트 엘리자베스 병원, 미시간의 세인트 로렌스 병원에서 임상 수련을 받았다. 1994년 귀국 후 삼성의료원 (현, 삼성서울병원) 신경과 스태프, 성신여대 심리학과 교수를 역임했으며 2000년 이후 서울대학교 심리학과 교수로 재직중이다. 국내 최초로 표준화된 치매 검사인 K-DRS를 개발했으며 치매와 정신분열병에 관한 논문을 국내외에 다수 발표하였다. 1999년 'Who's Who in the World'에 등재되었으며 2001년 신경심리연구회 회장을 지냈다. jychey@snu.ac.kr

치매란 무엇인가?

기억은 사람에게 있어 삶의 과거와 현재를 이어주며 살아가는 의미를 부여해준다. 애지중지하던 아들을 보고 "댁이 뉘시오?"라고 묻는 치매 환자 앞에 선 아들은 말을 잃고 만다. 사실 기억이 없다는 것은 상상하기 힘든 무의미의 나락으로 인간이 떨어지는 것이 아닐까 하는 공포심을 자아낸다. 더더욱 보는 이들을 안타깝게 하는 것은 치매가 기억 손상에 머물지 않고 병이 진행되면서 인간의 고등 인지 기능 대부분을 파괴한다는 사실에 있다. 부모나 형제 또는 친구가 치매를 앓는 것을 보기가 힘든 이유 중 하나는 사랑하는 사람의 인간으로서의 존엄성이 무참히 깨지는 것을 지켜봐야 하기 때문이라고 생각된다.

곽씨 할아버지가 이상('?')해지기 시작한 것은 할머니가 돌아가신 지 2년 후 73세가 되시던 때이다. 자영업을 작게 하던 할아버지는 꽤 오래 전부터 성공한 아들들의 보살핌을 받으며 할머니와 다정하게 살아가셨다. 그런데 할머니가 지병을 몇 년 앓으시다가 돌아가시자 다소 의기소침해지셨다. 하지만 평소에 즐기시던 서예를 즐기시며 잘 지내시는 듯했다. 워낙 조용하고 말이 없던 할아버지가 손녀에게 똑같은 붓글씨를 몇 번 반복해서 보여줄 때만 해도 가족들은 노인이어서 기억력이 좀 떨어질 수 있다고 생각했다. 그런데 비슷한 일들이 자주 일어났다. 그러던 중 할아버지께서 산보를 나가셨다가 길을 잃고 헤매는 것을 동네 사람들이 발견해 집으로 데려오는 일이 생기자 가족들이 모두 치매를 걱정하기 시작했다. 이즈음 할아버지께서는 몇 년 전 사망한 사촌동생 집에 갔다오겠다고 하셔서 가족들을 놀라게 하였다. 이제 더이상 할아버지는 보호자 없이 외출이 불가능한 상태가 되셨다. 외출을 하고자 하는 할아버지와 자식들 간의 실랑이가 매일 반복되었고 같이 방을 쓰던 손자를 급기야는 알아보지 못하고 의심하는 정서적인 문제도 생겼다. 늦게 귀가하고 일찍 나가는 고등학생 손자를 "모르는 젊은 녀석"이 "빈둥빈둥 놀고 잠만 잔다"고 하고 돈을 훔쳐간다고 의심하기 시작한 것이다. 그후 몇 년이 지나 폐렴으로 돌아가시기 전까지 할아버지는 나이가 어린 손자들로 시작해서 차례차례 얼굴을 알아보지 못하시다가 급기야 애지중지하던 큰아들까지 알아보지 못하셨다. 마지막에는 자신의 신체 관리까지 자식들에게 의존해야 했다.

곽씨 할아버지 사례는 알츠하이머성 치매의 전형적인 과정을 보여주고 있다. 경미한 기억장애로 시작된 지적 기능의 감퇴가 점차 심해져 결국에는 목욕이나 대소변 가리는 일 등 일상생활의 사소한 일의 처리도 불가능해지는 상황에까지 이르게 된다. 알츠하이머성 치매는 치매의 가장 대표적인 형태인데 지적 기능 저하가 가장 심하면서 운동장애가 없다는 것이 특징이다. 이외에도 혈관성 치매, 파킨슨성 치매, 알콜성 치매 등이 있는데 각각 손상된 뇌 부위에 따라 증상이 약간씩 다르다. 다시 말해 치매는 단일한 질환이라기보다 다양한 질병에 의해 발생되는 증후군(syndrome, 증상들의 군집을 의미함)이다.

치매에 대한 공식적인 정의를 살펴보면 다음과 같다(APA, 1994). 정상적인 지능의 성인에게 두세 개 이상의 인지 기능들이 저하되는 증후군으로 주로 기억장애가 빈번하다(Cummings & Benson, 1992). 또 인지 저하는 일시적이지 않고 지속되며 대개의 경우 악화된다.

많은 경우 치매 노인들에게서 가장 먼저 눈에 띄는 증상은 새로운 일이나 사람, 사건에 대한 기억력이 떨어지는 기억장애이다. 곽씨 할아버지 경우도 기억장애가 가장 먼저 관찰되었는데 이어서 말을 잘 이해하지 못하거나 어눌해지는 등의 언어장애로 이어진다. 언어장애는 흔히 단어가 생각나지 않는 것에서 시작되어 말을 잘못 이해하다가 나중에는 의미 있는 낱말이 없는 '빈 말(empty speech)'을 구사하게 된다. 치매 증상이 있어 내원한 한 할머니에게 어떻게 해서 병원에 오셨냐고 물었는데 "그게, 그렇다. 그래서, 며느리…… 갔어"라고 내용이 없는 단어들을 나열하는 답변을 듣게 되면 치매로 인한 언어장애가 꽤 진척되었다는 것을 알 수 있다.

곽씨 할아버지가 길을 잃기 시작한 것은 전문용어로 시공간 기능장애라고 하는데 쉽게 얘기하여 길눈이 어두워진 것이다. 알츠하이머성 치매에서 시공간 기능장애가 기억장애와 비슷하게 발생하거나 곧이어 나타나는데 운전이 일상화되어 있는 미국에서 운전을 하다가 길을 잃거나 사고가 나서 가족들이 치매 발병을 알게 되는 경우도 종종 있다.

살림을 하던 할머니가 음식의 맛을 못 내고 집안일이 서툴러지거나 매일매일 타던 지하철을 타는 것이 어려워지는 등 일상적인 활동을 못하게 되는 실행증(失行症, apraxia) 역시 발병 초기부터 관찰될 수 있다.

곽씨 할아버지가 손자나 아들을 알아보지 못한 것이 대표적 실인증(失認症, agnosia)의 예다. 알츠하이머성 치매 중기부터 관찰되며 심해지면 물건을 알아보지 못하기도 한다. 예를 들어, 쓰레기통을 모자라고 착각하고 쓰레기통을 뒤집어쓰고 다니기도 한다. 이러한 행동장애가 갈수록 심해지는데 가족들을 알아보지 못하고 남이나 도둑으로 착각하게 되어 가족들 간의 갈등이 표면화되는 계기가 되기 쉽다. 곽씨 할아버지의 경우도 본인이 돈을 보관하는 장소를 기억할 수 없기 때문에 돈을 누군가 훔쳐간다고 생각했는데 방에 자주 오고 잠만 자는 젊은이(손자)가 그 범인이라고 생각한 것 같다. 이렇듯 지적 기능에 장애가 생기면서 정서적으로도 문제가 생긴다. 흔히 도둑을 맞았다거나 구타를 당했다는 의심이 심해지는 피해망상이 자주 발생한다. 이는 기억장애로 인해 물건을 찾지 못하거나 넘어지거나 부딪힌 사실을 잊은 것에 대한 보상기제로 이해할 수 있다.

이외에도 정서적으로 불안 행동이 증가하고 짜증을 많이 내거나 참을성이 없어진다. 주변 사람들이 전혀 다른 사람이 되었다고 생각할 만큼 성격의 변화가 극적인 경우도 있다. 예를 들어 얌전하기만 하던 할머니가 갑자기 욕을 하기 시작하고 남에게 시비를 거는가 하면, 차분하고 침착하던 노인이 급해지고 길거리 노점에서 돈을 지불하지도 않고 음식을 집어 먹기도 한다. 좀더 위험하기는 신체가 매우 건강한 노인이 치매 발병 후 갑자기 화를 내고 다른 사람을 구타하는 경우다. 이때 가족들은 환자 관리에 한계를 느끼기도 한다. 없는 사람이 보이거나(환시), 들리는(환청) 등의 환각 증상도 치매 가족들을 당황하게 하는 행동장애 증상이다. 죽은 사람이 보인다고 말하는 치매 노인을 이해하기 위해서는 치매 증상들이 어떤 뇌기전과 연관이 있는지 알아보는 것이 가장 좋을 방법일 것이다.

치매 노인의 뇌

정상 성인의 경우 약 1천억 개의 신경세포들이 매우 정교하게 연결되어 마음을 주관하는 기관(organ of the mind)인 뇌를 구성하고 있다. 다른 신체기관과 마찬가지로 노인의 뇌는 젊은이의 뇌보다 질병에 취약하다. 정상적인 노화가 진행되면서 신경세포가 소실되

생각상자

치매와 건망증의 차이

치매를 공부한다고 하면 "치매와 건망증을 어떻게 구분하죠?" "치매가 건망증과 서로 다른가요?" 등 치매와 건망증의 관계에 대하여 묻는 질문을 자주 접하게 된다.

둘 다 기억의 문제이기는 하지만 서로 매우 다른 기전에 의해서 일어난다. 건망증이 심한 사람이 치매 발병의 위험도가 높은 것은 아니다.

좀더 자세히 살펴보자.

기억은 입력, 저장, 인출의 세 과정으로 나뉜다. 입력은 외부 정보를 기억하는 데 적합하도록 처리하는 과정이라면 저장은 입력된 정보가 잘 보관되도록 정보를 단단하게 굳히는 과정이라고 본다. 인출은 이 두 과정과 다른 시점에 저장된 정보를 꺼내서 활용하는 것인데 건망증은 주로 입력의 문제로 인해 인출이 어려워지는 거라고 보면 된다.

냉장고로 비유하면 계속해서 장을 봐서 냉장고에 넣어놓을 때 정리하지 않고 쑤셔 넣게 되면 나중에 우유가 있는지 모르고 또 사게 되고 호박이 안 보이는 곳에서 썩고 있는 것을 모를 수 있다. 반면 정돈이 잘된 냉장고는 물건들이 제 위치에 잘 보관되어 있으므로 이를 나중에 꺼내서 쓰기가 무척 쉽다.

필자를 포함하여 건망증에 시달리는 사람들은 평상시 정보처리를 할 때 그 정보에만 집중하지 않고 다른 과제를 동시에 하거나 생각이나 감정 등에 휩쓸려 미처 정보처리를 제대로 하지 못하는 경우가 많다. 즉, 정보의 처리가 제대로 되지 않았을 가능성이 높다. 이는 정리 안 된 냉장고와 비슷하다고 할 수 있다.

한편 치매는 저장에 문제가 있는 것으로 냉장고로 치자면 냉장고 밑이 빠진 경우다. 냉장고에 들어간 물건은 모두 없어지므로 아무리 찾아도 물건(기억의 경우 정보)을 꺼낼 수가 없다.

그러니까 할머니가 친구와의 약속을 잊어버려서 그 사실을 알려드릴 때 약속을 금방 생각해낼 수 있으면 건망증이지만, 친구와 약속한 적이 없다고 주장하시면 치매 증상이라고 볼 수 있다.

기도 하지만 그 숫자가 그리 많지는 않다. 반면 노인이 퇴행성 뇌질환인 알츠하이머 병, 파킨슨 병이나 뇌졸중 혹은 중풍에 걸리면 뇌 신경세포는 심하게 소실된다.

신경세포는 신체 내 다른 세포들과 달리 소실 후 새로운 세포가 거의 생성되지 않아 신경세포 후 뇌기능 회복은 더디거나 매우 제한적으로 일어난다. 손상된 신경세포가 자생적으로 치유되지 않는다는 얘기는 아니다. 비유를 하자면 나뭇가지가 폭풍우를 견디지 못해 부러져도 뿌리가 온전히 남아 있으면 새 가지가 돋아나는 것과 마찬가지로 신경세포도 세포핵을 갖고 있는 몸체(세포체)가 손상되지 않은 경우, 몸체로부터 새로운 가지들이 뻗어나와 다른 신경세포와의 연결을 빠른 시일 내에 회복할 수 있다. 따라서 장기적으로 뇌기능에 큰 영향을 미치지 않는다. 그러나 만약 신경세포가 몸체까지 파괴된 경우라면 회복은 매우 더디다. 이때도 파괴된 신경세포의 기능을 대신하기 위해 주변 신경세포들이 다른 신경세포들과 더 많이 연결돼 손상된 뇌기능을 어느 정도까지는 회복시킨다. 그러나 이는 한계가 있기 때문에 뇌기능이 완전히 회복되는 것은 불가능하다. 퇴행성 뇌질환에 걸린 노인의 뇌 신경세포는 이런 자생적 치유과정을 압도할 정도로 빠르고 심하게 파괴된다. 따라서 점진적으로 뇌기능들도 감퇴해 급기야 치매 증상이 나타나는 것이다.

다양한 뇌질환이 치매를 일으킬 수 있다. 이때 각 질환은 서로 다른 형태의 뇌손상을 초래하고 그 손상 부위에 따라 치매 증상이 결정된다. 뇌 구조들이 서로 다른 인지, 정서 및 성격에 관여하기 때문이다. 예를 들어 알츠하이머성 치매의 경우 질환 초기에는 뇌세포의 파괴가 내측 측두엽에 집중적으로 일어난다. 이곳에 자리한 해마라는 구조물이 관여하는 인지 기능은 새로운 정보를 저장하는 기억 기능이다. 해마 세포의 소실이 초기 알츠하이머성 치매의 주 증상인 기억 손상으로 나타나는 것이다.

알츠하이머성 치매의 뇌 변화

성인에게 발병할 수 있는 뇌질환만큼이나 치매의 종류는 다양하다. 이중 가장 발병률이 높은 것은 알츠하이머성 치매(Alzheimer's dementia, AD)와 뇌졸중으로 인한 혈관성 치매다. 이 두 종류의 치매 환자가 전체 치매의 80~90%를 차지한다. 이외에도 운동기능 장애가 동반되는 파킨슨성 치매와 헌팅턴 질환으로 인한 치매가 있다.

1994년 11월 5일 미국의 전 대통령 로널드 레이건이 알츠하이머성 치매를 앓고 있다는 사실을 공식적으로 발표하였다. 이 사실이 전 세계에 알려지면서 우리 사회에도 치매와 AD에 대한 관심이 급격히 증가하였다. AD는 흔히 노인성 퇴행성 치매라고도 불리며 노인기 치매의 가장 대표적인 질환으로 치매 발병의 절반 정도를 차지한다.

AD가 뇌졸중으로 인한 혈관성 치매나 다른 치매들과 대별되는 점은 운동장애가 없어 외관으로는 가장 건강해 보이는 반면 인지기능 저하가 가장 심하다는 점이다. 이러한 AD의 특징은 AD 환자 뇌의 병리적인 변화와 직접적인 상관이 있다. 이를 몇 가지로 요약하자면 다음과 같다.

첫째, 알츠하이머 질환에 걸리면 신경세포 안에는 실타래가 뭉친 것 같은 신경섬유 뭉치(neurofibrillary tangles)가 생긴다. 반면 신경세포 바깥에는 수명을 다한 신경세포의 일부분이 제거되지 못해 찌꺼기처럼 쌓인 신경반(neuritic plague)들이 생성된다. 이들이 왜 생

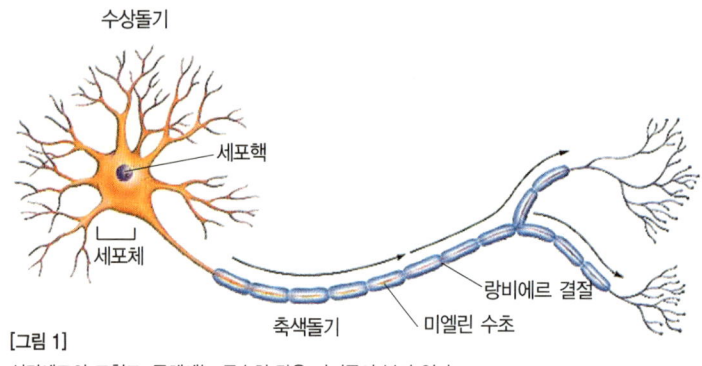

[그림 1]
신경세포의 모형도, 몸체에는 무수히 많은 가지들이 붙어 있다.

성되는지는 아직도 명확히 규명되지는 않았지만 AD로 인한 신경세포의 병리적인 파괴가 얼마나 일어났는지를 알려주는 표식이기 때문에 확실한 AD 진단을 위해서는 이들의 존재가 부검(사후에 이루어지는 뇌조직 검사)이나 생검(생존시 행해지는 뇌조직 검사)으로 확인되어야 한다(Cummings & Benson, 1992).

둘째, 이러한 병리적인 변화는 신경세포 파괴로 이어지는데 이것은 뇌 모든 부위에서 일어나는 것이 아니라 뇌의 가장 바깥 껍질인 대뇌피질에서 주로 이루어진다. 이 뇌 영역들은 기억, 언어, 시공간적 기능 및 판단력, 추론력, 자아 조절 능력 및 성격의 일부 등 인간의 핵심적인 인지 및 행동 기능에 관여하는 뇌 부위들이기 때문에 이 영역의 병리적 퇴행은 이러한 기능들의 퇴화를 초래한다. 한편, 생명과 직결된 하위 뇌 부위나 운동 기능에 중요한 피질하 기저핵의 신경세포들은 AD의 병리적 변화에 영향을 받지 않아 환자들은 병의 후기까지도 운동장애가 없고 AD로 인해 생명을 잃지는 않는다.

사실 AD를 앓는 기간은 평균 10년이며 간호의 질이 높아지면서

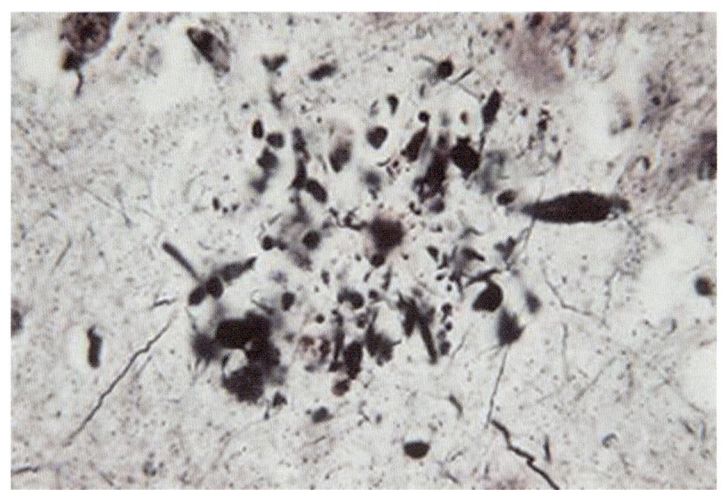

[그림 2]
중앙에 찌꺼기들이 모여 신경반을 형성하고 있다.

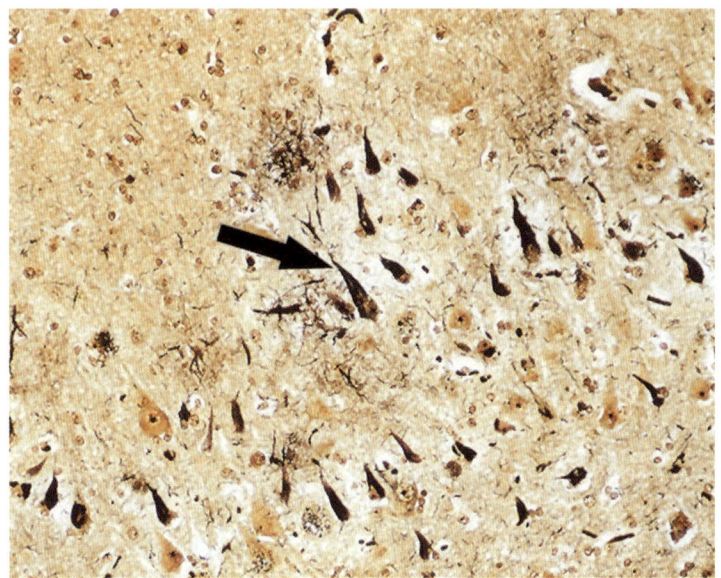

[그림 3]
세포 내 신경섬유 뭉치. 화살표로 표시되어 있다.

20년까지 생존하는 환자들도 생기고 있다. 이 긴 간병 기간 동안 대뇌피질 세포의 파괴는 지속되기 때문에 AD 환자들의 증상은 하나둘 더 많아지고 심화된다.

레이건의 딸은 아버지의 공식 발표 6년 후인 2000년에 가족들의 투병 생활에 대해서 인터뷰를 하며 아버지의 병은 좋아지지 않고 점점 나빠만진다("Never gets better")고 밝혔다. 발병 후 10년이 되는 2004년 6월에 타계하여 이제 고인이 된 레이건 전 미 대통령은 AD의 심각성과 AD 환자 가족들의 고충을 세계에 알리는 데 크게 기여했다.

셋째, AD의 뇌 병리가 초기에는 해마를 포함한 내측 측두엽에서 시작하여 두정엽과 전전두엽으로 퍼지고 결국은 감각 및 운동 피질을 제외한 대뇌피질 전반으로 확산되는데 병리적 변화가 진행됨에 따라 AD의 인지, 행동적인 증상들이 하나둘 더 발현된다.

구체적으로 살펴보면 AD에서 처음 나타나는 기억장애, 특히 새로운 사실을 학습하지 못하는 장애는 해마(19쪽 4번 그림 참조)의 손상과 직결된다. 병리 현상이 내측 측두엽에서 외측 측두엽으로 퍼져나가면서 언어 이해가 어려워지는데 언어 이해에 관여하는 베르니케 영역(18쪽 위 그림 참조)이 외측 측두엽 상단에 위치하고 있는 사실에서 비롯된다. 알츠하이머성 치매 환자 가족에게 가장 큰 슬픔 중 하나는 가족을 알아보지 못하는 얼굴 실인증이다. 이것은 내측 측두엽이 후두엽과 만나는 해마방회(20쪽 2번 그림 참조)의 뇌세포 파괴와 관련이 있다. 특히 오른쪽 뇌의 관여가 더 중요한 것으로 밝혀지고 있다.

앞에서 말한 곽씨 할아버지의 길 잃고 배회하는 행동은 시공간 기능에 관여하는 두정엽 퇴행과 연관된다. 두정엽(17쪽 그림 참조)

은 우리가 사물의 위치를 인식하는 데 없어서는 안 되는 뇌 영역이다. 이 영역에 손상이 있는 환자들은 눈앞에 있는 물건을 정확히 잡는 데 문제가 있는가 하면 거리나 방향 판단에 어려움을 겪게 된다. 두정엽은 AD 중기부터 관찰되는 실행증과도 관련이 있다. 실행증이란 쉽게 말하면 동작 지식의 손상을 의미한다. 우리는 별 생각 없이 가위질, 젓가락질, 망치질을 하고 군대를 갔다온 사람은 자연스럽게 경례를 붙인다. 이런 동작들은 학습을 통하여 자동화되는데 이는 우리 뇌의 어느 부위에 이러한 동작 지식이 저장되어 있다는 것을 의미한다. 이러한 기능에 관여하는 것이 왼쪽 두정엽을 기본으로 한 피질 회로들이라는 것이 밝혀졌다. 이 부위들도 AD의 병리과정이 진행됨에 따라 파괴된다. AD 환자들에게 망치질 흉내를 내보라고 지시를 하면 망치를 쥐고 때리는 동작을 하기보나는 자신의 손을 망치 머리로 대신하여 내리치는 동작을 하는 오류를 범하게 되는데 이것을 '신체 도구화 오류'라고 한다.

종류가 조금 다른 실행증은 복잡한 행동을 순서화하는 것에 실패하는 것이다. 이는 전두엽 손상의 결과이다. 예를 들어, 떡국을 끓이기 위해서는 우선 육수 국물을 내고, 얼린 떡을 물에 녹이고, 파를 썰어놓고, 지단을 부치면서 육수물이 끓으면 떡을 넣고 한소끔 끓이고 난 뒤 파, 지단 및 각종 웃기를 올려야 하는데, 전두엽에 문제가 생기면 냄비에 맹물을 넣고 달랑 떡만을 끓여서 나오는 해프닝이 일어나기도 한다. 어느 설날 실제로 있었던 일이다. 이전까지 할머니의 인지 저하 문제를 부인하던 할아버지가 이 사건을 계기로 우리 클리닉에 내원하셨다.

사실 AD 환자의 전두엽은 상당히 일찍부터 병리과정이 진행되는데 특히 앞부분의 퇴행이 두드러진다. 전두엽의 앞부분을 전전두엽

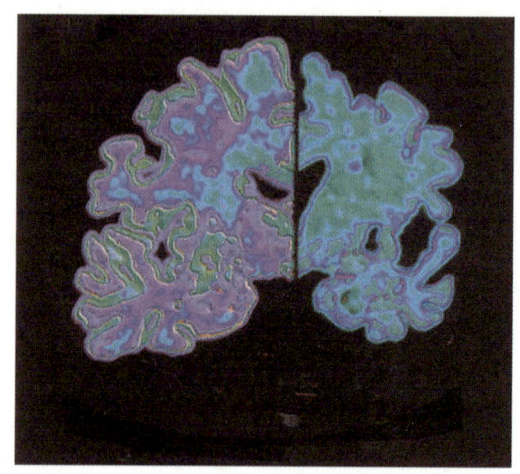

[그림 4]
대뇌피질은 표면적을 넓히기 위하여 무수히 많은 주름을 형성하고 있는데 노화와 퇴행이 진행되어 세포들이 사멸하거나 크기가 작아지면 이러한 주름들 사이 공간이 커진다. 왼쪽은 정상인 뇌의 단면이고 오른쪽은 심한 알츠하이머성 치매 환자 뇌의 단면이다.
Carter, 1999

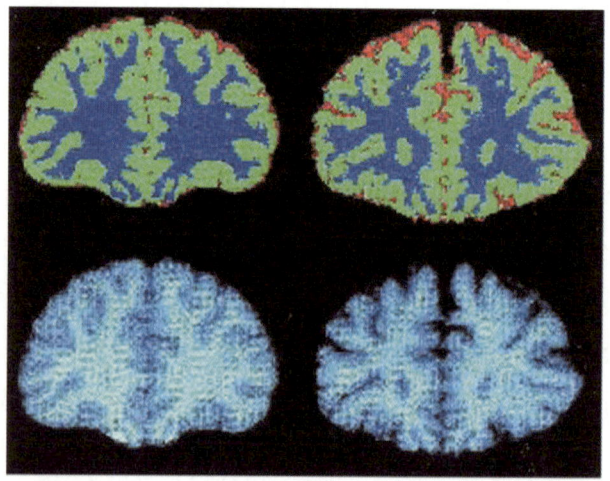

[그림 5]
알츠하이머성 치매 환자(오른쪽)의 뇌와 정상 노인(왼쪽)의 뇌를 비교한 뇌영상 자료. 환자의 뇌는 세포가 죽어 빈 공간이 많은 것을 볼 수 있다.
Toga & Mazziota, 1996

이라고 일컫는데 이 부위는 인간 인지 기능 중 가장 고차원적인 기능들에 관여하는 것으로 알려졌다. 이 영역은 개념화 능력, 추리력, 계획력, 판단력, 사회적 지능과 밀접한 관계를 맺고 있기 때문에 AD 환자들은 병의 초기부터 고차적인 인지 기능 및 사회적 판단력의 저하가 관찰된다.

마지막으로 AD 뇌의 병리적인 변화는 발병 몇 년 전부터 진행되기 시작한다. 기억력만이 저하되어 치매로는 진단하기 어려운 노인들을 몇 년 동안 종단적으로 추적하여 뇌영상을 촬영한 결과 상당수의 노인들의 해마 부피가 감소되어 있는 사실을 발견하였다. 흥미로운 사실은 이 기억 저하 노인 중 대부분이 후에 치매 진단을 받는다는 점이다. 즉, AD는 증상이 발현되기 몇 년 전부터 뇌 병리과정이 진행될 수 있으며 매우 미약하게 기억력이 떨어지는 증상만으로 나타날 수 있다. 이런 경미한 기억장애는 정밀한 신경심리 검사를 받기 전에는 나이가 들면서 자연적으로 나타나는 노인성 기억 감퇴와 구분하기 힘들다.

혈관성 치매와 뇌

치매 중 두번째로 발병률이 높은 치매가 혈관성 치매이다. 이는 미세한 뇌졸중이 수차에 걸쳐 일어나 뇌의 여러 곳에서 혈액 공급이 중단되면서 신경세포들이 파괴되어서 발병하는 질환이다. 뇌졸중이 광범위하게 일어나는 경우에는 신체의 마비나 운동장애 혹은 언어장애가 올 수 있지만 아주 작은 크기의 뇌졸중은 발생시 모르고 지나갈 수도 있다. 이러한 '소리 없는' 뇌졸중이 여러 차례 일어나고 손상되는 부위가 인지 기능을 담당하는 대뇌피질 및 인접 피질하 영역일 경우 혈관성 치매가 발병한다(Andreasen, 2001). 다만 인지 기능 손상이 언어, 기억, 동작 지식, 시공간 기능, 얼굴 인식 중에서 한 가지 영역에서만 발견될 경우에는 치매라고 칭하지 않고 각각 실어증, 기억상실증, 실행증, 시공간 기능장애, 얼굴 실인증이라고 칭한다. 뇌졸중으로 인한 인지 행동 손상이 두세 개 이상의 영역에서 관찰될 때 비로소 치매라고 일컫는데 혈관성 치매는 알츠하이머성 치매와 좀 다른 양상을 보인다.

혈관성 치매의 진행은 뇌졸중의 경과와 밀접한 연관이 있다. 그래서 뇌졸중 직후 심하게 인지 저하가 발생한 후 진정되다가 또 한 차례의 뇌졸중이 있으면 더 악화되는 '계단식 퇴행'이 일어난다. 급격한 변화가 없이 점진적으로 인지 기능이 퇴화하는 AD의 진행과 비교된다. 또한, 일반적인 뇌졸중과 마찬가지로 혈관이 막히거나 파열된 직후 관련 인지 행동 증상이 최고로 악화되며 이후 어느 정도 회복되는 양상을 보인다. 나빠지기만 하는 AD와 구별되는 점이다. 증상 출현의 순서에 있어서도 혈관성 치매는 문제가 된 혈관의 위치에 따라 증상이 결정되기 때문에 기억장애가 먼저 일어날 확률이 AD처럼 높지 않다. AD의 경우 질환 말기까지 운동장애가 전혀 없고 신체적으로 건강한 것에 반해 혈관성 치매의 경우 몸의 마비나 운동 문제가 종종 있기 때문에 이로 인한 행동 반경의 제약이 가족과 간병인의 과제가 된다.

마지막으로, 혈관성 치매의 경우 우울증이 발생하는 빈도가 비교적 높다. 특히 좌반구에 뇌졸중이 발생할 경우 심한 우울증을 앓게 될 확률이 크다.

기타 치매에서의 뇌질환

운동장애가 먼저 발생하는 치매들도 있다. 춤을 추는 것 같은 몸

짓으로 유명한 헌팅턴 병은 유전적인 기전이 가장 잘 알려진 치매다. 4번 유전자의 변이가 멘델의 유전법칙에 따라 우성으로 유전된다. 이 질환을 앓는 부모의 자식이 헌팅턴 병에 걸릴 확률이 50%가 되는 것이다. 이 환자들은 정상적인 생활을 하다가 40대쯤부터 기저핵의 세포들이 퇴행하기 시작한다(Andreasen, 2001). 이 뇌 부위는 운동 조절과 함께 인지 조절을 담당하기 때문에 과장된 움직임뿐만 아니라 인지 기능 저하를 일으킨다. 다른 유형의 운동장애를 동반하는 파킨슨 병도 치매를 일으키는 질환 중 하나이다. 서양 탈을 쓴 얼굴처럼 표정이 굳어 있고 보폭이 좁아지거나 손이 떨리기도 하는 운동장애가 일어난다.

흥미로운 사실은 AD 환자들에게 종종 항정신증 약물을 투여하는데 이때 일어나는 부작용이 파킨슨 병에서 보이는 운동 증상들과 매우 유사하다는 것이다. 파킨슨성 치매는 기억장애가 심하지는 않지만 여러 인지기능 장애가 AD와 유사한 점들이 있어 변별 진단에 유의해야 한다.

치매 위험 요인들

치매를 일으키는 질환이 다양하듯 각 질환의 위험 요인도 각기 다르기 때문에 일반적인 치매 위험 요인을 이야기하는 것은 어렵다. 다만 한 가지 공통적인 위험 요인은 노화다. 나이가 들면 뇌도 다른 기관과 마찬가지로 질환에 취약해지기 때문에 치매가 노인기에 빈발한다. 구체적인 통계를 보면 65세 이전에 치매가 발병하는 경우는 매우 드문 반면 65세부터 치매 발병률이 증가한다. 65세 이상 노인의 대략 5%가 심한 치매를 앓는 것으로 보고되고 있다. 나이가 들면 치매 위험은 지속적으로 증가한다. 80세 이상 노인에서는 약 40% 정도가 심한 치매를 앓고 있다. 경미한 치매를 포함하면 이 숫자는 두세 배 늘어난다. 치매는 이렇듯 노화와 밀접한 관련을 갖고 있어 사회의 노령화는 치매 인구의 증가를 의미한다. 최근에 이르러 우리 사회에서 치매에 대한 관심이 더 커지고 있는 것도 과학 기술의 발전 및 국내 사회 경제적 여건이 개선되면서 공중 보건 및 의료 수준이 향상됨에 따라 평균 수명이 증가하고 이에 따라 치매의 발병률이 증가하기 때문이다.

노화를 제외하고는 치매를 일으키는 개별 뇌질환의 위험 요인은 매우 다양하며 서로 상충될 수도 있다. 하루는 뉴스에서 흡연의 치매 예방 효과가 보도되는가 하면 얼마 안 있어 흡연이 치매의 위험 요인 중 하나라는 보도를 듣게 된다. 전자가 알츠하이머성 치매에 대한 연구 결과인 반면 후자는 혈관성 치매에 대한 연구라는 것을 알지 못하면 이러한 보고들은 자칫 혼란을 일으키게 된다.

치매를 일으키는 개별 질환의 위험 요인에 대한 논의는 그 내용이 방대하므로 지면에 제약이 있는 이 글에서는 치매를 일으키는 가장 대표적인 질환들을 중심으로 이야기를 전개하겠다.

알츠하이머성 치매를 일으키는 주요 요인들

약 100년 전 독일 의사인 알로이 알츠하이머(Alois Alzheimer)가 AD의 병리 지표인 신경반과 신경섬유 뭉치를 발견하였다. 그 이후 많은 연구가 진척되면서 이 질환에는 복합적인 원인 혹은 위험 요인들이 있다는 것이 밝혀졌다. 쉽게 말해 모든 환자들이 같은 원인으로 AD가 발병하는 것은 아니며 아직까지 밝혀지지 않은 요인들이 더 많을 것이라고 추정된다.

현재까지 밝혀진 가장 중요한 알츠하이머성 질환의 원인은 유전

연구에서 찾을 수 있다. 유전적인 요인의 중요성을 시사하는 단서는 우리에게 잘 알려진 유전성 질환인 다운증후군 환자들에게서 AD가 빈발한다는 사실에서 출발하였다. 다운증후군이 21번 염색체 이상으로 인한 질환이었기 때문에 21번 염색체에 대한 연구가 활발히 진행되었고 이 염색체에서 AD의 핵심 병리과정인 신경반 형성에 기여하는 APP(amyloid precursor protein)를 만들어낸다는 사실을 발견하였다. 이 발견은 AD의 원인 및 병리과정을 밝혀내는 데 매우 큰 역할을 했다. 그러나 모든 AD 환자들의 염색체에서 이 단백질을 생성하는 유전자의 변이가 일어나지는 않기 때문에 이 유전 변이만으로는 모든 AD를 설명할 수 없다.

AD에 기여하는 보다 더 보편적인 유전적 요인은 AD 환자 가족의 병력을 조사하는 기계 연구에서 발견되었다. AD 환자 가족들의 발병율과 이들의 염색체를 분석 연구한 결과 19번 염색체에 위치한 아포(apo)e 유전형질 세 가지(e2, e3, e4) 중에서 e4형이 높은 빈도로 발견되었다. 아포e 유전형질은 혈액 속의 지질을 대사하는 단백질을 생성하는 데 관여하는 유전형질로 모든 사람들에게 e2, e3, e4 중에 두 개씩 쌍으로 유전되는데, e4형을 하나라도 보유한 사람은 보유하지 않은 사람에 비해 AD가 발병할 확률이 2~4배 높고 두 개 모두 e4형을 갖은 사람이 80세까지 살게 될 경우 AD가 발병할 확률이 80~90%나 된다. 더 흥미로운 사실은 이 유전형질을 갖고 있는 사람들의 경우 치매가 발병하기 몇 년 전부터 기억 저하가 일어난다는 사실이다.

그러나 이 유전자도 모든 AD의 원인이 되지는 못한다. 인구 중에서 이 유전형질, 특히 두 개 모두를 보유한 사람은 많지 않고 이 유전자 외에도 1번과 14번 염색체에 위치한 다른 유전형질들의 관련

가능성이 시사되기도 한다. 확실한 것은 모든 AD 환자에게 공통적으로 발견되는 유전적 요인은 아직 발견되지 않았다는 사실이다. 현재 학계에서는 AD에 기여하는 유전자는 다수이며 각 유전자가 신경병리에 각기 다른 조합으로 기여하고 있는 것으로 잠정적 결론을 내리고 있다.

유전 외에도 몇 가지 위험 요인들이 있는데 이중 하나가 저학력이다. 다시 말해 정규 교육이 AD에 보호적인 역할을 하는 것이 밝혀지고 있다. 고학력자가 AD에 걸리지 않는 것은 아니다. 레이건 전 대통령을 비롯해 국내외의 유명인사들도 이 질환의 희생자들이 많았고 앞으로는 더 많아질 것이다. 그러나 확실한 것은 교육을 많이 못 받은 사람들에게서 이 질환의 발병 빈도가 더 높다는 사실이다.

이와 관련하여 인지 기능이 높은 사람들의 경우 AD의 위험이 다소 낮다는 연구 결과가 있었다. 미국 수녀 연구(the nun study)에서 나온 결과에 의하면 젊은 시절 수녀원에 들어올 때 수집된 지적 수

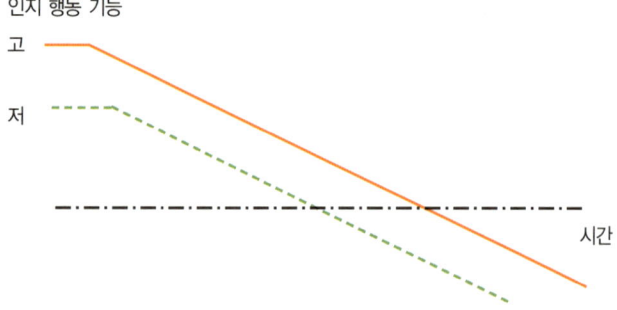

[그림 6]
교육 혹은 지능이 높은 것이 치매에 보호적인 역할을 하는 것을 도식화한 그림. 수평선이 치매 수준의 인지 행동 기능 수준을 표시한다면 같은 시점에 AD가 발병하더라도 고등 인지 기능을 갖는 노인의 발병이 미뤄지는 것을 알 수 있다.

행 지표에서 높은 점수를 얻었던 수녀들의 경우 지적 수행이 낮은 수녀들에 비해 치매 발병률이 낮았다. 흥미로운 사실은 젊은 시절 높은 지적 수행을 보이고 후에 치매 발병 없이 사망한 노인 수녀들의 뇌에서 AD 병리의 표식인 신경반과 신경섬유 뭉치가 다수 관찰된 사실인데 이는 병리가 진행되었음에도 불구하고 치매 증상이 발현하지 않았다는 것을 시사한다. 반면 낮은 지적 수행 수녀들의 경우 신경반과 신경섬유 뭉치가 발견된 노인들의 대부분이 치매가 발병하였다. 고학력자 혹은 높은 지적 기능을 갖은 사람들의 경우 잘 발달된 뇌기능으로 인해 뇌에 병리가 시작되어도 현저한 지적 기능 감퇴 즉, 치매가 관찰될 때까지는 시간이 많이 걸릴 것이라는 추측을 가능하게 해준다. 이러한 연구들은 교육을 못 받거나 지적 기능이 낮은 것이 AD의 원인이라기보다 AD 병리가 뇌에서 시작되었을 때 보호 기능이 많지 않아 치매가 빨리 발현할 가능성이 높다는 얘기로 해석될 수 있다.

최근에는 스트레스가 AD의 원인이 될 수 있다는 가설이 제기되고 있다. 이는 AD 병리가 가장 먼저 생기는 해마가 기억에 관여하는 뇌 구조일 뿐 아니라 스트레스의 생물학적 기전의 일부이기도 하기 때문이다. 동물 연구에서는 극심한 스트레스에 반복 노출된 쥐의 경우 해마가 많이 파괴되었다는 보고가 있다. 노인들의 종단 연구에서도 스트레스 호르몬 수준이 높은 노인들에게서 기억 저하가 관찰된 반면 호르몬 수준이 낮은 노인들의 경우 젊은 사람들과 비슷한 기억력이 관찰되었다.

스트레스는 치매에 어떤 영향을 미칠까

우리가 스트레스 경험을 하게 되면 스트레스 반응이 일어난다.

예를 들면 심장박동수, 호흡 등이 증가하고 근육이 긴장하는 등 교감신경계가 흥분을 하며 체내에는 코르티솔이라는 스트레스 호르몬이 분비된다. 이러한 스트레스 반응은 일시적으로는 우리가 스트레스에 대처하는 데 유리하지만 이 상태가 오래 유지되면 신체에 위해를 끼치기 때문에 곧바로 이를 억제하는 시스템이 작동한다. 이때 해마가 억제 시스템에 중추적인 역할을 하는 것으로 알려져 있다.

크기도 크지 않은 해마라는 뇌 구조가 인간의 생존에 중요한 두 가지 시스템인 기억과 스트레스에 모두 관여한다는 사실은 매우 흥미롭다. 쥐를 이용한 동물 연구나 인간 대상의 실험에서 모두 스트레스는 단기적으로 기억 감퇴 혹은 손상을 초래한다는 것이 밝혀졌다.

그러나 스트레스가 실제 해마 세포의 파괴를 일으키는지 아니면 세포 파괴 없이 기능적 학습장애를 일으키는지는 앞으로 더 밝혀야 할 대목이다. 다시 말해, 신경과학자들은 스트레스가 치매의 원인으로 작용하는지에 대해서는 명확히 해답을 주지 못하고 있다. 언급된 노인 연구에서 스트레스 호르몬 상승 집단이 기억 저하가 있었던 것이 구체적으로 스트레스로 인한 해마의 병리적 손상 때문인지 아직은 확실하지 않다는 얘기이다. 왜냐하면 AD의 병리적 퇴행은 해마를 손상시키는데 이것이 해마의 스트레스 억제 기능을 와해시켰을 수도 있기 때문이다. 즉, AD의 발병과 관련하여 해마의 파손과 스트레스 중 어느 것이 먼저 일어나는 것인지 인과 관계를 아직은 규명하지 못했다. 이와 관련하여 생각해볼 것은 해마가 뇌 기관 중에서 노화에 가장 취약하다는 사실이다. 유기체가 생존하기 위해 계속적으로 작동해야 하는 스트레스와 학습 시스템을 모두 담당하기에 일어난 결과가 아닐까 하는 추측을 해본다.

AD의 위험 요인으로 '여성'도 제기되고 있다. 할머니들에게서 AD 발병률이 더 높은 것은 사실이다. 하지만 이것이 여성이기 때문인지 아니면 할머니들이 더 오래 살고, 교육을 덜 받았고, 스트레스를 더 많이 받았는지 등 제3의 요인 때문인지는 아직 알 수 없다.

여성 호르몬 에스트로겐과 기억력 간의 관계를 밝히는 연구는 여성의 생물학적 원인론에 힘을 실어준다. 폐경기 이후 여성들은 에스트로겐 수치가 남성보다도 낮아진다. 에스트로겐은 AD의 병리 과정이 일어나지 않게 보호하는 역할을 하기 때문에 에스트레겐 수준이 급격히 떨어지는 폐경기 이후 여성들은 AD에 취약해진다는 설명이다. 여성에게서 AD 발병률이 높은 것을 어느 정도는 설명해 주고 있지만 이미 언급한 다른 요인들의 영향도 무시할 수 없어 추후 연구에서 보다 명확한 원인 규명 작업이 기대된다.

요약하면, AD 발병에는 복합적인 요인들이 작용한다는 것이 가장 일관된 결론일 것 같다. 구체적으로 핵심 병리 기전인 신경반과 신경섬유 뭉치는 여러 요인들의 작용에 의해 생성되고 그 효과의 발현도 단순하지 않다. 이는 AD라는 복잡한 퍼즐에 아직도 빠져 있는 조각들이 많다는 얘기가 될 수 있다.

한국 노인의 치매 위험 요인들

근래 우리 사회에서는 부쩍 치매, 알츠하이머 질환, 뇌졸중 등 노년기 질환에 대한 얘기를 많이 하고 있다. 사실 걱정이 많이 되기도 한다. 통계를 보면 이러한 걱정의 현실적 근거를 알 수 있게 된다. 한국 인구의 노령화는 미국이나 프랑스 등 선진국의 약 다섯 배의 속도로 진행되고 있다. 이것은 노인기 가장 대표적 행동질환인 치매 인구가 이들 국가들보다 다섯 배 정도 빨리 증가할 것이라는 얘기와도 같다. 그런데 더 심각한 문제가 있다. 국내 유병률 연구에 의하면 65세 이상 치매 환자가 세계 평균인 5%보다 높은 7~13%로 관찰된다. 거의 두 배가 높은 것이다. 어떤 요인들이 한국 노인들을 치매에 취약한 인구로 만드는지에 대한 해답은 아직 찾지 못한 상태이다. 다만 몇 가지 설명이 가능하다.

우리 한국 노인들은 농경 사회에서 태어나 성인기에 산업화를 경

생각상자

술, 담배 그리고 치매

술과 담배가 대체적으로 몸에 해롭다는 사실은 알고 있지만 뇌에는 구체적으로 어떤 영향을 줄까. 담배의 주성분인 니코틴의 경우 단기적으로 집중력과 기억을 향상시키며 알츠하이머성 치매(AD)의 병리과정인 신경반 생성에 억제 역할을 한다는 연구가 있다. 그러나 AD의 보호 효과가 특정 유전자를 가진 사람들(아포e4)에게만 발견되었고 흡연의 형태로 니코틴을 섭취한 사람들에게는 오히려 미약하게 AD의 위험을 높이는 연구 결과들이 발표되고 있다.

한편 니코틴은 혈관을 강하게 수축시키는 작용을 하는 약물이다. 혈관이 정상적인 탄력성을 유지할 경우에는 니코틴 효과로 인한 혈관의 수축은 이완으로 회복되기 때문에 뇌혈관에는 큰 문제가 되지 않는다. 그러나 노화나 동맥경화 등의 질환으로 혈관이 탄력성을 잃게 되면 이러한 강한 수축 작용은 뇌졸중의 매우 큰 위험 요인이 되며 이는 혈관성 치매로 이어질 가능성이 높다.

술의 경우 담배와는 달리 효과가 좀더 복잡하다. 하루에 한 잔의 술, 그것도 적포도주를 마실 경우는 심혈관계 질환을 예방하는 효과가 있다는 것은 많은 사람들이 아는 얘기이다. 이것은 절제된 음주는 혈관성 치매를 예방하는 효과가 있을 수 있음을 시사한다.

험한 후 현재 디지털 시대에 살고 있다. 급격한 산업화는 의료 혜택의 확대와 더불어 수명 연장을 가능하게 하였다. 교육이 그다지 필요하지 않았던 농경시대에 유년 시절을 지냈던 한국 노인들의 정규교육 연한은 다른 산업화된 국가들에 비해 매우 짧다. 유럽, 미국, 일본의 선진국들이 100년이 넘게 산업화를 진행하면서 꾸준히 교육 수준이 향상된 것과 비교된다. 반면, 아직 산업화가 초보적인 국

한편, 알코올 중독은 코르사코프 치매를 일으킨다. 단기적으로는 뇌에 억제적 역할을 하는 알코올이 다량으로 자주 섭취될 경우 신경세포들, 특히 유두체의 신경세포들이 파괴된다. 코르사코프 치매 환자들의 뇌 구조를 촬영한 MRI 영상에서는 유두체가 형체도 없이 사라져버린 것을 관찰할 수 있다. 유두체는 해마와 연결되어 있어 이러한 유두체의 소멸은 기억장애를 유발시킨다.

이외에도 술과 치매 간의 관계를 증폭시키는 것이 두부 외상이다. 교통사고, 낙상, 스포츠 외상 등은 두부 외상을 일으키는데, 이러한 두부 외상은 뇌를 치매에 취약하게 한다. 이러한 두부 외상은 반복적으로 발생하는 경향이 있는데 반복된 두부 외상은 치매로 이어지기 쉽다. 한 가지 재미있는 통계는 한 번의 두부 외상을 당한 사람이 후에 또 한 차례의 두부 외상을 경험할 확률이 두 배로 증가하며 2회의 두부 외상을 당한 사람의 경우는 그 확률이 여덟 배로 증가한다.

애주가들이 유념해야 할 사실은 술에 취하면 이러한 두부 외상의 확률이 증가한다는 것과 더불어 알코올이 뇌손상의 효과를 증폭시킨다는 점이다. 취하면 우리의 정신 및 운동 기능은 모두 저하되어서 범죄의 대상이 되거나 넘어지거나 부딪쳐 두부 손상의 가능성이 높아진다. 그런데, 알코올은 이러한 외부 충격으로 신경세포가 손상되는 효과를 더 증폭시킨다는 연구 결과들이 있다. 술을 권하는 사회에서 한번쯤 생각해봐야 할 신경과학 지식이다.

가들은 저학력자가 많기는 하지만 평균 수명이 우리보다 짧기 때문에 노인 인구 자체가 많지 않다. 저학력자들에게서 AD가 더 빈발한다는 점을 고려하면 저학력자가 많은 우리 노인 인구에서 치매 발병률이 높은 것을 어느 정도 설명할 수 있을 것이다. 결국, 빠른 속도로 산업화되어서 저학력 고령자가 많은 것이 다른 국가에 비해 치매 발병률을 높였다는 설명이다. 그러나 우리와 비슷한 산업화를 경험한 대만 인구의 치매 유병률이 우리보다 현격히 낮고, 심지어 선진국의 유병률보다 낮게 관찰된 사실은 높은 저학력 노인 인구 특성만으로 설명할 수 없는 다른 요인을 암시한다고 할 수 있다.

한국 사회의 높은 스트레스 경험을 지적하는 사람들도 있다. 6·25 전쟁 등 급변하는 사회에서 사는 것이 스트레스 정도를 높였다는 것이다. 어떤 요인들이 사람들에게 스트레스를 주는지 알아본 연구들은 적응해야 할 변화의 폭이 클수록 스트레스가 된다는 결론을 내렸다. 결혼 또는 아이의 출산과 같이 아무리 좋은 변화일지라도 변화는 적응을 요구하고 이는 스트레스를 유발한다는 얘기이다. 지금 65세 이상 노인들은 일제 식민지 시대에 태어나 1950년대의 전쟁과 전후 복구, 1960년대의 정치적 혼란기, 1970년대의 급격한 산업화와 유신독재, 1980년대의 정치적 혼란 및 군사독재, 1990년대 문민정부 등장과 IMF 경제난, 2000년대의 급속도로 보급되는 인터넷과 가치관의 혼란 등 실로 많은 사회적 변화를 경험하고 살아왔던 것은 확실하다. 스트레스가 치매의 명확한 원인으로 확인될 경우 한국 노인들이 스트레스로 인한 뇌손상에 취약하다는 것은 상당히 가능성이 있는 얘기이다. 그러나 스트레스의 주관적인 성격 때문에 한국인들이 다른 사회 사람들보다 더 많이 경험하고 있다고 얘기하기 어려운 점도 있다.

마지막으로, 전혀 다른 설명도 가능하다는 것을 밝히고 싶다. 진단 및 검사 방법에서 파생하는 부차적인 문제일 수도 있는데 이는 다음 치매 진단에서 좀더 자세히 다루겠다.

길고 복잡한 치매의 진단

치매의 진단은 크게 뇌기능인 인지 및 행동 문제가 있는지에 대한 판단과 이러한 문제의 원인을 파악하는 두 가지 과정으로 이루어진다. 첫번째 과정은 치매 진단에 필요한 두 개 이상의 인지, 행동 기능의 저하를 확인하는 작업으로 주로 신경심리 평가(neuropsychological evaluation)를 토대로 이루어지는 반면 뇌기능 저하를 일으키는 원인에 대한 파악은 대체적으로 신경학적 검사(neurological exam)와 뇌파, MRI, 혈액 검사 등 각종 생리적인 검사를 요한다. 이 두 과정이 서로 독립적이기보다는 서로간의 커뮤니케이션과 통합을 통하여 완성된다.

정상적인 노화에 의해서도 기억 감퇴가 이루어지기 때문에 기억을 제외하고는 별다른 변화가 없는 초기 치매 노인과 정상 노인을 구별하는 것은 쉬운 일이 아니다. 또한 노인기에 빈발하는 다른 질환이나 상태들과도 변별이 쉽지 않다. 치매를 정확하게 진단하는 것은 치매의 원인이 되는 질환을 확인하고 동시에 다른 질환이나 상태가 개입되지 않았는지 여부도 판단하는 복잡한 과정이다(Cummings & Benson, 1992). 치매 진료를 위해 내진한 환자와 가족들은 쉽게 진단이 가능하리라고 예상하고 병원이나 클리닉을 찾았다가 길고 복잡한 과정에 간혹 당황하고 혼란스러워한다. 진단과정에 대한 이해를 돕기 위하여 어떠한 과정이 왜 진행되는지에 대한 설명을 아래에 기술했다. 또한, 이는 한국 노인의 높은 치매 발병률을 이해하는 데도 도움이 되기 때문에 다소 지루하더라도 참고 읽어주기를 바란다.

진단표로 미리 점검하고 내원

모든 질환이 그렇듯이 정확한 진단을 위하여 가장 중요한 것은 환자의 병력을 알아보는 작업이다. 즉, 가장 먼저 관찰된 증상 및 이후 관찰된 증상과 더불어 과거나 현재에 앓았거나 앓고 있는 다른 질환을 소소히 알아내야 한다. 치매 환자의 경우 병력은 본인보다 같이 거주하는 보호자를 통하여 얻게 된다. 기억 기능이 쇠퇴한 치매 노인들은 병식(病識, 자신의 증상이나 문제를 인식하고 있는지를 일컫는 전문용어)이 없는 경우가 대부분이며 치매 증상을 호소하기보다는 소화기장애나 다른 문제들을 호소하기 일쑤이다. 보통 생각하는 것보다 병력이 진단에 중요하고 또 짧은 진료 시간에 전문가에게 얘기하는 것이 힘들기 때문에 408쪽에 제시된 정보를 미리 점검하여 가족들과 논의하여 기록한 뒤 내원하면 도움이 될 수 있다.

병력을 확인한 후 여러 가지 검사가 실시되는데, 이때 신경심리학적 검사, 신경학적 검사, 뇌영상 검사 및 생리적 검사들이 행해진다. 신경심리학적 검사는 치매 진단에 있어서 가장 중요한 검사라고 할 수 있다. 이것은 치매의 핵심 증상인 인지 및 행동 장애를 확인하는 작업이기 때문이다. 기억 기능 저하가 어느 정도 진행되었는지, 언어나 시공간 장애는 없는지 등을 개별 신경심리 검사를 통해 실측한 후 신경심리 전문가나 임상심리 전문가가 그 결과를 통합하여 어느 인지, 행동 영역에서 장애가 일어났는지를 평가하는 과정으로 한두 시간 정도 소요되며 간혹 더 오래 걸리는 경우도 있다.

신경학적 검사는 감각, 운동 장애 및 말초신경장애를 확인하고자 실시된다. 환자에게 관찰되는 인지 및 행동 기능의 저하가 보다 기초적인 감각 및 운동 장애에서 기인하는지를 검토할 수 있는 기회이기 때문에 변별 진단을 위해서 매우 중요한 과정이다. 이때 뇌혈관 질환이나 기저핵 손상 등의 가능성을 타진하여 혈관성 치매, 파킨슨성 치매의 진단에 이용한다.

뇌영상 검사들은 변별 진단에 보다 확실한 증거를 제시해주기도 한다. 뇌영상 검사 중 CT나 MRI는 구조적 뇌영상(structural imaging)으로서 뇌 구조 혹은 생김새의 이상을 감지할 수 있다. 뇌병변이 어디에 있는지를 알아내는 것은 물론 전반적이거나 부분적인 뇌 부피의 감소를 확인하는 데도 활용된다. 예를 들어, 뇌혈관 질환이 있는 노인의 경우 MRI상에서 여러 개의 병변이 발견될 수 있으며 좀더 정밀한 혈관 조영도를 얻어 뇌변 어느 혈관이 막혀 있는지도 알 수 있다. 또 알츠하이머 질환을 앓는 환자의 CT는 뇌의 전반적인 부피 감소와 이에 따른 뇌실 확장 등을 보여준다. 그러나 정상 노인의 뇌도 부피 감소가 일어나고, 작은 병변들이 적지 않게 발견되며 부피의 개인 차이가 상당하므로 뇌영상 자료만으로 치매 여부를 진단하는 것은 현재로선 불가능하다.

이외에도 PET, SPECT 등의 뇌의 기능적 영상(functional imaging) 검사들은 뇌의 신진대사 및 혈류의 이상 및 감퇴를 감지하기 위하여 사용된다.

초기 AD 환자의 경우 대부분의 검사에서 정상 소견이 관찰되는 데 반해 PET 검사에서는 신경심리 기능 저하와 일치하는 부위의 신진대사 저하를 보이는 경우가 많아서 진단 확인에 도움이 된다. 신체적인 질환으로 인한 인지 저하 가능성을 타진하기 위하여 여러 가지 생리적 검사들도 실시할 수 있다. 예를 들어 간질환, 당뇨병,

갑상선 질환 및 비타민 부족으로 인한 인지 기능 저하 여부를 확인하기 위해서 각 질환의 진단에 필요한 생리적 검사들이 실시된다.

마지막으로 언급하지만 실제로는 치매 진단에서 매우 중요한 요소가 우울증 평가이다. 진료시 혹은 병력을 알아보는 과정이나 신경심리 평가에서 우울증을 앓고 있는지 여부가 확인되어야 한다. 이는 노인기 우울증과 치매에서 관찰되는 인지 행동 특징이 매우 유사하기 때문이다. 우울증을 경험하는 노인들의 경우 치매 환자와 비슷하게 기억과 인지 기능의 저하가 관찰되며 또한 우울 증상인 무감동과 철회(withdrawal) 행동 등이 치매 초기에 많이 관찰되기 때문에 우울증을 가성 치매(假性 癡呆, pseudodementia)라고도 한다(Andreasen, 2001). 즉, 매사에 흥미를 잃고 사람들과 어울리기를 싫어하며 의기소침해지는 행동들이 흡사 우울증 환자 같다. 치매와 우울증 변별 진단을 매우 어렵게 하는 또다른 요인은 치매 환자들이 이차적인 우울증에 시달린다는 사실이다. AD 치매 환자의 경우 3분의 1 정도가 초기에 우울증을 동반하는 것으로 보고되고 있다. 혈관성 치매의 경우 이보다 더 많은 환자들이 우울증을 경험하며 강도도 더 심한 것으로 알려져 있다.

살펴본 것처럼 치매 진단은 여러 요인들에 대한 탐색을 통하여 이루어지는 복잡한 과정인데 특히 증상이 미미한 치매 초기에는 진단이 더 오래 걸리고 힘들 수 있다. 점차적으로 증상이 완연히 나타나는 중기로 가게 되면 진단은 매우 신속히 이루어진다.

한국 치매 환자의 특이성

한국 노인들의 치매 진단은 한마디로 매우 까다로운 작업이다. 이는 한국 노인들의 신경심리 혹은 인지 특성이 서구 노인의 연구에서 관찰된 것과 사뭇 다를 터인데 한국 노인들의 인지 특성 및 한국 노인의 치매 연구가 아직 많이 이루어지지 않았기 때문이다.

서구에서 이루어지는 치매 평가과정에서는 인지 기능의 저하가 곧 뇌기능의 감퇴를 의미한다. 인지 기능 저하가 광범위하고 심하게 진행된 경우 치매로 진단되며 증상이 기억장애에 제한된 경우도 경도 인지장애(Mild cognitive impairment, MCI) 혹은 임상전 치매 (preclinical dementia)로 진단되어 이후 치매 발병이 예측되어진다.

반면, 한국 노인의 인지 기능 수행에 가장 크게 영향을 미치는 요인은 교육이다. 최근 6년간 우리 연구실에서 진행된 일련의 노인 연구에서는 한두 개의 기억검사를 제외하고는 모든 신경심리 검사에서 교육의 효과가 매우 크게 관찰되었으며 특히 언어를 사용하지 않는 도형 및 그림 그리기 검사에서 그 효과가 두드러졌다. 서구 연구에서는 교육 효과가 전혀 없어서 치매 선별에 매우 효과적이라는 시계 그리기 검사에서 매우 강한 교육 효과가 관찰되었다는 사실은 주목할 만하다. 백지를 주고 '11시 10분'의 시간을 그려보라는 과제는 공간을 활용하여 그리는 시공간적인 기능, 12개의 눈금을 잘 배열하여 그리는 관리 기능, 시간 개념을 기억하고 활용하는 능력 등 다양한 기초 인지 기능을 요구한다. 이렇듯 복합적인 인지 기능을 요구하는 과제 특성으로 인해 치매 환자들은 이 검사에서 수행이 저조해지거나 특이한 반응들을 하는 것이 알려지면서 최근 10년간 치매 선별 검사로서의 이 검사의 인기는 거의 폭발적으로 증가하였다. 국내 임상가들도 이 검사에 대한 관심이 높은데 이는 실시가 용이하고 난이도가 낮아 저학력 노인이 많은 한국에서 쉽게 사용할 수 있을 것으로 생각하였기 때문이다. 그러나 이 검사에서의 수행이 정규교육 여부와 글을 읽고 쓸 수 있는지, 즉 문식성과 관련

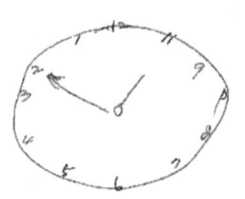 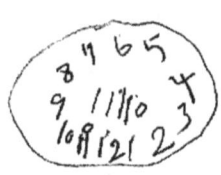 

[그림 7]
DAT 환자가 보인 CDT 오류의 예. 오른쪽으로 갈수록 치매가 더 오래된 것을 알수 있는데 시계 개념에 대한 상실이 점점 심화되고 있다.

이 있다는 연구 결과가 보고되어서 검사 수행 해석에서 주의가 요구된다. 이에 따라 한국 노인들의 인지 기능 수행에서는 저학력과 뇌기능 감퇴 모두가 강력한 수행 저하 요인으로 작용하고 있어 두 요인을 변별하는 것이 정확한 치매 평가의 핵심이다.

한국 노인의 치매 발병률과 진단과의 관계로 다시 돌아가자. 치매 진단이 이루어지는 핵심 근거가 인지 기능 저하이기 때문에 이를 확인하기 위해 사용되는 신경심리 검사나 인지기능 검사의 국내 적용에 관하여 얘기를 하지 않을 수 없다. 말했듯이 현재 국내에서 사용되는 다양한 인지기능 검사에서의 수행이 정규 교육 연한과 상관이 매우 높다. 특히, 초등학교 교육을 받지 못한 경우 수행 저하가 두드러진다. 기초 인지 기술을 교육시키는 초등학교 교육이 이루어지지 않을 경우 이들을 측정하는 치매 평가 검사에서 매우 저조한 수행을 보일 가능성이 높다. 한편 치매 유병률을 조사하는 역학 연구에서 치매 진단은 간단한 인지 기능 측정과 인터뷰를 통하여 이루어진다. 이때 인지 기능 측정에서 한국 노인들의 경우 저학력으로 인한 저수행이 치매로 오인될 가능성이 있는데 이를 보완할 수는 있는 정교한 진단 절차가 대부분의 국내 역학 조사에서는 미흡하다. 그래서 치매 유병률이 지나치게 높게 보고되었을 가능성도 있다는 것이 많은 전문가들의 지적이다. 특히 역학 연구에서 많이 사용된 정신상태 검사(MMSE-K, K-MMSE)에는 지남력(본인이 있는 장소, 시간 및 주위 인물들에 대한 인지 능력) 등 교육의 효과가 큰 문항들이 많고 치매에 가장 핵심적인 기억의 측정이 미흡하여 한국 노인들의 치매 진단 도구로서 부적절한 면이 있다.

저학력 노인의 높은 비중, 높은 스트레스 경험, 그리고 진단 도구의 문제 중 어느 요인이 한국 노인의 높은 치매 유병률을 설명할 수 있는지는 좀더 정밀한 진단 체계와 방법론을 갖춘 연구들이 밝혀야 할 일이다. 이외에도 한국인의 유전적인 취약성도 검토해봐야 할 영역이라고 생각된다.

어떤 치매 클리닉으로 가야 할까

부모님 혹은 친지들을 모시고 치매 진단 혹은 평가를 전문가에게 의뢰할 때에는 다음과 같은 사항에 대한 이해가 있는 임상가나 클리닉을 찾아야 한다. 모든 질환에서와 마찬가지로 다양한 치매 환자를 본 경험이 있는 클리닉이나 임상가가 추천된다. 치매 진단이 다양한 정보를 바탕으로 이루어지므로 많은 치매 환자를 관찰한 경험이 있는 임상가가 보다 더 정확한 판단을 내릴 가능성이 높다.

다른 질환과 마찬가지로 치매 병력에 대한 조사가 매우 중요하다. 이때 다른 병력과 달리 치매 진단의 경우 인지적인 발달 및 변화에 대한 조사가 필수적이다. 김치를 맛있게 담그시던 할머니가 언제부터 음식의 간을 못 맞추기 시작하셨는지도 중요한 정보가 된다. 이러한 정보를 세밀히 검토하는 작업이 정확한 진단을 위해 필수적이다. 이러한 정보는 저학력자에 대한 평가일수록 중요하다. 이는 인지 저수행의 성격을 규명할 때 필요하기 때문이다. 할아버지가 도형 그리기 및 기억 검사에서의 수행이 저조한 것이 치매 때문인지 무학자이기 때문인지 구분하기 힘들 때 가족을 통하여 얻을 수 있는 일상생활에서의 변화는 중요한 정보가 된다.

한국 노인을 상대로 표준화가 된 치매 평가 도구들을 사용하고 있는지 여부는 아주 중요한 고려 사항이다. 즉, 한국 노인에게 적절한 내용으로 개발되고 한국 정상 노인들을 대상으로 검사가 실시되어 규준이 확립되어 있는 검사이어야 된다는 얘기이다. 치매를 진단하기 위하여 사용되는 인지기능 검사들의 내용이 한국 노인들에게 친숙하고 이해가 쉬워야 된다. 언뜻 생각하면, 말만 번역되면 미국에서 수입한 검사를 한국 노인에게 실시하는 것이 무방할 것으로 생각할 수도 있다. 그러나 많은 경우 직역된 검사 자료들은 노인들에게 생소하여 이들의 이해를 떨어뜨리기 십상이다. 특히 이는 기억에 방해가 되어 검사로서의 타당성이 떨어진다.

더욱더 중요한 것은 검사 수행을 비교할 규준에 사용된 노인 연구 집단이 규모나 대표성에 있어 손색이 없어야 된다. 규준이 한국 노인을 대표하기 어렵다면 검사 결과 해석은 오류의 가능성이 높다. 비유를 하자면 엑스레이 장비의 해상도가 매우 낮아 실제 병변을 확인하기 힘든 경우와 마찬가지이다. 아무리 유능한 임상가라도 도구가 부적절하면 제대로 치매를 진단하기 어렵고, 정성이 지극한 임상가인 경우 올바른 진단에 도달할 수는 있어도 효율성이 많이 떨어진다.

치매의 원인 파악이나 변별 진단을 위해서는 뇌영상 촬영이나 생리적 검사들이 필요하다. 이러한 검사들이 정확하게 잘 이루어질 수 있는 종합병원이나 종합병원과 긴밀한 협력 관계를 갖고 있는 클리닉을 찾는 것이 바람직하다.

마지막으로, 치매 평가는 가장 복잡한 사람의 마음(인지 및 행동)의 기능 저하를 확인하는 작업이므로 정교한 정보 수집과 검사 절차가 필수적이다. 임상가에 비해 환자가 지나치게 많거나 기타 이유로 진료 시간이 너무 짧은 클리닉의 경우 치매 진단에 필요한 정보를 모두 습득할 수 없어 오진의 가능성이 높아진다는 사실도 알아둘 필요가 있다.

지혜롭고 건강한 생활습관이 치매 예방

이미 언급한 대로 뇌세포는 일단 파괴되면 재생이 어렵기 때문에 치매에서는 예방이 무엇보다 중요하다. 각 치매마다 예방하는 방법이 약간씩 다르기는 하지만 뇌의 신진대사가 활발하고 혈액 공급이 원활하도록 해주는 것은 기본적인 뇌 건강 수칙으로 생각된다. 또, 치매 발병의 80~90%를 차지하는 알츠하이머성 및 혈관성 치매의 예방에 주력하는 것이 효과적이다. 혈관 질환으로 인한 혈관성 치매의 경우 혈관 질환을 예방해주는 것이 치매 예방법이 될 것이다. 뇌졸중의 위험 요인은 차례대로 고혈압, 고지혈증 및 당뇨병이다. 정상 혈압을 유지하고 심장질환 및 당뇨병의 예방을 위해 섭생을 주의하고 규칙적인 운동을 하는 것이 중요하겠다.

알츠하이머성 치매의 경우 원인을 아직도 잘 파악하지 못하여 예방법이 확실하지 않다. 연구를 통하여 드러난 바는 정신활동을 활발히 하는 것이 치매 예방에 도움이 된다는 점이다. 정신활동에는 독서나 머리를 쓰는 게임이나 악기 연주 혹은 볼룸댄스 같이 복잡한 움직임을 요하는 활동을 즐기는 것이 도움이 된다고 한다. 근육과 마찬가지로 사용하면 할수록 뇌기능은 잘 유지되는 것으로 생각된다.

앞서 말한 종단 연구에서 노년기에 스트레스 호르몬이 증가하는 노인들에게서 기억을 비롯한 인지 기능 저하가 관찰되었다. 이 사실은 무슨 이유로든지 나이가 들면서 계속 스트레스의 증가를 경험하는 노인들의 경우 치매에 걸릴 확률이 높다는 얘기가 될 수 있다. 이 연구에서 발견된 또하나의 흥미로운 사실은 스트레스 호르몬이 증가하는 집단의 노인들이 세상을 통제하고 규범을 강조하는 강박적인 성격의 소유자들이 많다는 사실이다. 일반인들 사이에서 성격적 요소가 치매와 관계가 있을 것이라는 추측을 일부 지지해주는 증거라고 할 수 있다. 경직된 성격의 노인들은 스트레스 경험을 더 많이 하고 이것이 기억 기능의 감퇴, 나아가 치매로 발전할 가능성이 높다는 얘기인 것이다. 이외에도 극심한 경제난에 시달리는 것이 노년기의 정신적 육체적 퇴행과 관련이 있다는 보고도 있다. 스트레스가 치매에 위험 요인이기 때문이다.

결론적으로 담백하고 싱거운 음식을 주로 먹고, 규칙적으로 신체운동과 정신활동을 즐기면서 너그럽게 살다보면 치매에 걸릴 확률이 준다는 얘기이다. 퍽이나 단순한 처방 같지만 실천하기 쉽지 않은 얘기이다. 많은 노인기 질환과 마찬가지로 건강한 생활습관이 관건이라고 여겨진다.

■ 더 읽을거리

Andreasen, N., *Brave New Brain*, New York, Oxford University Press, 2001

Cummings, B. & Benson, A., *Dementia: A clinical approach*, Second Edition, Boston, Butterworth-Heinemann, 1992

노인 인지 행동 변화 설문지

1. 무언가를 기억하는 것을 어려워한다고 느낀 적이 있습니까?   예/아니오
   1-1. 다른 사람들이 했던 말을 잘 기억하지 못합니까?
   1-2. 누군가에게 말했던 것을 말했는지 안 했는지 혼돈스러워합니까?
   1-3. 약속을 하고 나서 본인이 약속을 했었다는 것을 잘 잊어버립니까?
   1-4. 대화를 하거나 무언가에 대해 이야기를 할 때, 적절한 말이 생각나지 않아 난감해하는 경우가 있습니까?
   1-5. 주변 사람 혹은 친한 사람의 이름을 잘 기억하지 못합니까?
   1-6. 평소 잘 알고 있던 전화번호를 잘 기억하지 못합니까?
   1-7. 사용하던 물건을 두었던 곳이 어디였는지 자주 잊어버리고 곤란해합니까?
   1-8. 집에서 나올 때 열쇠로 문을 잠그는 일이나, 요리를 하다가 가스 불을 끄는 것과 같이 평소 당연히 했어야 할 일들을 잊어버리고 하지 않는 일이 잦습니까?
   1-9. 동일한 인물이 다른 배역으로 나오는 TV 프로그램을 보다가 착각하거나 혼동하는 경우가 있습니까?

2. 일을 처리하는 것이 이전 같지 않다고 생각된 적이 있습니까?   예 / 아니오
   2-1. 직장이나 가정에서 이전부터 해오던 일을 처리하는 것을 어려워하거나 일하는 데 시간이 오래 걸립니까?
   2-2. 이전에 잘하던 일들을 하는 방법을 잊어서 못하거나 자주 안 하는 일이 있습니까?

3. 대화중에 어떤 어려움이 있다고 생각된 적이 있습니까?   예 / 아니오
   3-1. 평소 잘 알고 있던 물건의 이름을 틀리게 말한 적이 있습니까?
   3-2. 대화 도중에 이야기의 맥락을 잘 잊어버립니까?
   3-3. 대화를 하는 중에 상대방이 말하고 있는 내용을 이해하지 못하는 것처럼 보입니까?

4. 날짜나 시간에 대한 개념 혹은 방향감각 등에서 문제를 보입니까?   예 / 아니오

   4-1. 평소 잘 다니던 길도 잃어버리고 헤맨 적이 있거나 외출했다가 집을 잘 찾아오지 못한 적이 있습니까?

   4-2. 오늘이 무슨 요일인지, 또 올해가 몇 년인지를 잘 분간하지 못합니까?

5. 예전에 보이던 성격과 많이 다르게 변했다고 느낀 적이 있습니까?   예 / 아니오

   5-1. 눈에 띄게 달라진 새로운 기질을 보이거나 사람을 심하게 의심하거나 지나치게 남에게 의존하려는 등 성격에서 뚜렷한 변화를 보입니까?

   5-3. 신체적인 공격을 하거나 심하게 공격적인 언행을 보입니까?

6. 피험자가 부쩍 울적해하거나 슬퍼 보이지는 않습니까?   예 / 아니오

   6-1. 오랫동안 심하게 울적해하거나 의욕을 상실한 것처럼 보입니까?

7. 행동에서 이전과 달라진 점이 보였습니까?   예 / 아니오

   7-1. 자주 불안해하거나 한시도 가만히 있지 않고 초조하게 움직입니까?

   7-2. 하고 싶거나 먹고 싶은 것과 같은 욕구를 자제하는 데 어려움을 보입니까?

   7-3. 성적으로 이상한 행동을 보입니까?

   7-4. 스스로 몸을 단장하거나 위생 관리를 하는 데 문제가 있습니까?

   7-5. 특별히 정해진 곳도 없이 돌아다닙니까?

   7-6. 다니다가 자주 넘어지거나 쓰러지는 일이 있습니까?

8. 다른 사람과는 뚜렷하게 다른 생각을 하거나 이상한 경험을 하고 있다고 느낀 적이 있습니까?   예 / 아니오

   8-1. 이해하기 힘든 이상한 생각들을 장황하게 늘어놓거나, 자신을 해치려 한다는 것과 같이 근거도 없이 다른 사람을 지나치게 의심합니까?

   8-2. 다른 사람이 보지 못하는 것을 보았다고 합니까?

* 각 세부 문항에 '예'라는 답변이 가능한 경우 다음의 구체적인 정보를 습득한다.
―언제부터 그랬나.
―문제가 어떤 식으로 나타나는가.
―얼마나 자주 나타나는가.
―그 당시 어떤 일이 있었나.
―지금도 그 일이 지속되고 있는가.
―지금은 그런 일이 없다면 언제부터 없어졌으며 왜 없어졌다고 생각하는가.

정신질환과 뇌

권 준 수 서울대학교 의과대학 정신과

서울대학교 의과대학을 졸업하고 동대학에서 박사학위를 받았다. 미국 하버드 의대 정신과에서 연수하였으며, 서울대학교 의과대학 정신과학교실 및 서울대학교 대학원 뇌과학 및 인지과학 협동과정 겸임교수로 있다. 현재 대한신경정신의학회 기획이사, 신경정신의학 부편집장, 한국뇌기능매핑학회 총무이사, 국제신경정신약물학회 펠로우, 대한정신약물학회 임상연구윤리이사 등을 맡고 있으며, 「나는 왜 나를 피곤하게 하는가」, 「임상신경인지기능검사집」 등을 쓰고 「정신분열병: A to Z, 과학적 근거에 의한 정신분열병의 최신지견」, 「뇌와 기억, 그리고 신념의 형성」을 우리말로 옮겼다.

kwonjs@plaza.snu.ac.kr

정신질환은 흔한 질환이다

우리는 배탈이 나거나 머리가 아프면 가까운 병원을 찾아가 치료를 받는다. 이처럼 몸이 아프거나 병들어서 병원을 찾아가는 일은 일상적이며 당연한 일로 받아들여진다. 내과, 소아과, 산부인과, 외과 등 치료를 위해서 여러 과들이 나누어져 있고 아픈 부위, 연령 등에 따라 각각 필요한 곳을 찾아가게 되는 것이다. 그런데 병원의 여러 과들 중에 다소 생소한 과가 있다. 바로 '정신과'라는 곳이다. 정신과라는 단어를 떠올리면 '○○을 치료하는 곳'이라는 생각이 선뜻 떠오르지 않는다. 그저 '제정신이 아닌 사람들이 치료받으러 가는 곳' 쯤으로 치부해버리거나, 조금 더 관심이 있는 사람이라면 '프로이트'의 『정신분석학 입문』 정도를 떠올리기 마련이다. 그러나 실제 정신질환은 우리 주위에서 흔히 볼 수 있다. 통계에 따르면 평생 병에 걸릴 가능성을 말해주는 평생유병률의 경우, 주요 정신질환인 정신분열병은 인구의 1%, 주요 우울장애의 경우는 10~20%라고 한다. 즉 평생 동안 정신분열병은 100명 중 1명이, 주요 우울장애는 10명 중 1명 내지 2명은 걸릴 수 있다는 것이다. 미국의 경우 15세~44세 사이의 성인을 대상으로 한 연구에서 주요 우울장애가 전체 치료비용의 1위를 차지하는 등 전체 의료비에서 정신질환이 차지하는 비용이 상당한 것으로 알려져 있다.

그러나 이렇게 흔하고 많은 비용이 드는 질병들임에도 불구하고 정신질환에 대해서는 잘 알려져 있지 않은 것이 사실이다. 아마도 질병에 대하여 사람들이 갖는 편견이나 부끄러움 때문에 질병을 감추거나, 상처나 열 등의 신체적인 질환처럼 밖으로 드러나는 병이 아니기 때문에 관심의 대상에서 다소 멀어져 그런 것 같다. 결국 이 이야기를 다른 말로 바꾸어보면 질병에 대하여 잘 알려져 있지 않고 잘 알려고 하지 않기 때문에 치료를 받으러 와야 하는 적절한 시기에 병원을 찾아오지 못하는 경우가 생기기도 한다는 뜻이다. 즉 잘 알지 못하기 때문에 치료받아야 하는 질병이 방치되기도 하고 치료를 시작한다고 하더라도 병이 깊어져서야 비로소 병원의 문을 두드리게 되는 경우도 생긴다.

정신질환은 단순히 '미쳐서', '제정신이 아니어서' 생기는 질병이 아니다. 정신분열병이나 우울증 등과 같은 주요 정신질환뿐만 아니라 신경증적 장애, 불안장애, 신체형 장애, 인격장애, 정신지체 등 인간의 정신 현상에서 생길 수 있는 여러 가지 질병들이 모두 정신과 치료의 대상이 된다.

이제 우리는 인간의 정신 속에서 생길 수 있는 병들에 대하여 살펴보고자 한다. 이 글은 세 가지 목적을 가지고 있다. 첫번째는 정신질환에 대한 올바른 이해를 돕고자 하는 것이다. 많은 분들이 정신질환이 무엇인지에 대해 알고 싶어하는 것 같다. 그 궁금증에 답하기 위해 정신과 질병이 어떤 병인지에 대한 정의를 비롯하여 뇌에 어떤 변화가 나타나는지에 대한 세부적인 내용들을 알아보겠다.

두번째는 질병에 따른 치료 방법을 알아보고자 한다. "정신질환이 치료될 수 있나?"라고 질문하는 사람들이 많다. 이 글을 통하여 현대 정신의학에서 이야기하는 정신질환의 원인과 치료에 대하여 간략하게 소개하고자 한다.

마지막으로 정신질환에 대한 편견을 줄여보고자 하는 것이 목적이다. 아는 것이 힘이라는 말이 있다. 병에 대하여 정확한 지식을 가지게 된다면 정신질환을 모호하고 어려우며 치료할 수 없는 병이라는 편견쯤은 가볍게 해결할 수 있지 않을까? 자, 이제 길 수도 있고 어쩌면 짧을 수도 있는 정신질환에 관한 이해의 첫발을 독자와 함께 딛도록 하겠다.

다양한 정신질환

정신질환에 대한 사전적 의미는 '사람의 사고, 감정, 행동 같은 것에 영향을 미치는 병적인 정신 상태'이다. 쉽게 이야기하면 정신 기능에 장애가 온 상태를 총칭한다. 이렇게 정신질환에 대한 정의는 아주 광범위하다. 실제로 광범위한 정의만큼이나 정신과 영역에서 다루는 질병은 상당히 포괄적이고 다양하다. 그래서 많은 질환들을 효과적으로 진단하기 위해 명확한 진단 지침들을 마련하고 있다.

이제 정신장애를 위한 진단 분류에 대하여 알아보도록 하겠다. 정신장애의 분류는 세계보건기구(WHO)와 미국 정신의학회(DSM)가 조금 다르다. 이곳에서는 미국 정신의학회에서 분류된 내용을 이야기해보도록 하겠다. 앞서 잠깐 이야기한 것처럼 정신질환의 종류는 상당히 많다. 대략 열다섯 가지 영역으로 세분화할 수 있다([표 1] 참조). 이렇게 정신과 영역은 인간의 정신세계에서 일어나는 다양한 질병들에 대하여 치료하는 곳이다. 정신질환 각각에 대해서 알아보자.

정신분열병

정신분열병의 주요 특징은 인격의 와해와 외부 현실로부터의 후퇴라고 할 수 있다. 인격의 와해는 정신의 모든 기능에서 일어나지만 그 정도와 침해하는 기능은 다양하다. 사고의 장애, 지각의 장애, 감정의 장애, 의욕 및 행동 장애, 의식 및 인지 기능의 장애 등이 그 예라 할 수 있다.

[표 1] 정신장애의 진단 및 분류

분류	진단	세부진단
1	섬망 등의 인지 기능 장애	섬망, 치매, 기억상실장애 등
2	물질 관련 장애	알코올 관련 장애, 암페타민 관련 장애 등
3	정신분열병 등 정신병적 질환	정신분열병, 분열정동장애, 단기 정신증적 장애, 망상장애 등
4	기분장애	우울장애, 양극성장애 등
5	불안장애	공황장애, 사회공포증, 강박장애 등
6	신체형장애	신체화장애, 동통장애, 전환장애, 건강염려증
7	허위성장애	허위성장애
8	성기능장애	성기능부전, 성욕장애, 성적흥분장애 등
9	해리성장애	해리성 기억상실, 해리성 둔주, 이인성장애 등
10	섭식장애	신경성 식욕부진증, 신경성 폭식증 등
11	수면장애	일차성 수면장애, 수면곤란증 등
12	충동조절장애	간헐적 폭발성장애, 병적 도벽, 병적 방화 등
13	적응장애	적응장애
14	인격장애	편집성 인격장애, 분열성 인격장애 등
15	소아 정신질환	정신지체, 주의력결핍 과잉행동장애, 틱장애, 분리불안장애 등

사고의 장애 망상, 논리의 소실 및 연상과정의 장애 등을 의미한다. 망상은 사실과는 다른 생각으로 현실과 동떨어져 있고 논리적인 설득에도 교정되지 않는 생각을 의미한다. 가장 흔한 망상은 피해망상으로 다른 사람이 나를 의도적으로 괴롭히고 있다는 믿음을 가진다. 논리의 소실 및 연상과정의 장애란 생각하는 과정에 있어서 정상인과 같이 자연스럽게 이야기를 이어나가지 못하고 이야기의 주제에서 벗어나거나 내용이 토막토막 단절되는 경우를 말한다. 이들의 이야기는 논리적인 목표가 없어 듣는 사람으로 하여금 당황하게 하고 대화의 흐름을 단절시킨다.

지각의 장애 착각 또는 환각을 의미한다. 어떤 대상 인물의 크기, 명임, 윤곽, 소리의 강도가 이상하게 커지거나 작아지고 또한 뚜렷했다가 흐려지는 각종 착각을 경험하게 되거나 또는 타인의 목소리, 대화하는 소리, 명령하는 소리 등의 환청, 귀신 등이 보인다는 환시, 냄새에 대한 환후, 맛에 대한 환미 등을 말한다.

감정의 장애 감정 표현의 깊이가 결여되어 있고 감정 표현이 부적합하다. 이와 같은 장애로 인하여 적절하게 자신의 감정을 조절하지 못하며 모든 일에 흥미를 잃게 된다. 주로 기분과 생각이 유리되어 일치하지 않아서 부적합한 감정 표현을 한다. 슬픈 일에 깔깔거리고 웃거나 바보스러운 미소 등을 짓게 된다. 이 역시 타인과 적절한 관계를 형성하는 데 장애를 가져오게 된다.

의욕 및 행동의 장애 대부분의 정신분열병 환자는 의지가 약하다. 무엇을 하고자 하기는 하나 어떤 결단을 내리지 못하고 멍하니 하루 종일 침대에 누워 있거나, 공부한다고 책을 펴놓고 한 페이지도 넘기지 못하는 경우가 많아진다. 또 자세, 언어, 걸음걸이, 필적, 그림, 옷차림 등에서 이상한 점이 발견되며 상당 시간 거북스럽고 이상한 자세를 하고 서 있거나, 얼굴을 찡그리는 등의 이상 행위를 나타내기도 하고, 상동적 행동이라 하여 똑같은 동작을 반복해서 하기도 한다.

인지 기능의 장애 정신분열병에 있어서 주요한 증상 중 하나다. 주의력, 기억력 등의 기본적인 인지 기능의 저하뿐 아니라 어떤 일들을 조직화하고 계획을 세우며 실행해나가는 전반적인 실행 기능의 장애에 이르기까지 인지기능 장애의 범위는 매우 광범위하다. 이로 인하여 학교 성적의 저하를 가져오고 각종 일상생활에서 적응상의 어려움을 보이게 되는 것이다.

정신분열병의 여러 원인들

현재까지 정신분열병의 원인에 대해 한마디로 이것이다라고 말할 수 있는 것은 없다. 여러 가지 요인이 복합적으로 작용하여 정신분열병을 발병하게 하는 것으로 추측된다. 지금까지 알려진 여러 요인들은 신경전달물질과 관련된 생화학적 요인, 유전적 원인, 면역학적 원인, 신경해부학적 요인, 사회문화적 요인 등이다. 이중 가장 정확히 밝혀진 것으로는 신경전달물질과 관련된 생화학적 요인이라고 할 수 있다.

신경화학적 요인 대표적인 신경전달물질로는 도파민, 세로토닌, 글루타민산염 등이 있다. 특히 도파민의 경우 초기 연구를 통해 뇌 내에 지나치게 증가된 도파민이 환청, 망상 등의 증상을 일으킨다고 보고된 바 있다. 이후 도파민이 정신분열병의 단일 원인이라기보다는 세로토닌, 글루타민산염 등의 다른 신경전달물질 등과의 상호작용 및 균형의 장애가 원인이라고 설명하게 되었다.

유전적 요인 유전적 요인에 대한 연구로 가장 잘 알려진 것이 쌍둥이 연구이다. 고테스만(Gottesman)과 쉴드(Shields)의 연구에 따르면 일란성 쌍둥이에서 정신분열병 일치율이 40~50%, 이란성 쌍둥이에서 일치율이 9~10%였다. 이것은 유전적으로 관련성이 더 많은 일란성 쌍둥이가 정신분열병에 대한 일치율이 높다는 것이고, 이는 정신분열병이 유전성이 있음을 말해주는 것이다.

면역학적 요인 면역이상이 일부 환자에서만 관찰되고 있다. 환자의 혈청과 뇌척수액 등에서 특정 바이러스에 대한 항체 역가가 증가되어 있다는 보고와 늦겨울과 초봄에 환자의 발생률이 높다는 등의 이유를 들어 감염 등의 면역학적 요인을 하나의 요인으로 꼽기도 한다. 확실한 임상적 결과는 없다.

신경해부학적 요인 최근 전산화단층촬영, 자기공명영상 등 새로운 뇌영상 촬영기법이 발달함에 따라 뇌의 구조적 이상에 대한 증거들이 늘어나고 있다. 전산화단층촬영에서는 뇌실 확장 소견, 대뇌피질 위축 소견, 대뇌의 비대칭, 소뇌의 위축 등이 보고되고 있다. 이러한 이상들은 대인관계의 어려움, 무감동, 인지기능 장애, 약물치료 후 부작용의 증가, 자살 시도 등과 연관이 있다. 자기공명영상 연구도 전산화단층촬영과 비슷하며 전두엽의 크기 감소나 두개골 크기의 감소로 인한 대뇌 크기의 감소가 관찰되었다. 이는 두개골

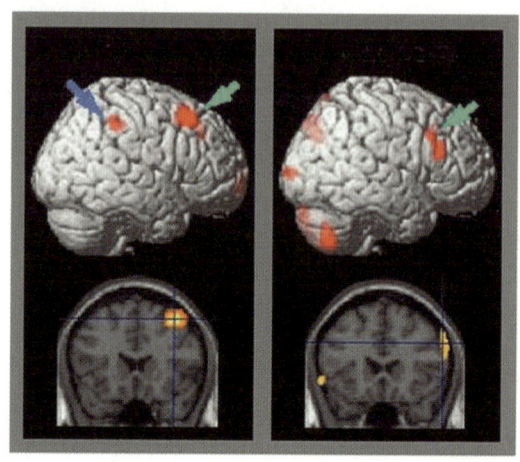

[그림 1]
PET 촬영 소견에 정상인(왼쪽)에서는 작동기억을 할 경우 전두엽-두정엽이 활성화되지만, 정신분열병 환자(오른쪽)에서는 정상적으로 활성화되지 않고 있다.
Kim JJ 등, 2003

은 대 뇌발달과 함께 2세 이내에 크게 성장하므로 정신분열병의 원인이 매우 이른 시기에 있다는 것을 시사한다. 최근 발달된 기능적 뇌영상술인 PET 촬영 사진을 보면, 정상인에서 관찰되는 전두-두정엽의 기능에 이상이 있다는 것을 알 수 있다([그림 1] 참조).

정신분열병의 경과

전구기 증상 정신분열병은 서서히 발병하기 때문에 처음에는 주위 사람들이 잘 알아채지 못하는 경우가 많다. 이유 없이 불안해하고 예민해지며, 밤에 잠을 잘 못 잔다. 집중력이 떨어져 학업 성적도 나빠지고, 평소에 관심을 두지 않던 분야에 몰두하게 된다. 사람들과 만나는 것을 피하게 되고 말수가 적어져서 식구들과도 대화를 잘 하지 않으려고 하는 경향도 있다. 이와 같은 전구기 증상이 치료되지 않은 채 오랜 기간 지속되는 경우 막상 치료를 시작한다고 하더라도 치료 반응이 느려지고, 사회, 직업적 기능의 저하가 심화되어 장기적인 예후가 나쁠 수 있다. 최근 이와 같은 전구기 또는 이전 단계에서 정신분열병의 소인을 찾아내고 예방적 치료를 하려는 노력들이 이루어지고 있다.

급성기 증상 병이 진행되면 앞서 기술한 것과 같은 정신분열병 증상들이 나타나기 시작한다. 과거와는 현저하게 다른 행동을 보이며 망상과 환청에 사로잡혀 현실적인 판단이 어렵게 되고 논리적인 사고를 전개할 수 없게 된다. 괜히 웃기도 하고 횡설수설하게 되며 보통 사람들이 하지 않는 기괴한 행동을 하며 표정이 없어진다. 부적절한 정동 및 행동 장애, 의식 및 인지 기능의 장애로 타인과의 관계 형성 및 사회생활에서의 장애를 경험하게 된다. 주로 병원을 찾게 되는 시기이기도 하다.

만성기 증상 병이 장기화될수록 급성기 때 보였던 망상이나 환청보다는 사회적 기능 저하, 대인관계의 장애등이 주 증상이 된다. 무기력해지고 생활에 대한 흥미를 잃어버리게 된다. 사람들과 대화하거나 관계를 형성하거나 직업을 유지하는 것이 어렵다.

정신분열병의 치료법

정신분열병이 일반적으로 알려진 것처럼 고칠 수 없는 불치의 병은 아니다. 병원을 내원하여 제대로 꾸준히 치료받을 수 있다면 상당히 많은 환자들에서 호전을 기대할 수 있는 질환이다. 적절한 치료를 받을 경우 전체 환자의 약 20%가량은 사회생활도 일정 수준 유지할 수 있고, 언뜻 보아서는 정신분열병 증상을 볼 수 없을 정도로 치유될 수 있다. 그리고 50%에 이르는 환자는 적절한 행동이 가능한 정도로 회복이 될 수 있다. 따라서 정신분열병의 증상이 의심되는 경우에는 되도록 빨리 정신과 전문의와 상담하여 꾸준하고 적절한 치료를 받는 것이 매우 중요하다. 즉 정신분열병 치료에 있어서 가장 좋은 방법은 질병 초기에 병원을 찾고 지속적이며 적절한 치료를 유지하는 것이다. 치료를 위해서는 약물치료, 정신치료, 재활치료 등의 방법들이 있다.

약물치료 가장 기본적인 치료다. 정신분열병은 도파민 등의 신경전달물질이 병의 원인이므로 약물치료를 하는 것은 매우 중요하다. 항정신병 약물은 뇌에서 과량으로 생산되는 도파민을 차단하고 신경전달물질 간 균형을 유지시키는 것이 주요 역할이다. 이와 같은 역할을 통해서 치료 약제로서 효과를 나타내는 것이다.

정신치료 자아 기능을 회복시켜주는 지지 정신치료를 통해서 질병을 보다 잘 이해하게 되고 본인이 가지고 있는 장점을 살려 사회에 좀더 잘 적응할 수 있도록 돕고 있다.

재활치료 약물치료를 제대로 받는 경우에도 무기력, 무표정, 대인관계 회피 같은 증상이 계속될 수 있다. 이와 같은 증상들은 사회 기술 훈련, 각종 요법, 언어치료 등의 재활치료를 통해 도움을 받을 수 있다.

생각상자

노벨상을 받은 정신분열병 환자

존 포브스 내시 주니어(John Forbes Nash, Jr)는 20세에 발표한 '균형이론'으로 노벨상을 받았던 천재 수학자이다. 2002년 봄 우리나라에 소개되어 호평받았던 영화 〈뷰티풀 마인드〉의 실제 인물이기도 하다.

〈뷰티풀 마인드〉는 정신분열병이라는 병적 어려움을 극복하고 노벨상을 수상하기까지의 존 내시의 이야기를 감동적으로 엮어낸다. 이 영화에는 정신분열병의 이해를 돕는 증상들이 등장한다.

영화는 존 포브스 내시 주니어가 1947년 프린스턴 대학 수학과에 진학하면서 시작된다. 이 수학 천재는 일찍이 학문적 업적을 성취해 제2의 아인슈타인으로 불리는 등 학계의 주목을 받는다. 그러나 그는 자신이 정신분열병에 걸려 있음을 알고 절망에 빠진다. 이후 수십 년 간의 투쟁 끝에 서서히 자신의 비극적 상황을 딛고 일어선 그는 마침내 1994년 노벨상을 타게 되고 그의 연구 활동은 지금까지 이어지고 있다.

영화 속에서 존 내시는 다양한 정신분열병 증상을 보인다. 가장 먼저 보이는 것은 사고장애다. 그는 "소련 스파이에 의해 미행당하고 있다"는 피해망상을 가지고 있어 끊임없이 불안해하고 괴로워한다. 또 실존인물이 아닌 가상의 룸메이트를 보고 서로 대화를 하는 등 환청과 환각에 시달린다. 타인들이 보기에 이러한 모습은 '혼자 중얼거리고', '바보 같은 웃음을 짓고', '이상한 행동을 하는' 등 부적절한 모습으로 비치고 이로 인해 타인의 조롱거리가 되기도 한다.

이외에도 의욕장애, 인지 기능의 장애로 연구 활동을 지속하지 못하고 한동안 무력하게 지낸다. 영화 속에서 보이는 그의 모습은 전형적인 편집성 정신분열병 환자의 모습이다.

효과적인 정신분열병 약물이 많이 개발되어 있는 요즈음처럼 발병 초기에 치료를 잘 받았다면 존 내시의 창조성은 더욱 더 빛을 발휘하였을 것이다.

우울증은 정상적인 슬픔과 다르다

우울증에 대하여 이야기하기 전에 우선 '우울'이 어떤 뜻인지에 대하여 이야기해보자. 우울이라고 말할 때는 슬픔과 그 뜻이 다소 다르다. 슬픔은 어떤 대상을 상실했을 때 어느 기간 동안 서러움과 연민을 느끼는 상태로 사람의 정상적인 정서라고 할 수 있다. 그러나 우울은 객관적 상황과는 관계없이 일어나는 정서의 병리 현상이다. 우울증 환자는 항상 우울한 기분으로 싸여 있고, 정신 운동이 저하되어 있으며, 자살 의욕, 자책감 그리고 절망에 사로잡혀 있다. 따라서 우울증은 이와 같은 정상적이지 못한 우울한 기분이 수면, 식사, 사고방식, 행동에까지 영향을 미치고, 며칠 심지어 몇 달 또는 몇 년이고 지속되는 것이다. 또 재발이 잘 되기 때문에 치료를 제대로 받지 못할 경우에는 우울 증상으로 인해 장기간 고생하게 되며 심하면 자살에까지 이를 수도 있게 되는 무서운 병이다.

우울증은 매우 다양한 증상을 나타낸다. 우울한 기분이 들고 괜히 슬퍼지거나 불안해지기도 하고, 무슨 일을 해도 재미가 없고 이전과 달리 잘 웃지도 않게 된다. 자다가 자주 깨고 새벽에 일찍 잠이 깨서는 더이상 잠이 안 온다. 밥맛이 떨어지고 식사를 잘 하지 않아 몸무게가 줄기도 한다. 평소보다 말수가 적어지고 만사가 귀찮아진다. 방금 했던 일도 잘 잊어버리고 집중력도 떨어진다. 어떤 일에 대해서도 결정을 하는 데 어려워하게 되기도 한다. 알 수 없는 죄책감에 휩싸이기도 하고 죽고 싶다는 충동을 느끼거나 실제 자살을 시도하기도 한다.

우울증의 원인

정신분열병의 경우와 마찬가지로 기분장애의 근본적인 원인은 아직까지 충분히 밝혀지지 않았다. 지금까지 논의되고 있는 생리학적, 생화학적, 심인성 원인 등은 때로 그것이 질병의 원인인지 결과인지 분명하지 않기도 하다. 지금까지 알려진 바에 의하면 신경전달물질과 관련된 생화학적 요인, 유전적 원인, 면역학적 원인, 신경해부학적 요인, 사회문화적 요인 등이 질병에 영향을 미치는 것으로 되어 있다.

신경화학적 요인 우울증과 관련된 신경전달물질로는 노르에피네프린, 세로토닌 등이 관여하고 있다고 보고되며 이들 신경전달물질의 부족 또는 균형의 장애로 우울증이 발생한다고 알려져 있다. 현재 치료제로 사용되고 있는 항우울제 등도 이와 같은 사실에 근거하여 신경전달물질의 농도를 조절하여 우울증을 치료하고 있다.

유전적 요인 프라이스(Price) 등이 시행한 쌍둥이 연구에서 일란성 쌍둥이의 우울증 일치율은 68%, 이란성 쌍둥이의 일치율은 23%이다. 이와 같이 일란성과 이란성 쌍둥이의 일치율의 차이가 큰 것은 유전의 영향이 상당히 있다는 뜻이다. 그리고 가계를 통한 연구에서 부모 모두 또는 한쪽 부모가 우울증인 경우 그렇지 않은 경우에 비해 우울증 발생률이 높다고 알려져 있다.

환경성 요인 중요한 대상의 상실, 위험한 상황에의 노출 등 환경적인 요인 등이 우울증을 일으키는 계기가 될 수 있다.

신경해부학적 요인 기분장애의 해부학적 이상에 대해서는 아직 규명된 바가 거의 없다. 우울증 환자에서 전두엽 및 측두엽의 대뇌구나 뇌실의 확장이 보고되기도 하며, 전두엽 부위의 대사 감소가 발견되기도 한다.

우울증의 경과

우울증은 다른 정신질환에 비해 경과가 좋은 것으로 알려져 있다. 적절한 치료를 받는다면 환자 5명 중 4명은 완전히 회복하고, 1명만이 만성적으로 진행한다. 우울증은 치료받지 않는 경우는 약 12개월 정도 증상이 유지되며 적절한 치료를 받는 경우 약 4개월 정도 증상이 유지된다. 또 일단 좋아지면 발병하기 전 상태로 회복이 가능하다. 그러나 안타깝게도 재발이 많다. 치료를 받지 않는 경우 우울증은 첫 발병일 경우는 50%, 두번째 발병의 경우 100%가 재발한다. 치료를 받다가 중단하는 경우는 1년 안에 3명 중 1명이 재발하게 된다. 특히 치료 시작 후 3개월 이전에 성급히 약을 끊는 경우 더욱 재발하기 쉽다. 결국 우울증의 경과를 크게 좌우하는 것은 적절한 치료를 받았는가 아닌가 하는 점에 달려 있다. 적절한 치료는 질병의 경과를 단축시키고 재발을 방지하며 발병 전 수준으로 돌아갈 수 있도록 돕는 가장 좋은 지름길이다.

우울증의 치료

우울증의 치료 목표는 우울한 감정 상태에서 환자가 자유로워질 수 있도록 돕는 것이다. 이와 같은 목표를 위한 치료 방법에는 약물치료, 정신치료, 인지치료, 행동치료, 전기충격요법 등이 있다.

약물치료 부작용과 치료 효과를 고려하여 약물을 처방하게 되며 전통적인 약물로는 삼환계 항우울제, 단가아민 산화효소 억제제, 세

정신건강을 위한 조언

첫째, 스트레스를 두려워하지 말자. 원래 스트레스란 생명체에 가해지는 외부의 자극을 말한다. 우리는 살아가면서 항상 스트레스를 느낀다. 적당한 스트레스는 우리의 생활을 활력 있게 해준다. 아무런 자극이 없는 무미건조한 무인도에서의 생활은 사람을 얼마나 나태하게 할 것인지 생각해보라. 단지 과도한 스트레스가 문제이다. 오랫동안 과도한 스트레스가 축적되면 용수철이 늘어나듯이 우리의 신체와 마음은 힘을 잃게 된다. 과도한 스트레스에 의해 여러 가지 증상이 나타나면, 자신만의 방법을 찾아 적극적으로 스트레스를 해소하도록 노력해보는 것이 좋다.

둘째, 적당한 불안은 받아들여라. 환경이나 생활의 변화에 불안해하는 것은 자연스럽다. 불안이 존재하지 않는 완벽한 생활은 없다. 적당한 불안 역시 신체나 정신을 적당히 긴장시키고, 우리의 생활을 활력 있게 만들어준다.

셋째, 명상이나 이완요법을 해보자. 복잡한 현대생활 속에서도 자신만의 조용한 시간을 가짐으로써 자신에 대한 분석과 자성을 하고 이를 통해 성숙한 인간이 되자.

넷째, 잠을 충분히 자는 것이 좋다. 잠은 피로를 회복시켜주고, 낮에 있었던 과도한 자극은 걸러주며, 좋은 경험은 오래도록 남을 수 있도록 해준다. 잠깐만이라도 낮잠을 자면 바로 상쾌해질 수 있다.

다섯째, 많이 웃자. 우울한 얼굴을 하고 있으면 뇌가 우울해지고, 웃으면 뇌가 행복해진다. 항상 긍정적인 생각과 즐거운 마음을 가지도록 하자.

마지막으로 정신과 가는 것을 두려워하지 말자. 정신과는 특별한 사람만이 가는 곳이 아니다. 자신의 고민이나 고통에 귀기울여주는 사람이 한 사람이라도 있다는 것이 이 세상을 살아갈 수 있게 하는 큰 힘이 될 수 있다.

로토닌 선택적 재흡수 차단제 등을 사용하고 있으며 우울증 치료에 효과적인 것으로 알려져 있다.

정신치료 환자가 자살 등을 생각할 수 있는 우울증의 급성기에는 주로 약물로 치료를 하고 임상적인 호전이 있게 되면 정신치료의 비중이 커지게 된다. 이는 환자와 그를 둘러싸고 있는 사회 환경을 지지해준다는 점에서도 중요하다. 이처럼 정신치료와 약물치료는 상호보완적으로 적절한 치료를 받아야 한다.

인지치료 환자의 우울한 기분이 스스로가 느끼는 잘못된 인지로 인한 것이라는 것을 환자에게 알려주는 것이다. 예를 들어 환자가 "모든 것은 내 탓이야"라고 자책하며 우울해할 때 정확히 어떤 것이 환자의 탓이고 그렇지 않은 것은 무엇인지에 대하여 객관적으로 알아보고 환자가 잘못 생각하는 부분에 대하여서는 지적하여주는 등 전문가를 통해 인지의 변화를 꾀하는 치료이다.

우울증 환자를 대할 때 주의해야 할 점

우울증 환자에게 등산과 여행이나 산속 조용한 곳에서 휴양하기를 권하거나, 용기를 북돋워준다고 활동을 권장하고, 자신감을 북돋워주기 위해 환자의 장점을 끄집어내어 위안해주는 일 등 상식적인 방법은 위험할 수 있다. 소용한 사색의 시간은 우울과 죽음에 대한 집착의 계기를 만들어주기 쉽다. 힘겨워하는데도 일에 몰두하도록 하거나 장점을 강조해주는 일은 오히려 좌절감과 자살 의욕을 더 부채질할 수 있다. 우울증에 걸린 환자를 돕기 위해 무엇보다 중요한 일은 가능한 한 빨리 정신과 전문의에게 진료받을 수 있도록 돕는 것이다. 또 꾸준히 치료받도록 도와주고 약을 제대로 복용할 수 있도록 보살펴주는 것이 필요하다. 자살에 대한 생각을 하고 있다면 반드시 담당 주치의에게 알려야 한다. 환자를 대하는 태도가 진지하고 따뜻해야 한다는 점은 가장 기본이다.

불안장애

성적이 떨어진 성적표를 받았을 때 부모님이 혼낼 것이라는 두려움에 가슴이 콩닥거리고 손바닥에서 땀이 나며 가슴이 답답해지는 경험을 해보았을 것이다. 이와 같이 긴장과 불안은 누구나 느낄 수 있는 정상적인 감정이다. 그러나 어떤 사람은 특별한 이유 없이 사소한 문제에 대하여 과도하고 오래 이러한 감정이 지속되는 것을 경험하게 되는데 이러한 것을 불안장애라 한다.

불안장애의 원인은 매우 복잡하여 지난 수십여 년 동안의 연구에도 불구하고 확실하게 알려진 것이 많지 않다. 그러나 신경생화학적 연구를 통해 병적인 불안에는 여러 가지 신경전달물질이 관여한다는 것이 알려져 있고, 뇌영상 연구를 통해 불안 반응에 뇌의 여러 부위가 관련된다는 것이 밝혀지고 있다.

생화학적 요인 불안을 나타내는 반응은 인간의 자율신경계를 자극했을 때와 유사하다. 즉 자율신경계를 자극하여 분비되는 노르에피네프린이 담배를 피우다 담임 선생님께 들켰을 때의 놀람 반응과 유사한 신체 반응(가슴이 뛰고 불안해지는 등의 증상)을 일으키는 것이다. 따라서 많은 연구들이 노르에피네프린과 같은 자율신경계 관련 물질이 원인일 것으로 추정하고 있다. 또 세로토닌이나 도파민 등의 다른 신경전달물질과의 연관성도 이야기하고 있다.

유전적 요인 모든 불안장애는 적어도 부분적으로 유전적인 요인을 가지고 있는 것으로 보인다. 공황장애 환자의 절반 정도는 한 명 이상의 친족이 공황장애에 이환되어 있다고 보고되고 있다. 광장공포증 역시 심한 형태의 공황장애로 유전될 확률이 높다. 다른 불안장애 환자도 공황장애만큼 많지는 않지만 역시 친족 중에 동일한 질환을 앓는 사람이 많다.

신경해부학적 요인 일부 공황장애 환자에서 우측 측두엽 및 변연계의 이상이 보고된 바 있다. 특히 변연계는 불안과 관련이 많은 뇌영역으로 불안 증상을 다시 경험하지 않을까 하는 두려움인 예기불안과 관련이 있을 것으로 추정된다. 또 공포증 및 범불안장애 환자에서 우측 전두엽과 후두엽의 활성에 이상이 있다는 보고도 있다. 이와 같은 내용들은 뇌의 특정한 영역과 특정 형태의 불안이 관련되어 있음을 시사한다.

불안장애의 분류

불안장애는 경험하는 증상에 따라서 여러 가지로 분류된다. 공황발작, 광장공포증, 사회공포증, 강박증, 외상후 스트레스 장애 등이 있다. 그 각각의 증상은 다음과 같다.

공황발작 갑작스럽고 극심한 염려, 두려움, 공포감이 비정기적으로 일어나는 것으로 곧 죽을 것 같은 느낌을 동반한다. 이러한 발작이 있는 동안에는 숨이 가쁘고, 심장이 빠르게 뛰며 가슴에 통증이나 답답함을 느낀다. 질식할 것 같은 느낌과 이러한 것들로 인해 '이러다 내가 미치는 것이 아닌가' 혹은 '이러다 내가 죽는 것 아닌가' 하는 두려움을 느끼고 자신을 조절할 수 없다는 사실에 커다란 공포감을 느끼기도 한다.

광장공포증 공공장소에 혼자 있기 두려워하는 것으로 공황발작과 비슷한 증상을 보이게 된다. 특히 지하철 안처럼, 공황발작이 일어 났을 때 빨리 빠져나오기 어려운 장소에서 많이 나타난다. 공황장 애와 다른 점은 광장공포증의 경우는 유사한 증상이 일어났을 때 도움받기 어려운 장소나 상황에 처해 있다는 것에 대한 극심한 공 포를 동반하게 된다는 것이다. 광장공포증이 있으면 집 밖에서 활 동할 수 없게 되어 심한 기능상의 장애를 초래한다.

사회공포증 특정한 사회적 상황이나 활동 상황에 노출되었을 때 유 발되는 불안이 특징이며 이러한 증상은 흔히 불안을 유발하는 사회 적인 상황을 피하게 만든다. 예를 들어 자신의 차례가 되어 발표를 해야 하는데 많은 사람들 앞이라 가슴이 너무 떨려 아무 말도 못하 고 얼굴만 붉어진 채 서 있다든지 또는 무대 위에서 공연을 하여 야 하는데 불안이 심하여 공연을 할 수 없다면 사회공포증이라고

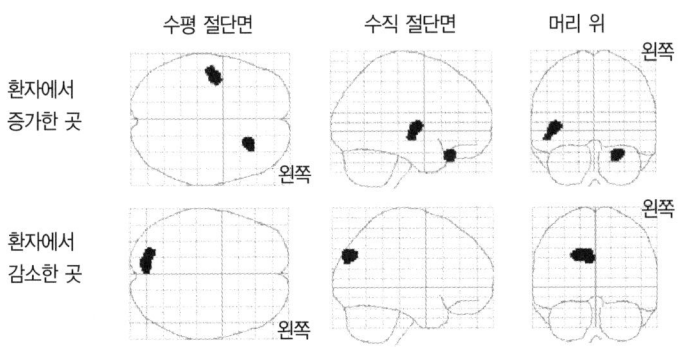

[그림 2]
PET 촬영을 하면, 강박증 환자에서는 안와전두엽 부위의 포도당 사용이 증가되어 있으며(위), 두 정엽 부위에서는 감소되어 있다(아래).
Kwon, J. S. 등, 2003

할 수 있다.

강박증 자신의 의지와 상관없이 어떤 생각이나 행동을 반복해서 하게 되는 경우를 말한다. 그와 같은 생각이 이치에 맞지 않다는 것을 알면서도 반복해서 하지 않으면 불안해져서 자신도 모르게 다시 하게 된다. 예를 들면 손에 세균이 묻어서 더럽다는 생각이 반복해서 들고, 그 생각으로 인해 손을 계속해서 씻게 되는 경우, 또는 가스불이 켜져 있지 않다는 것을 확인했음에도 불구하고 다시 여러 차례 확인하게 되는 것 등이다. 이 장애의 원인은 안와전두엽-선조체의 뇌기능 증가와 관련이 있으며, 치료를 하면 정상으로 된다([그림 2] 참조).

외상후 스트레스 장애 전쟁, 자동차 사고 등 개인에게 위협적이고 심각한 스트레스를 유발할 수 있는 사건을 경험한 뒤 일어나는 장애이다. 경험한 사건에 대하여 반복적으로 회상하려는 것, 사건과 관련 있는 일들이나 사람을 피하려고 애쓰고 지나치게 예민해지는 것 등이다. 남자에서는 전쟁에서의 경험으로 인한 장애가, 여성에서는 침입이나 강간 등에 의한 장애가 많다.

불안장애의 치료

불안이 신체질환 때문에 생긴 것인지 먼저 확인해보아야 한다. 예를 들면 갑상선 기능항진증 등의 신체 증상도 불안장애와 같은 증상을 일으킬 수 있다. 따라서 불안장애가 의심이 되는 경우 신체적인 이상에 대한 검사를 시행하고 이상이 없다는 것이 명확해진 후 정신과적 치료를 시작하게 된다. 또 술이나 담배 등을 하고 있다면 끊어보는 것이 좋다. 특히 술의 경우는 불안을 증가시키는 요인이 되기도 한다. 또 일상생활에 스트레스가 있다면 해결을 위해 노력하고 근육 이완법이나 규칙적인 운동을 통하여 자신을 조절할 수 있도록 노력해야 하겠다. 이와 같은 일반적인 노력이나 신체적인 검진상 이상이 없다면 정신과 전문의를 찾고 적절한 치료 방법을 찾는 것이 좋다. 치료 방법에는 약물치료, 인지치료, 행동치료 등이 있다.

약물치료 원인에서 기술한 바와 같이 불안장애에는 여러 가지 신경전달물질의 불균형이 관여하고 있는 것으로 알려져 있다. 약물치료는 이들 신경전달물질의 균형을 맞추는 것을 주요하게 생각한다. 약물치료는 우울증의 치료와 유사하며 삼환계 항우울제, 단가아민 산화효소 억제제, 세로토닌 선택적 재흡수 차단제 등을 사용하게 되며 상당히 호전된다.

인지행동치료 이완요법, 교육, 노출요법, 사회기술 훈련 등을 사용할 수 있다. 예를 들어 공황장애에서 환자가 느끼는 신체적인 증상(숨이 가빠지고 빠르게 뛰는 등의 증상 등)이 생명을 위협할 정도가 아니라는 것을 교육하고, 호흡법 및 이완요법 등을 습득하도록 하여 공황발작을 이길 수 있도록 돕는다. 사회공포증의 경우 노출요법을 사용하여 공포를 느끼는 상황에 대하여 서서히 단계적으로 노출시켜 가장 공포스러워하는 상황에 이를 수 있도록 한다. 이러한 방법을 통해 실제 상황에 접했을 때 극복할 수 있도록 돕게 된다. 강박장애의 경우 손을 씻는 것이 주요 문제라면 의도적으로 손을 씻지 못하게 하는 반응방지법 등의 행동요법을 치료에 이용해볼 수 있다. 그러나 이와 같은 인지행동요법은 어떤 질환에는 반드시 이와 같은 방법을 사용해야 한다고 정해진 것은 없다. 증상의 심한 정도와 성향에 따라 가장 적절한 방법을 선택하게 되며 반드시 전문의와 상의하여 치료받는 것이 필요하다.

알코올 의존

일반적으로 알코올 중독 또는 알코올리즘이라고 불리는 알코올 의존이란 허용되는 사회적 용도 이상의 주류를 과량으로 계속해서 마심으로써 신체적, 심리적 및 사회적 기능을 해치는 만성적인 행동장애이다. 신체적으로 형성된 금단 증상을 피하기 위해 알코올을 계속 사용하게 되는 상태를 신체적 의존이라 하고, 알코올을 계속 사용함으로써 긴장과 감정적 불편을 해소하려는 현상을 심리적 의존이라 한다. 우리는 보통 술에 취해 길거리에 쓰러져 자는 부랑자들 정도가 되어야 알코올 중독자라고 보거나, 또는 술을 마시는 행위를 그 사람의 버릇이나 나쁜 습관 등으로 가볍게 생각하는 경향이 있다. 심지어는 술을 잘 마시는 것이 '멋진 남성'이라는 생각도 하는 것 같다. 술을 많이 마시는 사람에게 '술이 지나치다'는 말을 하면 '호걸이라면 이 정도는 마셔야……' 등등의 말로 자신을 합리화하는 모습도 볼 수 있다.

한국에는 약 100~200만 명의 알코올 중독자가 있는 것으로 추산되고 있으며, 이들은 대부분이 30~40대의 남성이다. 최근 들어 청소년으로까지 음주가 확대되고 여성 음주자가 늘어나면서 알코올의 문제는 사회적 문제로까지 확대되고 있다. 현대의학에서는 이와 같은 알코올 중독을 더이상 어떤 습관이나 관습에 의한 것이 아닌 의학적 진단이 가능하고, 치료 및 관리를 필요로 하는 하나의 질병으로 보는 경향이 커지고 있다.

알코올 의존의 경과

전구 증상 스트레스가 쌓이거나 힘든 일이 있으면 술을 마시게 된다. 그리고 술에 취함으로써 위로를 받는 시기이다. 그러다보면 한 잔에 취하던 술이 두 잔, 세 잔, 한 병 이런 식으로 늘어나고 결국 술을 마시고 취하는 데 더 많은 양의 술을 필요로 하게 된다.

진행기 증상 술에 만취하게 되면 기억상실(소위 필름이 끊어지는 현상)이 나타난다. 그리고 술을 마시는 시간이 이전에 비해 늘어나난다.

중대한 위기 음주 조절 능력이 상실되는 시기이다. 즉 자신도 모르게 술을 찾게 되고 술을 일단 마시게 되면 폭음을 하게 된다. 사회적 압박감에서 벗어나기 위하여 마시며, 직장 및 가정에서 술로 인한 문제가 나타나게 된다. 친구를 피하고 타인과의 만남을 피하게 되며 음주가 일상생활에서 빠질 수 없는 중요한 일과가 되어버린다.

만성적 증상 이제는 소위 '술꾼'이 되어버린 시기이다. 점점 황폐화되어 폐인이 되는 시기이며 술 이외의 다른 생각이 없고 일이 손에 잡히지 않는다. 주로 병원을 찾는 시기이기도 하다. 한국은 문화적으로 술 취한 사람의 잘못된 행동이나 실수에 대하여 관대한 편이다. 따라서 알코올 중독자라 할지라도 엄청난 사건을 저지르거나, 가정을 파탄 지경에 이르게 하거나, 사회활동이 완전히 불가능해지기 전에는 본인이나 주위에서 치료를 받아야 한다고 생각하지 않는다. 그래서 다른 나라보다도 엄청나게 많은 알코올 중독 환자가 있으나, 치료를 받으러 병원에 오는 환자의 대부분은 이미 치료하기 힘든 상태에 있다. 그리고 치료 후에 쉽게 재발된다.

알코올 의존의 치료 방법

알코올 중독을 치료하기 위해서는 반드시 전문가를 찾아가 도움을 요청하는 것이 필요하다. 그리고 도움을 받는 시기는 빠를수록 좋다. 현재 알코올 중독 치료에 이용되고 있는 방법에는 약물치료, 인지행동 치료, 가족치료, 심리치료, 사회기술 훈련, 행동치료 등이 있으며 이들 중의 어느 한 방법이 다른 방법보다 더 우수한 것이라 할 수는 없다. 환자에 따라 여러 가지 방법을 혼용하여 치료하는 것이 효과적인 것으로 알려져 있다.

약물치료 술을 마신 후 다시 마시게 되는 이유는 술 자체가 기분을 좋아지게 하는 등의 보상 효과가 있기 때문이다. 최근 이러한 보상 효과를 억제하는 약물을 사용하여 음주에 대한 욕구를 줄이는 방법이 치료를 위해 사용되고 있다. 그리고 혐오법이라 하여 알코올의 대사를 방해하여 불쾌한 기분을 유도하고 이로 인하여 술을 끊게 하는 방법도 있다. 그러나 이러한 약물은 약물 자체에 의한 부작용이 있을 수 있으므로 반드시 전문의와 상의하여 처방받은 후 사용하는 것이 필요하다. 이외에도 선택적 세로토닌 재흡수 차단제 등이 사용될 수 있다.

인지행동 치료 음주에 대한 감정들을 솔직하게 이야기하고 술을 마시게 하는 정서 및 환경적 요소들을 찾아내며, 내적, 외적 스트레스를 다루는 대응 전략들을 검토한다. 이후 음주를 다시 시작하게 되는 과정들을 되짚어보고 초기에 이들을 차단될 수 있도록 학습하게 한다.

가족치료 알코올 중독 환자의 가족들은 가족 내 다양한 갈등들을 경험하며 어떤 경우에는 환자 이상의 고통을 받는다. 그리고 동시에 치료에 있어서 지지자로 중요한 역할을 하여야 하기도 한다. 따라서 가족치료를 통해 가족간 적대적이지 않은 대화 방법을 알려주고, 갈등에 대하여 적절하게 대처하도록 하며, 환자에 대한 적절한 지지를 위해 알코올리즘에 대한 교육과 함께 스트레스 해소를 위한 방안도 제공한다.

이외에도 같은 문제로 고민하는 사람들의 모임인 자조그룹 등을 통해 알코올 중독을 해결하기 위한 각자의 노력과 고민들을 나누기도 한다.

정신질환은 치료될 수 있다

지금까지 정신분열병, 우울증, 불안장애, 알코올 중독 등 여러 가지 정신질환에 대하여 알아보았다. 여기에 소개된 것 이외에도 치매, 조증, 신체형 장애, 수면장애, 인격장애, 주의력결핍 과잉행동 장애, 틱장애 등 여러 주요 질환들이 있지만 지면상의 한계로 인하여 다 소개하지는 못했다. 다소나마 정신과에 대한 궁금증이 풀렸는지 아니면 전혀 몰랐던 때보다 더 많은 궁금증이 생긴 건 아닌지.

이 글을 통해 정신과적 질병이 어떤 것인지에 대하여 알아보았고 또 그 각각의 원인 및 치료에 대하여 간략하게나마 언급하였다. 이것을 통해 정신질환은 치료될 수 있고 도움받을 수 있다는 것을 알게 되었을 거라 생각된다. 아픈 것은 부끄러운 것이 아니다. 도움과 치료를 받아야 하는 것이다. 언제든지 정신질환으로 인해 생기는 고통들을 나누고자 할 때, 또는 주변에 고통당하는 이웃들을 돕고자 할 때는 정신과의 문을 두드려야 한다. 도움을 위한 정신과의 문은 항상 열려 있다.

■ 더 읽을거리

Jeffrey Lieberman & Robin Murray, 『정신분열병: A to Z, 과학적 자료에 근거한 정신분열병의 최신 지견』, 권준수 옮김, 군자출판사, 2003

권준수, 『나는 왜 나를 피곤하게 하는가』, 올림, 2000

American College of Physicians, Complete Home Medical Guide, 이지케어텍, pp 122~125, pp 551~565, 2003

정신질환 자가진단 설문지

우울증

우울증에 대하여 스스로 진단해 보자. 다음을 잘 읽고 각 항목별로 점수를 매겨보자.
(아니다 : 0점, 조금 그렇다 : 1점, 심하다 : 2점, 매우 심하다 : 3점)

번호	항목	확인
1	슬픈 기분이 든다.	
2	앞날이 비관스럽다.	
3	지난 일들이 실패했다고 느껴진다.	
4	일상생활이 만족스럽지 못하다.	
5	막연한 죄책감을 느낀다.	
6	벌을 받고 있다고 생각한다.	
7	나 자신이 실망스럽다.	
8	일이 잘못되면 내 탓이라고 생각한다.	
9	자살하고 싶다.	
10	괜히 울음이 나온다.	
11	초조하고 짜증이 난다.	
12	다른 사람에 대한 관심을 잃어버렸다.	
13	무슨 일에 대하여 결정을 할 수가 없다.	
14	내가 전보다 매력 없고 못생겼다고 느껴진다.	
15	무슨 일을 시작하기가 어렵다.	
16	잠을 잘 못 잔다.	
17	쉽게 피곤해진다.	
18	입맛이 없다.	
19	몸무게가 줄었다.	
20	신체적 이상이 있는 것은 아닌가라는 걱정이 든다.	
21	성생활에 대한 흥미가 없어졌다.	

전체 점수의 총점이 11점 이상이라면 당신은 우울증에 걸렸을 가능성이 높다.

공황장애

아래 항목들은 공황발작 때 특징적으로 나타나는 신체 증상들이다. 각 항목들을 읽고 스스로 체크해보자.

번호	항목	확인
1	심장이 두근거리고 맥박이 빨라진다.	☐
2	심하게 땀을 흘린다.	☐
3	몸이 떨리거나 전율을 느낀다.	☐
4	숨이 막히고 가빠지는 것을 경험한다.	☐
5	질식할 것 같다.	☐
6	가슴이 아프고 답답하다.	☐
7	토할 것 같거나 복부가 불편하다.	☐
8	현기증, 불안정감, 머리 띵함 또는 어지럼증이 있다.	☐
9	주위가 비현실적인 것 같고 자신으로부터 분리되는 느낌이 든다.	☐
10	죽을 것 같은 느낌이 든다.	☐
11	몸에 마비가 오거나 찌릿찌릿한 감각이 든다.	☐
12	자제력이 없어지거나 미칠 것 같아서 두려운 느낌이 든다.	☐
13	오한이 나고 얼굴이 화끈 달아오른다.	☐

만약 13개의 항목 중 4개 이상의 항목들에 해당되면 공황발작을 의심해보아야 한다.

알코올 중독

다음은 알코올리즘 선별검사이다. 최근 6개월간 당신의 생활에서 해당되는 사항에 체크하면 된다.

번호	항목	확인
1	자기 연민에 잘 빠지며 술로 이를 해결하려 한다.	
2	혼자 술 마시는 것을 즐기게 된다.	
3	마신 다음날 해장술을 마신다.	
4	취기가 오르면 술을 계속 마시고 싶은 생각이 지배적이다.	
5	술을 마시고 싶은 충동이 일어나면 거의 참을 수 없다.	
6	최근에 취중의 일을 기억하지 못하는 경우가 있다(2회 이상).	
7	대인관계나 사회생활에 술이 해로웠다고 느낀다.	
8	술로 인해 직업 기능에 상당한 손상이 있다.	
9	술로 인해 배우자가 나를 떠났거나 떠난다고 위협한다.	
10	술이 깨면 진땀, 손 떨림, 불안이나 좌절 혹은 불면을 경험한다.	
11	술이 깨면서 공포나 몸이 심하게 떨리는 것을 경험하거나 혹은 헛것을 보거나 헛소리를 들은 적이 있다.	
12	술로 인해 생긴 문제로 치료받은 적이 있다.	

12가지 항목 중 4가지 이상의 항목이 해당된다면 당신은 알코올 중독의 가능성이 높다.

뇌와 쾌락, 그리고 중독

민 성 길　은 평 병 원　원 장

연세대학교 의과대학과 동 대학교 대학원 의학과를 졸업했으며, 덴마크 코펜하겐 대학, 독일 튀빙겐 대학, 미국 일리노이 대학에서 정신의학을 공부했다. 연세대학교 의과대학 정신과 교수로 재직했다. 정신과학 교실 주임교수, 연세대학교 통일연구원 원장, 대한 정신약물학회 이사장 및 회장, 대한 신경정신의학회 이사장, 대한 사회정신의학회 회장을 역임하였으며, 2010년 서울특별시 은평병원 원장으로 위촉되었다. 「최신정신의학」 (대표 저자), 「약물 남용」, 「임상정신약리학」, 「우리시대의 노이로제」 「WHO 삶의 질 척도 지침서」 「통일과 남북 청소년」 「탈북자와 통일준비」(공저) 「통일이 되면 우리는 함께 어울려 잘살 수 있을까」 등을 지었다.

skmin518@yumc.yonsei.ac.kr

생존에 있어 큰 모순의 하나는 생명체가 그가 원하는 것에 의해서 쉽게 피해를 입는다는 것이다. 불나방은 빛이 좋아 불 속으로 뛰어들고, 쥐는 치즈로 꾀여서 잡힌다. 인간의 경우에도 욕망에 이끌려 그들의 삶을 망치는 경우가 많다. 이러한 방종을 유혹하는 것 중에는 술, 아편 등 약물 남용, 그리고 도박중독, 인터넷 중독 등 각종 중독 현상이 있다. 사람을 그렇게 파멸로 이끄는 힘은 무엇이며 어디서 오는 것인가? 그 모든 기전은 뇌 속에 있다고 보인다. 그 비밀을 알고자 하는 것은 인간의 본성을 엿보는 일이다.

원하는 것에 중독되는 사람들

약물 남용(drug abuse)이란 약물을 의학적 목적 이외의 목적으로 '함부로' 사용하는 것이다. '함부로'란 정당하지 않은 목적을 위해, 일반적 사회적 규범을 벗어나는 형태로, 빈번하게 그리고 대량으로 사용하는 것이다. 남용되는 것에는 약물 아닌 것도 많은데, 예를 들어 술, 담배, 코카인, 마리화나 같은 것이다. 그래서 약물 남용 대신 물질 남용(substance abuse)이라고도 한다.

우리가 중독이라고 부르는 것은, 정확히 말하면 습관성 중독(addiction)이다. 이는 약물을 습관적으로 또는 강박적으로 반복 사용하여, 늘 약에 취한 상태, 즉 중독(intoxication)에 빠져 있는 것을 말한다. 즉 쾌감을 위해 뭔가를 복용했더니, 그 중독 상태가 쾌락을 일으켰고, 그것이 좋아서 계속 반복하게 되고, 그러다가 내성이 생겨, 점점 심하게 점점 더 자주 하게 되고, 양도 늘리고, 먹기만으로 성이 차지 않아 직접 주사하게까지 된 상태이다. 즉 물질의 노예가 되어 일상생활이 온통 약물을 구하고 복용하는 일만으로 이루어지게 된다. 습관성 중독이란 단순히 습관적이 되었다는 정도가 아니고, 뇌에 어떤 화학적 변화가 초래된 상태이다.

약물을 자주 사용하다보면 습관성이 생기고 약물에 의존하게 된다. 의존은 다음 두 가지 중요한 요소를 포함한다. 즉 내성과 금단이다. 내성이란 같은 효과를 얻기 위해 점점 더 많은 양을 사용할 때, 또는 더 자주 사용해야 할 때를 의미한다. 금단이란 남용하던 물질을 복용하지 않을 때, 참기 어려운 여러 불쾌한 증상이 생기는 것을 말한다. 심리적 의존은 금단했을 때 불안, 초조, 안절부절, 약물을 복용하고 싶어 못 견디는 갈망 등이 나타나게 되는 상태이다. 신체적 의존은 금단했을 때, 신체적으로 부대끼는 현상(손발 떨림, 심장박동이 빨라짐, 진땀, 경련, 불면 등등)이 나타나게 되는 상태이다. 이렇게 약물을 끊었을 때 나타나는 현상을 금단 증상이라 한다. 일단 의존이 형성되면 약물이 주는 쾌감보다 금단 증상이 무서워 끊지 못하게 된다. 일단 약물을 다시 복용하면 금단 증상은 금방 사라진다. 그리하여 약물을 구하기 위해 거짓말, 절도, 범죄 등 온갖 행동도 마다하지 않는다. 하루 일과가 온통 약을 구하기 위한 행동, 즉 돈을 구해 약을 사는 행동으로 이루어지기도 한다. 이를 약물 추구 행동이라 한다. 약물을 기계적으로 시간에 맞추어 강박적으로 반복해서 사용하게도 되는데, 이를 강박적 사용이라 한다.

어떤 형태의 습관성 중독이든 중독된 사람의 행태는 거의 모두 같다. 즉 그것을 하면 즐거워지고, 늘 그것만을 생각하며, 과거 그 일을 떠올리거나 미래의 그 일에 대해 생각하고, 그것으로 인해 괴로운 일에서 생각을 돌리거나 피할 수 있고, 그것을 하기 위해 많은 시간을 소비하고, 원래 의도했던 것보다 그 일을 더 자주 하게 되고, 그런 행동을 줄이려고 생각하고, 또 줄이려고 시도는 하지만 늘 실패하고, 그런 행동 때문에 가정적, 사회적, 직업적 활동을 포기하게 되고, 그것을 중단하면 불안, 우울, 짜증, 변덕 등 금단 증상이 나타나고, 남에게는 실제보다 그것을 덜 한다고 우기고, 점점 강박적으로 그것을 반복하게 되고, 하루종일 그 행동만 하게 되고, 심지어 범죄까지 저지르게 된다.

이렇게 행태가 공통적인 이유는 모든 중독 현상들의 정신기제나 뇌기전이 서로 유사하기 때문이다. 따라서 그 의학적 치료에서도 알코올 중독이든 인터넷 중독이든 유사한 방법이 응용된다.

쾌락을 부르는 물질들

쾌락을 위해 남용되는 물질들은 모두 향정신성 물질에 포함된다. 우리나라에서 이를 흔히 향정약품이라고 부른다. 그 의미는 정신에 영향을 미친다는 것이다. 어떤 약물이든 뇌에 영향을 미치면 다소간에 정신 기능에도 영향을 미치게 마련이다. 향정신성 약물은 뇌에 영향을 미쳐, 그 효과가 주로 정신 기능을 통해 나타나는 경우이다. 이들 향정신성 약물과 물질들은 그 효과의 예민성 때문에 법으로 엄격히 규제된다.

향정신성 약물에는 정신장애를 치료하는 약물이 우선 포함된다. 여기에는 항정신병 약물, 항우울제, 항불안제, 항조증 약물, 수면제, 치매 치료제 등이 있다. 치료 약물이 아닌 약물로는 각성제, 환각제 등이 있다(각성제들 중 일부는 주의력 결핍에 치료용으로 사용되기도 한다). 향정신성 효과를 나타내는 물질에는 약물이 아닌 것도 많다. 즉 술, 담배, 커피, 아편, 마리화나, 코카인, 휘발성 용매(본드 등) 등이다.

남용 물질은 크게 각성제와 이완제 두 가지로 나눌 수 있다. 각성제는 교감신경계를 자극하는 물질로서 암페타민류 각성제, 코카인류 물질, 환각제(LSD), 펜시클리딘, 카페인, 니코틴 등이 포함된다. 반면 이완을 일으키는 물질에는 대표적으로 술(알코올), 신경안정제, 수면제, 아편류 물질, 대마, 흡입제 등이 포함된다([표 1] 참조).

마약이나 환각제들은 효과는 강하지만 값이 비싸기 때문에, 대신 값이 싸고 구하기 쉬운 물질들이 사용되기도 한다. 예를 들어 휘발성 용매(본드, 매니큐어, 휘발유, 라이터 기름 등)나 부탄가스 등이 가난한 계층이나 청소년들 중에서 남용된다. 이들은 대개 이완 효과를 나타낸다.

재능이 있지만 범죄성이 높은 사람들이 새로운 다양하고 강한 효과를 가진 약물을 불법적으로 합성하고 있다. 대표적인 것이 각성제와 환각제가 합쳐진 것과 같은 엑스터시이다. 매독을 해결하는 방법을 발견하자 후천성면역결핍증(에이즈)이 나타났듯이, 엑스터시를 통제하면 다음에 어떤 더 강력하고 무서운 약물이 나타날지 모른다.

약물을 남용하다보면 효과를 늘리기 위해 두 가지 이상의 물질을 같이 사용하는 수가 많다. 예를 들어 술과 담배를 같이 하는 경우가 많고, 술과 수면제, 또는 수면제와 각성제 등을 혼용하는 것이다. 이를 복합사용장애라 한다.

마약이나 환각제들은 효과는 강하지만 값이 비싸기 때문에, 대신 값이 싸고 구하기 쉬운 의약품들이 사용되기도 한다. 예를 들어 비마약성 진통제, 감기약(대표적인 예가 러미라, 노바킹 등등) 등도 남용 약물이 되고 있다. 진해제(기침약)에 흔히 들어 있는 에페드린은 필로폰의 원료이다. 드링크류가 인기리에 남용되는 이유 중에 하나는 그 속에 소량이나마 각성 효과를 내는 약물(대개 카페인)이나 이완제(아편류 물질이나 신경안정제)가 들어 있기 때문이다. 콜라류

표 1 남용 우려가 높은 정신 활성 물질들과 그 효과

분류	약제(물질)	관련 신경전달체계	주 효과	과량 독성
알코올	각종 술	감마아미노부티르산(GABA)	진정, 다행감, 흥분, 진통	마취, 정신병, 사망
니코틴	담배	니코틴성 아세틸콜린, 노르에피네프린	각성	흥분, 심장 독성, 사망
마약	아편, 모르핀, 헤로인, 메페리딘, 메사돈, 누바인, 코데인	엔도르핀	진통, 다행감, 진정	마취, 사망
진정수면제	바륨, 리브륨, 아티반, 자낙스, 할시온, 페노비비탈, 세코날, 달마돈, 모가돈	감마아미노부티르산(GABA)	진정, 이완, 수면, 항불안, 다행감	과수면, 마취, 사망
정신자극제 (각성제, 중추신경 자극제)	암페타민, 덱세드린, 메스암페타민(필로폰), 메틸페니데이트, 요힘빈, 코카인, 크랙, 펜플루라민	도파민, 노르에피네프린	각성, 다행감, 환각, 착각, 최음	망상, 고혈압, 뇌출혈, 정신병, 경련, 사망
환각제	LSD, 메스칼린, 실로사이빈, 엑스터시	세로토닌	환각, 착각, 다행감, 각성	정신병, 사망
펜시클리딘	펜시클리딘	글루타민산염	환각, 착각, 다행감	정신장애
대마	대마초, 마리화나, 하시시	세로토닌	다행감, 착각	무욕증후군, 정신장애
휘발성 용매	본드, 페인트, 시너, 휘발유, 연료용 가스		다행감, 환각, 착각, 혼동	신경세포 손상 폭력, 혼수, 사망
카페인	커피, 잠 깨는 약, 청량음료	노르에피네프린	각성	불안, 긴장, 심장마비

음료에는 옛날에는 코카인이 들어 있었는데, 그 해독이 알려지면서 카페인으로 바뀌었다. 지금은 카페인 역시 남용 물질로 분류되고 있다. 그래서 요즈음은 카페인 없는 청량음료가 나오는 것이다. 운동선수들이 근육강화제로 사용하던 스테로이드 제제(남성 호르몬) 등이 쾌감을 야기하는 바람에 남용하다가, 정신적 및 신체적 장애에 빠지는 예가 있다. 소위 살 뺀다는 정체불명의 약은 대개 각성제일 가능성이 많다. 사람들은 살 빼는 약으로 잘못 알고 복용하다가 습관성 중독에 빠지게 된다. 우리나라에 한때 중국에서 살 빼는 약으로 밀수되던 약물의 주성분이 펜플루라민으로, 이는 각성과 환각을 야기하는 효과가 있어 남용되다가 사회적으로 물의를 빚었다.

요즘 우리 주변에는 중독이라는 용어를 쉽게 발견할 수 있다. 일 중독, 도박중독(고스톱, 카드, 경마, 복권 등등), 텔레비전 중독, 인터넷 중독, 쇼핑 중독, 성중독 등등이다. 최근에는 인터넷 중독에도 여러 형태가 있다. 즉 사이버섹스 중독, 사이버 교제 중독, 인터넷 강박증(온라인 도박이나 온라인 경마, 온라인 무역 등), 정보중독(웹 서핑, 데이터베이스 탐색 등), 컴퓨터 중독(게임, 새로운 프로그램 등) 등이다. 이들 중독은 물질을 복용하다가 생겨나는 중독은 아니다.

이러한 중독과 관련된 신경학적, 정신적 및 사회적 원인과 현상은 매우 공통적이다. 특히 뇌의 기전에서도 유사하다는 점은 매우 흥미 있는 연구 주제이다.

뇌, 감정 그리고 남용 약물이 나타내는 현상

약물이 함부로 사용되는 이유는 약물이 뇌에 영향을 미쳐, 쾌락, 다행감, 편안함 등 쾌락 감정을 야기하기 때문이다. 그렇다면 감정이란 무엇이며, 뇌에서는 어떻게 나타나는가?

남용 약물이 중독의 증상을 나타내는 기전은, 약물이 뇌 속에 내재되어 있는 감정을 자극했기 때문으로 본다. 쾌락도 감정의 하나로서 뇌의 기능 중 하나이다. 따라서 약물 남용을 이해하려면 뇌와 감정에 관한 지식이 필요하다.

캐넌(Cannon)은 "감정적인 경험은 인지적인 측면뿐 아니라 운동신경, 내장신경 반응 등 생리적인 반응을 포함한다"고 하였다. 즉, 감정은 분명 인간의 인지나 의지와는 구별되는 정신적 상태이며, 특유의 신체적 반응을 동반하는 것임을 알 수 있다. 현대 신경생리학자들도, 기억, 학습 등의 다른 정신적 경험과 마찬가지로, 감정 경험 역시 사람의 뇌에서 일어나는 신경학적 활동의 결과라 여기고 있다. 이러한 개념들은 최근 MRI, PET 등을 이용한 뇌영상학의 발달로 인해 감정적 자극을 받는 동안 특정 뇌 부위의 활성도를 측정하는 방법을 통해 활발히 연구되고 있다. 또다른 방법은 화학적 자극에 의해 감정 변화(약물 남용)가 어떻게 나타나는가, 또는 정신장애를 약물로 치료하면서 감정 변화가 어떻게 나타나는가를 연구하는 것이다.

남용 약물들은 뇌의 이러한 감정기전에 영향을 미쳐, 비정상적인 감정 반응을 야기한다. 비정상적이란 말은 객관적으로 확인되지 않는 자극에 따라 나타나는 반응이거나, 자극의 정도에 비추어 과도하게 많은 또는 적은 반응을 보인다는 뜻이다. 예를 들어 혼자 실실 웃는다거나 사소한 자극에 너무 즐거워하는 것이다. 이러한 반응이 나오는 것은, 인간의 뇌 속에는 유전적으로 즐거운 자극에 웃는 반응을 하도록 프로그램된 회로가 미리 존재하고 있어 그 기능이 나타나기 때문이다. 예를 들어 성적 자극을 받으면, 그 개인이 건강하다면, 자연적으로 성적 흥분과 더불어 성적 쾌감을 느낀다. 만일 성에 관한 회로를 자극하는 물질을 투여한다면, 실제 경험과는 상관없는 성적 쾌감을 느낄 것이다. 그리고 이를 다른 사람이 보면 이유 없는 흥분으로 보인다. 사람이 만일 정신병에 걸리면 이유 없이 실실 웃을 수 있다. 따라서 코카인 중독 때 실실 웃는다면 이는 정신병적인 상태라 할 수 있다.

일단 약물에 중독되면, 뇌기능이 지장을 받게 된다. 사람들 눈에 이상한 감정 반응과 그에 따른 이상한 말, 이상한 행동 등을 나타낸다. 정신이 멍하고, 판단을 잃고, 상황에 맞지 않는 웃음이나 분노, 슬픔이나 울음이 돌발적으로 나타내고, 사소한 자극에 감정이 폭발하고, 신체의 움직임이 불안정하고(느리거나 너무 황급하거나), 말이 어뭉하거나 빠르거나 발음이 불완전하다. 전반적으로 정상적 활동이 방해되고, 사회적 책임이 등한시된다.

전반적으로 남용 약물의 효과는 뇌기능의 진화론적 위계(hierarchy)를 보여준다. 즉 상부구조(전두엽 등)가 붕괴되면, 그 지배를 받던 하부구조(변연계)의 기능이 전면에 드러난다. 그 결과 감정이 통제되지 않는, 즉 본능적인 동물적 본능이 드러난다. 용량이 증가하여 기본 생명 유지 장치인 기본 뇌기능(뇌간)도 억제되기 시작한다. 더 심해지면 생명을 잃는 것이다.

조이고 풀고, 신체의 두 단계

각성 상태란 말 그대로 정신을 바짝 차린 긴장 상태이다. 이는 적에 대한 '싸움이나 도망'이라는 상황이며, 이때 특히 변연계의 자율신경계, 특히 교감신경계의 여러 회로에서 에너지 대사의 증가로 나타난다. 뇌에서 이러한 각성의 신호를 전달하는 물질이 바로 노르에피네프린, 도파민, 세로토닌 등이다. 이 회로의 신호가 신체 말초 기관에 도달하면 심장이 뛰고, 호흡이 가빠지고, 근육이 긴장되고, 진땀이 나고, 동공이 커지고, 혈압이 올라가고, 혈중 산소와 포도당이 증가한다. 각성이란 이러한 신체 변화를 느끼는 것으로, 정신적으로 표현하면 잠이 달아난다, 정신 차린다, 정신이 난다, 정신이 맑다 등등과 같은 상태이다. 사냥, 낚시, 운동 시합, 등산, 심지어 성행위 등에서의 쾌감은 이러한 각성과 관계된다.

그래서 사람들은 상상력과 기술을 동원하여 인위적으로 각성 상태를 만들어 즐긴다. 번지점프나 스카이점프, 롤러코스터, 전쟁 게임 등을 고안하였다. 이때 뇌 속과 전신에 걸쳐 '각성물질', 즉 노르에피네프린이 폭발적으로 분비되면서, 짜릿한 느낌, 스릴의 쾌감을 느낀다. 이들은 모두 인위적으로 각성을 극대화한 인공적 장치인 것이다. 그러나 각성이 지속되거나, 짧이도 너무 과도하면, 질병(불안, 고혈압, 두통, 심장병, 위장장애 등)을 일으킨다.

각성제(암페타민, 필로폰, 코카인 등)는 이러한 감정 기능 중 각성상태에 관련된 회로에 관련된 신경전달과정을 화학적으로 자극한다. 그 결과 위에서 열거한 각성 효과가 나타나는데, 남용자들은 이를 쾌감으로 해석한다. 즉 정신이 상쾌해지고, 몸도 가뿐해지고, 피곤한 것이 없어진다. 학생이 공부할 때 졸음을 쫓으려고 커피를 마실 때 그러한 효과를 본다. 나아가 이유 없이 즐거워지고, 힘이 솟아나는 기분이 들고, 용감해지고, 자신의 능력이 증대된 것 같고, 감각이 생생해지고, 사소한 자극에 황홀한 기분이 들기도 한다. 감정의 유리는 자유로운 발상을 가능케 한다. 예술가가 창의적 발상이 떠오르지 않을 때 술이나 담배의 힘을 빌리는 데서, 이들 물질의 효과를 알 수 있다. 경우에 따라 신비한 느낌, 자아가 신체로부터 이탈하는 느낌, 의식이 확대되는 느낌, 타자와 일체가 되는 느낌이 나타나기도 한다.

각성이 끝나면 반드시 이완이 오게 되어 있다. 마치 낮 뒤에는 밤이 오듯이, 이완은 각성이 끝난 후 찾아오는 달콤한 휴식의 상태이다. 각성 수준이 낮아지고, 긴장이 풀어지고, 안도감이 오고, 정신도 몽롱해지고, 생각도 잘 안 난다. 무념무상 상태로서 편안하고 고요한 상태인 것이다. 비몽사몽간의 황홀한 편안함이다. 최고의 이완, 즉 휴식은 잠이다. 이때 신체도 따라서 반응한다. 이때 작동되는 체계는 부교감신경계이며, 관련된 신경전달물질은 아세틸콜린, GABA 그리고 엔도르핀 같은 물질인 것 같다.

이 기간 동안 각성에 의해 생성된 피로 물질을 제거하고, 통증을 감소시키고, 에너지를 축적하고, 기억을 정리한다. 이는 다음의 각성을 대비한 준비 기간으로 다시 힘을 비축하는 과정이다. 이완은 생명의 과정이 순조로움을 느끼게 하여, 역시 행복한 느낌을 갖게 한다. 운동이 좋은 것은, 운동 후의 휴식, 이완, 근육의 이완, 나른함 등의 느낌 때문이기도 하다. 술이나 신경안정제가 근육이완제이기도 하다. 자율 훈련, 명상, 바이오피드백 등은 사람을 상상력, 예견력 등으로 이완할 수도 있다.

이완제(술, 신경안정제, 아편류 등)는 이완, 안정, 수면, 마취, 마비 등 신경계에 억제 작용을 한다. 이들은 이완에 관련된 회로에 포함된 신경전달과정을 자극한다. 그 결과 긴장을 이완시키고 불안감과 긴장감을 진정시키기도 하며, 몸이 풀리거나 무거운 느낌과 더불어 편안한 기분이 든다. 용량이 조금 많아지면, 각성과 수면의 중간 상태(소위 비몽사몽간이라 할 수 있을 것), 꿈과 같은 기분이 들고, 다행감이 느껴진다. 용량이 더 많아지면, 수면, 마취, 마비, 혼수 상태 그리고 사망에 이를 수가 있다. 아편류는 진통 효과가 있어 신체적 통증이든 정신적 고통이든 모두 없애준다.

또한 이완제는 '억제를 억제' 하여, 억제되어 있는 감정을 해방시킨다. 즉 상부구조인 대뇌피질(전두엽)의 기능을 먼저 억제하여 하부구조인 변연계의 억제된 감정 기능을 해방시키는 것이다. 꿈과 같은 상태에서 억눌린 감정이 해방되고 자유스러움과 더불어 쾌감을 느끼게 된다.

원치 않는 효과

모든 사람들이 각성 효과나 이완 효과를 쾌감으로 받아들이는 것은 아니다. 어떤 사람들은 이를 불쾌하다고 느낄 수 있다. 이런 사람들은 남용자가 될 가능성이 낮다. 습관성 중독자들에서도 약물은 쾌락만 자극하는 것이 아니나. 감정에는 불쾌도 있기 때문이다. 이러한 사실은 쾌락에 대해 신이 만들어놓으신 징벌의 장치 같다. 즉 대가는 있게 마련이다.

[그림 1]
중독 상태에서 그린 환각. 환각 상태에서는 인간 내면의 무서우리 만큼 강력한 동물적 본성이 드러나게 된다. 인간의 진화된 고등 기능이 마비되어 그 통제를 벗어난 동물적 기능이 드러났기 때문으로 보인다.
Sandoz, 1974

각성제는 사람을 부산스럽게, 신경을 예민하게, 감각을 예리하게, 온갖 생각이 다 나게 만들 수 있다. 어떤 경우, 기고만장해지고, 말이 많고 거칠어지고, 강박 행동을 하고, 잠을 자지 않고, 먹지 않고, 위험한 성행위에 몰두하려고 한다. 심하면 불쾌하고 무서운 환각(헛것이 보이거나, 귀에서 환청이 들림, [그림 1] 참조)과 착각이 나타난다. 때에 따라 피해의식이 드러나고, 폭행, 자살, 살인 등 폭력을 행사하게 된다. 신체적으로도 교감신경계의 흥분으로 맥박이 빨리 뛰고, 진땀이 나고, 몸이 떨리고, 구토, 혈압이 올라가고(심하면 뇌혈관이 터지기도 한다), 동공이 확대되고, 체온이 올라간다. 이러한 변화가 복용 1시간 만에 나타나 2~4시간 지속되며 더이상 복용하지 않으면 8~12시간 만에 사라진다.

이완제를 남용하다보면, 졸음, 횡설수설, 주의력과 기억 및 판단의 장애, 직업적 기능의 감소가 초래된다. 더 많은 양을 복용하면, 망상, 착각, 환각, 폭력 등이 나타날 수 있다. 술을 마시면서 하고 싶은 이야기를 다 털어놓다가도, 갑자기 사소한 일을 꼬투리 잡고 싸움이 벌어지는 것을 우리는 흔히 본다. 신체적으로는 보행장애, 발음장애, 식욕상실, 성욕상실, 졸음, 변비, 저혈압, 맥박 둔화, 호흡 둔화, 체온 하락 등의 증상이 나타난다. 양이 더 많아지면 혼수, 섬망, 경련 상태가 나타나고 사망할 수 있다.

약물이 과하면, 신체에 질병을 일으키고 생명에 위협이 된다. 과량의 각성제는 심장마비, 고혈압에 의한 뇌출혈 등으로 사망에 이르게 할 수 있다. 이완제의 양이 많아지면 뇌간의 기능(심장박동 기능, 호흡 기능 등)도 억제하여 결국 생명을 잃게 만든다.

방종한 생활로부터 질병(전염병, 영양실조, 간경화, 성병, 등)이 생기기도 하지만, 직접적으로 주사기에 의해 간염, 매독, 에이즈(후천

성면역결핍증) 같은 여러 질병이 전염되기도 한다.

만성으로 진행돼 장기간 남용하다보면, 사회에 적응하지 못하고, 무감동, 무감각해지거나 우울증 내지 정신병으로 진행할 가능성이 많다. 또한 뇌에 손상이 누적되어, 지능 감퇴(치매), 기억상실, 인격의 황폐화, 도덕성의 상실, 사회 기능의 상실, 범죄 등등과 같은 부작용이 야기된다. 사회 전체의 경제적 손실은 말할 것도 없고, 생산성과 도덕의 붕괴도 큰 손실이다.

신체적 의존과 내성 그리고 금단 증상에 대한 뇌의 기전은 아직 명확하진 않다. 세포적응가설은, 아편을 예로 들면 아편을 투여하면 보상적 균형 기전이 자극되어 아편의 신경 억제 작용에 길항하도록 한다는 것이다. 오랜 기간 반복적으로 아편이 투여되면 이런 길항 작용이 강화되어 전과 같은 아편의 효과를 얻으려면 신체가 요구하는 아편의 양이 점차 증가된다는 것이다. 아편 투여가 중단되면 고조된 균형 기전이 과도하게 유리되는데 이것이 금단 증상이라는 것이다. 한편 유전적 연구는 약물 사용이 반복됨에 따라 그 효과를 방어하기 위한 적응 기제가 동원되어 유전자 표현(gene expression)에 변화가 초래되는데, 그 결과 약물 효과가 감소되는 것이 내성이라고 설명하고 있다.

따라서, 약물의 작용과 금단 증상은 서로 반대되는 현상을 보인다. 이완제의 금단 증상은 불안감, 긴장, 초조, 불쾌감, 불면증, 아편류의 경우 구토, 근육 통증 등이 나타난다. 각성제의 금단 증상은 졸음, 무기력, 식욕 증가 등이다. 금단 증상이 심하게 나타날 경우 대개 구토, 설사, 혈압 상승, 통증, 경련발작, 마비 등이 공통적으로 나타나고 사망할 수도 있다. 특히 알코올 중독시 금단 증상 중 진전섬망(알코올 중독자의 5% 정도에서 나타나며, 불안, 초조, 식욕부진,

진전, 공포에 의한 수면장애가 선행하며 외계에 대한 의식이 없어지고 망상, 착각이 일어나는 섬망이 주 증상이다)이라고 하는 병이 있는데, 이를 조기 치료하지 않으면 사망률이 15%에 달한다.

다른 습관성 중독 현상에도 약물 남용에서와 같은 뇌의 기전이 작동한다고 생각된다. 예를 들어 텔레비전 시청에 중독된 사람이 TV 시청시간을 줄이면 금단 증상을 경험하게 된다. 비디오 게임과 컴퓨터 중독에서도 어떤 종류의 재강화 회로가 형성되는 것 같다. 그리고 여기에도 원치 않는 부작용이 있다. 1997년에 700명의 일본 어린이에서 비디오 게임에 의해 시각으로 유도된 간질발작이 나타 났다는 것이 보고되었다.

왜 중독되는가

약물 남용의 원인은 궁극적으로는 불행과 고통을 피하고 쾌락과 행복을 얻고자 함이다. 정신의학은 사람의 행복, 쾌락, 정신장애 등을 생물학적 차원, 정신적 차원 그리고 사회적 차원에서 연구한다. 즉 정신의학은 생물-정신-사회적 모델(biopsychosocial model)에 따라 진단하고 치료한다. 약물 남용도 이러한 이론적 모델에 따라 연구하고, 진단하고 치료한다.

약물 복용을 시작하게 되는 정신병리적 상태는 호기심, 반항심, 모방, 동료들의 압력, 권태, 고통과 통증의 해소나 회피 등으로 여러 가지이지만 궁극적으로는 쾌락의 추구이다. 어쩌다 한 번 경험했을 때 그 경험이 개인의 정신 상태와 동조하게 되고 사회 환경마저 지속적으로 적절한 조건을 조성해줄 때 남용에 빠지게 된다. 이러한 연결고리는 마치 우리가 뇌 속에서 보는 회로처럼 보인다. 정신 기능을 뇌의 기능으로 본다면, 약물 남용에 관련된 정신 현상도

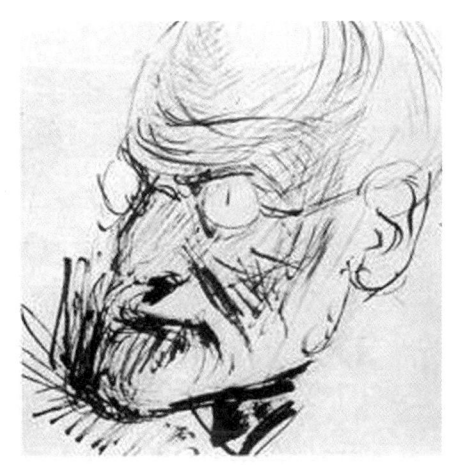

[그림 2]
살바도르 달리의 지그문트 프로이트
의 초상화

모두 뇌의 기능이다. 학습이론은 이제 생물학적 내지 신경학적으로 연구되고, 또 입증되고 있다.

정신분석학으로 널리 알려진 정신과의사 프로이트는 인간의 본능을 크게 성욕과 공격 욕구로 보았고, 인간은 이런 무의식적 본능을 충족시킴으로써 즐거움을 추구한다는 쾌락원칙을 말하였다.

약물 남용의 원인은, 프로이트의 이론에 비추어보면 쾌락 추구이다. 남용자의 행태는 그 인격 수준이 자아와 초자아가 발달하기 전 단계인, 생후 18개월 이전의 구순기적 단계에 있는 듯하다. 유아가 어머니에게 하듯이, 약물 남용자도 약물에 '의존' 하고, 오로지 약을 '먹음' 으로써 즉각적인 흥분과 편안함, 만족과 행복을 얻는다. 성인으로서의 수고와 땀으로 획득되는 음식과 성적 충족, 사회적 욕구의 만족은, 구순기적 쾌락으로 대치된다. 실제로 약물은 배고픔도 잊게 하고, 그 쾌감은 성적 극치감을 능가한다. 그리고 쾌감을 통해 자신이 위대해진 듯한 느낌 등에서 비롯되는 과대망상이 일어나고 자아와 타자와의 일체감은 사회적 소외감을 일거에 해소한다. 그에게는 나중의 더 큰 만족을 위해 중간의 사소한 고통을 감수할 능력이 없다. 아직 마음속에 아버지상(초자아)이 아직 없어 행동을 통제하지 못한다. 이와 같이 우리 모두가 한때 유아였다는 사실과 어머니의 존재에 대해 말할 수 없는 행복을 느꼈던 기억 때문에, 우리 모두는 약물 남용의 잠재성을 지니고 있다.

이러한 유아적 행동의 기전도 뇌에 포함되어 있다. 프로이트 자신도 일찍이 그의 본능이론, 쾌락원칙, 인격발달이론 등이 장차 뇌 연구의 발달에 힘입어 신경과학적으로 입증될 날이 올 것이라고 예언한 바 있다. 예를 들어 최근 유아적 행동방식은 뇌의 미성숙 즉 신경세포 간의 연결망의 미분화된 난맥상과 관련되는 것으로 보고 있다.

습관성 중독, 즉 남용을 되풀이하는 이유는 보상과 재강화라는 행동주의이론으로 설명해볼 수 있다. 보상이란 개념은, 심리학자들의 학습이론과 실험적인 행동 관찰 연구에서 비롯된 것으로 학습된 행동 패턴을 강화시키는 요인을 말한다. 예를 들어 어린이에게 공부를 잘한다고 상을 주면 더 열심히 해서 성적이 올라가는 것이다. 어떤 행동으로 본능이 만족되면 즐거워지는데 그 즐거움은 보상이 된다. 그래서 한 번 보상을 받은 행동은 다시 하려고 하게 된다는 것이다. 이 이론은 기억과 학습에 대한 뇌의 신경회로에 대한 연구에서 이미 입증되고 있다.

이러한 보상과 즐거움의 관계는 약물중독의 예에서 가장 잘 설명된다. 즉 술을 마셔서 쾌락을 느꼈다면 계속 술을 마시려고 할 것이다(이러한 기전은 나중 뇌 내의 보상회로에서 다시 생물학적으로 설명될 것이다). 술을 자꾸 마시면 습관성 중독이 되고, 일단 중독이 된

다음 술을 끊으려고 하면, 고통스러운 금단 증상이 와서 도저히 끊을 수가 없다. 고통스러운 금단 현상이 왔을 때, 술을 다시 마시면 그 고통이 사라지는데, 이러한 고통의 소실이 또한 보상이 되어 또 술을 마시는 행동이 강화된다.

프로이트도 예언했듯이, 앞서 말한 정신역동적 개념과 학습이론은 신경과학과 모순되지 않는다. 실제 신경과학과 신경정신 의학은 이들의 관계를 입증하고 있다. 약물 남용과 관련되고 있는, 본능, 욕망 및 흥분과 이완 등은 감정으로, 변연계와 자율신경계 기능이다. 이들 기능은 계통발생적 내지 진화론적으로 원시적 기능이다. 유아적인 미숙한 인격은 전두엽 기능의 미숙이기도 하다. 또한 만족 추구와 고통 회피의 학습 효과는, 나중에 설명된 뇌 내의 보상회로로 설명된다. 즉 정신분석석 개념들이 뇌기능과 질 맞아떨어진다.

뇌가 복잡하고 다양하고 세밀하고 거대한 기능을 하도록 발달하는 이유가 무엇인가. 그것은 적대적인 환경 내에서 생존하기 위해서다. 살아남기 위해 사람이나 동물은 먹고, 소화하고, 배설하고, 싸우거나 도망가고 그리고 종족을 번식시키려고 한다. 인간에서 뇌가 최고조로 발달해 있기 때문에 지구상에서 가장 잘 적응하고, 번성하고 그래서 지배적인 동물이 된 것이다. 그러나 동물로서의 생존투쟁과 쟁취의 기쁨은 인간이라고 해서 다를 바 없다. 이러한 생존 활동에 성공하면 개체는 관련된 신경회로의 연결에 의해서 그에 따른 특정 감정을 느낀다. 사람들은 이러한 감정을 즐거움, 만족감, 행복이라 부른다.

사람은 기계적인 동물의 수준을 넘어, 상상력과 풍부한 감정의 기능을 지니고 있다. 당연히 인간의 뇌는 이러한 모든 확대된 기능을 하기 위해서 동물에서보다 발달해 있고 복잡하다. 그래서 용량도 크다. 특히 전두엽이 크게 발달하여, 인간적인 그리고 사회문화적인 기능을 수행하고 있다. 그 결과, 인간은 동물에서는 볼 수 없는 행복에 대한 높은 사회적, 문화적 감수성이 발달하였다.

만일 사람이 행복 추구에 실패하거나 실패할 우려가 있을 때, 어린이 상태로 퇴행하여, 노력 없이 즉각적 만족을 얻을 수 있는 방법을 추구하게 될 것이다. 뇌 속의 쾌락의 메커니즘이 자극될 가능성이 있다면, 자제심이 부족한 사람들은 불 속에 뛰어드는 불나방같이, 그 가능성을 향해 달려갈 것이다. 인간 사회는 인간의 지혜와 상상력으로 이미 그러한 장치를 여러 가지 형태로 개발해놓았다. 약물 남용은 그중에서도 범죄적이며 병적인 정신사회적 현상이다.

약물 남용과 뇌와의 관계

뇌는 구조에 따라 기능도 다르다. 크게 피질은 가장 진화된 구조로 인간적이고 사회적인 기능을 수행한다. 그 다음으로 진화된 변연계는 감정, 기억, 자율신경계 기능을 수행한다. 가장 하부구조인 뇌간은 체온, 혈압 등 생명 유지 장치들을 포함하고 있다. 이들은 상호 정보를 교환한다. 예를 들어 불안하면, 혈압이 오르면서 사회적 기능도 방해된다. 이러한 정보 교환과 협동은 생존을 위해서이다.

감정이 생명 유지의 가능성 여부에 따른 느낌이라 할 수 있는데, 변연계의 기능임은 이미 말한 바 있다. 최근 첨단의학 기술을 이용한 연구 결과에 의하면, 공포감이나 분노를 느낄 때는 편도가, 슬픔을 느낄 때는 대상회가 활성화된다. 그외에도 수많은 연구가 있어 수많은 이론들이 제시되어왔다. 그러나 결과들은 반복된 확인이 필요하다.

연구 결과, 대체로 변연계가 감정의 중추로 판단된다. 여기에 속한 구조가 편도, 해마, 대상회, 유두체, 시상하부 등이다. 이들이 바로 또한 자율신경계의 중추이기도 하다. 감정과 자율신경계 기능(즉 내장 기능)은 밀접한 관계가 있다. 감정이 자율신경계 기능 즉 내장신경계의 내재적 변화에 대한 느낌이라는 이론에 근거하여(예를 들어 심장이 뛰면 불안하다), 내장지각중추인 도에 대한 연구도 있다.

따라서 남용 물질이 약리학적으로 작용하는 뇌의 구조는 아무래도 감정의 중추, 즉 변연계일 것이다. 그중 가장 많이 연구되는 것이 편도와 나중에 보상회로에서 설명할 측두핵이다.

한편 평가, 판단, 수행 그리고 상상력과 지혜에 관한 고위 중추는 전두엽이다. 실험에 의하면 감정의 인지적 통합, 즉 지적 기능을 할

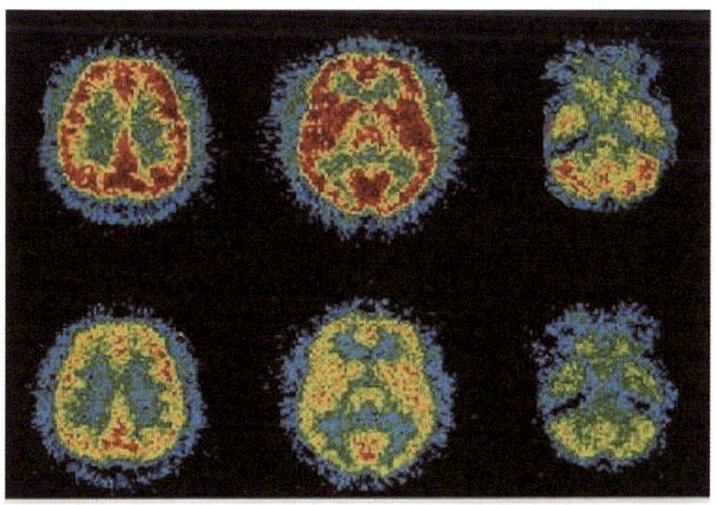

[그림 3]
코카인에 의한 흥분시(아래) 그리고 정상 상태(위)의 PET에 의한 뇌의 영상 비교. 코카인에 의해 전체적으로 그리고 특히 변연계와 대뇌 피질의 감소된 활동상(흥분)을 볼 수 있다.

때는 내측 전전두엽 부위가 활성화된다. 그러나 [그림 3]에서 보듯 코카인이 주입되면, 고급 기능을 하는 대뇌피질에서 대사활동이 감퇴된다. 즉 이는 기억, 판단, 인격, 언어, 고차원적 사고, 사회, 문화, 종교 등에 대한 전두엽의 기능이 억제됨을 시사한다. 이는 인격 발달, 뇌의 발달 등 발달이론에 의하면 퇴행인 셈이다. 암페타민 등 각성제들도 같은 효과를 나타낸다고 한다.

인간에서의 쾌감은 대체로 각성의 쾌감과 이완의 쾌감에 근거한다. 각성은 우선 생명 유지를 위한 과정, 즉 먹기, 배설, 성행동 그리고 사회적 활동 등으로 이때 긴장, 각성을 요한다. 생명 유지를 확보한 다음에는 휴식, 이완하게 된다. 따라서 신경생리학적으로 쾌감 내지 즐거움의 회로는, 본능의 만족을 '향하는' 동안의 각성의 과정이거나 '이후'의 이완이라는 신체 반응과 관련된 것들이다. 따라서 뇌 속에 내재되어 있는 감정의 기제는 변연계의 어떤 기조에서 출발하는 특정 신경세포들로 구성된 회로에 의한 것으로 보인다.

또한 이러한 본능에 관련된 회로나 감정에 관련된 회로는, 출생시부터 인간의 뇌 속에 이미 형성되어 있다. 즉 갓난아기는 가르쳐주지 않아도 젖을 빨 줄 알고, 젖을 먹은 후 만족의 미소를 지을 줄 알 뿐아니라, 그 반응으로 나타나는 어머니의 만족감도 알아차린다.

갓난아기나 동물에서는 이러한 행동과 감정 표현은 자연발생적으로 나타나지만, 성인 인간에게는 지능, 상상력, 사회성 때문에 연기되거나 왜곡, 변형, 가장되어 나타난다(이를 정신분석에서는 방어기제 때문이라 한다). 인간의 이런 확대된 능력은 전두엽의 발달 때문이다. 그러나 본성은 동물에서와 마찬가지이다. 약물 남용은 이러한 감정의 회로에 직접 화학적 자극을 주어 동물적 본성과 그에 따른 감정을 촉발시키는 것이다.

쾌락의 신경화학

뇌의 각 구조는 신경세포로 구성되어 있다. 뇌의 신경세포는 일정한 회로를 구성하여 서로 신호를 주고받으며 일정한 기능을 수행한다. 공통의 기능을 수행하는 세포끼리 모여 핵 또는 피질이라는 구조를 이루고 그들 사이에 신호를 주고받으므로 뇌기능은 전체적으로 하나의 연결망을 이루어 수행된다.

신경회로에 속한 신경세포들 간에 신호가 전달되는 방식은 신기하게도 전기와 화학물질(화학반응도 결국 전기적인 것이다)에 의해서이다. 신호는 신경세포 막의 기능이다. 막을 따라 전기가 흘러 신호가 전달되며, 말단에 이르면 화학물질이 분비되어 다음 세포의 막에 있는 수용체와 화학적으로 결합한다. 이는 전해질(Na^+, K^+, Ca^{2+}, Cl^- 등)을 세포막 내외로 이동시켜 다시 전기신호를 만들어낸다. 이 신호는 다시 돌기를 따라 전달된다.

[표 2]에서 보듯이 신경전달물질에는 여러 종류가 있는데, 크게 흥분성 물질과 억제성 물질로 나뉜다.

위에 열거한 신경전달물질들은 각기 고유의 수용체가 있다. 이 수용체들은 신경세포 막에 존재한다. 신경전달물질이 수용체에 결합하여 수용체가 활성화되거나 차단되어 수용체가 존재하는 신경세포 기능이 활성화되거나 차단된다. 또한 수용체와 연결되어 신경세포 내에는 다른 화학물질들, 즉 단백질, 효소, 유전물질(RNA) 등이 하나의 작용 사슬을 이루고 있다. 수용체가 활성화되면, 신경세포막에 있는 G단백질이 자극되고, 이는 이어 신경세포 내부의 제2전달물질, 프로테인키나제 등이 자극되고, 그리고 세포핵 속의 유전물질에 영향(예를 들어 유전체 표현 등)을 미치게 된다. 신경세포는 수용체에서 시작된 자극에 영향받아 일련의 기능을 수행하면서,

들어온 정보를 처리하여 내보내기도 하고 보존(기억)하기도 한다.

  하나의 신경전달물질에 대한 수용체에는 아형도 무수히 많다는 것이 발견되고 있다. 그리고 아형들은 각각의 분포에 따라 기능도 다르다는 것도 밝혀지고 있다. 예를 들어 세로토닌 수용체는 아형에 따라 식욕, 수면, 성욕, 공격성, 강박성 등의 기능에 관여한다.

  신경전달체계들이 얼마나 많이 활성화되느냐에 따라, 즉 신경전달물질의 유리가 얼마나 많은가 또는 수용체가 얼마나 많은가에 따라, 결국 정신 기능이 결정된다. 흥분성 신경 전달이 활발할 때는 흔히 '각성' 상태이거나, 예민하고, 불안하고, 흥분된 상태이며, 그 반대로 흥분성 신경 전달이 억제되었을 때는 잠을 자거나, 말이 없고, 조용하고, 우울한 상태이다. 억제성 신경 전달의 경우는 그 반대이다.

[표 2] 여러 가지 신경전달물질들

고전적 물질
  흥분성 신경전달물질
    노르에피네프린
    도파민
    세로토닌
    아세틸콜린
    글루타민산염
  억제성 신경전달물질
    감마아미노부티르산(GABA)
    글라이신
펩티드 신경전달물질
    엔도르핀
    엔케팔린
    ACTH
    기타

각성 상태는 뇌의 교감신경계가 흥분한 상태로, 적이 나타났을 때 인체가 동원하는 기제이다. 여기에 관련된 신경전달물질은 노르에피네프린(노르아드레날린), 도파민 그리고 세로토닌 등이다. 따라서 이런 신경전달물질을 뇌에서 증가시키는 모든 약물은 각성을 나타낸다. 이 각성은 흔히 쾌감을 동반한다([표 1] 참조). 코카인, 암페타민 등은 도파민을 주로 그리고 노르에피네프린 등을 활성화시킨다. 그 기전으로, 대개 도파민이 유리된 후 다시 흡수되는데, 약물들은 재흡수에 관련된 도파민 재흡수 트랜스포터라는 단백질을 차단한다. 그러면 시냅스에 도파민이 많아져 도파민 수용체를 계속 과잉 자극하게 된다. 한편 환각제 LSD는 주로 세로토닌 재흡수를 차단한다.

이완과 휴식은 각성 후에 자연히 나타나는 상태로 부교감신경계 기능이며, 편안함에 따른 쾌감을 동반한다. 이완 상태는 억제성 신경전달물질인 감마아미노부티르산(GABA)의 기능과 엔도르핀과 관련된다. 전자에 관련된 약물은 술, 신경안정제 및 수면제들이고, 이들은 뇌기능을 억제하여 이완 효과를 나타낸다. 따라서 졸리게 만드는 신경안정제와 수면제들은 대개 이러한 이완의 쾌감을 느끼게 할 가능성이 크다. 그러므로 남용 우려가 없는 수면제나 신경안정제 개발은 많은 의학연구자의 꿈이 되고 있다.

아편류 물질은 다소 독특하다. 엔도르핀은 이완 효과를 야기하기는 하나 특이하고 대단히 흥미 있는 물질이다. 약리학적 기전에 있어 아편과 모르핀 등은 엔도르핀과 엔케팔린 등 펩티드계 신경전달물질을 이용하여 아편양 수용체(opioid receptor)와 결합해서 진통효과를 나타낸다고 생각된다. 엔도르핀이라는 용어가 바로 몸에서 만들어내는 자연산 모르핀이라는 뜻이다. 엔도르핀과 결합하는 아편양 수용체는 감정의 중추인 변연계에 많이 존재하고 있다. 아편양 수용체에도 아형이 발견되는데, κ-형, δ-형, μ-형 모두 진통 효과가 있으나, 그중 κ-형이 진정 작용에 관련된다고 한다.

아편류 물질을 투여하거나 엔도르핀이 증가하면, 고통의 감소와 더불어 안정과 쾌감을 느끼게 된다. 고통이란 아픈 감각과 그에 따른 감정 반응(불행감)의 복합이기 때문이다.

엔도르핀의 발견은 그 발견과정도 그렇고 그 의미도 세계적인 화젯거리였다. 즉 신이 이미 인체에 고통을 없애는 물질을 만들어두었다는 것이다. 심한 육체적, 정신적 고통을 받았더라도 조만간 고통이 경감되는 것은 엔도르핀의 분비 때문이다. 계속하던 달리기를 쉬면 오히려 몸이 찌뿌드해진다. 그 이유가 바로 달릴 때 육체적 고통 때문에 분비되던 엔도르핀이 달리기를 멈추면 나오지 않기 때문이다. 즉, 소위 달리는 자의 환희(runners' high)는 사라지고 대신 금단 현상이 나타나기 때문이다. 즉 과도한 운동은 중독 현상을 일으킨다. 이 엔도르핀의 화학 구조를 근거로 새로운 진통제가 합성되기도 했다.

남용 약물들은 모두 이러한 신경전달물질에 영향을 미친다는 점에서 다른 정신장애들이나 치료 약물들과 공통적이다. 실제로 정신분열병이나 우울증, 조증 등 정신장애에서 보는 흥분, 이완, 무기력 상태, 환각과 착각, 망상 등을 약물 남용과 중독 상태에서도 똑같이 볼 수 있다.

우울증은 노르에피네프린과 세로토닌 등 흥분성 신경전달물질의 기능이 감퇴된 상태이다. 그것들의 기능이 고조된 상태가 곧 조증 상태(병적인 행복감의 상태)이다. 우울증을 치료하는 항우울제는 바로 이 신경전달물질의 기능을 활성화시킨다. 조증을 치료하는 Li^+,

Na$^+$이나 K$^+$는 전기적 전달 기능에 영향을 미친다. 또 정신분열증은 도파민이라는 신경전달물질의 과잉 활동 때문이며, 따라서 정신분열증을 치료하는 항정신병 약물은 이 도파민 기능을 억제한다. 우리가 흔히 쓰는 수면제나 신경안정제는 억제성 신경전달물질인 감마아미노부티르산(GABA)의 기능을 활성화한다. 기억도 아세틸콜린의 기능으로 알려져 있는데, 이를 활성화하는 것이 노인 치매를 치료하는 약이 된다.

정신장애 치료 약물인 향정신성 약물들도 최근 수용체 아형에 따라 특정 수용체 아형에만 작용하는 특수 약물들로 바뀌고 있다. 예를 들어 정신분열병을 치료하는 약물도 옛날에는 도파민을 차단하되 다른 수용체도 차단하여 부작용이 많았으나, 최근 개발된 약물은 도파민 2형 수용체와 세로토닌 2형 수용체를 선택적으로 많이 차단하여 효과도 우수하고 부작용도 적다.

엔도르핀의 발견을 시작으로 항불안제와 관련된 벤조다이아제핀 수용체, 우울증과 관련된 이미프라민 수용체 그리고 마리화나 수용체, 니코틴의 수용체 등등이 발견되었다. 장차 이를 근거로 많은 향정신성 의약품이 개발될 것이다. 그러나 알코올에 대한 수용체는 발견되고 있지 않다. 아마도 알코올은 여러 신경전달체계가 같이 관여하고 있는 것 같다.

쾌락의 회로

쾌락이란 누구에게나 보상이 된다. 보상과 관련된 신경생물학적 연구는 뇌 전기자극 보상과 약물 보상을 이용한 보상기전에 관한 동물 실험을 통해 밝혀지기 시작하였다. 즉, 전기로 동물(쥐)의 뇌의 일정 부위(쾌락중추)를 자극할 때마다 쾌감을 느끼게 되면, 동물

생각상자

중독을 권하는 사회

현대 사회의 많은 사람들은 우울과 불안감, 고독감 속에서 살아가고 있고, 이를 견디기 위해 무언가에 탐닉하고 중독되어 지낸다. 많은 사람들이 자신만의 즐거움을 위해 다양한 중독 대상을 좇아 방황하고 있다. 일중독, 도박중독, 인터넷 중독, 쇼핑 중독, 성중독 등이 그 나쁜 예들이다.

사회는 개인의 구순기적이고 유아적인 욕망을 만족시키는 장치를 개발하여왔다. 식도락, 술(술을 마시면 흔히 어머니, 고향, 어린 시절 등을 많이 이야기한다), 놀이동산, 어른용 장난감, 도박, 매음 그리고 남용 약물 등이 예들이다. 건전한 행복을 얻지 못할 때 사람들은 그러한 소아기적 퇴행의 장치를 통해 욕망을 대리만족하려고 한다.

사회에는 또한 약물이나 장치를 제공하고 돈벌이하는 조직이 구성되어 있다. 또한 남용자들마저 할 수만 있다면 그러한 유혹에 어린 청소년이나 약자를 약물로 유혹하여 다 같은 희생자로 만들려고 한다. 특히 청소년의 경우 친구 또는 또래집단의 압력이 중요 원인이다. 또한 즉각 약값을 구할 수 있는 범죄라는 돌파구도 마련되어 있다. 대중매체도 의도한 바는 아니겠으나 결과적으로 이들 약물들에 관한 기사를 통해 사람들에게 약물의 효과를 선전하고 있다. 사람들은 신문기사나 텔레비전 화면에서 해독보다 쾌감, 대담함, 황홀경, 신비 같은 단어에 매혹된다. 술과 담배에 관한 상업적 선전 또한 강한 자극을 준다.

이러한 사회적 현상은 세계적인 것이다. 고도화된 정제 기술, 새로운 합성 기술, 대규모 생산, 발달한 수송망, 치밀한 판매 조직 등이 국제화되고 있다. 남미 국가 일부는 코카인 생산이 국가 경제를 좌우하고, 동남아 지역 일부는 아편 생산이 주된 산업이 되고 있다. 이 역시 쉽게 돈을 벌게 해준다는 점에서 사회적 차원의 즉각적 만족을 추구하는 것이다.

사회적 원인이라고 해도 이 역시 시작은 진화론적인 관점에서 생물학적이라는 데는 변함이 없다. 도박중독이나 인터넷 중독도 중독이라는 점에서는 약물중독에서의 뇌의 기전과 공통적일 가능성이 많다.

[그림 1]
동물 실험을 통해 본 뇌의 쾌락의 경로. 전기자극이든 각성제든 진정수면제든 궁극적으로 복측 피개 영역(VTA)과 측두핵(Acc)을 연결하는 도파민 경로를 통해 쾌감(보상)이 생겨난다. 각종 남용 약물뿐 아니라 직접적 전기자극, GABA, 청반으로부터 오는 노르에피네프린 자극이 VTA의 도파민 경로를 자극하고 이는 다시 측두핵을 자극하여 쾌감을 야기한다. 이는 다시 아편양 물질인 엔케팔린을 자극하기도 한다.

은 계속 자극이 행해지기를 원하게 되고 그렇게 행동하게 된다. 이는 앞서 말한 학습이론에서 증명된 바이다. 이들 보상이 얼마나 쾌락적이었는지 쥐들은 그 전기 스위치를 누르기 위해 먹기를 포기하여 죽음에 이르기도 하였다. 약물 보상의 기전은 아편류 약물과 중추신경 자극제인 코카인을 이용하여 연구되었다. 동물이 이들 약물을 섭취하게 되면, 계속 섭취하려고 한다는 것은 전기자극 때와 마찬가지였다.

보상 효과가 나타나게 되는 기전은 도파민의 유리 때문이다. 아편류 약물은 도파민 세포의 세포막에 있는 아편양 수용체에 작용하여 도파민 세포를 직접적으로 활성화시킨다. 코카인은 도파민 세포가 측두핵 부위에서 연접하는 다른 신경세포의 도파민 수용체에 결합하여 도파민 강화제로 작용한다. 다시 말해, 이 두 약물이 보상과 즐거움을 가져오는 공통된 기전에 관여하는 부위는 모두 복측 피개 영역(ventral tegmental area, VTA)에 있는 도파민 세포와 이 도파민 세포의 축색돌기가 측두핵에 있는 다른 신경세포에 연접하는 부위인 것으로 알려졌다. 전기자극도 직접적으로 이 도파민 세포를 활성화시키는 것으로 알려져 있다.

동물에서의 보상 행동 그리고 인간의 습관성 중독에 관련된 임상적 및 뇌영상 연구를 통해 보상에 대한 신경회로가 가정되고 있다. 앞서 말한 동물 연구 결과, 보상은 도파민의 활성 때문이다. 그와 관련된 회로는 중뇌 부위에 위치하고 있는 복측 피개 영역이라는 구조에 있는 도파민 세포를 중심으로 형성되고 있다. 이는 전기자극에 의해 쾌감을 일으키는 부위와 청반으로부터 신호를 받고, 그 축색돌기는 이곳으로부터 측두핵, 대뇌피질 및 변연계 등으로 뻗어나가 신호를 전달한다. 한편 이완에 관련된 GABA 세포는 GABA를 통한 신호를 VTA와 청반으로 보낸다. 이 모든 신호를 받은 측두핵의 세포는 아편양 물질(엔도르핀)을 생성하는 세포로 신호를 연결시킨다. 이러한 전체 연결을 보상회로라 부른다.

이러한 회로는 인간에서도 유사하게 형성되어 있을 것으로 추측된다. 단지 인간에서 이러한 회로가 판단과 사회적 행동의 수행중추인 전두엽과 어떤 연결을 가지고 있는지에 관한 연구가 더 필요하다. 쾌락물질의 족쇄에서 벗어나는 데에는 쾌락의 보상회로 연구와 같은 뇌기능에 대한 연구가 중요한 하나의 기초가 될 것은 분명하다.

지금까지의 연구를 볼 때, 각성을 야기하든 이완을 야기하든 엔도르핀에 의하든 쾌락에 관련된 신경전달물질들은 다음 단계에서는 공통적으로 도파민을 활성화시킴을 알 수 있다. 때문에 궁극적으로 쾌감에 관련된 신경전달물질은 도파민으로 알려져 있다. 주로 변연계의 측두핵에서 유리되는 도파민이 쾌락에 관여하는 것으로 생각된다. 그 이유는 쾌감을 야기하는 모든 남용 물질들 즉 코카인, 술, 암페타민, 니코틴 등이 여기서 도파민을 유리하도록 하기 때문이다. 뇌에서 도파민이 활동하는 부위(회로 또는 경로)는 대부분 확인되었다. 하부구조인 중뇌(뇌간)와 고위 전두엽을 연결하는 도파민 체계는 '메조코르티칼(mesocortical) 경로' 라 하고 하부구조와 변연계를 연결하는 경로는 '메조림빅(mesolimbic) 경로' 라 부른다.

그러나 다른 학자는 쾌감이 도파민과 관련된 것만은 아니고 다른 신경선달체세들과 상호작용에 의한 것이라는 견해도 밝히고 있다. 도파민 뉴런과 연접하는 다른 뉴런에서 나오는 노르에피네프린, GABA, 세로토닌, 아세틸콜린 등 신경전달물질이 다같이 최종적으로 도파민 세포에 작용하여 도파민을 활성화시키는 것이다. 그러나 그 과정의 시작은 측두핵이라는 데는 대개 동의하고 있다.

약물 남용은 유전하는가?

약물 남용에 유전적 요인이 있다는 견해가 있다. 그 근거로, 남용 약물을 경험해도 여간 남용에 잘 빠지지 않은 사람이 있다는 사실, 그리고 생각상자에 기술한 무쾌감증 현상 등은 유전으로 설명된다. 다른 예를 들어 술을 마셔도 별로 취하지 않는 사람이 있고, 술을 상당히 마셔도 나중에 알코올 중독자가 되지 않는 사람도 있다. 그 외에도 알코올을 간에서 대사하는 효소가 부족한 사람은 알코올 중독자가 될 가능성이 낮다. 그 이유는 알코올이 잘 대사되지 않으면,

적은 양을 마셔도 몹시 취하고 얼굴이 심하게 붉어지고 가슴이 두근대는 등 고통을 느끼기 때문이다. 이 효소의 생성은 유전에 의해 결정된다. 무쾌감증에서처럼 유전적으로 뇌에서 엔도르핀 같은 아편류계 기능이 저하되어 있거나 이들 물질이 적은 사람은 아편류 물질 남용자가 되기 쉬울 것이다.

알코올 중독과 도파민 수용체 유전인자의 관련도 보고되고 있다. 암페타민 반응도 사람마다 달라, 개인적인 유전적 요인이 있음이 발견되고 있다.

이러한 유전적 이론은 당연하다. 신경전달물질을 생산하는 과정에 관련된 각종 효소, 수용체, G-단백질 등 세포 내 단백질 등등은 모두 단백질이며 따라서 이들은 모두 RNA, DNA 등 유전에 의해 합성되기 때문이다.

그래서 약물 남용의 유전적 원인을 찾으려는 노력이 활발하지만 아직 유전인자는 발견되지 않았다. 아마도 남용에 관련된 유전인자는 단일하지는 않을 것이다. 그러나 남용 약물에 의해 남용 행동에 관련된 어떤 유전인자의 기능이 촉발되거나 억제되거나 하는 기제는 있을 것으로 생각된다. 뇌 어느 부위의 신경세포 내에 있는 유전인자가 남용 물질에 의해 활성화되는가를 발견하는 것은 관련된 신경전달물질과 회로를 밝히는 중요한 연구가 될 것이다.

치료의 방법

누누이 설명된 바와 같이 약물 남용은 정신장애의 하나이다. 이는 범죄가 아니고 잘못된 습관도 아니다. 따라서 이는 처벌이 아니라 치료해야 한다. 치료는 대단히 어려운 작업이다. 일시 중단해도 쉽게 다시 중독에 빠지기 때문이다. 이에 대한 치료는 다른 정신장

> **생각상자**
>
> ### 무쾌감증과 자가투여이론
>
> 사람에 따라 쾌감, 즉 즐거움을 느끼기 어려운 성격의 소유자가 있다. 이러한 즐거움을 느끼지 못하는 상태를 무쾌감증(anhedonia)이라 한다. 말하자면 무미건조한 사람이다. 기뻐할 줄 모르는 사람이다. 이러한 증세가 심한 사람에게는 도파민 수용체의 양이 정상보다 적다고 한다. 이런 사람이 코카인의 맛을 보면 평소 잘 느끼지 못했던 그 쾌감에 쉽게 매료된다. 그 결과 계속 코카인을 찾게 된다고 본다. 이렇게 도파민 수용체의 결핍 상태를 해소하려고 약물을 스스로 찾고 투여하는 행동을 반복하게 된다. 이를 자가투여이론(self-medication theory)이라 한다.

애에서와 같이 앞서 말한 생물-정신-사회적 모델에 따라 종합적으로 진행된다. 즉 약물치료, 정신치료, 사회적 개입(감시, 강제 치료 등) 등이다. 영적 내지 종교적 개입도 제외할 이유가 없다. 지역사회 전체가 약물 남용 퇴치를 위해 조직화되어야 한다.

  약물치료는 중독 상태의 제독, 후유증의 치료, 갈망의 예방(차단) 등을 포함한다. 약물치료는 신경전달의 화학적 과정에 개입하는 것이다. 제독은 남용 약물이 야기한 신경전달과정에 대한 영향을 차단함으로써 이루어진다. 당연히 정신장애에 사용되는 향정신성 약물을 이용한다. 예를 들어 각성제에 의한 환각과 망상에는 정신분열병 치료제인 도파민 차단제나 각성에 반대되는 이완을 유도하는 신경안정제를 처방한다. 알코올 중독이나 수면제 중독, 신경안정제 중독의 금단 증상에 대해서는 효과가 약하고 장기간 작용하는 다른 신경안정제를 사용하여 금단 증상을 차단한다. 금연용 니코틴 패치는, 패치로부터 서서히 유리되는 니코틴이 담배 대신 금단 증상을 막아주는 동시에, 대신 담배 연기 속의 다른 독성물질이나 발암물질이 없기 때문에 흔히 추천된다. 중독이나 금단에 수반되는 신체 현상 즉 두통이나 떨림, 진땀, 불면증, 구토, 설사 등에는 증상에 따른 치료제를 투여한다. 중독 증상은 대개 입원하여 치료한다. 항우울제가 갈망을 줄인다고 하여 흔히 사용되고 있으나, 그 효과가 아직 만족스럽지 못하다.

남용과 보상에 관련된 특정 신경전달물질의 수용체에 대한 강화제나 길항제를 개발하는 것이 치료약물 개발의 일차적 목표이다.

이러한 논리를 근거로 하여 새로운 방법이 개발되고 있다. 예를 들어 모 제약회사에서 새로 개발한 메사돈이라는 약물은 아편양 수용체 강화제이다. 이는 아편, 모르핀, 헤로인 등의 효과와 유사하나 작용 시간이 길고, 인체에 크게 유해하지 않다. 이를 투여하면 아편양 수용체와 결합하여 아편, 모르핀, 헤로인 등의 효과를 상쇄해버린다. 이러한 메사돈을 일부 선진국에서는 정부가 정기적으로 공급하고 있다. 그래서 더이상 심한 중독에 빠지지 않고 싼값으로 약을 얻을 수 있으므로 범죄에 빠지지 않을 수 있고, 또한 깨끗한 주사기를 사용하므로 에이즈 같은 전염병도 예방할 수 있다는 것이다. 완벽한 치료가 없을 바에야 차선책이라도 제대로 시행되어야 한다.

다른 예로써 근래 개발된 길항제 날트렉손은 아편양 수용체를 차단하여 아편, 모르핀, 헤로인 등의 효과를 없애버린다. 그래서 남용 물질의 중독 상태를 치료한다. 이 약물은 또한 술을 마시고자 하는 갈망을 차단하는 데 사용한다.

남용에 대한 연구는 동시에 정신장애의 연구와 정상인의 감정 행동의 이해에도 도움이 된다. 전술한 바와 같이, 약물 남용과 정신장애는 원인, 증상, 관련 뇌 구조, 신경전달체계, 역학 그리고 유전 등이 중첩되기 때문이다. 즉 알코올 중독에 관계된 뇌의 장애는 정신장애와 관련된 뇌의 장애와 유사한 과정이다. 우울증이 되면 술을 마시게 될 확률이 매우 높고 술을 마시다보면 우울증이 쉽게 병발한다. 실제 미국에서의 조사에 의하면 20,211명의 남용자의 53%가 정신장애를 갖고 있었다. 이는 이 둘 사이에 공통적 생물학적 내지 유전적 취약성이 있다는 의미이다.

궁극적으로 신경전달과정과 그 배경이 되는 유전인자에 대한 연구가 약물 남용과 정신장애에 대한 핵심적 연구 주제가 될 것이다. 예를 들어 쾌감을 야기하는 도파민이 과잉 활동한 결과가 정신분열병이며, 그 치료제는 도파민 차단 효과를 나타낸다. 도파민이 부족한 상태가 파킨슨 병인데, 그 치료제는 도파민 상승을 유도하는 것이다. 따라서 파킨슨 병 치료제는 정신분열병을 악화시킨다. 남용약물의 도파민 효과를 차단하는 약물을 개발한다면, 이에서 정신분열병이나 파킨슨 병의 치료제 개발에 대한 실마리를 찾을 수 있을 것이다. 이러한 논리는 우울증 치료, 불안의 치료 등등에 응용된다. 선진국에서는 약물 남용에 대한 연구와 치료제 개발에 막대한 투자를 하고 있다.

쾌락에서 우리를 구하는 것도 뇌

환각제가 인류 역사만큼 오래됐고 그에 따른 혼돈도 역사와 더불어 증가하고는 있으나 아직도 인류 문화는 멸망하지 않고 이어져왔다. 이 사실은 매우 희망적이다. 막강한 중독의 위력 앞에서 아직도 사람과 사회를 보호하고 있는 힘은 무엇인가? 그것은 아직 허약하기는 하나 인간에게는 사태를 이해하고 예견하는 지성이 있다는 사실이다. 이 지성은 건강하게 발달한 인간의 뇌, 전두엽에서 나온다. 또한 인간의 발달한 지성은 약물 의존을 치료하는 의학적 방법을 개발한다.

또한 인간에게만 있는, 남을 돕고자 하는 사랑의 힘은 약한 사람들을 악의 힘으로부터 보호하고 양육하여 이기는 힘을 길러준다. 이러한 예견 능력과 사랑과 과학적 지성이 합쳐져, 보이지 않는 손이 되어 조기에 병을 진단하고 고통을 무릅쓰고 환부를 도려내고 스스로 치유하는 힘을 발휘하여 이 사회를 그런 대로 지켜주는 것이다.

정신장애 연구는 정상적인 인간 행동과 감정에 대한 연구이기도 하다. 약물 남용에 관련된 연구도 궁극적으로 인간의 행동에 대한 이해와 행복에 관한 연구로 이어진다. 진보를 거듭해온 인간 고유의 능력이, 사람들을 노예로 만드는 쾌락물질들의 족쇄에서 벗어나게 하여 행복으로 이끌 수 있을지, 또는 실패하여 멸망으로 빠져들게 될지, 이는 우리 모두의 각성과 결단 그리고 노력에 달려 있다. 이 모든 연구는 궁극적으로 뇌에 대한 연구에 근거한다.

미래에 뇌에 대한 과학의 탐구가 얼마만큼 성공을 거둘 수 있을지, 뇌의 신비를 캐는 것은 아마도 신의 영역을 넘보는 것일 것이다. 그만큼 뇌의 비밀은 심오하다. 그러나 사람들은 바로 그 전두엽의 한 속성인 호기심 때문에 자기 자신에 대한 탐구를 그만두지 않을 것이다.

■ 더 읽을거리

　김교헌, 「심리학적 관점에서 본 중독」, 한국심리학회지 『건강』 17, 159-179, 2002

　민성길(편), 『최신정신의학』 제4개정판, 일조각, 1999

　민성길, 『약물 남용』, 중앙문화사, 1998

　민성길, 『임상정신약리학』 개정판, 중앙문화사, 2003

　Holloway M. 'Treatment for addiction', *Scientific American*, 1991 March

| 찾아보기 |

⟨1808년 5월 3일⟩(고야) 365, 366f
ADD → 주의력 결핍 장애
ADHD(주의력 결핍/과잉 행동 장애)
　155~161, 158f, 159f
　—Go/NoGo 과제 157
　—진단 160~161
BOLD 신호 51, 53, 52f
CT 38, 44, 397
EMG 305
ERP → 사건관련전위
FDG-PET 45f, 46, 48, 50
fMRI 35, 43, 49, 51, 52f, 176, 198, 212, 213, 216, 232, 234, 287, 299, 300, 305, 315, 316, 317, 319, 335, 338
H.M. 28~29, 32~33, 173, 185~186, 186f
HERA 모형 176
L.H. 환자 185
MCI 399
MEG(Magnetic Encephalography) 35~37, 54, 58
MRI(Magnetic Resonance Image) 19f, 37, 43~44, 45f, 47, 49~51, 53, 53f, 151, 191, 393, 395, 397, 445
　→ fMRI
N-back 검사 168, 168f
PET(positron emission tomography,

양전자방출단층촬영) 35, 42, 44, 45f, 46, 48, 50, 55, 62, 143, 171, 188, 224, 226, 227, 288, 299, 397, 416, 416f, 427f, 445, 457
PET-CT 44
rTMS(repetitive Transcranial Magnetic Stimulation) → 반복 두개경부 자기 자극방법
SPECT(Single Photon Emission Computerized Tomography, 단일광 자방출전산화 단층촬영) 48, 397
TMS → 두개경부 자기 자극 방법

ㄱ

'가짜' 웃음 223
가성 치매 398
가소성(plasticity) 59, 86, 102, 125, 127, 265~266
가자니가 95, 97f, 102, 106
각성 448~450
　—~ 효과 452
　—각성제(각성물질) 441~442, 444, 447, 449, 450, 451, 458, 465f, 469
　—부작용 452
　—정의 449
간뇌 167f, 172, 173, 205
간접적 기억(우연적 기억) 166

간질 환자 95
　—뇌량 절단 수술 70
　—전기자극 연구 71~72
　→ 분할뇌, 분할뇌 실험
감마아미노부티르산(GABA) 443(표),
　448, 460(표), 461, 463, 466, 467,
　465f
감정 203~238
　—~의 조절 232, 235~237
　—~이 없다면 233~234
　—공포 228~232
　—분노 205~207, 224, 226
　—사랑 211~215, 214f
　—성적 반응 216~218
　—슬픔 222~227
　—신경생물학적 기반 210~238
　—웃음 219~222, 223
　—쾌락 208~210
　—행복감 224
　—혐오 227~228
개인차 26, 62, 116, 117, 194, 256f,
　265, 275, 279
건망성 실어증 174
고양이
　—방향 선별적 뉴런 실험 350f, 351
　—장님 ~ 88
　—허위 분노 실험 205~207, 206f
골(Gall) 67
공간과제(공간능력) 118, 243, 262,
　263, 272
공간능력 검사 271, 275
공간지각 78, 79, 113, 362

공감각을 지닌 사람들 80~81
공격성 221, 236, 460
공황장애 412(표), 425~427, 429
　—~ 진단 436
과잉행동장애 148, 412(표), 433
　→ ADHD
교 20f
교차 감각 대응(cross-modal matching)
　217
구조방정식(Structural equation model)
　모형 57, 199
국소 표상 105, 107
〈궁전과 가로대의 꿈들〉(조토) 343f
글루타민산염 415, 443(표), 460(표)
금단 증상 430, 440, 441, 450, 451, 455,
　469, 470
　—각성제의 금단 증상 451
　—이완제의 금단 증상 451
기능적 자기공명영상(functional
　magnetic resonance imaging)
　→ fMRI
기능해부학 39, 46
기무라 242~243, 276
기본 정서 211
기억 167f, 163~200
　—기억의 개인차 193~195
　—기억의 종류 33, 163~167
　—노화와 기억 195~198, 198f
　—오기억과 참기억 190~193, 190f
　—장소법 194
　—전통적인 기억 구분 164
　→ 작업기억, 서술기억, 의미기억, 일

화기억
기억검사 166, 168, 168f, 176, 189, 194, 268, 399, 402
기억상실증 167, 184, 186, 193, 382, 384
기저핵 21f, 75, 156, 157, 159, 175, 183, 184, 196, 223, 299, 378, 385, 397

ㄴ

남녀 차 →성 차이
남용 물질 441, 444, 446, 462, 464, 465f, 467, 468, 469
남용 약물 442, 444, 445, 446, 462, 464, 465f, 467, 468, 469,
남자의 뇌 vs 여자의 뇌 242~280
　→성 차이
내시 주니어, 존 포브스 419
내용기억 179
내측 안와 전두피질 228, 299
내측 전전두피질 214f, 219, 224, 233, 258
내측 측두엽 164, 172~173, 176, 177, 179~181, 184~186, 191, 196~199, 223, 376, 380
노르에피네프린 123, 325, 446, 447, 421, 425, 460(표), 465f
뇌 상식 조사 99~128
뇌 탐구방법 25~63
　—뇌손상 환자 연구 26~29, 204
　—뇌영상화 37~44
　—뇌파 측정 34~37
　—동물 실험 29~30, 32~33,

203~204
　—두개경부 자기 자극 방법(TMS) 58, 154
　—방사선 동위원소 이용법 39~50
　—산소 공급 수준 분석 51~54
　—화학신호 체계 54~56
뇌 회로 127, 221
뇌교 73f
뇌궁 20f, 73f
뇌량 20f, 73f, 76f, 75~76, 92, 102, 106~107, 112, 215, 254, 263
뇌량하 영역 228
뇌무시 →반측무시증
뇌발달 86, 87, 89, 121, 260, 261, 265, 279, 416
　—장님 고양이 89
뇌생리 203, 229, 236
뇌세포 30, 50, 74, 87, 88, 99, 103~105, 107, 112, 115, 121~124, 126, 247, 376, 380, 403
뇌 속의 결정점 319
뇌손상 28, 69, 81~86, 89, 127, 148~155, 156, 166, 173, 176, 178, 182, 204, 263, 376, 394
　—반측무시 82
　—실인증 83~84, 85f, 373, 380, 384
　—실행증 86, 373, 381, 384
뇌손상 환자 26~29, 30, 68~71, 75, 156, 176, 191
　—H. M. 28~29, 32~33, 173, 185~186, 186f
　—제1차 세계대전에 머리를 다친 상

찾아보기　475

이군인 31
—피니어스 게이지의 사례 69f, 70
뇌수술 70, 231, 233
뇌신경망 127, 188, 198~200
뇌실 20f, 67, 101, 103, 397, 415, 422, 458
뇌영상 기법(뇌영상화 기법) 72, 138, 141, 143, 156, 157, 159, 163, 204, 208, 210, 216, 219
뇌와 마음 65~97
뇌의 기능 지도 39
 → 뇌지도
뇌의 해부학 17~22, 25~64
뇌조직 28, 33, 41, 46, 50, 59, 378
뇌종양 141, 231
뇌지도 12, 25, 54, 288
뇌파 25, 34~37, 109, 110, 136, 264, 272, 311~315, 312f, 313f, 328, 336, 338, 395
—뇌파의 종류 311~315
뇌파 측정 34~37
—MEG 35~37, 54, 58
—사건관련전위(ERP) 35~37, 54, 135~139, 135f, 138f, 143, 159, 159f, 305
뇌하수체 73f, 325, 336
뉴로 마케팅 283

ㄷ
다마지오 91
다윈 진화론 203
담배 55, 63, 124, 125, 392~393, 425,
428, 439, 441, 443(표), 447, 464, 470
담창구 21f, 157, 158f
대상피질 215, 218
—전측 ~ 212, 214f, 217, 218, 225f, 226
—후측 ~ 213, 214f
대상회 147, 207, 456, 457
—전대상회(전측 대상회) 20f, 144, 157, 158f, 159, 174, 179, 181, 199, 223, 224, 235, 236f, 256f, 254, 255, 257, 258, 289, 291~293, 292f
—후대상회(후측 대상회) 20f, 157, 158f, 257, 296, 296f
대인공포증 231
대중문화 294~298
대중품 291~294
더스턴 157
데카르트 67
도(insula) 19f, 214, 216~218, 224, 227, 228
도박중독 439, 444, 464
도파민 268, 324, 414~415, 418, 425, 443(표), 446, 460(표), 461~468, 465f, 469, 471
—~ 경로 465f
—~성 뉴런 175, 268
—메조림빅 경로 467
—메조코르티칼 경로 467
도형회전 검사 243, 244f, 247, 264, 272, 273

돌파(브레이크아웃) 314, 318, 323, 338
『돌파 원리』(벤슨) 318
동물 실험 32~33, 463
동물 연구 33, 177, 210, 218, 221, 229, 266, 389, 390, 466
두 자극 과제 137, 159, 159f
두개경부 자기 자극 방법(TMS, Transcranial Magnetic Stimulation) 58, 154
두정엽 17f, 46, 73f, 82~83, 84, 86, 143, 147, 148, 157, 158f, 179, 181, 184, 191, 194, 198, 264, 289, 380~381, 416, 416f, 427f
뒤러 342

ㄹ

러너스 하이 324
루리아(Luria) 28, 31
르두 95
르베이 270, 271f

ㅁ

마음명상(법) 319
마음수행법 309, 329
마음의 자리 66~67
마음챙김 명상(법) 320~322, 326, 329~331, 334, 336, 337
마헤시, 마하리시 331
만골드 349, 351
만레이 341
말레비치 348~349, 348f, 351
망상 활성 체계 140~141, 157

맥락기억 179, 181, 192, 196
맥킨토시 199
　─구조방정식 모형 199
　─최소 자승화 분석법 199
메서럼의 네트워크 모델 147~148
면역체계 322
명상 309~339
　─~ 상태에서 뇌의 변화 315~319
　─~과 세타파 311~315
　─~과 건강 319~322
　─산화질소 322~325
　─안정동요 316, 318~319, 338
　─의료~의 형태 326
　→ 의료명상
명품 288~294
명품 소비 291~294
모르핀 224, 443(표), 461, 471
모성애 258~259
모스코비치 195
몬드리안 245f, 344, 349, 351
무쾌감증 467~469
미국 국립보건원(NIH) 310, 327, 332
미국 대체의학 사무소(OAM) 310, 327, 332
미로찾기 학습 188
미상핵 21f, 157, 158f, 188, 212, 213, 214f, 216, 218f, 221f, 224

ㅂ

반복 두개경부 자기 자극 방법 58, 60, 154
반측무시증 82~83, 82f, 148, 149f,

찾아보기　477

150, 152~155
방사선 동위원소 41~49
방추체 22f
방추회 84, 175, 181, 189, 305
배외측 전두엽 169, 171~172
배외측 전전두피질 224, 235, 254
배외측 전두 영역 18f
베르니케 실어증 27
베르니케 영역 18f, 68, 79, 259, 287, 380
변경된 의식대(존) 315
변연계 19f, 207, 224, 317, 335, 426, 446, 449, 455~458, 457f, 462, 466, 467
변연피질 223
병렬분산처리(또는 연결주의) 177
보상관련 영역(보상영역) 299, 300
보상기전 463
보상중추 209, 299
보상회로 454, 455, 457, 463~466
보조 운동영역 219f, 219, 220
보편적인 형태소 349
복외측 전두엽 169, 171~172
복외측 전두 영역 18f
복측 선조체(측두핵) 19f, 299
복측 피개 영역(VTA) 465f, 466
봉선핵 123
부시 157
부적 전위 135f, 136, 138f, 139
분리 주의 133
분할뇌 69, 76, 78, 92~93, 106
분할뇌 실험 76~78, 77f, 78f, 95~96,

96f
불안에 대한 이완반응 명상법의 적용 328
불안의 악순환 모형 328f
불안장애 232, 320, 410, 412(표), 433
　ㅡ공황장애 진단 436
　ㅡ분류 426~428
　ㅡ치료 428~430
브로카 실어증 27
브로카 영역 18f, 68, 79, 169, 254, 256f, 287
빈 말 373

ㅅ

사건관련전위(event-related potential, ERP) 35~37, 54, 135~139, 135f, 138f, 143, 159, 159f, 305
　ㅡ부적 전위 135f, 136, 138f, 139
　ㅡ정적 전위 135f, 136, 138f, 138
산화질소 314, 322~325, 338~339
상구 → 상소구
상소구 20f, 73f, 75, 141~142, 147
상전두회 17f, 235, 236f
상측두회 17f, 20f, 44f, 254, 256f
샤갈 343
색스, 올리버 31
색채 지각 175
생물-정신-사회적 모델 452, 469
섀크터 166
서술기억 163, 165~166, 172~183
　ㅡ내측 측두엽 172, 176
　ㅡ서술기억의 구분 165

—위어바흐-위데 환자 173
—의미기억 165, 174~175
—일화기억 165, 176~180
—절차기억과의 차이 165
—코르사코프 증후군 172, 182
—편도체 19f, 173, 183
—해마 19f, 173, 177, 178, 180, 181, 183
—해마방회 173
선분방향판단 과제 272
선의식 312
선조외피질 138
선조체 21f, 175, 184, 188, 228
—복측 선조체(측두핵) 19f, 299
신조제외 199
선택 주의 132
설문조사 285~286
설부 22f, 181, 296, 297
설전부 20f, 181, 293
성 분화 248~251, 273
성 차이 240~280
  —개인차 279~280
  —뇌에서의 차이 252~262, 256f
  —성 호르몬과의 관계 273~275
  —성차이 신경핵 254, 260, 269
  —성행동에서의 차이 254
  —수행상의 차이 262~264
  —인지 기능의 차이 242~245, 268, 273, 274, 277
  —제3사이질핵 270, 271f
  —진화론에 따른 설명 275~278
  → 르베이, 성 분화, 남녀 차

성격검사 233, 255
『성경』 248
성전환자 272~273
성정체성 270, 273
성차이 신경핵 254, 260, 269
  → 성 차이
성행동 205, 211, 250, 251, 254, 266~267, 270, 272, 458
세로토닌 123, 268, 414, 415, 421, 423, 429, 432, 443(표), 460, 460(표), 461~463, 467
세잔 344, 345f
세타파 109~110, 311~315, 312f, 313f, 323, 338
  —기억응고 과정의 강화 314
  —명상과의 관계 311~315
  —장기 증강과의 관계 314
소뇌 17f, 20f, 73f, 75, 167, 174, 176, 177, 179, 181, 183~184, 191, 214f, 288, 415
소비생활과 뇌 283~307
  —명품 288~294
  —명품 소비 291~294
  —미인 모델 298~302
  —역하자극 광고 303~305, 306
  —캐릭터 상품 294~298
소비자·광고 심리학 283~307
송과샘 20f, 67
스페리 77f, 102, 106
  —분할뇌 연구 69, 75~77, 77f, 78f
습관성 중독 439~440, 444, 447, 450, 454, 466

시각 연합영역 219
시각영역 53f, 185, 289
시각피질 20f, 31, 48f, 59~60, 138, 139, 141, 287, 344, 349, 350f, 351
시개 75 → 상소구
시교차 20f
시냅스 104, 115, 125, 195, 248, 261, 265, 268, 274, 311, 323, 461
시상 20f, 45f, 73f, 75, 142~143, 147, 148, 184, 188, 205, 224, 263, 296, 297
시상하부 22f, 73f, 75, 173, 205~207, 206f, 216, 218, 218f, 221, 235, 236f, 250, 256, 266~267, 270, 272, 325, 336, 457
  ―~의 남녀 차 252~254, 269
신경미학회 343
신경반 377, 386, 387, 389, 391, 379f, 392
신경섬유 102, 377, 379f, 386, 389, 391
신경심리 검사 144, 156, 396, 399, 400
신경전달과정 447, 448, 469, 471
신경전달물질 25, 30, 54, 55, 56, 175, 268, 324, 414, 415, 418, 421, 425, 429, 448, 459, 460, 460(표), 461, 462, 463, 467, 468, 470
  ―~ 수용체 123, 459~463, 465~466, 468~470
  ―~의 종류 448~463
  ―억제성 ~ 460(표), 461, 463
  ―흥분성 ~ 54, 460(표), 462
  → 아편류 물질

신경전달체계 443, 460, 463, 467, 471
신경중추 86
신경체계 189, 228 → 신경전달체계
실비우스열 73f
실어증 27, 43, 68, 174, 263, 384
실인증 83~84, 85f, 373, 380, 384
  ―청각 실인증 83
  ―시각 실인증 83~84
  ―얼굴 실인증 84, 380, 384
실행증 86, 373, 381, 384
심리치료 193, 432
심신 이원론 65~66
심신 일원론 65~66
심장박동 205, 317, 318, 338, 350, 390

O

『아내를 모자로 착각한 남자』(올리버 색스) 63, 97
아리스토텔레스 67
아세틸콜린 268, 443(표), 448, 460(표), 463, 467
아편류 물질 442~444, 461, 462, 468
  ―감마아미노부티르산(GABA) 443(표), 448, 460(표), 461, 463, 466, 467, 465f
  ―노르에피네프린 123, 325, 446, 447, 421, 425, 460(표), 465f
  ―도파민 175, 268, 324, 414~415, 418, 425, 443(표), 446, 460(표), 461~468, 465f, 467, 469, 471
  ―세로토닌 123, 268, 414, 415, 421, 423, 429, 432, 443(표), 460,

460(표), 461, 462, 463, 467
—아세틸콜린 268, 443(표), 448,
　460(표), 463, 467
—아편양 수용체 461~462, 465, 470
—엔도르핀 324, 443(표), 448,
　460(표), 461~463, 466, 468
아편양 물질 465f, 466
아편양 수용체 461~462, 465, 470
안와전두피질 19f, 219, 225f, 226, 228,
　299
안정동요 316, 318~319, 338
알츠하이머 병 333, 376, 391, 397
알츠하이머성 치매(AD) 121, 122, 261,
　372~374, 377~383, 382f, 384,
　386, 389, 392~393, 396, 403
알코올 의존 430~433
　—경과 431~432
　—~ 진단 437
　—치료 432~433
　—한국의 상황 430
알코올 중독 55, 171, 172, 331,
　430~433, 437, 451, 467~469, 471,
　493
　→ 알코올 의존
암묵기억 166~167, 167f, 184~187,
　186f
　—간접적 기억(우연적 기억) 166
　—기억상실증 환자의 경우 182
　—새크터 166
　—절차기억과의 관계 186
약물 남용 332, 439, 445, 452~458,
　462, 467~472

—~과 뇌 456~458, 457f
—정의 439
—프로이트의 이론 452~454
—행동주의이론 454
약물중독 56, 454, 464
—~과 뇌 456~458, 457f
—보상과 즐거움의 관계 454
—약리적으로 작용하는 뇌의 구조
　457
—치료약물의 개발 470
양전자방출단층촬영(positron emission
　tomography) → PET
억제성 신경전달물질 460(표), 461, 463
언어 과제 262, 263
언어 능력(언어 기능) 62, 68, 79, 113,
　242~243, 247, 254, 255, 256f, 257,
　263, 264, 275
언어능력 검사 271
언어중추 76f, 78, 79, 188
얼굴 실인증 84, 380, 384
〈엄마와 아기〉 352, 352f
에스키모 278
엑스레이 25, 38, 402
엑스터시 442, 443(표)
엔도르핀 324, 443(표), 448, 460(표),
　461~463, 466, 468
엔케팔린 460f, 461, 465f
역하자극 94, 303~306
연수 20f, 73f, 75
염색체 248~249, 270, 387
—Y염색체 옵션 248~249
예술작품과 뇌 341~368

―뉴런과 직선 345~352, 346f, 347f, 348f, 350f
―시각정보 처리 352~355, 352f, 353f, 354f
―우측 선호 356~365, 357f, 359f, 360f, 361f, 362f
외상후 스트레스 장애(증후군) 188, 231, 332, 426, 428
외현기억 166, 184
―섀크터 166
요가 326, 327, 330, 334, 339
―라자 요가 327
―박티 요가 327, 328, 331~332
―요가의 종류 327
―쿤달리니 요가 327
―하타 요가 327
우울증 224, 324, 398, 410, 429, 433, 451, 471
―~과 흥분성 신경전달물질의 관계 462
―미국의 경우 471
―우울증 진단 435
―원인 420~422
―치료 422~424
―평생유병률 409
―환자를 대할 때 유의점 424~425
우측 선호 356~365
―레비의 설명 356, 358, 357f, 359f
―배니치의 설명 360, 361f, 362
―버몬트의 설명 358~360, 361f
운동지각 175
운동피질 43, 58, 219, 221, 223

웃음 회로 221
위어바흐-위데 환자 173
위텔슨 257
유두체 393, 457
유두핵 173
의료명상
―각 명상의 효과 비교 334
―마음챙김 명상 320~322
―이완반응 309~310, 325, 327~329, 334
―초월명상 331~334
―효과 330~334
의미기억 166, 174~175
―건망성 실어증 174
―관련 뇌 영역 174~175
―대뇌피질 174
『의학으로서의 명상』(칼사) 325
이완 448~450
―~ 효과 444, 449, 461
―부작용 449~451
―이완제 448~449
이완반응 309~310, 325, 327~329, 334
―~법 334
『이완반응』(벤슨) 310
이완제 441, 442, 448~451
인간 뇌의 특별함 90~91
인공 달팽이관(와우관) 이식수술 47, 48f
인지기능 검사 273, 400, 402
인지기능 장애(MCI) 385, 414, 415
인터넷 중독 439, 441, 444, 464
일화기억 176~184, 195~198

—인출 178f, 179~181,
　　—자전적 기억 181, 183
　　—튤빙 165, 176~177
　　→ HERA 모형
임상전 치매 399

ㅈ

자가투여이론 469
자기 효능감 336~337
자기보고법 285~286, 298, 304~305,
　　307
　　—면접 285~286
　　—설문조사 285
자발적 작화 190
자전적 기억 163, 167, 173, 181~183,
　　185
　　—응고화 이론 183
　　—중다흔적 이론 183
작업기억 164, 167~172, 168f, 170f,
　　171f, 197~198, 220, 221
　　—~ 검사 168, 168f
　　—배들리 164
　　—배외측 전두엽 169, 170f, 171, 174
　　—복외측 전두엽 18f, 169, 170
　　—영역특수이론 169, 170
　　—전전두엽 168, 170~171
　　—처리특수이론 171~172
장기 증강(LTP) 314
장기기억 28, 163~165, 174, 191, 194
　　—튤빙 165, 176~177
장소법 194
재인과제 179

재인기억 181, 185~187, 189
전기신호 30, 34~35, 54, 459
전기자극 72, 205~210, 206f, 231,
　　237, 463, 465, 465f, 466
전대상회 20f, 144, 157, 158f, 159, 174,
　　179, 181, 199, 223, 224, 235, 236f,
　　256f, 254, 255, 257, 258, 289,
　　291~293, 292f
전두엽 17f, 70, 73f, 86, 91, 94, 95,
　　145, 147, 148, 156, 159, 167~172,
　　175, 177, 179, 190, 191, 195, 219f,
　　233, 220~221, 263, 268, 289, 299,
　　321f, 381, 415, 416f, 421, 422, 426,
　　446, 449, 455~457, 466, 467, 472
전전두 영역 53f, 228, 236, 237
전전두피질 213, 214f, 219, 224, 233,
　　235, 237, 254, 258, 319
전전두엽 157, 159, 170f, 174, 176,
　　177, 179~180, 181, 188, 191,
　　197~199, 247, 338, 380, 458
전중앙회 17f, 73f
전측 대상피질 212, 217, 218, 225f, 226
전측 대상회 144, 157~159, 158f,
　　223~225, 236f, 254~255, 256f, 258
　　→ 전대상회
전측 측두피질 219
절대역 302~303, 305
절차기억 167~168, 183~184
　　—서술기억과의 차이 165
정보의 선택 135~137
　　—공간 기초 주의 견해 137
　　—대상 기초 주의 견해 137

―초기 선택 입장 135
　　―후기 선택 입장 135
정서 → 감정
정서가 173, 187
정서신경학 368
정서적 안면마비 223
정신분열병 409~418, 412(표), 416f,
　　419f, 420, 462, 463, 469, 471
　　―경과 416~417
　　―원인 414~416
　　―종류 411~414
　　―치료 417~418
　　―평생유병률 409
정신분열증 55, 167, 252, 463
　　→ 정신분열병
정신질환 409~437
　　―~ 분류 412(표)
　　―~에 대한 편견 409
　　―우울증 420~425
　　―정신분열병 411~418, 419
정적 전위 135f, 136, 138f, 138
제3사이질핵 270, 271f
제키 349, 366
조증 433, 462
　　―~과 흥분성 신경전달물질의 관계
　　　462
조토 343f
주의 131~161
　　―각성 132
　　―경계(지속 주의) 132
　　―네 가지 유형 134~136
　　―선택 주의 132

　　―자원(분리 주의) 133
주의 관련 뇌 구조 140~145
　　―두정엽 17f, 143
　　―망상 활성 체계 140~141
　　―상소구 20f, 141~142
　　―시상 20f, 142~143
　　―전두엽 17f, 145
　　―전측 대상회 20f, 144
주의 통제 네트워크 145~148, 189~190
　　―메서럼의 네트워크 모델 147~148
　　―포스터의 후방 및 전방 네트워크
　　　145~146, 146f
주의과정 145, 147, 150, 218
주의력 결핍 장애(ADD, attention
　　deficit disorder) 55, 134, 147, 148
주의집중과 뇌 131~161
중간방추회 305
중다흔적 이론 183
중독 452~456
　　―물질 복용이 아닌 중독 444
　　―유전자 표현에서의 변화 451
　　―정신의학적 설명 453~455
　　―행동주의이론 454
중심열 73f
중앙구 17f
중측두회 17f, 216, 226
중후두회 216
쥐 30
　　―공간능력과 성 차이 실험 104,
　　　265~266, 277~278
　　―스트레스와 학습 266~268,
　　　389~390

―출산과 학습 능력 연구 120
　　―쾌락중추(보상중추) 실험
　　　208~210, 465
　　―편도체 손상 쥐 229
　　―호르몬과 성 차이 실험 253, 260,
　　　272, 274~275
지각속도 검사 244f, 247
지능검사 115~117, 233
지속 주의 132
지연 기억 과제(지연 회상 과제) 170f,
　172, 175, 199
진전섬망 451

ㅊ

처벌중추 210
척수 20f, 75
척추 59, 73f
청반 465f, 466
청반핵 123
체감각피질(체성 감각피질) 217, 231
초월명상(TM) 331~334
　　―수련 효과 332f, 333f
최소 자승화 분석법 199
측구(실비안구) 17f
측두극 226, 235, 236f
측두엽 22f, 28~29, 46, 73f, 84, 101,
　139, 164, 166, 167f, 172~174,
　176~177, 179~181, 184~186, 195,
　197~199, 247, 259, 263, 376, 380
측두평면 19f, 254, 256f, 257~258,
측두핵(측핵) 19f, 209, 219f, 220~211,
　237, 456f, 457, 466~467

측핵 → 측두핵
치매 255, 264, 371~407
　―~ 예방 406~407
　―~ 환자의 뇌 변화 374, 376~383,
　　382f
　―~와 저학력 388~389, 388f
　―건망증과의 차이 375
　―노인 행동 변화 설문지 405~407
　―빈 말 373
　―술, 담배와 ~ 392~393
　―스트레스와 ~ 389~391
　―신경반 377, 379f, 386f, 387, 389,
　　391, 392
　―알츠하이머성 치매(AD) 121, 122,
　　261, 372~374, 396, 377~383,
　　382f, 384, 386~389, 392~393, 403
　―우울증과의 변별 398
　―한국 ~ 노인의 특성 391~395,
　　398~401

ㅋ

카바트-진 310, 320, 329~330, 334
카베차와 나이버그 198
칸과 코헨 156
칸딘스키 341, 344, 349
캐릭터 상품 294~298
코르사코프 증후군 172, 182
코카인 224, 292, 439, 441, 443(표),
　444, 446, 447, 457f, 458, 461,
　464~467, 465f, 469
쾌감
　―복측 피개 영역(VTA) 465f, 466

—청반 466, 465f
—측두핵 19f, 209, 219f, 220~211, 237, 456f, 457, 466~467
—쾌감의 물질 경로 465~467
—쾌락의 회로 463~467, 465f
→ 쾌락중추
쾌락과 뇌 441~472
쾌락중추 209, 221, 463

ㅌ
테스토스테론 248~251, 253, 260~261, 265, 270, 273~274
투렛 증후군(장애) 156, 175, 252
튤빙 165, 166, 175~179
틱낫한 330
틱장애 412(표), 433

ㅍ
파국적 간섭 177
파킨슨 병(파킨슨성 치매) 175, 184, 372, 376, 377, 385, 397, 471
파페즈 회로 207
팽대후부피질 180
펜시클리딘 442, 443(표)
편도체 19f, 75, 167f, 173, 183, 187~189, 207, 213, 214f, 215, 226, 227, 229, 230f, 235, 236f, 237, 252, 254, 259, 266~267, 268, 272, 319, 322, 335
—~와 공포 반응 228~232
—~ 손상 229~232
포스터의 후방 및 전방 네트워크

145~146, 146f
프로이트 409, 453~455, 453f
피각 21f, 212, 213, 214f, 216, 218f, 224
피니어스 게이지의 사례 69f, 70
피카소 344, 352~355, 363, 352f

ㅎ
하구 73f
하두정 영역 18f
하두정엽 181
하소구 20f, 142
하전두엽 171
하전전두엽 175
하전전두회 289
하측두회 17f, 226
학습이론 453~455, 465
할렌벡 103
해마 19f, 22, 22f, 28~29, 32~33, 54f, 89, 101, 103, 123, 164, 166, 173, 177~178, 180, 181, 183, 185, 187, 187~188, 194~195, 197, 199, 252, 264~265, 268, 274, 277~278, 335, 377, 383, 389~390, 457
해마방회 20f, 173, 189, 190f, 191, 228, 380
향정신성 약물 441~444, 443(표)
→ 중독
향정약품 441
→ 향정신성 약물
행동주의이론 454
허위 분노 205~207, 206f, 221
헌팅턴 병(치매) 175, 184, 377, 385

형민우 346, 346f
화이트 110~111
환각제 55, 461, 471
　―환각제의 종류 441~444(표), 443f
회백질 47, 49, 112, 195
회상과제 179
후대상회(후측 대상회) 20f, 157, 158f, 257, 292, 296, 296f, 297
후두엽 17f, 73f, 139, 175, 179~181, 185~186, 321f, 359, 380, 426

　―~ 손상 환자 84
후두정엽 169
후속 기억 효과 189
후속 기억 검사 189
후중간핵 199
후중앙회 17f, 73f
흑질 22f, 300, 300f
흥분성 신경전달물질 54, 460(표), 462
희노애락과 뇌 203~238
힐야드 136~137

마음을 움직이는 뇌, 뇌를 움직이는 마음
ⓒ강은주 권준수 김명선 김문수 김성일 김완석 민성길 성영신 손영숙 이정모 장현갑 지상현 최진영

1판 1쇄	2004년 10월 27일
1판 8쇄	2023년 6월 14일

엮은이	성영신, 강은주, 김성일
펴낸이	김정순
펴낸곳	(주)북하우스 퍼블리셔스
출판등록	2001년 4월 7일 제406-2003-058호

주소	04043 서울시 마포구 양화로 12길 16-9(서교동 북앤빌딩)
전화	02-3144-3123
팩스	02-3144-3121
전자우편	henamu@hotmail.com

ISBN 89-89799-38-4 03470